高等学校土建类专业“十二五”规划教材

工程地质

王华敬　主　编

化学工业出版社

·北京·

本书是高等学校土建类专业“十二五”规划教材，系统地介绍了工程地质学的基本原理和勘察测试技术，共分七章，第一章～第四章为地质学基础，内容包括矿物和岩石、地质年代和地质构造、地下水和常见的自然地质作用；第五章～第七章为工程地质，内容包括岩土的工程地质研究、不良地质现象的工程地质问题和工程地质勘查。

考虑到近年来生产实践和教学的要求，本教材相较之前的教材，更注重前沿动态和新成果、新规范，压缩了地下水的一些内容，增加了原位测试的内容。

本教材可作为高等院校土木工程、水利水电工程、道桥工程专业、水文与水资源工程等专业本科生教材，还可供在职人员进修自学和从事相关工作的工程技术人员参考。

图书在版编目（CIP）数据

工程地质/王华敬主编．—北京：化学工业出版社，2014.7（2024.9重印）
高等学校土建类专业“十二五”规划教材
ISBN 978-7-122-20572-8

Ⅰ.①工…　Ⅱ.①王…　Ⅲ.①工程地质-教材　Ⅳ.①P642

中国版本图书馆CIP数据核字（2014）第088178号

责任编辑：陶艳玲　　　　装帧设计：杨　北
责任校对：吴　静

出版发行：化学工业出版社（北京市东城区青年湖南街13号　邮政编码100011）
印　　装：北京科印技术咨询服务有限公司数码印刷分部
787mm×1092mm　1/16　印张 15¾　字数 403 千字　　2024年9月北京第1版第2次印刷

购书咨询：010-64518888　　　　售后服务：010-64518899
网　　址：http://www.cip.com.cn
凡购买本书，如有缺损质量问题，本社销售中心负责调换。

定　　价：38.00元

前言

工程地质是高等院校土木工程、水利水电工程、道桥工程等专业本科生的一门重要的专业基础课程。该课程以地质学为基础，以数学、化学、力学等为工具，阐明地质环境与工程建设间的相互制约和相互作用关系，实现人与自然的和谐共处。

目前高等教育为了适应人才市场需求和社会发展需要，增强学生的适应性，增强就业迁移能力；实行按大类招生、宽口径的培养模式。所以为了满足用人单位对学生“厚基础、宽口径、高素质、强能力”的要求，本书的编写重在适应当前教学改革要求，构架学生的知识结构，拓宽学生知识面，培养扎实的地质知识，掌握工程地质的基本理论、主要的分析方法和主要的防治措施，有效解决工程设计施工和运营中的有关地质问题。

本书在编写时，重在使学生掌握地质基本知识，熟悉岩石和土的基本物理力学性质，掌握常见的地质灾害及其防治，掌握勘察的方法和内容。能基本认识和初步掌握实际工程地质的基本知识，注重工程的实用性，坚持内容体系的科学性、系统性和先进性，贯彻理论和实践相结合的原则。在内容和案例的选择上重点突出目前土木工程建设、水利水电工程建设中的工程地质问题，体现水利土木类专业工程地质工作的特色，使教学内容更有针对性。

本书共分七章，前四章主要讲述地质学的基础知识，后三章介绍工程地质的相关理论。本着“突出重点，重在掌握”的写作目的，在每章开始提供内容导读和教学目标及要求，既方便学生提前了解本章内容，也方便教师抓住授课要点。每章后面的思考题，强调本章的基本概念，有利于学生对具体知识点的检测，有助于实现教学目标。

本科学生就业主要面向生产一线，教材的理论部分以够用为度，删繁就简，实用内容尽量充实加强。其次，考虑到有的专业后续开设的土力学、水文地质、岩石力学、原位测试技术等课程，所以相关的内容进行了取舍，保证教学内容的完整性、精炼性。但在取舍的同时，也提供相关的延伸文献，方便日后的进一步学习。

本书按 40～50 学时的教学内容编写，各高校在使用时，可根据专业特点和授课学时取舍。

参加本书编写的有山东农业大学王华敬（绪论、第五章）、谭秀翠（第一章）、张萍（第二章）、中国矿业大学张新霞（第三章）、朱术云（第四章），东南大学刘志彬（第六章），安徽理工大学张平松（第七章）。王华敬负责统稿、修改和定稿。

本书在编写过程中，参阅了大量公开出版发行的地质学、工程地质学、水文地质学、土力学、土力学与地基基础、岩石力学、边坡与滑坡、灾害地质学、风化、岩溶等方面的教材、专著、研究论文等，在此谨向其作者表示衷心的感谢！

限于编者的水平和经验，书中不妥之处敬请广大读者和同行专家批评指正。

编者

2014 年 2 月

目录

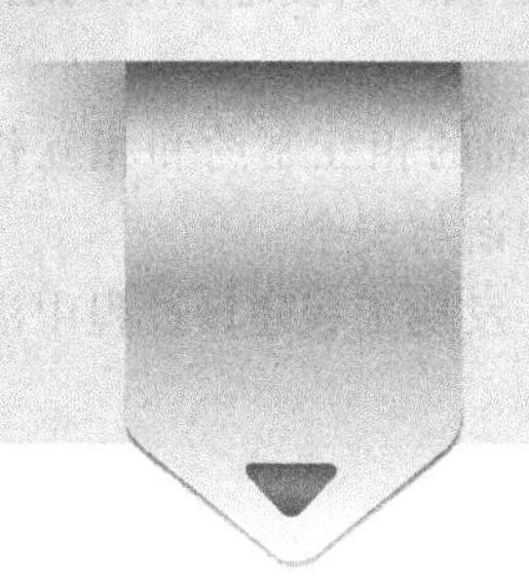

绪论

【内容导读】本章主要介绍工程地质学、工程地质条件与工程地质问题等基本概念，介绍本学科的发展，阐明本课程的特点、内容及教学要求。

【教学目标及要求】掌握工程地质学、工程地质条件与工程地质问题的基本概念，工程地质学的基本任务，了解本学科的发展历程、特点及相关的学科。

一 工程地质学

工程地质学是研究与工程建设有关的地质问题的科学，是为工程建设服务的，属于地质学的一个分支学科。

人类的所有工程都建造于地壳表层一定的地质环境中，地质环境会以一定的作用方式从安全、经济和正常使用三个方面影响制约人类的工程建设。例如，地球内部构造活动所导致的强烈地震，顷刻间使较大地域内的各种工程受到破坏甚至毁灭，使人类生命财产遭受重大损失；地壳表面的岩土体的工程特性会对人类工程建设的规模等加以限制；地质时期内岩溶作用形成的洞穴的严重渗漏，会造成水库和水电站不能正常发挥效益，甚至完全丧失功能；坝基、边坡、地下洞室的失稳会造成巨大的生命和财产损失。例如：意大利的瓦依昂(Waiont)拱坝，坝高 265 m，是当时世界上最高的双曲拱坝。此坝在修建过程中，不理会工程地质人员的多次建议，结果在 1963 年 10 月 9 日，水库右岸陡峭山坡的石灰岩层因水库蓄水后失稳，产生巨大的滑动崩塌，岩体崩入库中，1.5 亿立方米的库容全被填满；同时，库水漫坝，顺流冲下，造成 2 400 多人死亡的严重事故；新中国成立初期修建的宝成铁路，限于 20 世纪 50 年代初期的设计水平，对工程地质条件认识不足，致使线路的某些地段质量不高，给施工和运营带来了困难。宝成铁路上存在的路基冲刷、滑坡和泥石流问题给我们留下了深刻教训。因此，人类必须要很好地研究工程场地的地质环境，尤其是对工程建设有严重制约作用的地质作用和现象一定要进行详细、深入地研究。

而同时，人类的各种工程活动，又会反作用于地质环境，使自然地质条件发生变化，最终又影响工程设施的稳定和正常使用，甚至威胁到人类的生活和生存环境。例如，城市大量抽取地下水所引起的地面沉降，会造成海水入侵；大型水库的兴建，使河流上、下游大范围内水文和水文地质条件发生变化，引起库岸再造、库周浸没、库区淤积、诱发地震等问题；生活和生产活动会使地下水质污染，甚至使生态环境恶化，等等。

因此，工程地质学的研究对象就是人类的工程活动与地质环境间的相互制约和相互作用，研究的目的就是促使两者间矛盾的转化和解决，谋求两者间的和谐与安全。

工程地质学的基本任务是查明工程建设环境内的工程地质条件，发现工程建设过程中潜在的工程地质问题，并提出必要的预防和防治措施。

二　工程地质条件与工程地质问题

工程地质条件是指与工程建设有关的地质因素的综合，包括地形地貌、岩土类型及其工程地质特征、地质结构与地应力、水文地质、不良地质现象和天然建筑材料等方面，它是一个综合概念。工程地质条件直接影响到工程的安全、经济和正常使用。所以查明建设场地的工程地质条件是兴建任何类型的工程所要解决的首要任务。由于不同地区的地质环境不尽相同，因此影响工程建设的地质因素有主次之分，工程地质工程师应对当地的工程地质条件进行具体分析，明确影响到工程建设的安全、经济和正常使用的主次因素，并进一步指出对工程建设有利的和不利的方面。

工程地质问题是指工程地质条件与工程建设之间所存在的矛盾或问题。工程地质条件是自然界客观存在的，它能否满足工程建设的需要，则一定要结合工程的类型、结构形式和规模等进行综合分析。例如，从工程地质的角度上讲，工程包括三种类型：第一类是将工程岩土作为地基利用的工程，如各种工业与民用建筑工程等，保证该类工程的施工和使用过程中的安全所要解决的主要工程地质问题是地基承载力和变形问题；第二类是将边坡岩土作为利用对象的工程，如露天采矿工程、港口工程、坝体工程等，保证该类工程的施工和使用过程中的安全所要解决的主要工程地质问题是边坡岩土的重力稳定性问题；第三类是将地下洞室作为利用对象的工程，如人防工程、交通隧道工程等，保证该类工程的施工和使用过程中的安全所要解决的主要工程地质问题则是整个洞室环境的稳定性问题。所以，工程地质问题是复杂多样的，在工程建设过程中一定要根据工程地质条件和具体工程的建设要求两个方面紧密地联系起来，有针对性地开展工程地质工作，切不可在未查清建设场区的工程地质条件或对工程地质问题分析、评价不充分的情况下进行工程建设活动，以免造成不良影响或严重后果。

三　本学科的发展

工程地质学在国际上成为地质学的一门独立分支学科仅有80多年的历史。20世纪30年代初，苏联开展大规模的国民经济建设，促使了工程地质学的萌生。1932年在莫斯科地质勘探学院成立世界上第一个工程地质教研室，专门培养工程地质专业人才，并奠定了工程地质学的理论基础。工程地质学经过数十年的发展，已形成了由“土质学”、“工程岩土学”、“土力学”、“岩体力学”和“环境工程地质学”等多个分支学科所组成的学科体系。

为了促进工程地质科学的发展和便于各国学者的学术交流，第23届国际地质大会在1968年成立了国际地质学会工程地质分会，后改名为国际工程地质协会（IAEG），该协会下设了多个专业委员会，并定期进行学术交流，并办有会刊。

我国的工程地质学是在新中国成立后才发展起来的。20 世纪 50 年代初由于经济和国防建设的需要，地质部成立了水文地质工程地质局和相应的研究机构，在地质院校中设置水文地质工程地质专业，培养专门人才。当时一些重大工程项目，如三门峡水库、武汉长江大桥、新安江水电站等，都进行了较详细的工程地质勘察。

为了更好地促进我国工程地质学科的发展，加强学术交流，1979 年 11 月成立了中国地质学会工程地质专业委员会，并召开了我国首届工程地质大会，至今已召开了九届大会和多次专题性学术讨论会。为了迎接 20 世纪 90 年代国际减灾 10 年的活动，于 1989 年成立了全国地质灾害研究会，并办有专门的学报。这个全国性学术组织以工程地质学家为主体，专门从事地质灾害的形成机制、时空分布规律、预测预报、防治对策和措施等方面的研究。当前，我国工程地质界的研究领域不断拓展，主要有：能源和矿产资源开发、沿海经济开发区和城市环境工程地质、矿山工程地质、地震工程地质和海洋工程地质、地质灾害预测预报、工程地质图集编制、测试技术理论和方法等。还引进了许多新兴学科，如信息论、系统论、耗散结构理论、灰色理论等理论和方法，开展了较广泛而深入的研究，使之更有效地服务于工程建设。

四　课程的特点、内容和要求

工程地质学所涉及问题的广泛性决定了它的多学科性。

首先，工程地质问题的认识是以认识地质环境为基础的，而要认识地质环境就必须学会辨别各种矿物、岩石、地质构造、地质作用、地貌和水文地质条件等，因而动力地质学、矿物学、岩石学、构造地质学、沉积学、第四纪地质学、地貌学和水文地质学等许多地质学的分支学科都是工程地质学的地质基础学科。

其次，工程地质问题的研究、分析和解决要以数学、物理学、化学、力学等学科知识为基础，因而工程地质学与这些学科的关系十分密切。

此外，工程地质学的最终目的是保证人类与地质环境之间的和谐发展，而人类工程经济活动又不可避免地会对地质环境产生各种各样的影响，所以，工程地质学还与环境科学及许多工程应用技术科学科之间均存在较密切的联系。

工程地质学的研究对象是复杂的地质体，因此其研究方法应是地质分析法与力学分析法、工程类比法与实验法等的密切结合，即通常所说的定性分析与定量分析相结合的综合研究方法。

① 地质分析法：以地质学和自然历史的观点分析研究工程地质条件的形成和发展；

② 力学分析法：在研究工程地质问题形成机理的基础上，采用力学手段建立模型进行计算和预测；

③ 工程类比法：根据条件类似地区已有资料对研究区的问题进行分析；

④ 实验法：通过室内或到野外现场试验，取得所需要的岩土的物理力学参数。

工程地质学的内容相当广泛，本书只着重介绍了工程建设方面所涉及到的最基本的地质学基础和工程地质基础，前者主要包括：矿物和岩石、地质年代和地质构造、地下水、常见的自然地质作用等，后者包括岩土工程地质分级与分类、不良地质现象的工程地质问题和工程地质勘察。

限于篇幅，本教材无法对工程地质学理论和知识进行全面和系统的介绍，学生在学习本课程的同时还应该大量阅读相关的课外书籍，以便加深对所学知识的理解。本教材中凡涉及国家规范的部分虽然已按照最新的国家规范进行编写，但国家规范的修改和完善总是在不断进行的，学生在学习和工作过程中应随时注意国家规范的变化。而且，在实际工作过程中，有些工程可能会有特殊要求，届时工作应按照具体工程的特殊要求进行，切不可生搬硬套。

作为一名水利工程、土木工程、道桥工程、水文水资源工程等专业的工科学生，在学习本课程后，应达到以下基本要求和能力：

① 能阅读一般的地质资料，根据地质资料在野外能辨认常见的岩石和土，了解其主要的工程性质；

② 能根据工程地质的勘察成果，应用已学过的工程地质理论和知识，进行一般的工程地质问题分析，特别对工程地质环境中的不良地质现象应该能够进行分析和判断，并能够对工程地质环境中的不良地质现象可能引起的地质灾害进行科学预测；

③ 能正确地理解和应用岩土工程勘察数据和资料进行工程设计与指导施工；

④ 了解取得工程地质资料的工作方法、手段及成果要求。

本课程是一门实践性很强的课程，除课堂教学外，室内矿物和岩石试验、野外教学试验等是本课程的重要教学环节，尤其是野外教学实习，在本课程中占有特殊的重要地位，强调第一感官效应，将书本上的知识与实实在在的地质体相结合，最终在巩固已学知识的基础上产生知识的升华，切忌囫囵吞枣。

对不同专业学生在教学内容上可适当取舍，教学时间也可伸缩；有些内容可留给学生自学，有些内容可要求学生写读书报告。

思考题

0-1 简述工程地质学、工程地质条件、工程地质问题的含义。

0-2 工程地质学的研究对象、基本任务是什么？

0-3 工程地质学的地质基础学科有哪些？

0-4 工程地质学的研究方法有哪些？

0-5 工程地质课程的学习应达到的基本要求是什么？

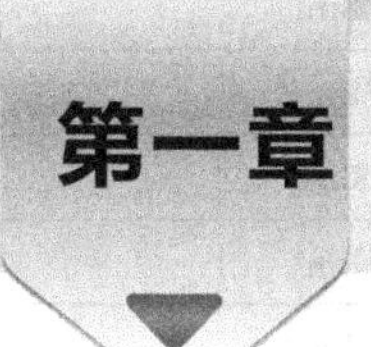

第一章 矿物和岩石

【内容导读】地壳是地质学研究的主要对象，它是由各种地质作用形成的各种岩石组成，而岩石是由各种矿物组成，本章重点介绍地质作用、矿物的概念和物理性质、三大类岩石（岩浆岩、沉积岩、变质岩）的形成、结构和构造等内容。

【教学目标及要求】学完本章后应掌握以下内容：

（1）地质作用的概念及基本类型；

（2）矿物的概念及主要物理性质；

（3）岩浆岩、沉积岩和变质岩的主要矿物成分、结构和构造特征。

第一节 概述

地球是宇宙中沿一定轨道运转的椭球体。地球是目前已知宇宙中唯一存在生命的太阳系的一颗行星，是我们全人类赖以生存的家园。地球上有高山、深谷，起伏不平，它的形状由大地水准面反映。大地水准面是平均海平面和该面扩展到大陆下面构成的一个理论上的连续面。早在我国古代（公元9年）以前，就有“天圆如张盖，地方如棋局”的天圆地方说，那时认为地球是方形的。到了东汉，张衡的浑天说认为“天如蛋壳，地如蛋黄”，肯定了大地是球形的。1672年，法国天文学家里舍认为地球是一个扁的椭球体。牛顿更认为地球是旋转椭球体。“不识庐山真面目，只缘身在此山中”。卫星上天以后，根据卫星轨道分析测算，地球并非标准的旋转椭球体，因为北极凸出约10m，南极凹进约30m，中纬度在北半球凹进，在南半球凸出。因此有人形象地喻之为梨形球体。

根据国际大地测量与地球物理联合会1980年公布的地球形状和大小的主要数据显示（见表1-1），地球形状为扁率不大的三轴椭球体。大地水准面的平均子午面（实线）与扁率

1/298.25 的理想扁球体（虚线）的关系见图 1-1。

表 1-1　地球的形状和大小参数

赤道半径	6378.137km
两极半径	6356.752km
平均半径	6371.012km
赤道周长	40075.7km
子午线周长	40008.08km
表面积	$5.1\times10^8 km^2$
体积	$108\times10^{10} km^3$

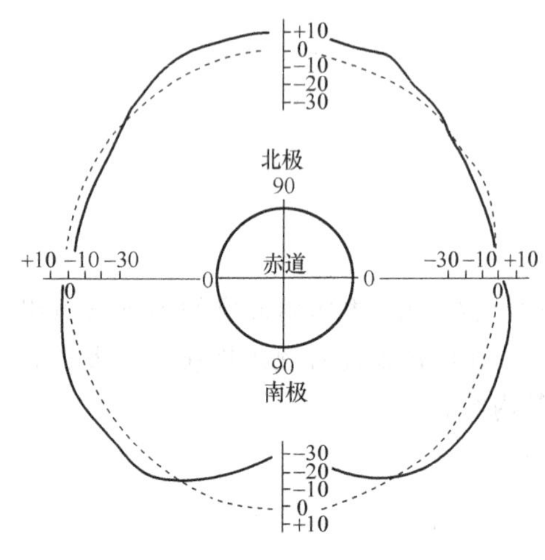

图 1-1　大地水准面的平均子午面与扁率为 1/298.25 的理想扁球体的关系
实线：平均子午面；虚线：理想扁球体

由于在地球形成演化过程中的重力分异，重的物质下沉，轻的物质上升，造成地球物质分布总的规律是上轻下重或外轻内重，这样就形成了地球的层圈结构。地球的层圈结构分为地球的外部层圈和地球的内部层圈。

一　地球的外部结构

（一）大气圈

大气圈（atmosphere）是因地球引力而聚集在地表周围的气体圈层，是地球最外部的一个圈层。大气是人类和生物赖以生存必不可少的物质条件，也是使地表保持恒温和水分的保护层，同时也是促进地表形态变化的重要动力和媒介。

据估算，大气圈的总质量约 5×10^{18}kg，其中绝大部分分布在大气圈的下层。自然状态下的大气是多种气体的混合物，主要由氮、氧、二氧化碳、水及一些微量惰性气体组成。但是随着人类活动的日益增强和工业化的发展，大气中的有毒、有害物质和悬浮颗粒也明显增多。

（二）水圈

水圈（hydrosphere）是指由地球表层水体所构成的连续圈层。水是组成自然界最重要的物质之一，是一切生物生存必不可少的物质条件，对地球表层环境的形成和改造起到重要的作用。自然界的水以气态、固态和液态三种形式存在于大气圈、生物圈、海洋与大陆表层之中。地球水体的总质量为 1.5×10^{18}t，体积约 $1.4\times10^{18} m^3$，其中，海洋水约占 97.212%，大陆表面水约占 2.167%，地下水为 0.619%，大气水占 0.001%。地球上水体的分布是极不均匀的，能被人类饮用的淡水只占所有水体的一小部分，而且大部分又为固结在两极及高山地区的固态水。自然界中以各种形式存在的或保存在不同环境中的水，并不是固定不变的，它在自然因素和人为因素的影响下处于不断的运动和转换之中，这就称为水圈的循环。

（三）生物圈

生物圈（biosphere）是指地球表层由生物及其生命活动的地带所构成的连续圈层，是地球上所有生物及其生存环境的总称。它同大气圈、水圈和岩石圈的表层相互渗透、相互影响、相互交错分布，它们之间没有一条绝对的分界线。生物圈所包括的范围是以生物存在和生命活动为标准的，从现在研究现状来看，从地表以下 3km 到地表以上 10 多公里的高空以及深海的海底都属于生物圈的范围，但是生物圈中的 90%以上的生物都活动在地表到 200m 高空以及从水面到水下 200m 的水域空间内，所以这部分是生物圈的主体。

生物圈中的生物分布极不平衡，受太阳辐射量、气候、地形、地质、大气环境、水环境等因素的影响，例如，在沙漠、两极地区的生物数量、种类都很少，而在气候炎热、湿润的热带和亚热带地区，不仅生物种类繁多，而且生物量也很大。

二　地球的内部结构

地震波的传播速度总体上是随深度而递增变化的。但其中出现 2 个明显的一级波速不连续面、1 个明显的低速带和几个次一级的波速不连续面。莫霍洛维奇不连续面（简称莫霍面）是 1909 年由前南斯拉夫学者莫霍洛维奇首先发现的。其出现的深度在大陆之下平均为 33km，在大洋之下平均为 7km。在该界面附近，纵波的速度从 7.0km/s 左右突然增加到 8.1km/s 左右；横波的速度也从 4.2km/s 突然增至 4.4km/s。莫霍面以上的地球表层称为地壳。

古登堡不连续面（简称古登堡面）是 1914 年由美国地球物理学家古登堡首先发现的，它位于地下 2885km 的深处。在此不连续面上下，纵波速度由 13.64km/s 突然降低为 7.98km/s，横波速度由 7.23km/s 向下突然消失。并且在该不连续面上地震波出现极明显的反射、折射现象。古登堡面以上到莫霍面之间的地球部分称为地幔；古登堡面以下到地心之间的地球部分称为地核。低速带出现的深度一般介于 60～250km 之间，接近地幔的顶部。在低速带内，地震波速度不仅未随深度而增加，反而比上层减小 5%～10%。低速带的上、下没有明显的界面，波速的变化是渐变的；同时，低速带的埋深在横向上是起伏不平的，厚度在不同地区也有较大变化。横波的低速带是全球性普遍发育的，纵波的低速带在某些地区可以缺失或处于较深部位。低速带在地球中所构成的圈层被称为软流圈。软流圈之上的地球部分被称为岩石圈（见图 1-2）。

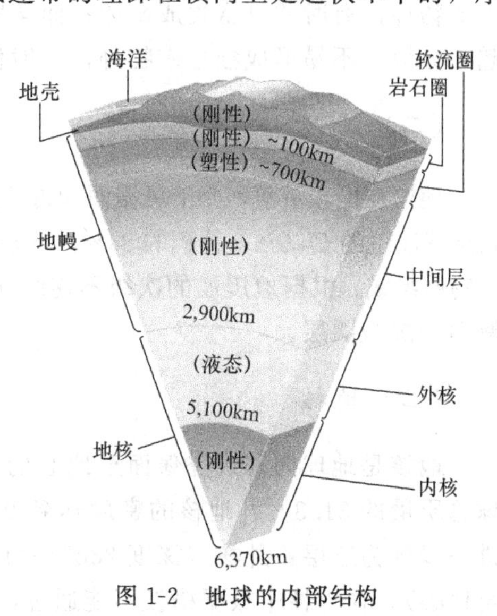

图 1-2　地球的内部结构

（一）地壳

地壳是莫霍面以上的地球表层。在陆地上地壳直接显露出来，有水体的地方特别是海洋区地壳则被水圈覆盖。根据地震波的方法，便可知道地球不同部位其地壳的厚度。地壳约占地球半径的 1/400，占地球总体积的 1.55%，占地球总质量的 0.8%。地壳的密度一般为 2.6～2.9g/cm^3，从上向下密度增大。地壳最大的特点是横向上是极不均一的。按地壳的物质组成、结构、构造及形成演化的特征，主要可将地壳分为大陆地壳和大洋地壳两种类型（见表1-2，图1-3）。

表1-2 大陆地壳与大洋地壳

大陆地壳(陆壳)	大洋地壳(洋壳)
位于大陆，占总面积的1/3	位于大洋，占总面积的2/3
厚度变化大，平均20～60km	厚度较小且变化也小，平均小于10km
成分接近于中性岩浆岩：表层多沉积岩，深部为深变质岩	由基性玄武岩组成，表层有较薄的沉积物
形成年代老、地壳结构复杂、岩石构造变形强烈	演化时间较短、地壳结构单一、构造变形较简单

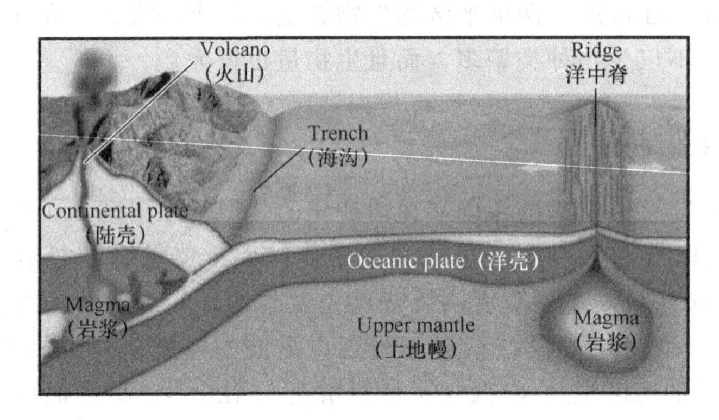

图1-3 陆壳与洋壳

人们对地壳中产出的矿物研究较为充分。地壳中各种元素的平均含量（克拉克值）不同。氧、硅、铝、铁、钙、钠、钾、镁八种元素就占了地壳总重量的97%，其中氧约占地壳总重量的一半（49%），硅占地壳总重的1/4以上（26%）。故地壳中上述元素的氧化物和氧盐（特别是硅酸盐）矿物分布最广，它们构成了地壳中各种岩石的主要组成矿物。其余元素相对而言虽微不足道，但由于它们的地球化学性质不同，有些趋向聚集，有的趋向分散。某些元素如锑、铋、金、银、汞等克拉克值甚低，均在千万分之二以下，但仍聚集形成独立的矿物种，有时并可富集成矿床；而某些元素如铷、镓等的克拉克值虽远高于上述元素，但趋于分散，不易形成独立矿物种，一般仅以混入物形式分散于某些矿物成分之中。

（二）地幔

地幔在地壳下面，介于莫霍面和古登堡面之间，厚度2850km左右，平均密度为4.5g/cm^3，占地球质量的67.6%，体积的83%。从整个地幔可以通过地震波是横波的事实来看，它主要由固态物质组成。根据地震波的次级不连续面，以650km深处为界，可将地幔分为上地幔和下地幔两个次级圈层。

（三）地核

地核是地球内部古登堡面至地心的部分，其体积占地球总体积的16.2%，质量却占地球总质量的31.3%，地核的密度达到9.98～12.5g/cm^3。根据地震波的传播特点可将地核进一步分为三层：外核（深度2885～4170km）、过渡层（4170～5155km）和内核（5155km至地心）。在外核中根据横波不能通过，纵波发生大幅度衰减的事实推测其为液态，在内核中，横波又重新出现，说明其又变为固态，过渡层则为液体一固体的过渡状态。

地核的密度较大，主要由铁、镍物质组成。

第二节 地质作用

一 地质作用的概念

地球自形成以来，一直处于变化之中，今天所看到的地球，只是它的全部运动和发展过程中的一个阶段。这种由于自然动力引起地壳的物质成分、构造和地面形态发生运动、变化和发展的各种作用，称为地质作用。

地质作用是地壳形成以来极为普遍的自然现象。有的地质作用进行得很快，易于被人察觉，如火山喷发、地震、山崩、泥石流等。但更多的地质作用进行得非常缓慢，例如地壳升降运动，即使在相当剧烈的地区，每年升高也只不过几毫米，但经过长期发展变化，常常使地壳发生巨大的变化。大家熟知的喜马拉雅山地区在几千万年前是一片汪洋，由于该地区地壳不断上身，才形成今天这样雄伟的世界屋脊。

在漫长的地质年代中，各种地质作用不断改变地表面貌和地下岩石。一方面，在不断破坏地壳中已有的岩石记录；另一方面，又不断产生新的岩石记录。我们的地球就是在各种地质作用的不断作用下，向前发展着的。

二 地质作用的能量及其来源

任何地质作用都涉及能量的消耗和转换，如不考虑物质运动过程中能的转换，地球上能量的初始来源分为内部能和外部能两大类。

（一）内部能

内部能是来自于地球本身的能量，包括以下三个方面。

1. 重力能

重力能是指地心引力给予物体的位能（势能）。重力能使组成地球的物质重者下沉，轻者上浮，造成密度不同的物质重新分配，可导致火山喷发和地壳运动。

2. 地热能

由于岩石中的放射性元素蜕变等原因，地球内部具有很高的温度。如温度不均匀引起对流，可成为岩浆和构造运动等的起因。根据研究显示，地下 100km 深处温度可达 1100～1200℃，可见地热能是十分巨大的。

3. 地球的旋转能

地球的旋转能主要指地球自转的离心力给予地球表面物质的能。地球表面的离心力在两极为零，赤道最大，因此构成表层物质向赤道运动的离极力。

除上述的三种内部能，地球内部的物质的相变、各种化学反应都可以产生一定的能量，一般认为这些能量是次要的。

（二）外部能

外部能主要是指来自地球以外的太阳辐射能和日、月引力能等。

1. 太阳辐射能

太阳辐射能是地球表面最主要的能源，太阳发出的光和热达到地球后，可以转换成其他能，导致一系列地质作用的发生。

2. 日、月引力能

日、月引力能在地球上有明显影响，可以引起海水形成潮汐，产生有关的地质作用。

三 地质作用的类型

地质作用根据其动力能的来源和作用的主要部位，分为内动力地质作用和外动力地质作用两大类。地质作用常常引发灾害，按地质灾害成因的不同，工程地质学把地质作用划分为物理地质作用和工程地质作用两种。物理地质作用即自然地质作用，包括内动力地质作用和外动力地质作用；工程地质作用即人为地质作用。

（一）物理地质作用

1. 内动力地质作用

内动力地质作用是由地球内部的能量如重力能、地热能和地球旋转能等所引起的，是地球或地壳变化发展的根本动力。内动力地质作用可分为地壳运动或构造运动、地震运动、岩浆作用和变质作用等四种方式。其中又以地壳运动最为重要，地壳运动常引起岩浆活动、变质作用，而地震也主要是由地壳运动产生的岩石断裂引起的。

（1）构造运动

构造运动是主要由地球内部能量引起的组成地球物质的机械运动。构造运动使地壳或岩石圈的物质发生变形和变位，其结果一方面引起了地表形态的剧烈变化，如山脉形成、海陆变迁、大陆分裂与大洋扩张等；另一方面在岩石圈中形成了各种各样的岩石变形，如地层的倾斜与弯曲、岩石块体的破裂与相对错动等。此外，构造运动还是引起岩浆作用与变质作用的重要原因，并且对地表的各种表层地质作用具有明显的控制作用。因此，构造运动在地质作用中处于最重要的地位。

（2）地震作用

地震是地球或地壳的快速颤动。它是构造运动的一种重要表现形式，是现今正在发生构造运动的有力证据，因为在地震过程中，地壳或岩石圈不仅表现出明显的水平运动和垂直运动，而且还可造成明显的岩石变形。据统计，全世界平均每年发生地震约500万次，但绝大多数是人们不可能直接感觉到的，只有借助灵敏的地震仪才能观测到；7级以上的破坏性地震，平均每年仅约20次，而且通常只在少数地区发生。由于大地震常给人类带来巨大的灾难，例如我国1976年7月28日发生的唐山7.8级地震，造成24万多人死亡、16万多人重伤，仅唐山市可以计算的直接经济损失就达30亿元以上。所以，对地震的研究，不仅具有了解构造运动、认识地球内部结构的理论意义，同时也具有重大的现实意义。

（3）岩浆作用

通过对火山的观察、岩浆岩的研究和地球物理资料的分析认为，在地壳深部或上地幔的局部地段中存在一种炽热的、黏度较大并且富含挥发分的硅酸盐熔融物质。这种处在

1000℃左右高温下的物质在常压下将呈液态，但在几千兆帕斯卡的压力下很可能处于潜柔状态，具有极大的潜在膨胀力。一旦构造运动破坏了地下平衡使局部压力降低时，炽热物质立刻转变为液态，同时体积膨胀形成岩浆。因此，岩浆是在地壳深处或上地幔形成的、以硅酸盐为主要成分的、炽热、黏稠并富含挥发分的熔融体。

岩浆形成后，沿着构造软弱带上升到地壳上部或喷溢出地表，在上升、运移过程中，由于物理化学条件的改变，岩浆的成分又不断发生变化，最后冷凝成为岩石，这一复杂过程称为岩浆作用，所形成的岩石称为岩浆岩。

（4）变质作用

变质作用是指在地下特定的地质环境中，由于物理、化学条件的改变，使原有岩石基本上在固体状态下发生物质成分与结构、构造变化而形成新岩石的地质作用。由变质作用所形成的新岩石称为变质岩。

2. 外动力地质作用

外动力地质作用是地球外部的能量引起的，主要来自宇宙中太阳的辐射热能和月球的引力作用，它引起大气圈、水圈、生物圈的物质循环运动，形成了河流、地下水、海洋、湖泊、冰川、风等地质营力，从而产生了各种地质作用。外动力地质作用主要发生在地表，它使地表原有的形态和物质组成不断遭受破坏，又不断形成新的地表形态和物质组成。主要类型有风化作用、剥蚀作用、搬运作用、沉积作用、成岩作用。

（1）风化作用

风化作用是指在地表或近地表的条件下，由于气温、大气、水及生物等因素的影响，使地壳或岩石圈的矿物、岩石在原地发生分解和破坏的过程。风化作用在地表极为常见，几乎无时不有、无处不在。出露地表的岩石之所以能发生风化作用，那是因为地表以下的物理化学环境与地表是迥然不同的。地下温度高、压力大、缺乏游离氧、没有生命活动或很弱等；而地表气温低，且年、月、日变化频繁，有大气和生物的作用，特别是具有溶有各种气体及化学组分的水溶液的作用。由于这种环境的变化，露出地表的岩石必然会发生一系列的物理、化学性质的变化来适应新的环境。风化作用的重要特征是岩石或矿物在原地遭受分解和破坏，风化的产物仍保留在原地。

（2）剥蚀作用

地表的矿物、岩石，由于风化作用，可以使其分解、破碎，在运动介质作用下（如流水、风等），就可能被剥离原地。剥蚀作用就是指各种运动的介质在其运动过程中，使地表岩石产生破坏并将其产物剥离原地的作用。剥蚀作用是陆地上的一种常见的、重要的地质作用，它塑造了地表千姿百态的地貌形态，同时又是地表物质迁移的重要动力。由于产生剥蚀作用的营力特点不同，剥蚀作用又可进一步划分为地面流水、地下水、海洋、湖泊、冰川、风等的剥蚀作用。剥蚀作用按方式有机械剥蚀、化学剥蚀和生物剥蚀作用三种。

（3）搬运作用

地表风化和剥蚀作用的产物分为碎屑物质和溶解物质。它们除少量残留在原地外，大部分都要被运动介质搬运走。自然界中的风化、剥蚀产物被运动介质从一个地方转移到另一个地方的过程称为搬运作用。

（4）沉积作用

被运动介质搬运的物质到达适宜的场所后，由于条件发生改变而发生沉淀、堆积的过程，称为沉积作用。经过沉积作用形成的松散物质叫沉积物。陆地和海洋是地球表面最大的沉积单元，前者包括河流、湖泊、冰川等沉积环境，后者可分为滨海、浅海、半深海和深海等环境。尽管沉积场所十分复杂，但沉积方式基本可以分为3种类型，即机械沉积、化学沉积和生物沉积。

(5) 成岩作用

由松散的沉积物转变为沉积岩的过程称为成岩作用。各种沉积物一般原来都是松散的，在漫长的地质时期中，沉积物逐层堆积，较新的沉积物覆盖在较老的之上，沉积物逐渐加厚。被深埋的早期沉积物，由于上覆沉积物的压力，下部的沉积物逐渐被压实；同时由于孔隙水的溶解、沉淀作用，使颗粒互相胶结；而且部分颗粒发生重结晶，最后，松散的沉积物固结成为坚硬的岩石。由沉积物经成岩作用形成的岩石称为沉积岩。由于沉积岩是在地表或近地表条件下形成的，其形成过程及保存条件与岩浆岩或变质岩明显不同，因此，沉积岩的基本外貌特征与岩浆岩或变质岩有很大差别。成岩作用的主要方式有三种，即压实作用、胶结作用和重结晶作用。

内动力地质作用与外动力地质作用紧密关联、相互影响，内动力地质作用的总趋势是形成地壳表层的基本构造形态和地壳表面大型的高低起伏，而外动力地质作用则是破坏内动力地质作用形成的地形和产物，总是“削高填低”，形成新的沉积物，同时又进一步塑造了地表形态。地壳上升时，遭受剥蚀；地壳下降时，接受沉积。内、外动力地质作用始终处于对立统一的发展过程中，成为促使地壳不断运动、变化和发展的基本力量。

（二）工程地质作用

工程地质作用（人为地质作用）是指由人类工程活动引起的地质效应。例如，采矿特别是露天开采移动大量岩体引起地表变形、崩塌、滑坡；人类开采石油、天然气和地下水时因岩土层疏干排水造成地面沉降；特别是兴建水利工程，造成土地淹没、盐渍化、沼泽化，甚至造成库岸滑坡、水库诱发地震等。

第三节 矿物

一 矿物的概念

矿物是在一定的地质和物理化学条件下形成的，具有一定内部结构与外部形态的天然结晶的单质[如石墨(C)、金(Au)等]，或化合物[如石英(SiO_2)、方解石($CaCO_3$)、石膏($CaSO_4 \cdot 2H_2O$)等]。矿物是岩石的基本组成单位。

矿物千姿百态，就其单体而言，它们的大小悬殊，有的肉眼或用一般的放大镜可见（显晶），有的需借助显微镜或电子显微镜辨认（隐晶）；有的晶形完好，呈规则的几何多面体形态，有的呈不规则的颗粒存在于岩石或土壤之中。矿物单体形态大体上可分为三向等长（如粒状）、二向延展（如板状、片状）和一向伸长（如柱状 、针状、纤维状）3种类型。而晶形则服从一系列几何结晶学规律。

矿物单体间有时可以产生规则的连生，同种矿物晶体可以彼此平行连生，也可以按一定对称规律形成双晶，非同种晶体间的规则连生称浮生或交生。

矿物集合体可以是显晶或隐晶的。隐晶或胶态的集合体常具有各种特殊的形态，如结核状（如磷灰石结核）、豆状或鲕状（如鲕状赤铁矿）、树枝状（如树枝状自然铜）、晶腺状（如玛瑙）、土状（如高岭石）等。

（一）矿物的分类

按矿物的形成、变化形式，可将造岩矿物划分为原生矿物和次生矿物。

① 原生矿物：由地幔中岩浆侵入地壳或喷出地面后冷凝而成，且未发生任何性质及形态变化的矿物为原生矿物，如正长石、斜长石、黑云母、白云母、辉石、角闪石、石英、方解石和磁铁矿等。

② 次生矿物：每一种矿物只是在一定的物理和化学条件下是相对稳定的，当外界条件改变到一定程度后，矿物原来的成分、内部构造和性质就会发生变化。次生矿物通常由原生矿物在水溶液中析出形成，也有的是在氧化、碳酸化、硫酸化或生物化学风化作用下形成的。次生矿物有很多种，有难溶性盐类如 $CaCO_3$ 和 $MgCO_3$ 等；可溶性盐类如 $CaSO_4$ 和 NaCl 等以及各种黏土矿物，其中最为主要的就是高岭石、伊利石和蒙脱石等。

（二）矿物的命名

矿物命名的依据各种各样，有的系根据矿物本身的特征，如化学成分、形态、物理性质等命名的，有的是以发现该矿物的地点或人名命名，但多以矿物的特征来命名。矿物的命名方法见表 1-3。

表 1-3 矿物的命名方法

命名依据	举 例
形态	十字石(十字双晶)、方柱石(柱状)、石榴子石(石榴子形态)
物理性质	橄榄石(橄榄绿色)、孔雀石(孔雀绿色)、方解石(菱面体解理)、重晶石(相对密度较大的透明矿物)
化学成分	自然金、自然铜、自然硫、钛铁矿($FeTiO_3$)、铬铁矿($FeCr_2O_4$)、三水铝石[$Al(OH)_3$]、水锰矿[$MnO(OH)$]、锆石[$Zr(SiO_4)$]
物理性质与形态	红柱石(浅红色,柱状)、绿柱石(绿色,柱状)
物理性质与化学成分	黄铁矿[铜黄色,$Fe(S_2)$]、黄铜矿(铜黄色,$CuFeS_2$)、方铅矿(立方体,PbS)、闪锌矿(半金属光泽,ZnS)、铜蓝(CuS,蓝色)、白钨矿[$Ca(WO_4)$]、蓝铜矿[$Cu_3(CO_3)_2(OH)_2$]、菱镁矿[菱面体解理,$Mg(CO_3)$]、菱铁矿[菱面体解理,$Fe(CO_3)$]
化学成分+形态	钙铝榴石[$Ca_3Al_2(SiO_4)_3$,石榴子形态]
地 名	高岭石、香花石、包头矿
人 名	鸿钊石、张衡矿、志忠石

二 矿物的物理性质

矿物的物理性质决定于其化学成分和结晶格架的特点，是鉴别矿物的重要依据。特别是在野外，用肉眼依据矿物的物理性质鉴别矿物是地质工作者的基本技能之一。矿物的物理性质涉及内容较广，这里只介绍用肉眼鉴定时所经常涉及的一些物理性质。

（一）颜色

矿物对入射的自然可见光中不同波长的光波选择性吸收后，透射和反射出来的各种波长可见光的混合色，分为自色、他色和假色。

自色：矿物本身固有化学成分和晶体结构决定的对自然光选择性吸收、折射和反射而表现出来的颜色，是光波与晶格中的电子相互作用的结果。矿物自色通常比较固定，是矿物鉴定的首选标志。

他色：矿物因含外来的带色杂质所形成的颜色，它与矿物本身的成分和结构无关，有成因意义。

假色：自然光照射到矿物表面或内部，受到某种物理界面（氧化膜、裂隙、包裹体等）的作用而发生干涉、衍射、散射等所产生的颜色。假色是一种物理光学效应，只对少数矿物有辅助鉴定意义。

（二）条痕

是指矿物粉末的颜色，通常将矿物在素瓷（白色无釉瓷板）上擦划后获得。矿物粉末表面粗糙，反射力弱，条痕多是穿过粉末的透射光的颜色。

（三）光泽

矿物表面反射光时所表现的特征，是矿物反射可见光能力的度量。分为金属光泽、半金属光泽、金刚光泽和玻璃光泽。

金属光泽：反射光的能力很强，类似于鲜亮的金属磨光面的光泽，如方铅矿、黄铁矿、自然金。

半金属光泽：反光较强，对光的反射相对暗淡，类似于粗糙金属表面的光泽，如赤铁矿、铁闪锌矿、黑钨矿。

金刚光泽：反光略强，呈现金刚石（钻石）般的光泽，如浅色闪锌矿、雄黄、金刚石。

玻璃光泽：反光能力弱，类似于玻璃表面的光泽，如方解石、石英、萤石。

（四）透明度

矿物允许可见光透过的程度。分为透明、半透明和不透明。

透明：允许绝大部分光透过，矿物条痕常为无色或白色，玻璃光泽，如石英、方解石、普通角闪石。

半透明：允许部分光透过，矿物条痕呈红、褐等各种彩色，金刚或半金属光泽，如辰砂、雄黄、黑钨矿。

不透明：基本不允许光透过，矿物具黑色或金属色条痕，金属光泽，如方铅矿、磁铁矿、石墨。

（五）解理

矿物受外力作用时，晶体沿着一定结晶方向破裂成一系列光滑的平面。分为极完全解理、完全解理、中等解理、不完全解理和极不完全解理。

极完全解理：晶体受力后极易裂成薄片，解理面平整宽大且光滑，如云母、石墨、透石膏。

完全解理：矿物受力后易裂成光滑的平面，解理面较宽大，可呈阶梯状发育，如方铅矿、方解石。

中等解理：矿物晶体受力后破裂而成一系列阶梯状羽裂的较小且不太连续的平面，每个独立的解理面清晰可见，如普通辉石、普通角闪石。

不完全解理：矿物晶体受力后破裂成由断续小平面组成的近似平整的解理面，如磷灰石、橄榄石。

极不完全解理：矿物晶体受力后很难出现平坦面，通常称为无解理，如石英、石榴子石、磁铁矿。

（六）断口

矿物遭受外力作用时，沿任意方向破裂成不平整的破裂断面。断口常依其形态或质感进行描述。常见的断口有贝壳状断口、锯齿状断口、参差状断口、平坦状断口、土状断口、纤维状断口。

（七）硬度

矿物抵抗刻划、压力、研磨等机械作用能力的度量。矿物硬度的测定方法很多。奥地利 Friedrich Mohs 提出选用 10 种矿物作为标准，用未知矿物与其刻划来确定硬度相对大小（刻划法）。矿物的相对硬度等级见表 1-4。

表 1-4　矿物的相对硬度等级

硬度	1	2	3	4	5	6	7	8	9	10
矿物	滑石	石膏	方解石	萤石	磷灰石	长石	石英	黄玉	刚玉	金刚石

（八）相对密度

指矿物与同体积水在 4℃时重量之比。矿物的相对密度取决于组成元素的原子量和晶体结构的紧密程度。虽然不同矿物的相对密度差异很大，琥珀的相对密度小于 1，而自然铱的相对密度可高达 22.7，但大多数矿物具有中等相对密度（2.5～4）。

（九）其他性质

其他性质（如弹性、挠性、脆性、磁性、发光性及延展性等）对鉴定某些矿物有时十分重要。例如云母受外力作用弯曲变形，外力消除，可恢复原状，显示弹性；绿泥石、滑石受外力作用弯曲变形，外力消除后不再恢复原状，显示挠性。大多数矿物为离子化合物，它们受外力作用容易破碎，显示脆性。自然金、自然铜在锤击或拉伸作用下，能变成薄片或细丝的性质显示为延展性；含 Fe、Co、Ni 的少数矿物能够被磁铁所吸引，显示出磁性；利用与稀盐酸反应的程度，是鉴定方解石、白云石等矿物的有效手段之一。

三　常见造岩矿物

构成岩石主要成分的矿物，称为造岩矿物。自然界中虽然矿物众多，但在岩石中经常出现、明显影响岩石性质、对鉴别岩石种类起重要作用的主要造岩矿物只不过数十种。其中最重要的有七种矿物：正长石、斜长石（二者又统称长石类矿物）、石英、角闪石类矿物（主要是普通角闪石）、辉石类矿物（主要是普通辉石）、橄榄石、方解石。甚至可以说，整个地壳几乎就是由上述七种矿物构成的。

目前人类已发现的矿物有3800多种，以硅酸盐类矿物为最多，约占矿物总量的50%，其中最常见的矿物约有20～30种。表1-5列出了常见造岩矿物鉴定特征，可供学习和鉴定时使用。

表1-5 常见造岩矿物鉴定特征

类别	矿物名称	形状	颜色	光泽	条痕	解理	断口	硬度	其他特征
硅酸盐和铝硅酸盐类	正长石	短柱状、柱状	白色、灰色、粉红色及肉红色	玻璃	白色	两组解理正交，完全	平坦状	6	解理面之间成直角
	斜长石	短柱状、薄片状、柱状	白色、灰色	玻璃	白色	两组解理斜交	不平坦状	6	解理面之间成斜角，晶面上有条纹
	辉石	八面柱体、短柱体	褐色、黑色	玻璃	灰绿	两组解理交角87°(93°)，完全	不平坦状	5～6	一般成块状
	角闪石	针状、长柱状	深绿色、黑色	玻璃丝绢	白色淡绿	两组解理面交角124°(56°)，完全	锯齿状	5.5～6	集合体成纤维状、放射状
	橄榄石	八面体、颗粒块体	绿色、棕色	玻璃	白色淡绿	不完全	贝壳状	6.5～7	具玻璃光泽，粒状块体和单独颗粒
	白云母	片状集合体	无色、银白色	珍珠玻璃	白色	极完全		2.5～3	薄片有弹性
	黑云母	片状集合体	黑色、绿色、深棕色	珍珠玻璃	白色	极完全		2.5～3	薄片有弹性
	蛇纹石	纤维状	各种色调的绿色	油脂蜡状丝绢	白色	完全		3～4	集合体成纤维状，常夹石棉脉
	滑石	板状、鳞片状	白色、黄色绿色	油脂珍珠	白色淡绿	完全		1	有高度的滑腻感
	高岭土	土状	白色、黄色	暗淡	白色	无	土状	1	有滑腻感，土气味，加水具黏性
氧化物及氢氧化物类	石英	六方双锥体状	无色、乳白色、烟色、粉红色等	晶面为玻璃，断口为油脂	无	无	贝壳状	7	成致密的块体，结晶体面上有平行条纹
	燧石	块状	黑色、深棕色	玻璃	无	无	贝壳状、鳞片	7	结核体，用钢敲打时冒火星
	磁铁矿	块状	黑褐色	金属	黑	无	贝壳状、粒状	5.5～6	相对密度高(5.2)，强磁性
	赤铁矿	块状	赤红色	次金属	樱红	无		5.5～6	相对密度高(4.9～5.2)
	褐铁矿	土状、钟乳状	褐色	暗淡	锈黄	无	土状	5.1～5.5	致密，海绵状或鲕状，多孔隙
碳酸盐类	方解石	菱形体	白色	玻璃	白色	完全		3	遇稀盐酸起泡
	白云石	菱形体	白色、无色	玻璃	白色	完全		3.5～4	在热盐酸中或在粉末状态遇稀盐酸才起泡

续表

类别	矿物名称	形状	颜色	光泽	条痕	解理	断口	硬度	其他特征
硫酸盐类	石膏	柱状、板状	白色、灰色	玻璃丝绢	无色淡灰	完全或极完全	锯齿状	2	集合体常呈纤维状
	硬石膏	菱形体（少见）	白色、灰色、红色、透明	玻璃	无	完全或极完全	粒状	3	
硫化物类	黄铁矿	立方体	铜黄色	玻璃	暗绿棕色	无	不平坦	6～6.5	相对密度高

四　常见矿物的肉眼鉴定方法

矿物的种类繁多，由于它们在化学组成上或在晶体结构上互不相同，因而可根据这两方面来识别它们。最简单而常用的方法是肉眼鉴别的方法，即根据矿物的形态特征和主要的物理性质来加以识别。当然有时可以辅以简单的测试，例如，磁铁矿、磁黄铁矿能被永久磁铁所吸引；稀盐酸滴于方解石上时，会放出 CO_2 而剧烈起泡；将白色的钼酸铵粉末置于磷灰石上，再滴上硝酸，即会生成磷钼酸铵而呈黄色，显示磷的反应等。

必须指出的是，由于矿物的物理性质和晶形取决于其化学组成和晶体结构，因而成分和结构相近似的矿物也将具有相似的性质，肉眼鉴定往往只能确定其为某种可能矿物中的一种，而难以作出确切的惟一结论。因此，需要进一步的测定。最常用的是在偏光或反光显微镜下测定矿物的光学性质，也可用 X 射线衍射方法测定晶体结构的面网间距，或者是用化学分析以至电子探针分析方法确定其化学成分，从而对矿物作出确切鉴定。

第四节　岩石

岩石是自然形成的矿物集合体，构成了地球的固体部分，按成因可分为岩浆岩、沉积岩和变质岩三大类。

一　岩浆岩

（一）岩浆岩的概述

1. 岩浆岩的形成

地壳下部，由于放射性元素的集中，不断地蜕变而放出大量的热能，使物质处于高温、高压的过热可塑状态，虽然成分复杂，但主要是硅酸盐，并含有大量的水汽和各种其他的气体。当地壳变动时，上部岩层压力一旦减低，过热可塑性状态的物质就立即转变为高温的熔融体，称为岩浆。岩浆内部压力很大，不断向地壳压力低的地方移动，以致冲破地壳深部的岩层，沿着裂缝上升的作用称为岩浆作用。上升到一定高度，温度、压力都要减低。当岩浆的内部压力小于上部岩层压力时，迫使岩浆停留下，冷凝成岩浆岩。

岩浆的成分：主要有 SiO_2、TiO_2、Al_2O_3、Fe_2O_3、FeO、MgO、MnO、CaO、K_2O、Na_2O 等。

2. 岩浆岩的产状

指岩浆岩体的大小、形状、与围岩的接触关系，形成时的地质构造环境、距离地表的深度等。由于岩浆本身成分的不同，受地质条件的影响，岩浆岩的产状大致有下列几种（见图 1-4）。

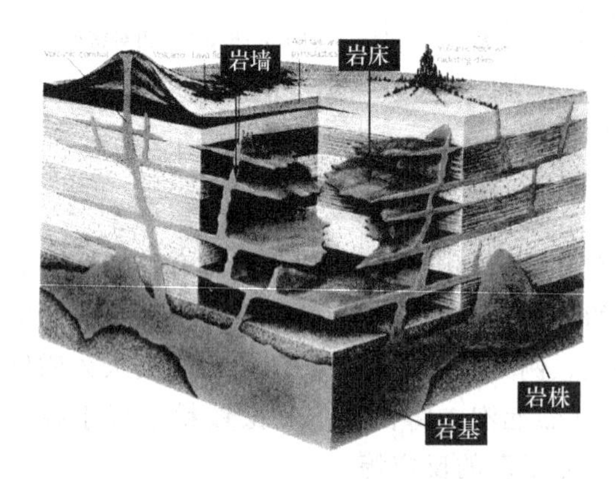

图 1-4　岩浆岩的产状

① 岩基：深成巨大的侵入岩体，范围很大，常与硅铝层连在一起。形状不规则，表面起伏不平。与围岩成不谐和接触，露出地面的大小决定于当地的剥蚀深度。

② 岩株：与围岩接触较陡，面积达几平方公里或几十平方公里，其下部与岩基相连，比岩基小。

③ 岩盘：岩浆冷凝成为上凸下平呈透镜状的侵入岩体，底部通过颈体和更大的侵入体连通，直径可大至几千米。

④ 岩床：岩浆沿着成层的围岩方向侵入，表面无凸起，略为平整，范围一米至几米。

⑤ 岩脉：沿围岩裂隙冷凝成的狭长形的岩浆体，与围岩成层方向相交成垂直或近于垂直。另外，垂直或大致垂直地面者，称为岩墙。

3. 岩浆作用的类型

根据岩浆作用是否到达地表，分为以下两种。

① 喷出作用：岩浆沿地表裂缝一直上升喷出地表，这种活动叫火山喷发，对地表产生的一切影响叫火山作用（喷出作用），形成的岩石叫喷出岩。在地表的条件下，温度降低迅速，矿物来不及结晶或结晶较差。

② 侵入作用：未喷出地表，在地下一定深度冷凝固结的岩浆作用称为侵入作用，形成的岩石称为侵入岩。根据形成深度，其中 0～3km 为浅成侵入岩，大于 3km 为深成侵入岩。

（二）岩浆岩的矿物成分

根据其化学成分的特点，可以分为以下两类。

① 硅铝矿物：SiO_2 和 Al_2O_3 的含量较高，不含 FeO、MgO，其中包括石英类，长石类及正长石类。这些矿物的颜色较浅，所以又称浅色或淡色矿物。

② 铁镁矿物：FeO 与 MgO 的含量较高，SiO_2 含量较低。其中包括橄榄石类、辉石类、角闪石类及黑云母类等。这些矿物的颜色一般较深，所以又称为深色或暗色矿物。

（三）岩浆岩的结构

岩浆岩的结构是指组成岩石的矿物的形态、外貌及其相互关系，包括矿物的结晶程度、晶粒相对大小、矿物自形程度和矿物颗粒之间的相互关系。

1. 根据结晶程度，岩浆岩结构分为全晶质结构、半晶质结构和玻璃质结构（见图 1-5）。

① 全晶质结构：岩石全部由结晶的矿物颗粒组成。

② 半晶质结构：岩石由结晶的矿物颗粒和部分未结晶的玻璃质组成。

③ 玻璃质结构：岩石全部由熔岩冷凝的玻璃质组成。

2. 根据岩石中矿物颗粒的绝对大小分为显晶质结构和隐晶质结构。

① 显晶质结构：指岩石中的矿物颗粒，凭肉眼观察或借助放大镜能分辨出矿物颗粒者。按矿物颗粒的直径大小又分为：巨晶或伟晶（晶粒直径大于 10mm）、粗粒结构（晶粒直径＞5mm）、中粒结构（晶粒直径 2～5mm）、细粒结构（晶粒直径 0.2～2mm）、微粒结构（晶粒直径＜0.2mm）。

② 隐晶质结构：指颗粒非常细小，直径小于 0.1mm 时肉眼和放大镜均不能分辨，只有在显微镜下才能看出矿物晶粒特征的结构。这是浅成侵入岩和喷出岩中常有的一种结构。

3. 根据岩石中矿物颗粒的相对大小，岩浆岩结构分为等粒结构、不等粒结构和斑状结构（似斑状结构）（见图 1-6）。

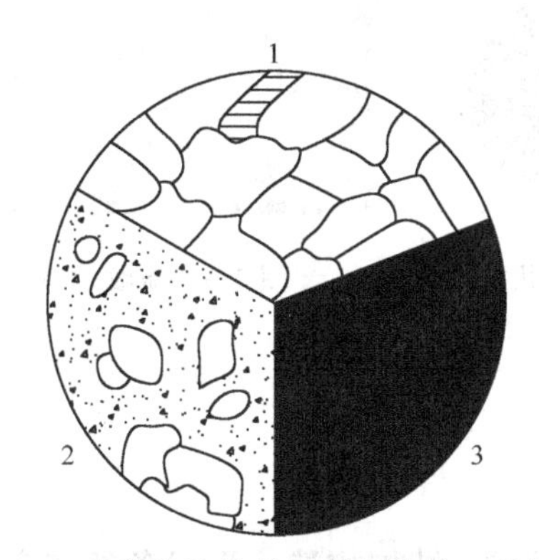

图 1-5 岩浆岩按结晶程度划分的三种结构
1—全晶质结构；2—半晶质结构；
3—玻璃质结构

图 1-6 按结晶程度划分的结构
A—等粒结构；B—似斑状结构；
C—斑状结构；D—不等粒结构

① 等粒结构：岩石中同种主要矿物的颗粒粗细大致相等。

② 不等粒结构：岩石中同种主要矿物颗粒大小不等，且粒度大小成连续变化系列。

③ 斑状结构（似斑状结构）：岩石中矿物颗粒分为大小截然不同的两群，大的称为斑晶，小的以及不结晶的玻璃质称为基质，其间没有中等大小的颗粒，为浅成侵入体及部分喷出岩所特有的结构。其中基质为隐晶质或玻璃质的称为斑状结构；基质为显晶质，比斑晶小，和斑晶同时形成的称为似斑状结构。

（四）岩浆岩的构造

岩浆岩的构造是指岩石中的不同矿物在空间的排列、配置和充填方式所表现出来的外貌特征，主要取决于岩浆冷凝时的环境。最常见的构造如下。

1. 块状构造

矿物在岩石中分布杂乱无章，不显层次，均匀地分布在岩石中，呈致密块状。如花岗岩、花岗斑岩等一系列深成岩与浅成岩的构造（见图 1-7）。

2. 气孔状构造

岩浆凝固时，挥发性的气体未能及时逸出，以致在岩石中留下许多圆形、椭圆形或长管形的孔洞。气孔状构造常为玄武岩等喷出岩所具有。

3. **杏仁状构造**

岩石中的气孔，为后期矿物（如方解石、石英等）充填所形成的一种形似杏仁的构造。如某些玄武岩和安山岩等喷出岩的构造。气孔状构造和杏仁状构造，多分布于岩石的表层（见图 1-8）。

4. **流纹构造**

由于熔岩流动，由一些不同颜色的条纹和拉长的气孔等定向排列所形成的流动状构造。这种构造仅出现于喷出岩中，如流纹岩所具的构造（见图 1-9），是岩浆喷出地表或在地表以下极浅层流动过程中冷却形成的。

图 1-7 块状构造（花岗岩）

图 1-8 气孔构造和杏仁状构造

图 1-9 流纹构造

（五）岩浆岩的分类及主要岩浆岩的特征

1. **岩浆岩的分类**

岩浆岩的分类依据通常为岩石的化学成分、矿物组成、结构构造、形成条件和产状等。根据 SiO_2 的含量，岩浆岩可分为：酸性岩、中性岩、基性岩和超基性岩。岩浆岩的主要类型见表 1-6。

表 1-6 岩浆岩的主要类型

<table>
<tr><td colspan="5">岩石类型</td><td>酸性岩</td><td colspan="2">中性岩</td><td>基性岩</td><td>超基性岩</td></tr>
<tr><td colspan="5">化学成分特点</td><td colspan="3">富含 Si、Al</td><td colspan="2">富含 Fe、Mg</td></tr>
<tr><td colspan="5">SiO_2 含量/%</td><td>>65</td><td colspan="2">52～65</td><td>45～52</td><td><45</td></tr>
<tr><td colspan="5">颜色</td><td>肉红、灰白</td><td colspan="2">灰红、肉红</td><td>黑、灰黑</td><td>黑、绿黑</td></tr>
<tr><td colspan="2" rowspan="2">矿物成分</td><td colspan="3">主要矿物成分</td><td>石英、正长石</td><td colspan="2">斜长石、正长石、角闪石</td><td>斜长石、辉石</td><td>辉石、橄榄石</td></tr>
<tr><td colspan="3">次要矿物成分</td><td>黑云母、角闪石</td><td colspan="2">黑云母</td><td>角闪石、橄榄石</td><td>角闪石</td></tr>
<tr><td colspan="3">成因</td><td>结构</td><td>构造</td><td colspan="5">岩石</td></tr>
<tr><td colspan="3" rowspan="2">喷出岩</td><td rowspan="2">流纹状、气孔状、杏仁状、块状</td><td rowspan="2">玻璃质、隐晶质、斑状火山碎屑</td><td colspan="5">火山凝灰岩、火山角砾岩、火山集块岩</td></tr>
<tr><td>流纹岩</td><td>粗面岩</td><td>安山岩</td><td>玄武岩</td><td>少见</td></tr>
<tr><td rowspan="3">侵入岩</td><td colspan="2" rowspan="2">浅成岩</td><td rowspan="2">块状、气孔状</td><td rowspan="2">斑状、半晶质、全晶质、粒状</td><td colspan="2">伟晶岩、细晶岩</td><td colspan="2">煌斑岩</td><td></td></tr>
<tr><td>花岗斑岩</td><td>正长斑岩</td><td>闪长玢岩</td><td>辉绿岩</td><td>少见</td></tr>
<tr><td colspan="2">深成岩</td><td>块状</td><td>全晶质、粒状</td><td>花岗岩</td><td>正长岩</td><td>闪长岩</td><td>辉长岩</td><td>橄榄岩</td></tr>
</table>

2. 主要岩浆岩的特征

(1) 酸性岩类

花岗岩：是深成侵入岩。多呈肉红色、灰色或灰白色。矿物成分主要为石英和正长石，其次有黑云母、角闪石和其他矿物。全晶质等粒结构（也有不等粒或似斑状结构），块状构造。根据所含深色矿物的不同，可进一步分为黑云母花岗岩、角闪石花岗岩等。花岗岩分布广泛，性质均匀坚固，是良好的建筑石料。

花岗斑岩：是浅成侵入岩。成分与花岗岩相似，所不同的是具斑状结构，斑晶为长石或石英，基质多由细小的长石、石英及其他矿物组成。

流纹岩：是喷出岩，呈岩流状产出。常呈灰白、紫灰或浅黄褐色。具典型的流纹构造，斑状结构，细小的斑晶常由石英或长石组成。在流纹岩中很少出现黑云母和角闪石等深色矿物。

(2) 中性岩类

正长岩：是深成侵入岩。肉红色、浅灰或浅黄色。全晶质等粒结构，块状构造。主要矿物成分为正长石，其次为黑云母和角闪石，一般石英含量极少。其物理力学性质与花岗岩相似，但不如花岗岩坚硬，且易风化。

正长斑岩：是浅成侵入岩，与正长岩所不同的是具斑状结构，斑晶主要是正长石，基质比较致密。一般呈棕灰色或浅红褐色。

粗面岩：是喷出岩。常呈浅灰、浅褐黄或淡红色。斑状结构，斑晶为正长石，基质多为隐晶质，具细小孔隙，表面粗糙。

闪长岩：是深成侵入岩。灰白、深灰至黑灰色。主要矿物为斜长石和角闪石，其次有黑云母和辉石。全晶质等粒结构，块状构造。闪长岩结构致密，强度高，且具有较高的韧性和抗风化能力，是良好的建筑石料。

闪长斑岩：是浅成侵入岩。灰色或灰绿色。成分与闪长岩相似，具斑状结构，斑晶主要为斜长石，有时为角闪石。岩石中常有绿泥石、高岭石和方解石等次生矿物。

安山岩：是喷出岩。灰色、紫色或灰紫色。斑状结构，斑晶常为斜长石。气孔状或杏仁状构造。

(3) 基性岩类

辉长岩：是深成侵入岩。灰黑至黑色，全晶质等粒结构，块状构造。主要矿物为斜长石和辉石，其次有橄榄石、角闪石和黑云母。辉长岩强度高，抗风化能力强。

辉绿岩：是浅成侵入岩。灰绿或黑绿色，具特殊的辉绿结构（辉石充填于斜长石晶体格架的空隙中），成分与辉长岩相似，但常含有方解石、绿泥石等次生矿物，强度也高。

玄武岩：是喷出岩。灰黑至黑色，成分与辉长岩相似。呈隐晶质细粒或斑状结构，气孔或杏仁状构造。玄武岩致密坚硬、性脆，强度很高。

(4) 火山碎屑岩

火山碎屑岩是火山作用形成的各种火山碎屑物质堆积后经多种方式固结而形成的岩石。根据粒径大小分为，火山集块岩（粒度＞64mm）、火山角砾岩（粒度2～64mm）、火山凝灰岩（粒度0.625～2mm）和火山尘屑（粒度＜0.0625mm）。

(5) 脉岩类

脉岩是呈脉状或岩墙状产出的浅成侵入岩。常位于深成侵入体内部或附近围岩中，充填在裂隙内。根据矿物成分和结构特征，脉岩可分为伟晶岩、细晶岩和煌斑岩三类。如表1-7所示。

表 1-7　岩脉的主要类型

类型	主要特征	结构、构造	主要类型
煌斑岩	暗色矿物含量高，黑云母、角闪石最常见，辉石次之，橄榄石较少，浅色矿物长石类也常见，副矿物有磷灰石、榍石、磁铁矿和锆石	煌斑结构：暗色矿物为自形晶和自形斑晶。斑状或等粒结构，呈岩墙、岩脉，常成群产出	云母煌斑岩 闪辉煌斑岩 碱性煌斑岩
细晶岩	浅色的岩脉，缺乏暗色矿物，并具有细晶结构。主要矿物石英、长石，少出现黑云母、白云母、角闪石	典型的细晶结构：细粒他形粒状结构，细砂糖状外貌，常见花岗细晶岩。脉体较小，宽度不大，多产于深成岩中或岩体周围。	辉石细晶岩 闪长细晶岩 斜长细晶岩 钠长细晶岩 花岗细晶岩
伟晶岩	粗粒或巨粒的岩脉，成分单一，甚至是单矿物伟晶岩	脉状、板状、透镜状，一般长数米至数十米，厚数厘米到数十米。多产于相关的岩体及其围岩中	辉石伟晶岩 辉长伟晶岩 花岗伟晶岩。 正常伟晶岩 霞石正常伟晶岩

二　沉积岩

（一）概述

沉积岩又称水成岩，是在常温常压下由风化作用、生物作用和某些火山作用形成的物质经过搬运、沉积与成岩等作用，在地表或地下不太深的地带形成的层状岩石。沉积岩在地表分布最广，约占地表面积的 3/4，是最常见的岩石。

地表先成岩石的风化作用的产物是沉积物最主要的来源，这种先成岩石称为母岩。由于沉积物大部分来源于母岩风化的产物，因此，母岩的风化可视为沉积岩形成过程中的第一阶段（风化作用阶段）。风化物除部分残留于原地外，极大部分都要被水流、风、冰川、重力以及生物等搬运到其他地方（沉积盆地），为沉积岩形成的第二阶段（搬运阶段），搬运方式包括机械搬运和化学搬运两种。当搬运能力减弱或物理化学环境改变时，被搬运的物质逐渐沉积下来（沉积阶段），一般可分为机械沉积、化学沉积和生物化学沉积。各种沉积物一般原来是松散的，在地质年代里，沉积物逐层堆积，较老的被较新的沉积物覆盖掩埋，上覆沉积物逐渐加厚，由于上覆沉积物的压力，原来松散的沉积物逐渐脱水、被压实，同时又由于粒间水的溶解、沉淀作用，使颗粒互相胶结而固化成岩（固结成岩阶段）。

沉积岩是一种次生岩石，其物质成分除岩浆岩等原来岩石矿物的碎屑外，还有一些外生条件下形成的矿物，如黏土和其他一些胶体矿物、易溶盐类、来自生物遗体的硬体（骨骼、甲壳等）碎片和有机质，这些外生组分是沉积岩所特有的。化石是存留在岩石中的动物或植物遗骸，通常肌肉或表皮等柔软部分在保存前就已腐蚀殆尽，而只留下抵抗性较大的部分，如骨头或外壳，它们接着就被周围沉积物的矿物质渗入取代。

（二）沉积岩的矿物成分

经过风化、搬运、沉积和固结成岩作用后，原岩中许多矿物已风化分解消失，只有石英、长石、云母等少数矿物在岩屑或砂粒中保存下来。在粒径较大的砾岩和角砾岩碎屑中，也可见到原岩碎屑。

在沉积物向沉积岩转化过程中，除了体积上的变化外，同时也生成了与新环境相适应的稳定矿物。在沉积岩形成过程中产生的新矿物有方解石、白云石、黄铁矿、海绿石、黏土矿物、磷灰石、石膏、重晶石、蛋白石和燧石等，这些新矿物被称为沉积矿物，是沉积岩中最常见的矿物成分。

（三）沉积岩的结构

沉积岩的结构是指组成岩石颗粒的性质、形状、大小及其相互关系。常见的沉积岩结构有碎屑结构、泥质结构、晶粒结构和生物结构。

1. 碎屑结构

① 由碎屑物质被胶结物胶结而成。按碎屑粒径的大小，可分为以下几种。

砾状结构：碎屑粒径大于 2mm；

砂质结构：碎屑粒径介于 2～0.05mm 之间；2～0.5mm，为粗砂结构，如粗粒砂岩；0.5～0.25mm，为中砂结构，如中粒砂岩；0.25～0.05mm，为细砂结构，如细粒砂岩；

粉砂质结构：碎屑粒径 0.05～0.005mm，如粉砂岩。

② 按碎屑颗粒的磨圆程度和颗粒形状可分为尖棱角状、次棱角状、次圆状和圆状四种（见图 1-10）。颗粒的形状主要受颗粒硬度、相对密度以及搬运历程等因素影响。

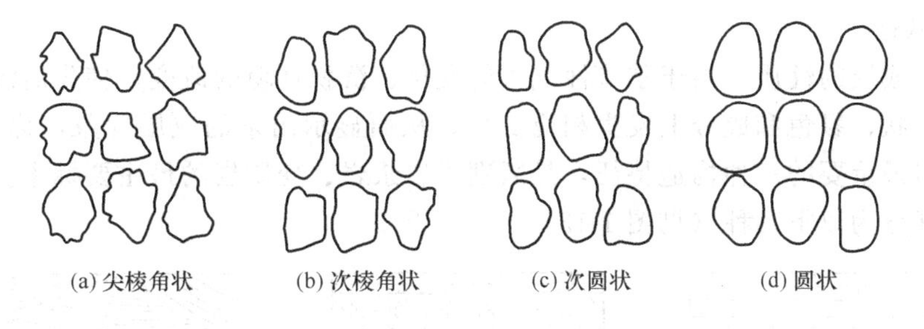

图 1-10　碎屑颗粒的形状

③ 按胶结物的成分，可分为以下几种。

硅质胶结：由石英及其他二氧化硅胶结而成，颜色浅，强度高；

铁质胶结：由铁的氧化物及氢氧化物胶结而成，颜色深，呈红色，强度次于硅质胶结；

钙质胶结：由方解石等碳酸钙一类物质胶结而成，颜色浅，强度比较低，容易遭受侵蚀；

泥质胶结：由细粒黏土矿物胶结而成，颜色不定，胶结松散，强度最低，容易遭受风化破坏。

④ 根据胶结物与碎屑颗粒之间的相对含量和颗粒之间的相互关系，分为基底胶结、孔隙胶结和接触胶结三种（见图 1-11）。

基底胶结：胶结物含量多，碎屑颗粒孤立地散布于胶结物中，彼此互不接触。

孔隙胶结：碎屑颗粒紧密接触，胶结物充填于粒间孔隙中。

接触胶结：胶结物含量极少，碎屑颗粒互相接触，胶结物仅存在于颗粒的接触处。

2. 泥质结构

几乎全部由小于 0.005mm 的黏土颗粒组成，是泥岩、页岩等黏土岩的主要结构。

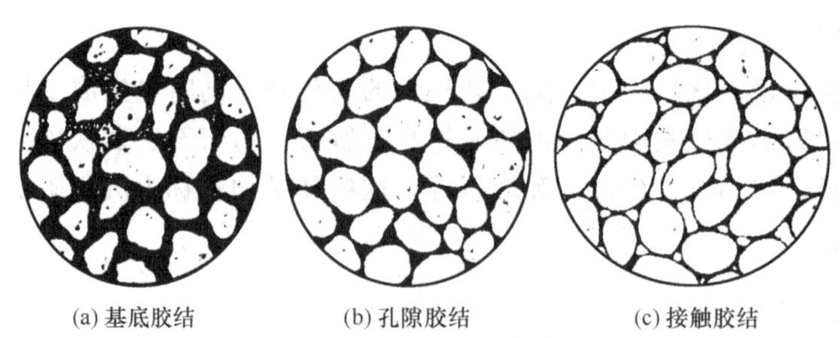

(a) 基底胶结　(b) 孔隙胶结　(c) 接触胶结

图 1-11　沉积岩的胶结类型

3. 结晶结构（化学结构）

由溶液中沉淀或经重结晶所形成的结构。由沉淀生成的晶粒极细，经重结晶作用晶粒变粗，但一般多小于1mm，肉眼不易分辨。结晶结构为石灰岩、白云岩等化学岩的主要结构。

4. 生物结构

由生物遗体或碎片所组成，如贝壳结构、珊瑚结构等。是生物化学岩所具有的结构。

（四）沉积岩的构造

沉积岩的构造是指在沉积作用或成岩作用中，沉积物组分在岩石内部或表面形成的排列方式、相互关系及充填方式等构造特征。在沉积物固结之前形成的构造称为原生沉积构造，在沉积物固结之后形成的构造称为次生沉积构造。

1. 层理构造

是沉积岩成层的性质。由于季节性气候的变化、沉积环境的改变，使先后沉积的物质在颗粒大小、形状、颜色和成分上发生相应变化，从而显示出来的成层现象，称为层理构造。层理是沉积岩最重要的一种构造特征，是区别于岩浆岩、变质岩的最主要标志。根据层理的形态可将层理分为以下几种（见图 1-12）。

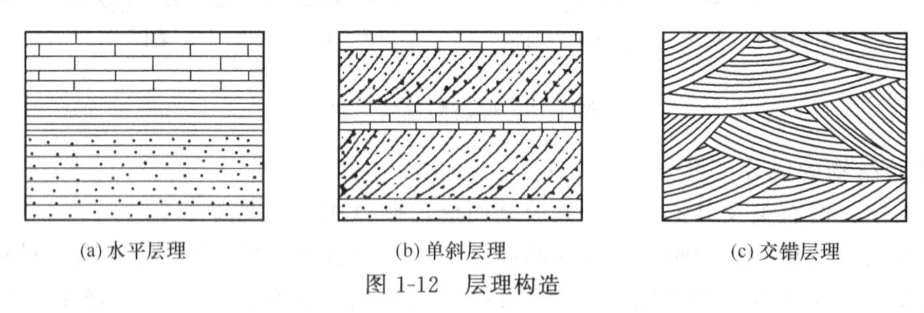

(a) 水平层理　(b) 单斜层理　(c) 交错层理

图 1-12　层理构造

（1）水平层理

由平直且层面平行的一系列细层组成的层理，主要见于细粒岩石中。它是在比较稳定的水动力条件下，从悬浮物或溶液中缓慢沉积而成的。

（2）单斜层理

由一系列与层面斜交的细层组成的层理，其向同一方向倾斜并大致相互平行，与上下层面斜交，上下层面相互平行，是由单向水流所造成的，多见于河床或滨海三角洲沉积中。

（3）交错层理

由多组不同方向的斜层理互相交错重叠而成的，是由于水流运动方向频繁变化所造成的，多见于河流沉积层中。

层与层之间的界面，称为层面。上下两个层面间成分基本均匀一致的岩石，称为岩层。

它是层理最大的组成单位。一个岩层上下层面之间的垂直距离称为岩层的厚度。在短距离内岩层厚度的减小称为变薄；厚度变薄以至消失称为尖灭；两端尖灭就成为透镜体；大厚度岩层中所夹的薄层，称为夹层。

沉积岩内岩层的变薄、尖灭和透镜体，可使其强度和透水性在不同的方向发生变化；松软夹层，容易引起上覆岩层发生顺层滑动。

2. 层面构造

层面构造是指岩层层面上由于水流、风、生物活动等作用留下的痕迹。

(1) 波痕

是非黏性的砂质沉积物层面上特有的波状起伏的层面构造，在砾岩和泥岩中见不到波痕。波痕是保留在层面上的痕迹，在层内的痕迹就是层理（见图 1-13）。

(2) 泥裂（干裂）

干旱或太阳暴晒时，暴露的沉积物因快速脱水收缩形成的一种顶面裂隙构造，裂隙宽约 1～2mm 或几毫米以下，多有上覆沉积物充填（见图 1-14）。

图 1-13 波痕层面构造

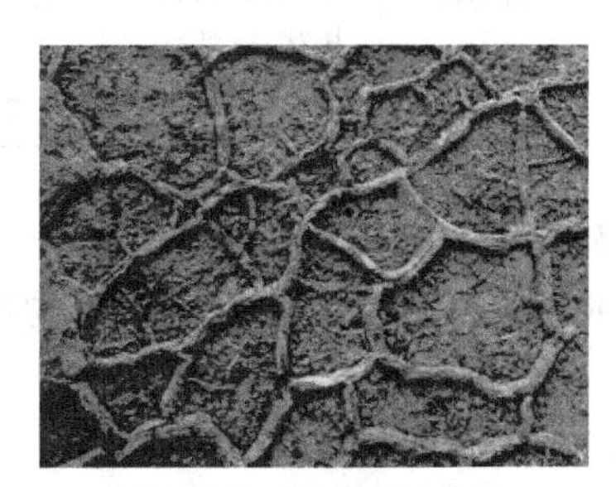

图 1-14 泥裂层面构造

(3) 结核

以小颗粒为中心，形成的沉积物的构造类型。在成分、颜色和结构构造等方面，核是非层状的化学或生物化学形成的自生矿物集合体。按结核与围岩形成和演化的关系，可分为同生结核、成岩结核和次生（或后生）结核三种类型（见图 1-15）。

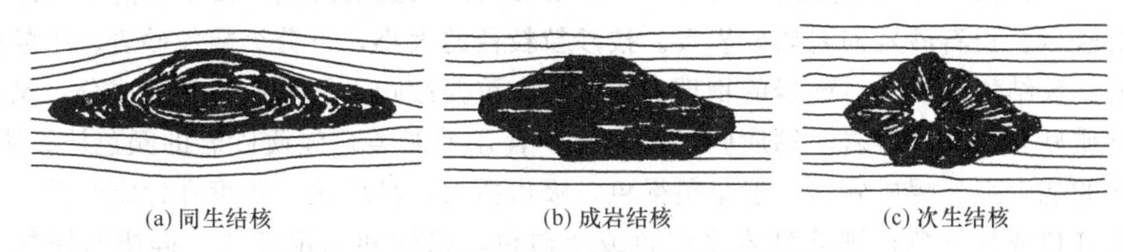

图 1-15 结核的成因类型及与围岩层理的关系

(4) 生物成因构造

包括生物扰动构造和叠层构造。动物行为（同沉积的爬行、沉积后的挖掘等）破坏松软沉积物原有的沉积特征，形成的一种无定形构造为生物扰动构造。由单细胞或简单多细胞藻类（还有细菌）等在固定基底上周期性繁殖形成的一种纹层状构造，称为叠层构造。

（五）沉积岩分类及主要沉积岩的特征

沉积岩根据组成成分、结构、构造和形成条件，可分为碎屑岩、黏土岩、化学岩及生物化学岩，主要沉积岩分类见表 1-8。

表 1-8　主要沉积岩分类

<table>
<tr><th rowspan="2">岩类</th><th colspan="2" rowspan="2">结构</th><th rowspan="2">主要矿物成分</th><th colspan="2">主要岩石</th></tr>
<tr><th>松散的</th><th>胶结的</th></tr>
<tr><td rowspan="4">碎屑岩</td><td colspan="2" rowspan="2">砾状结构(>2mm)</td><td rowspan="2">岩石碎屑或块岩</td><td>角砾、碎岩、块石</td><td>角砾岩</td></tr>
<tr><td>卵石、砾石</td><td>砾岩</td></tr>
<tr><td colspan="2">砂质结构(0.05～2mm)</td><td>石英、长石、云母、角闪石、辉石、磁铁矿</td><td>砂土</td><td>石英砂岩、长石砂岩</td></tr>
<tr><td colspan="2">粉质结构(0.005～0.05mm)</td><td>石英、长石、黏土矿物、碳酸盐矿物</td><td>粉砂土</td><td>粉砂岩</td></tr>
<tr><td>黏土岩</td><td colspan="2">泥质结构(<0.005mm)</td><td>黏土矿物为主，含少量石英、云母等</td><td>黏土</td><td>泥岩、页岩</td></tr>
<tr><td rowspan="5">化学岩及生物化学岩</td><td rowspan="5">化学结构及生物结构</td><td rowspan="2">致密状、粒状、鲕状</td><td>方解石为主，含黏土矿物、白云石</td><td></td><td>泥灰岩、石灰岩</td></tr>
<tr><td>白云石、方解石</td><td></td><td>白云质灰岩、白云岩</td></tr>
<tr><td rowspan="3">结核状、鲕状、块状、纤维状、致密状</td><td>石英、蛋白石、玉髓硅胶、燧石</td><td>硅藻土</td><td>燧石岩、硅藻岩</td></tr>
<tr><td>钾、钠、镁的硫酸盐及有机物</td><td></td><td>石膏、岩盐、钾盐</td></tr>
<tr><td>碳、碳氢化合物及有机物</td><td>泥炭</td><td>煤、油页岩</td></tr>
</table>

1. 碎屑岩类

是由先成岩石风化剥蚀的碎屑物质，经搬运、沉积、胶结而成的岩石。常见的有以下几种。

(1) 砾岩及角砾岩

砾状结构，由50％以上大于2mm的粗大碎屑胶结而成。由浑圆状砾石胶结而成的称为砾岩；由棱角状的角砾胶结而成的称为角砾岩。角砾岩的岩性成分比较单一，砾岩的岩性成分一般比较复杂，经常由多种岩石的碎屑和矿物颗粒组成。胶结物的成分有钙质、泥质、铁质及硅质等。

(2) 砂岩

砂质结构，由50％以上粒径介于2～0.05mm的砂粒胶结而成。按砂粒的矿物组成，可分为石英砂岩、长石砂岩和岩屑砂岩等。按砂粒粒径的大小，可分为粗粒砂岩、中粒砂岩和细粒砂岩。胶结物的成分对砂岩的物理力学性质有重要影响。根据胶结物的成分，又可将砂岩分为硅质砂岩、铁质砂岩、钙质砂岩及泥质砂岩几个亚类。硅质砂岩的颜色浅，强度高，抵抗风化的能力强。泥质砂岩一般呈黄褐色，吸水性大，易软化，强度和稳定性差。铁质砂岩常呈紫红色或棕红色，钙质砂岩呈白色或灰白色，强度和稳定性介于硅质与泥质砂岩之间。砂岩分布很广，易于开采加工，是工程上广泛采用的建筑石料。

(3) 粉砂岩

粉砂质结构，常有清晰的水平层理。矿物成分与砂岩近似，但黏土矿物的含量一般较高，主要由粉砂胶结而成。结构较疏松，强度和稳定性不高。

2. 黏土岩类

(1) 页岩

是由黏土脱水胶结而成，以黏土矿物为主，大部分有明显的薄层理，呈页片状。可分为硅质页岩、黏土质页岩、砂质页岩、钙质页岩及碳质页岩。除硅质页岩强度稍高外，其余岩性软弱，易风化成碎片，强度低，与水作用易于软化而丧失稳定性。

（2）泥岩

成分与页岩相似，常成厚层状。以高岭石为主要成分的泥岩，常呈灰白色或黄白色，吸水性强，遇水后易软化。以微晶高岭石为主要成分的泥岩，常呈白色、玫瑰色或浅绿色，表面有滑感，可塑性小，吸水性高，吸水后体积急剧膨胀。

黏土岩夹于坚硬岩层之间，形成软弱夹层，浸水后易于软化滑动。

3. 化学岩及生物化学岩类

（1）石灰岩

简称灰岩。矿物成分以方解石为主，其次含有少量的白云石和黏土矿物。常呈深灰、浅灰色，纯质灰岩呈白色。由纯化学作用生成的具有结晶结构，但晶粒极细。经重结晶作用即可形成晶粒比较明显的结晶灰岩。由生物化学作用生成的灰岩，常含有丰富的有机物残骸。石灰岩中一般都含有一些白云石和黏土矿物，当黏土矿物含量达25%～50%时，称为泥灰岩；白云石含量达25%～50%时，称为白云质灰岩。石灰岩分布相当广泛，岩性均一，易于开采加工，是一种用途很广的建筑石料。

（2）白云岩

主要矿物成分为白云石，也含有方解石和黏土矿物，结晶结构。纯质白云岩为白色，随所含杂质的不同，可出现不同的颜色。性质与石灰岩相似，但强度和稳定性比石灰岩为高，是一种良好的建筑石料。白云岩的外观特征与石灰岩近似，在野外难于区别，可用盐酸起泡程度辨认。

（3）泥灰岩

当石灰岩中黏土矿物含量大25%～50%时，称为泥灰岩。颜色有灰色、黄色、褐色、红色等，强度低、易风化。泥灰岩可作水泥原料。

三　变质岩

原来的岩石（岩浆岩、沉积岩和变质岩）受到地球内部力量（温度、压力、应力的变化、化学成分等）的改造，在固体状态下发生矿物成分及结构构造变化后形成的新的岩石。在变质因素的影响下，促使岩石在固体状态下改变其成分、结构和构造的作用，称为变质作用。

（一）变质作用的因素

变质岩矿物的形成过程是发生于风化带、胶结带以下的，原岩基本是在固体状态下经重新组合而形成。其中温度是主导因素，压力因素与温度因素相互配合，控制着变质反应的进程（见图1-16）。一些新的化学成分的加入对变质矿物的形成作用也有重要意义。

1. 温度

热源为：一是炽热岩浆带来的热量；二是地壳深处的高温；三是构造运动所产生的热。高温变质：因为温度升高后，一方面能促使岩石发生重结晶，形成新的结晶结构，如石灰岩发生重结晶作用后晶粒增大，成为大理岩；另一方面还能促进矿物间的化学反应，产生新的变质矿物。

2. 高压

压力来源为：一是上覆岩层重量产生的静压力；二是构造运动或岩浆活动所引起的横向挤压力。高压变质：在静压力长期作用下，岩石的孔隙性减小，使岩石变得更加致密坚硬；

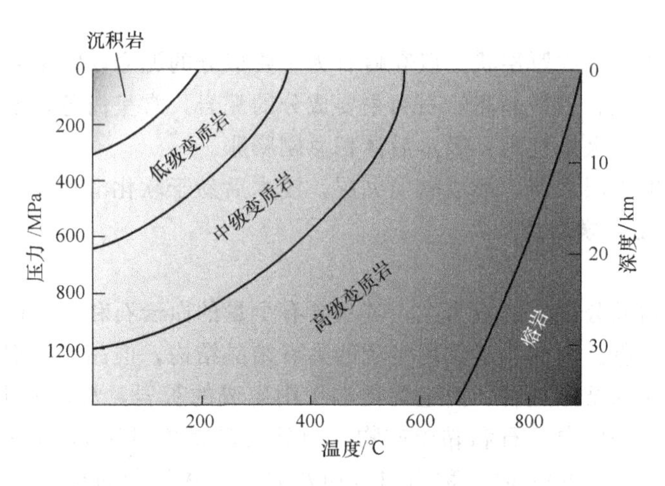

图 1-16　温度与压力对变质作用的影响

会使岩石的塑性增强，比重增大，形成石榴子石等比重大的变质矿物；使岩石和矿物发生变形和破裂，形成各种破碎构造；有利于片状、柱状矿物定向生长；促进新的矿物组合和发生重结晶作用，而形成变质岩特有的片理构造。

3. 新的化学成分的加入

来源：来自岩浆活动带来的含有复杂化学元素的热液和挥发性气体。在温度和压力的综合作用下，这些具有化学活动性的成分，容易与围岩发生反应，产生各种新的变质矿物，甚至会使岩石的化学成分发生深刻的变化。

（二）变质作用的类型

根据其规模，变质作用可分为局部变质作用和区域变质作用两大类。

1. 局部变质作用

局部变质作用是分布局限的变质作用。局限分布在一个具体的地质构造（断裂带、接触带等）中，往往一个因素起主导作用。

（1）接触-热变质作用

分布在侵入体与围岩接触带，主要由岩浆热液而导致围岩的变质作用。主要控制因素为温度，主要变质机制为重结晶。

（2）动力变质作用

在构造运动产生的定向压力作用下，导致的变质作用，主要分布在断裂带附近。主要变质机制为变形（脆性变形和韧性变形）及动态重结晶，可与不同的区域变质伴生。

（3）冲击变质作用

在陨石冲击地表的强大冲击波作用下产生的变质作用，分布在陨石坑附近。瞬时的高压、高温条件是其控制因素。变形和伴随的部分熔融是其主要的变质机制。

（4）交代变质作用

侵入体接触带及其附近和火山喷气活动区，岩浆热液通过交代作用（扩散交代和渗透交代）改变岩石矿物成分、结构构造，并导致岩石总化学成分（除挥发分外）也发生变化。典型的交代变质岩有夕（矽）卡岩、云英岩、黄铁绢英岩、次生石英岩等。分布在侵入体接触带的交代变质作用又称接触-交代变质作用。

2. 区域变质作用

在岩石圈范围，规模巨大（大于数千立方公里）的变质作用。变质因素是温度、压力、偏应力和流体综合作用。变质机制主要是重结晶和变形，还伴有明显的交代和部分熔融。

（1）造山变质作用

与大规模造山作用有密切联系的变质作用，分布在前寒武纪结晶基底和显生宙造山带（因是最常见的区域变质作用，常称为区域变质作用）。

（2）洋底变质作用

大洋中脊附近，在上升热流和海水作用下，洋壳岩石产生的规模巨大的变质作用。温度和流体（海水）中活动组分化学位（或浓度）是主要的变质因素。变质作用机制是重结晶作用并伴随有交代作用，岩石面、线理不发育。

（3）埋藏变质作用

在负荷压力和地热增温的作用下岩石发生的变质作用。通常出现在区域变质（造山变质）和洋底变质的很低级部分或独立出现在强烈坳陷的盆地沉积的底部。埋藏变质作用是大规模很低级（很低温）变质作用，形成的岩石无明显的变形，重结晶作用不完全，多原岩结构构造残留。

（4）混合岩化作用

在区域变质作用基础上，继续升高的地壳内部热流导致深部热液和局部重熔熔浆贯入变质岩中形成混合岩，它是变质作用向岩浆作用过渡的类型，又称为超变质作用。

（三）变质岩的矿物成分

原岩在变质过程中，既能保留部分原有矿物，也能生成一些变质岩特有的新矿物。前者如岩浆岩中的石英、长石、角闪石、黑云母等和沉积岩中的方解石、白云石、黏土矿物等；后者如绢云母、红柱石、蓝晶石、矽线石、十字石、阳起石、透闪石、滑石、叶蜡石、蛇纹石、绿泥石、方柱石、硅灰石、符山石、石榴子石、石墨等，它们都是变质岩区别于岩浆岩和沉积岩的又一重要特征。

（四）变质岩的结构

1. 变余（残留）结构

变质作用后保留原岩结构特征的结构类型。外貌上具原岩（沉积岩或岩浆岩）的结构构造特征，成分上由变质矿物组成。浅变质条件下，可有原岩矿物残留。主要见于浅变质岩中。如变余砂状结构、变余斑状结构等。

2. 变晶结构

岩石在固体状态下发生重结晶或变质结晶所形成的结构称为变晶结构。变晶结构是变质岩中最常见的结构。按变质矿物颗粒的绝对大小可分为粗粒变晶结构（粒径>3mm）、中粒变晶结构（粒径为1～3mm）、细粒变晶结构（粒径<1mm）和显微变晶结构。按变质矿物颗粒的相对大小分为等粒变晶结构、不等粒变晶结构、斑状变晶结构（见图1-17）。

3. 碎裂结构

碎裂结构中矿物颗粒发生裂隙、裂开并在颗粒的接触处和裂开处被破碎成许多小碎粒，矿物颗粒的外形都呈不规则的棱角状。当破碎剧烈时，在粉碎了的矿物颗粒中还残留有部分较大的矿物碎粒即碎斑，此时成为碎斑结构（见图1-18）。矿物颗粒破碎成微粒状（或细粒

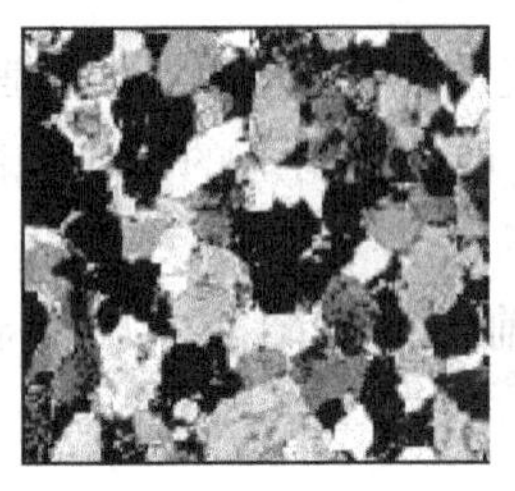

(a) 等粒变晶结构

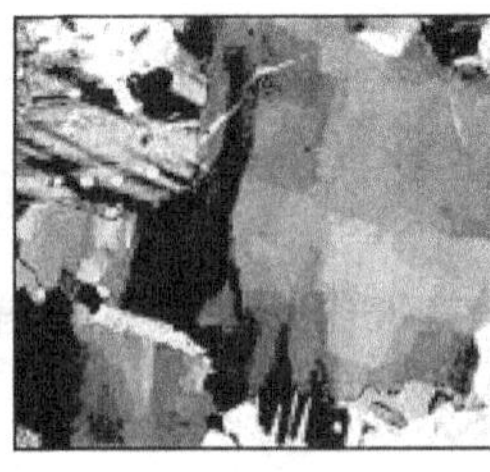

(b) 不等粒变晶结构

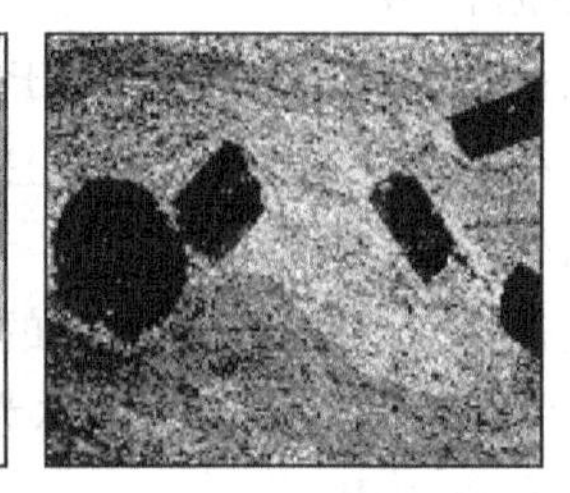

(c) 斑状变晶结构

图 1-17 变质岩的变晶结构

至隐晶质)，并在应力作用下发生了矿物的韧性流变现象，破碎的微粒呈明显的定向排列，形成明显的定向构造（条带、条纹），其中可残留少量稍大的矿物碎片（碎斑，常为石英、长石等），此时成为糜棱结构（见图 1-19）。

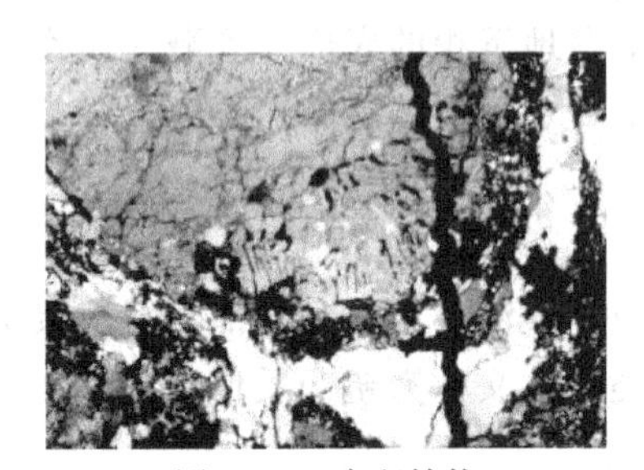

图 1-18 碎斑结构

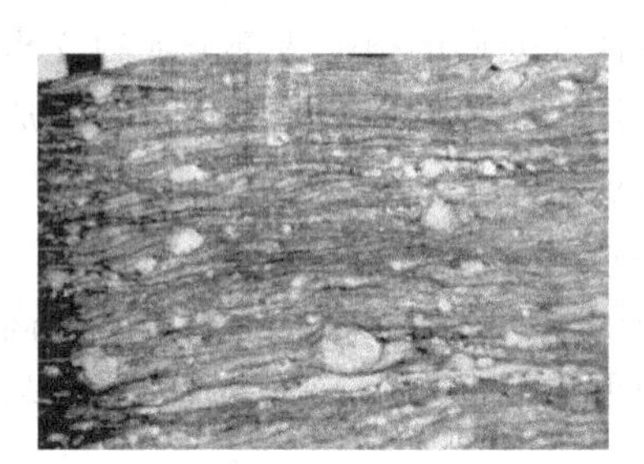

图 1-19 糜棱结构

（五）变质岩的构造

1. 斑点状构造

岩石中由于某些组分的聚集，构成不同形状和大小的斑点不均匀分布在致密的基质中的构造，斑点肉眼无法鉴别。斑点可进一步重结晶成变斑晶。

2. 板状构造（板劈理）

在应力作用下，形成一组密集平行的破裂面即劈理，岩石沿着劈理面岩石平整裂开成板状。劈理面常光滑平整，分布重结晶程度很低的绢云母、绿泥石等，是低级变质岩典型的面理形式。

3. 千枚状构造

由细小的面理（多小于 0.1mm）片状结构，呈薄片状，岩石中各组分重结晶并呈定向排列，有强烈的丝绢光泽，还常见具挠曲和小褶皱。重结晶程度比板状构造高，但肉眼仍难以识别矿物颗粒，劈理面不如板劈理面平整，明显特征是存在折劈、微褶皱和扭折带，但有强烈丝绢光泽（绢云母、绿泥石等片状硅酸盐矿物造成）。

4. 片状构造

面理（称片理面）由肉眼可识别的（粒径＞0.1mm）的片、板、针、柱状矿物连续定向排列而成，矿物重结晶程度高。裂开面平整程度比千枚状构造差。

5. 片麻状构造

以粒状浅色矿物为主伴有少量的鳞片状、柱状暗色矿物，断续定向排列而成（片麻理），矿物的结晶程度都比较高，肉眼可识别。与片状构造不同点在于粒状矿物含量高，且断续定向分布，沿片麻理岩石无强烈的裂开。

6. 块状构造

由矿物成分和结构都成无向的均匀分布所组成的一种构造，是一些大理岩和石英岩等岩石中常有的构造。

（六）变质岩的分类及主要变质岩的特征

1. 变质岩分类

根据变质岩构造特征、结构和矿物成分，对变质岩进行分类，如表 1-9 所示。

表 1-9　主要变质岩的分类

<table>
<tr><th>变质作用</th><th colspan="2">构造和结构</th><th>岩石名称</th><th>主要矿物成分</th><th>原岩</th></tr>
<tr><td rowspan="4">区域变质</td><td colspan="2">片麻状构造、变晶结构</td><td>片麻岩</td><td>石英、长石、云母、角闪石等</td><td>中性及酸性岩浆岩、砂岩、粉砂岩、黏土岩</td></tr>
<tr><td colspan="2">片状构造、变晶结构</td><td>片岩</td><td>云母、滑石、绿泥岩、石英等</td><td>黏土岩、砂岩、泥灰岩、岩浆岩、凝灰岩</td></tr>
<tr><td colspan="2">千枚状构造、变晶结构</td><td>千枚岩</td><td>绢云母、石英、绿泥石等</td><td>黏土岩、粉砂岩、凝灰岩</td></tr>
<tr><td colspan="2">板状构造、变晶结构</td><td>板岩</td><td>黏土矿物、绢云母、绿泥石、石英等</td><td>黏土岩、黏土质粉砂岩</td></tr>
<tr><td rowspan="2">区域变质、接触变质</td><td rowspan="4">块状构造</td><td rowspan="2">变晶结构</td><td>石英岩</td><td>石英为主、有时含有绢云母等</td><td>砂岩、硅质岩</td></tr>
<tr><td>大理岩</td><td>方解石、白云石</td><td>石灰岩、白云岩</td></tr>
<tr><td rowspan="2">动力变质</td><td>碎裂结构</td><td>碎裂岩</td><td>原岩岩块</td><td>各类岩石</td></tr>
<tr><td>糜棱结构</td><td>糜棱岩</td><td>原岩碎屑</td><td>各类岩石</td></tr>
</table>

2. 主要变质岩的特征

① 片麻岩：具典型的片麻状构造，变晶或变余结构，因发生重结晶，一般晶粒粗大，肉眼可以辨识。片麻岩可以由岩浆岩变质而成，也可由沉积岩变质形成。主要矿物为石英和长石，其次有云母、角闪石、辉石等。此外有时尚含有少许石榴子石等变质矿物。岩石颜色视深色矿物含量而定，石英、长石含量多时色浅，黑云母、角闪石等深色矿物含量多时色深。片麻岩进一步的分类和命名，主要根据矿物成分，如角闪石片麻岩、斜长石片麻岩等。片麻岩强度较高，如云母含量增多，强度相应降低。因具片理构造，故较易风化。

② 片岩：具片状构造，变晶结构。矿物成分主要是一些片状矿物，如云母、绿泥石、滑石等，此外尚含有少许石榴子石等变质矿物。进一步的分类和命名是根据矿物成分，如云母片岩、绿泥石片岩、滑石片岩等。片岩的片理一般比较发育，片状矿物含量高，强度低，抗风化能力差，极易风化剥落，岩体也易沿片理倾向坍落。

③ 千枚岩：多由黏土岩变质而成。矿物成分主要为石英、绢云母、绿泥石等。结晶程度比片岩差，晶粒极细，肉眼不能直接辨别，外表常呈黄绿、褐红、灰黑等色。由于含有较多的绢云母，片理面常有微弱的丝绢光泽。千枚岩的质地松软，强度低，抗风化能力差，容易风化剥落，沿片理倾向容易产生塌落。

④ 石英岩：结构和构造与大理岩相似。一般由较纯的石英砂岩变质而成，常呈白色，因含杂质，可出现灰白色、灰色、黄褐色或浅紫红色。强度很高，抵抗风化的能力很强，是良好的建筑石料，但硬度很高，开采加工相当困难。

⑤ 大理岩：由石灰岩或白云岩经重结晶变质而成，等粒变晶结构，块状构造。主要矿物成分为方解石，遇稀盐酸强烈起泡，可与其他浅色岩石相区别。大理岩常呈白色、浅红色、淡绿色、深灰色以及其他各种颜色，常因含有其他带色杂质而呈现出美丽的花纹。大理岩强度中等，易于开采加工，色泽美丽，是一种很好的建筑装饰石料。

⑥ 混合岩：由混合岩化作用形成的岩石。其基本组成物质为基体和脉体两部分。基体指的是混合岩形成过程中残留的原来的变质岩，是区域变质作用的产物，多含暗色矿物，如角闪岩、片麻岩等，具变晶结构和块状构造或定向构造，颜色较深。脉体指的是混合岩形成过程中处于活动状态的新生成的流体物质结晶部分，通常是花岗质、长英质（细晶质）、伟晶质和石英脉等，颜色较浅。脉体和基体以不同的数量和方式相混合，可形成不同形态的各种混合岩，如条带状混合岩、肠状混合岩、混合片麻岩、混合花岗岩等。

思考题

1-1 地质作用的概念和类型。

1-2 矿物的概念，矿物的主要物理性质。

1-3 岩浆岩的形成与分类。

1-4 沉积岩形成的过程。

1-5 变质作用的类型。

1-6 三大岩石的鉴别。

第二章

地质年代和地质构造

【内容导读】 本章主要介绍了地质年代的确定及各个地质年代特征，着重对各种地质构造（褶皱、节理、断层、活断层）进行了讲述，最后简要介绍了地质图的相关知识。

【教学目标及要求】 通过本章的学习，希望同学们对各个地质年代、其特征岩层及地层关系有深刻的认识；掌握岩层的产状及产状的三个要素，掌握褶皱的要素和褶皱、节理、断层、活断层的定义、分类及判定方法，认识各种地质构造对建筑物稳定的影响。了解地质图的分类，会阅读简单的地质图。

第一节 概述

地质年代和地质构造是在认识矿物、岩石的基础上，研究地球历史中形成的地层，各地层形成的时间、特点及相互关系。

地质年代重点研究了地层形成的时间及各年代划分，从时间角度认识地球各地层时代及特点，从而更深刻地认识地球的发展史。

地层是以成层的岩石为主体，随时间推移而在地表低凹处形成的构造，是地质历史的重要纪录。狭义的地层专指已固结的成层的岩石，有时也包括尚未固结成岩的松散沉积物。依照沉积的先后，早形成的地层居下，晚形成的地层在上，这是地层层序关系的基本原理，称为地层层序律。

地层在形成以后，由于受到地壳剧烈运动的影响，改变原来的位置，会产生倾斜甚至倒转，但只要能查明其形成和变形的时间，仍可以恢复其原始的层序。在同一时间，地球上各处环境不同，在不同环境中形成的地层各有特点。在地表的隆起部位，不仅不能形成新的地层，还会因受到剥蚀而使已经形成的地层消失。

地质构造是指组成地壳的岩层和岩体在内、外动力地质作用下发生的变形变位，从而形成诸如褶皱、节理、断层以及其他各种面状和线状构造等。

地质构造因此可依其生成时间分为原生构造（primary structures）与次生构造（secondary structures 或 tectonic structures）。次生构造是构造地质学研究的主要对象，而原生构造一般是用来判断岩石有无变形及变形方式的基准。构造也可分为水平构造、倾斜构造、断裂和褶皱。

地球表层的岩层和岩体，在形成过程及形成以后，都会受到各种地质作用力的影响，有的大体上保持了形成时的原始状态，有的则产生了形变。它们具有复杂的空间组合形态，即各种地质构造。断裂和褶皱是地质构造的两种最基本形式。

第二节 地质年代的确定方法

地质年代是指地球上各种地质事件发生的时代，是研究岩层形成的年代顺序及测定其年龄值的科学。地球形成到现在至少有 46 亿年的历史，在这漫长的地质历史中，地壳经历了许多次强烈的构造运动、岩浆活动、海陆变迁、剥蚀和沉积作用等各种地质事件，形成了不同的地质体。搞清地质事件发生或地质体形成的时代和先后顺序是十分重要的基础工作，为了不同地区间的对比，或者需要了解一个地区的地质构造、岩层的相互关系及阅读地质资料或地质图件时都必须有地质年代的知识。

地质年代有两种，一种是绝对地质年代，另一种是相对地质年代。绝对地质年代是指组成地壳的岩层从形成到现在有多少“年”了，它表示出了岩层形成的确切时间，但它不能反映岩层形成时的地质过程。相对地质年代是指岩层形成的先后顺序及其相对的新老关系，最终确定出的是哪些岩层是先形成的，是老的，哪些岩层是后形成的，是新的。在相对地质年代中，并不包括用“年”表示的时间概念。因此，相对地质年代不能说明岩层形成的确切时间，但是它却能反映岩层形成的自然阶段，从而说明地壳发展的历史过程。因此，在地质工作中，人们通常应用相对地质年代。

一　绝对地质年代的确定——同位素年龄的测定

随着放射性元素衰变现象的发现的研究，出现了利用放射性同位素的衰变原理来测定地质年代的方法。放射性同位素是不稳定的，它经常在裂变，释放出能量，最后变成稳定的终极元素。若矿物或岩石中含有某一放射性元素，称为母体，由于衰变现在岩石中剩下的质量为 N，产生的新元素称为子体(衰变产物)，其质量为 D，则按式(2-1) 就可计算出岩石形成的年龄，其中衰变系数 λ 代表每年每克母体同位素能产生的子体同位素的克数。

$$t=\frac{1}{\lambda}\ln(1+\frac{D}{N}) \tag{2-1}$$

并不是任何放射性性同位素都可以作为地质年龄测定的对象，一般要求其半衰期要大致和地球年龄属同一个数量级，半衰期过长或太短都会失去计时的意义；此外，还要求该放射性同位素在地球岩石中有足够的含量及其终极元素有较好的被保存的条件等。目前常用的同位素年龄测定方法有铀钍铅法、铷锶法和钾氩法等，见表 2-1。通常，同位素年代测定工作是专门技术人员在实验室中进行的。

表 2-1 常用的同位素及其衰变系数

母同位素	子同位素	半衰期/a	衰变系数 λ /a
铀(U^{238})	铅(Pb^{206})	4.5×10^{9}	1.54×10^{-10}
铀(U^{235})	铅(Pb^{207})	7.1×10^{8}	9.72×10^{-10}
钍(Th^{232})	铅(Pb^{208})	1.4×10^{10}	0.49×10^{-10}
铷(Rb^{87})	锶(Sr^{87})	5.0×10^{10}	0.14×10^{-10}
碳(C^{14})	氮(N^{14})	5.7×10^{3}	

同位素年龄的测定，对于地层时代的确定，特别是对于很少含有化石或不含化石的古老变质系的划分和对比是一个十分重要的方法。因此，地质工作者在进行地层划分和对比工作中，也十分重视岩石同位素年代资料。目前世界各地地表出露的古老岩石都已进行了同位素年龄测定，如南美洲圭亚那的角闪岩为(4130±170)Ma(Ma 表示百万年)，我国冀东络云母石英岩为 3650～3770 Ma。

二 相对地质年代的确定

相对地质年代主要是确定地质事件发生的先后顺序，不需要确切的时间，因此，相对地质年代的确定有不少方法，本文主要介绍地层层序法、生物层序法、切割法、地层接触关系法及古地磁法等。

1. 地层层序法

以地层的沉积顺序作为确定的地层新老关系的方法。沉积地层在形成过程中，总是先沉积的岩层在下面，后沉积的岩层在上面，形成沉积岩的自然顺序。根据这种上新下老的正常层位关系，就可以确定出岩层的相对地质年代。这一方法只适用于地质构造运动不发达的地区。在构造运动复杂的地区，岩层的正常层位会在构造运动作用下发生变化，运用这种方法就比较困难了，如图 2-1 (a)、(b) 及图 2-2 所示。

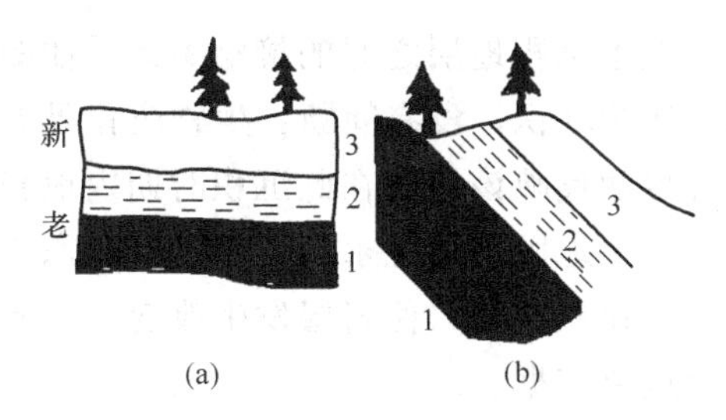

图 2-1 岩层的正常层序

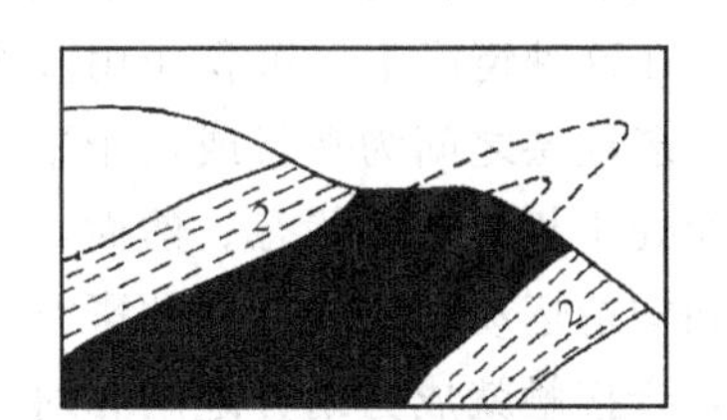

图 2-2 岩层发生倒转后的层序

2. 生物层序法

从古到今，生物总是由低级向高级，由简单向复杂逐渐发展的。所以在地质年代的每个阶段，都发育有适应当时自然环境的特有的生物群。因此，在不同地质年代沉积的岩层中，会含有不同特征的古生物化石。含有相同化石的岩层，无论相距多远，都是在同一地质年代中形成的。因此可以利用分布时代短、特征显著、数量众多而地理分布广泛的化石（称为标准化石)，来确定地层的地质年代。如寒武纪的三叶虫、奥陶纪的珠角石、志留纪的笔石、泥盆纪的石燕、二叠纪的大羽羊齿、侏罗纪的恐龙等。

3. **切割法**

根据岩层穿切关系原理简易地判别岩层相对的新老关系的方法。

由地层层序法，沉积地层的自然顺序，总是先沉积的岩层在下面，后沉积的岩层在上面。当该地区经历地质构造运动后，地层的层序可能会有所变化。此时，我们可以通过简单的岩层的切割关系来判断岩层的新老关系。一般来说，对于岩层侵入别的岩层的情况下，侵入的情况→侵入者时代新，被侵入者时代老；岩层相互包裹情况下，包裹的情况→包裹者时代新，被包裹者时代老，如图 2-3 所示。

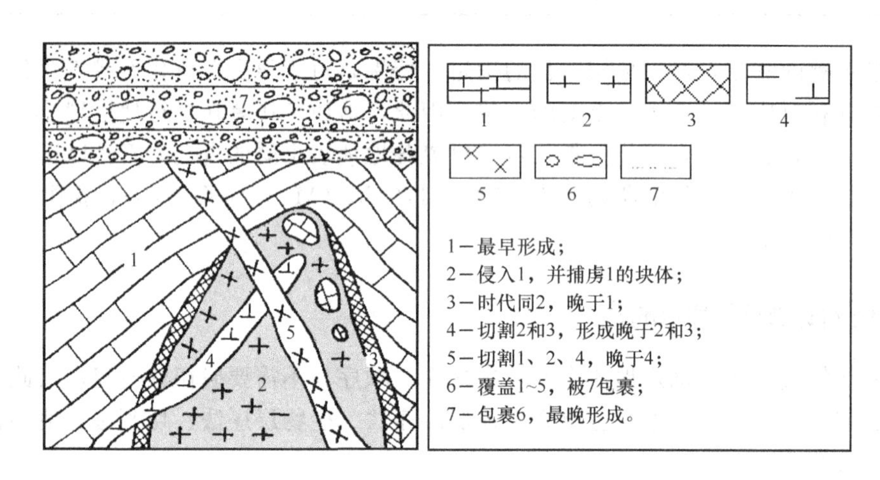

图 2-3 切割法确定岩层关系

4. **地层接触关系法**

主要是根据沉积地层由于构造运动产生的沉积间断或缺失等现象形成的上下地层之间的接触关系，运用这些接触关系判断地层的新老关系的方法，就是地层接触关系法。地层接触关系主要有整合接触和不整合接触两种。

(1) 整合接触及特征

整合接触是指在连续沉积并缓慢下降的条件下，上下沉积地层之间的接触关系［如图 2-4 (a)］。在这种情况下，沉积作用基本连续，沉积物连续堆积，没有间断；生物演化具有连续性；新老地层之间为平行或近于平行的关系。整合接触反映该地区在此沉积时期内地壳升降与沉积处于相对稳定状态。然而，在地质历史中，一个地区不可能永远处于沉积状态，经常会受到构造运动和岩浆活动的影响，岩层还会受到风化剥蚀等，使岩层发生改变，由此形成的不整合接触就成为划分地层相对地质年代的一个重要依据。

(2) 不整合接触及特征

不整合接触是指沉积地层在形成过程中，如地壳发生升降运动，产生沉积间断，在岩层的沉积顺序中，缺失沉积间断期的岩层，上下岩层之间的这种接触关系，称为不整合接触关系。不整合接触关系根据其特征分为两种，即平行不整合接触［如图 2-4 (b)］和角度不整合接触［如图 2-4 (c)］。

平行不整合接触又称假整合接触，其特征是上下两个地层产状基本保持平行，但两个地层的形成年代不连续，其间存在着反映沉积间断和风化剥蚀的剥蚀面。假整合反映了该地区

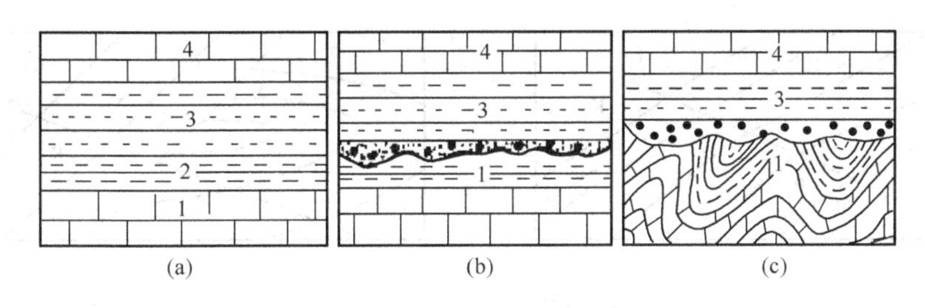

图 2-4　岩层接触关系

的地层曾经有过显著的升降运动。

角度不整合接触，其特征是上下两地层的产状不一致，以一定的角度相交，并且两地层之间存在着代表长期风化剥蚀与沉积间断的剥蚀面。剥蚀面与上覆地层的产状基本一致，而与其下伏的沉积岩层呈明显的角度相交。所以不整合，不仅反映了该区存在过垂直升降位移的变迁，而且表明曾经经历过水平挤压作用面发生的岩石变形作用。

利用不整合接触，可以大致确定构造事件的年代。构造事件必定发生在不整合面之下最年轻的岩石形成之后，而在不整合面之上最老地层形成时代之前。这就是确定构造事件形成年代的一条基本原则。实际上，要准确测定构造事件形成年代是相当困难的，不整合面上下两个年代间相隔时间越短，那么所确定的构造事件形成年代的准确度越高。

不整合是如何形成的呢？假整合的形成过程是：开始时岩石圈处在稳定或下降状态时，在一定的沉积环境中，连续沉积了一套或多套沉积岩层，地层间呈整合接触；岩石圈发生显著上升时，原来的沉积环境变为陆上遭受剥蚀的环境，经过较长时间的风化、剥蚀后在地面上形成了凹凸不平的风化剥蚀面，其上常残留着古风化壳或铝铁等风化残积矿产；当岩石圈重新下降到水面以下接受沉积时，形成了新的上覆沉积岩层，其底部由于开始沉积时地形高差较大，有时可形成砾石堆积，称为底砾岩。形成这种上下地层间的假整合的原因，是由于岩石圈仅发生整体下升或上降，因而上下两层的产状基本上保持一致。

而对于角度不整合的形成，过程是这样的：在岩石圈稳定或沉降时，在沉积环境中，先形成了一定厚度的沉积岩层，当岩石圈发生变形时，岩层受水平挤压作用而发生褶皱、断裂，并可伴随岩浆侵入活动与变质作用，岩石圈在水平方向上缩短或拉张的同时，在垂直方向上则可不断隆升，以至于使地层由原来的沉积环境进入剥蚀环境中，地层遭受风化、剥蚀，形成凹凸不平的剥蚀面，有时也可残留古风化壳及残积矿产，当岩石圈重新下降到水下沉积环境时，在剥蚀面上又形成新的水平沉积岩层（其底部可形成底砾岩）。因而风化剥蚀面与其上覆地层的产状总是基本协调一致的，而与其下伏的岩层呈明显的角度相交。同样，不整合面上下两个年代间相隔时间越短，那么所确定的构造事件形成年代的准确度越高。

(3) 不整合的特点

无论是平行不整合还是角度不整合，都常具有以下共同特点。

① 有明显的侵蚀面存在。侵蚀面上往往有底砾岩、古风化壳等。

② 有明显的岩层缺失现象，代表沉积间断。

③ 不整合面上下的岩性、古生物等有显著的差异。

(4) 不整合在地质图上的表现如图 2-5 所示。

(5) 研究不整合有重要的理论和实际意义。

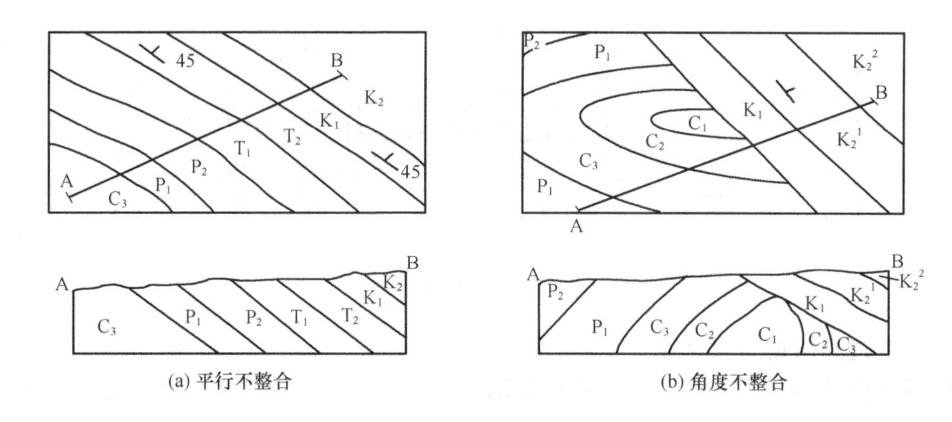

图 2-5　不整合接触（上是平面图，下是剖面图）

不整合不仅说明地壳运动、古地理环境和古生物的变化，而且还可以指明某些矿产形成的分布的规律，指导我们找到矿产资源。

5. 古地磁法

是利用地磁极性正常和倒转的交替，借助于已知地层时代和同位素年龄数据，编出地磁极性年代表，它是进行磁性地层工作的标尺。

古地磁，又称自然剩磁，地史时期的地磁。各地质时代的岩石常有一定的磁性，指示其生成时期的磁极方向。岩浆岩中带磁性矿物所表示的磁性，称热剩磁；沉积岩中带磁性物质所表示的磁性，称沉积剩磁。利用古地磁可了解地球的长期变化，测定一个板块上的地极游移及一个地区的磁极倒向，并用以对比岩石形成的时代。

地球磁场的变化有时会发展到磁场倒转。岩石或沉积地层中的磁性矿物或磁性矿物微粒受地球磁场作用而被磁化产生剩余磁性，可反映岩石或地层形成时期的地磁场方向。火成岩年代可以用“钾——氩法断代”和“裂变径迹法断代”测定，因此可以定出过去出现地磁倒转现象时期的地质年代并建立地磁倒转年表。一个完好的沉积地层剖面可以系统的测出每一层的沉积磁性，对照磁性倒转年表，就可以确定每一层的地质年代。

上面的几种方法，各有优点，但也都存在着不足的地方。实践中应当结合实际情况综合分析，才能正确地划分出地层的地质年代。

6. 岩浆岩相对地质年代的确定方法

前面所讲的岩层的相对地质年代的确定方法，通常都是用来确定沉积岩层的相对地质年代的，岩浆岩作为一种特殊的岩层，如何确定其形成的相对地质年代，也是在实践中常遇到的情况。岩浆岩中不含古生物化石，也没有特殊层理构造，但它总是侵入或喷出于周围的沉积岩层中。因此，可以根据岩浆岩与周围已知地质年代的沉积岩层的接触关系，来确定岩浆岩的相对地质年代。

① 侵入接触关系［如图 2-6（a)］。岩浆侵入体侵入于沉积岩层中，使围岩发生变质现象，说明岩浆侵入的形成年代，晚于发生变质的沉积岩层的地质年代。

② 沉积接触关系［如图 2-6（b)］。岩浆岩形成之后，经过长期风化剥蚀，后来在剥蚀面上又产生了新的沉积，剥蚀面上部的沉积岩层无变质现象，而在沉积岩的底部往往存在有由岩浆岩组成的砾岩或风化剥蚀的痕迹。这说明岩浆岩形成的年代，早于沉积岩的地质年代。

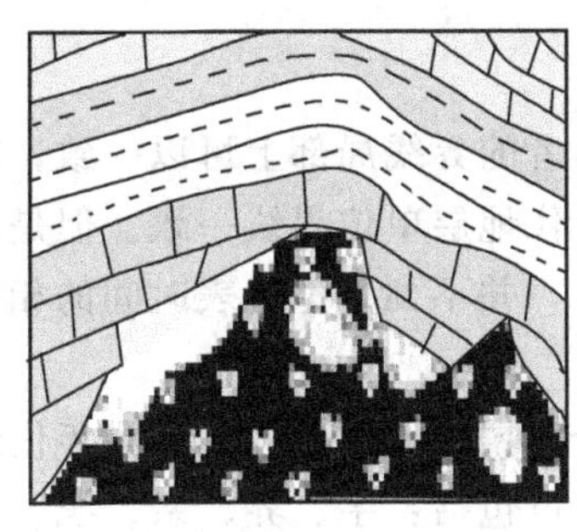

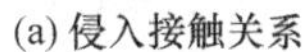
(a) 侵入接触关系

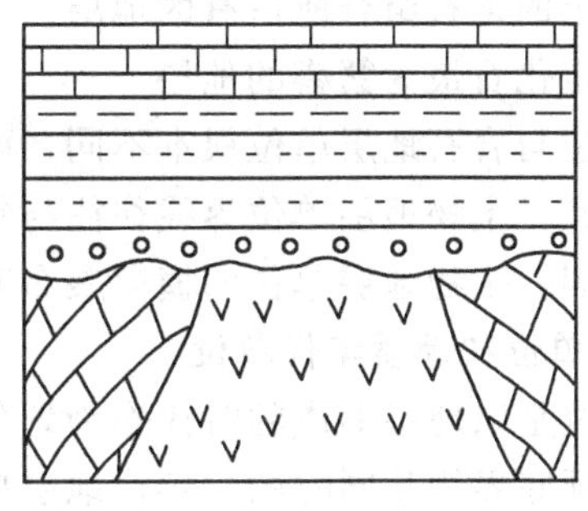

(b) 沉积接触关系

图 2-6　岩浆岩与围岩的接触关系

对于喷出岩，可以根据其中夹杂的沉积岩，或者是上覆下伏的沉积岩层的年代，确定其相对地质年代。

三　地质年代表

地层划分的目的，是根据组成地层的岩石特征或属性，按照原始的形成顺序，系统地划分出各种地层单位。由于划分依据不同，就有多种类型的地层单位，其中主要的有三种：岩石地层单位、生物地层单位和年代地层单位。

1. 岩石地层单位

以地层的岩石特征和岩石类别作为划分依据的地层单位，称为岩石地层单位。它是一般地质工作的基本实用单位。岩石地层单位包括：群、组、段、层等四级。

群是岩石地层划分单位中最高级别的单位。它由在成因上相互联系的两个或两个以上的组构成（组不一定都要归并为群）。群与群之间有明显的沉积间断或不整合。岩性上构成一大的沉积旋回，它和上下地层间都有沉积间断或不整合。

组是岩石地层划分的基本单位。岩性上表现为有一定的规律性和均一性，它可以某类岩石为主组成，或以几类岩石的组合，或以具有其他一致明显岩石特征组成的岩层体组成。组的厚度可大可小，可从几米到几百米，甚至数千米。组的界线划分在明显的岩性变化面上，也可以选定在岩性渐变带内。

段是比组低一级的岩石地层单位。它代表组的一部分，以具有明显的岩石地层特征区别于组的其余部分。例如：一组长龙山组岩层，可以再分为上部页岩段和下部龙山砂岩段。

层是岩石地层单位中级别最小的单位，是一个能从岩性上区别于其上下层的单位层。

2. 生物地层单位

生物地层单位是根据地层中生物化石的内容和特征作为划分的地层单位。其目的是把岩层按化石内容和分布，系统的组成各种生物带。

生物地层单位是根据地层中所含古生物化石的内容和保存特征划分的地层单位，它是用化石类型、共生组合、分布范围、富集程度、系统演化等现象中任何一种变化来建立。

生物地层单位有以下五种类型。

延限带：特定的化石从出现到消失所占用的地层

间隔带：两个生物地层面间的包含化石的地层

种系带：进化种系中特定片断化石标本的地层

组合带：特定的化石组合所占有的地层

富集带：特定化石最为繁盛的地层

生物地层单位与岩石地层单位根本不同，两者的界线局部上可以一致，或位于不同的层面上，或互相交叉。生物地层单位界线往往与年代地层单位界线一致。但是，由于环境控制和生物迁移等原因，生物地层单位向横向展布时，并不到处都代表时间的相同点。

3. 年代地层单位和地质年代单位

年代地层单位是以地层形成的时代作为划分依据的地层单位。同一年代地层单位有相同的时限，并且其顶底界线是同时的。年代地层单位包括：宇、界、系、统、阶、时带；地质年代单位包括：宙、代、纪、世、期、时。

宇（宙）：宇是最大的年代地层单位，是宙的时期内形成的地层。整个地质时代包括三个宙：太古宙、元古宙（过去也把前两者合称隐生宙）和显生宙；相应的三个最大年代地层单位：太古宇、元古宇和显生宇。

界（代）：界是小于宇、大于系的年代地层单位；形成界全部地层的时间间隔称代。按生物界演化的巨大阶段，显生宇（宙）再划分为古生界（代）、中生界（代）和新生界（代）。

系（纪）：系（纪）是界（代）的一部分，级别小于界（代）、大于统（世），如泥盆系（纪）、侏罗系（纪）等。

统（世）：是级别小于系（纪）的单位。一个系（纪）分成两个或更多的统（世）。如寒武系（纪）分为三个统：下统（早世）、中统（中世）和上统（晚世）。

阶（期）：比统（世）低一级，一般来说，组（期）是统的再分。如我国上（晚）寒武统（世）由下（早）到上（晚），可划分为崮山组（期）、长山组（期）和凤山组（期）。

时带（时）：它是年代地层单位中级别最低的单位，代表“时”的时间间隔内形成的地层，一般是根据生物属、种的延限带或组合带等建立起来的地层带。

4. 地质年代表

自19世纪以来，人们在长期实践中进行了地层的划分和对比工作，并按时代早晚顺序把地质年代进行编年、列制成表。早先进行这样的工作，只是根据生物地层学的方法，进行相对地质年代的划分，相对地质年代反映了地球历史发展的顺序、过程和阶段，包括无机界和生物界的发展阶段。自从同位素年龄测定取得进展以后，对于地质年代的划分起了很重要作用。因为相对地质年代只能表明地层的先后顺序和发展阶段，而不能指出确切的时间，从而无法确立地质时代无机界和生物界的演化速度。但有了同位素年龄资料，这个问题便解决了。并且，在古老岩层中由于缺少或少有生物化石，对于这样的地层和地质年代的划分经常遇到很大困难，而同位素地质年龄的测定则大大推动了古老地层的划分工作。但是，应该指出，相对地质年代和同位素地质年龄二者是相辅相成的，却不能彼此代替，因为地质年代的研究，不是简单的时间计算，而更重要的是地球历史的自然分期，力求表明地球历史的发展过程和阶段，同位素地质年龄有助于使这一工作达到日益完善的地步。我们把表示地史时期的相对地质年代和相应同位素年代值的表，称为地质年表，或称地质年代表、地质时代表。1913年英国地质学家A. 霍姆斯提出第一个定量的（即带有同位素年龄数据的）地质年表，以后又陆续出现不同时间、不同国家、不同学者提出的地质年表。

经过长期的实践和历届国际地质学会议的研讨，形成了目前国际通用的地质年代表（世界标准地质年代表），见表2-2。

表 2-2　地质年代表

年代单位					年代符号	各纪年数/百万年	距今年数/百万年	主要现象
显生宙	新生代		第四纪	全新世	Qh	1	0.025	
				更新世	Qp		1	冰川广布，黄土生成
			晚第三纪	上新世	N_2	62	12	西部造山运动，东部低平，湖泊广布
				中新世	N_1			
			早第三纪	渐新世	E_3		26	哺乳类分化
				始新世	E_2		38	蔬果繁盛，哺乳类急速发展
				古新世	E_1		58	（我国尚无古新世地层发现）
	中生代		白垩纪 K	晚	K_2	43	127	造山作用强烈，火成岩活动矿产生成
				早	K_1			
			侏罗纪 J	晚	J_3	45	152	恐龙极盛，中国南山俱成，大陆煤田生成
				中	J_2			
				早	J_1			
			三叠纪 T	晚	T_3	36	182	中国南部最后一次海侵，恐龙哺乳类发育
				中	T_2			
				早	T_1			
	古生代	早古生代	二叠纪 P	早	P_2	38	203	世界冰川广布，新南最大海侵，造山作用强烈
				晚	P_1			
			石炭纪 C	晚	C_3	52	255	气候温热，煤田生成，爬行类昆虫发生，地形低平，珊瑚礁发育
				中	C_2			
				早	C_1			
			泥盆纪 D	晚	D_3	36	313	森林发育，腕足类鱼类极盛，两栖类发育
				中	D_2			
				早	D_1			
		晚古生代	志留纪 S	晚	S_3	50	350	珊瑚礁发育，气候局部干燥，造山运动强烈
				中	S_2			
				早	S_1			
			奥陶纪 O	晚	O_3	34	430	地热低平，海水广布，无脊椎动物极繁，末期华北升起
				中	O_2			
				早	O_1			
			寒武纪∈	晚	$\in_3$	88	510	浅海广布，生物开始大量发展
				中	$\in_2$			
				早	$\in_1$			
隐生宙	元古代	上元古代	震旦纪		z/Sn			地形不平，冰川广布，晚期海侵加广
		下元古代	前震旦纪	滹沱				沉积深厚造山变质强烈，火成岩活动，矿产生成
				五台				早期基性喷发，继以造山作用，变质强烈，花岗岩侵入
	太古代			泰山			1800（最古矿物）约 3350	
	冥古代							地壳局部变动，大陆开始形成

第三节 地质构造

一 概述

地质构造是地壳或岩石圈各个组成部分的形态及其结合方式和面貌特征的总称。构造是岩石或岩层在地球内动力的作用下产生的原始面貌。

形成构造的构造运动也常称为地壳运动，地壳运动通常很缓慢，以地质年代作为时间的尺度，但也有快速突变的运动，如火山喷发和地震。构造的空间尺度有大有小，大的构造带纵横几千千米，小的如岩石片理甚至矿物晶格位错，但通常所说的地质构造是较大尺度上的。

构造的类型按构造形成时间可分为原生构造和次生构造。原生构造是指在成岩过程中形成的构造。如岩浆岩的流面，沉积岩的层理等。次生构造，指岩石形成后在构造运动作用下产生的构造，有褶皱、断裂等。在实际生产中，地质工作者重点研究的是次生构造，这也是我们学习和研究的重点。

二 岩层的产状

（一）岩层的概念及类型

岩层是指由两个平行或近于平行的界面所限制的、同一岩性组成的层状岩石。岩层产状是指岩层在地壳中的空间方位，即在空间的展布状态。每层岩层形成过程中都会有一定的厚度。岩层的厚度指的是岩层顶、底面之间的垂直距离。有的岩层厚度比较稳定，在较大范围内变化不大，有的岩层受形成环境和形成方式的影响，岩层的原始厚度变化较大，向一个方向变薄以致尖灭，岩层便形成楔形体，如向两个方向尖灭，则成为透镜体。

通常在研究岩层产状时，主要研究的是沉积岩层。沉积岩层是在比较广阔而平坦的沉积盆地中一层层堆积起来的，它们的原始产状大都是水平的，仅在盆地边缘的沉积物的层面稍有倾斜。但是有的沉积岩层在经过漫长的地质演化历史和复杂的地质构造运动的影响下，它们的原始产状有所改变，有的与水平面呈不同角度的倾斜，形成常见的倾斜岩层，或者形成直立，甚至是倒转岩层。

（二）岩层产状要素

1. 岩层产状要素

岩层在空间的位置与分布，可以用岩层产状要素来表示。岩层产状要素是表达岩层产状的指标，描述岩层在空间上的方位，主要指标有走向、倾向和倾角（图 2-7）。

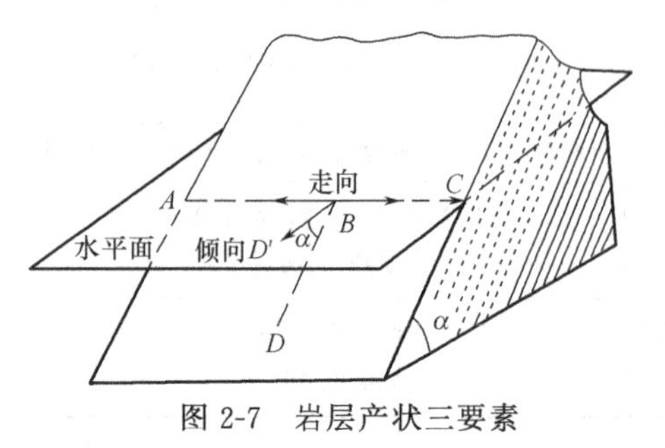

图 2-7 岩层产状三要素

① 走向：岩层面与水平面的交线或岩层面上的水平线即该岩层的走向线，其两端所指的方向为岩层的走向，可由两个相差 180°的方位角来表示，如 NE30°与 SW210°。

② 倾向：垂直走向线沿倾斜层面向下方所引直

线为岩层的倾斜线，倾斜线的水平投影线所指的层面向下倾斜方向就是岩层的倾向。走向与倾向相差 90°。

③ 倾角：岩层的倾斜线与其水平投影线之间的夹角即岩层的（真）倾角。所以，岩层的倾角就是垂直岩层走向的剖面上层面（迹线）与水平面（迹线）之间的夹角。（通常情况下，走向和倾向都在默认的与地面平行的平面里）

2. 产状要素的测量方法及表示

岩层的产状要素在野外用袖珍罗盘仪测得。袖珍罗盘仪如图 2-8 所示。测量方法如图 2-9 所示。

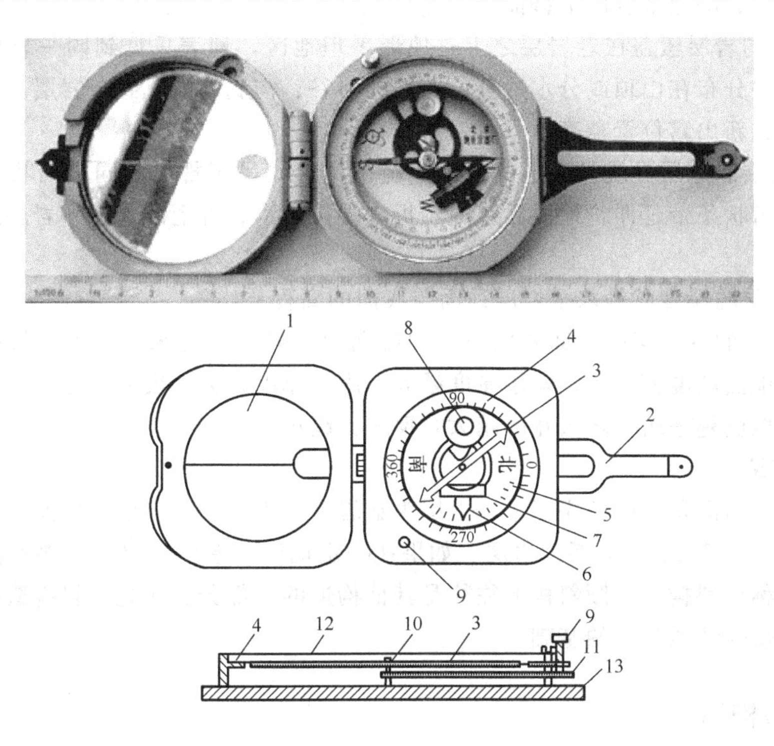

图 2-8 地质罗盘仪的结构

1—反光镜；2—瞄准舰板；3—磁针；4—水平刻度盘；5—垂直刻度盘；6—垂直刻度指示器；7—垂直水准器；8—底盘水准器；9—磁针固定螺旋；10—顶针；11—杠杆；12—玻璃盖；13—罗盘仪圆盆

测量走向时，使罗盘的长边（即南北）紧贴层面，将罗盘放平，水准泡居中，读指北针表示的方位角，就是岩层的走向。

测量倾向时，将罗盘的短边紧贴层面，水准泡居中，读指北针所示的方位角，就是岩层的倾向。由于岩层的倾向只有一个，所以在测岩层的倾向时，要注意将罗盘的北端朝向岩层的倾斜方向。

测倾角时，需将罗盘横着竖起来，使长边与岩层的走向垂直，紧贴层面，待倾斜器上的水准泡居中后，读悬锤所示的角度，即为倾角。

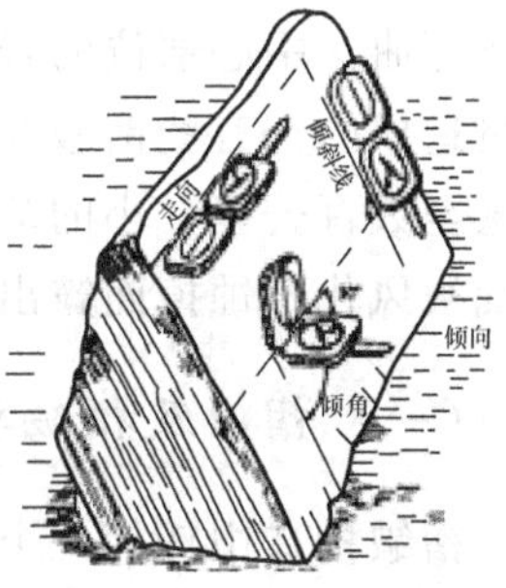

图 2-9 岩层产状测量方法

岩层产状有两种文字表示方法：①方位角表示法。一般记录倾向和倾角，如 205°∠65°，即倾向为南西 205°，倾角 65°，其走向则为 N295°W 或 S115°E。②象限角表示法。一般测记走向、倾向和倾角所在的象限，如上面的同一产状则记为：N295° W

∠65°SW，或 S115°E∠65°SW，即走向为北偏西 295°或者 S115°E，倾角为 65°，向南西倾斜。

三　水平构造和倾斜构造

1. 水平构造

水平构造是指未经构造变动或受构造运动影响轻微，仍保持原始水平产状的系列岩层。一般水平构造中岩层的倾斜角度不超过 5°。

水平构造中岩层通常有以下特征。

① 时代新的岩层覆盖在老岩层之上。地形平坦地区，地表只见到同一岩层。地形起伏的地区，新岩层分布在山顶或分水岭上；低洼的河谷、沟底才能见到老岩层，即岩层越老出露位置越低，越新出露位置越高。

② 水平岩层的地质界线与地形等高线平行或重合，呈不规则的同心圈状或条带状，在沟、谷中呈锯齿状条带延伸，地质界线的转折尖端指向沟、谷上游。水平岩层的分布形态完全受地形控制。

③ 水平岩层的厚度就是水平岩层顶面与底面的高程差。

④ 水平岩层的露头宽度（即岩层顶面和底面地质界线间的水平距离）与地面坡度、岩层厚度有关。地面坡度相同时，岩层厚度越大，露头宽度越大，反之，越小。而当岩层厚度一样时，地面坡度越平缓，露头宽度越大，反之，越小。

2. 倾斜构造

倾斜构造是指沉积岩层层序正常，上层为新岩层，下层为老岩层，层面与水平面有一交角（角度大于 5°小于 85°）的系列岩层。如果在一定地区一系列岩层的倾斜方向及倾斜角度基本一致，又称单斜构造。倾斜构造往往是其他构造的一部分。研究倾斜构造中倾斜岩层的产状和特征是研究地质构造的基础。

四　褶皱构造

褶皱构造是岩层在构造运动中受力形成的连续弯曲的永久变形。

褶皱是一个地质学名词，它是岩石中原来近于平直的面变成了曲面而表现出来的。形成褶皱的变形面绝大多数是层理面；变质岩的劈理、片理或片麻理以及岩浆岩的原生流面等；有时岩层和岩体中的节理面、断层面或不整合面，受力后也可能变形而形成褶皱。因此，褶皱是地壳上一种常见的地质构造。它在层状岩石中表现的最明显。两种力对褶皱的形成起作用，一是水平的压缩力，二是其自身的重力。

褶皱有两种最基本的形式：褶皱面向上弯曲，中心部位的岩层较老的称为背斜；褶皱面向下弯曲，中心部位的岩层较新的称为向斜。一般褶皱很少由一种力量而形成，往往是多种力量造成的。有些褶皱并不明显，有些褶皱很显著。它们的大小也相差悬殊，大的绵延几公里甚至数百公里，小的却只有几厘米甚至只有在显微镜下才能看到。很多大的褶皱顶部因为表面被风化侵蚀掉而露出岩石的剖面，这样就可以清晰地看到褶皱的样子。

（一）褶曲及褶皱要素

褶皱构造中任何一个单独的弯曲称为褶曲。

为了正确描述和研究褶皱，首先要清楚褶皱的各个组成部分及其相互关系，即要认识褶皱要素。褶皱要素主要如下（图 2-10）。

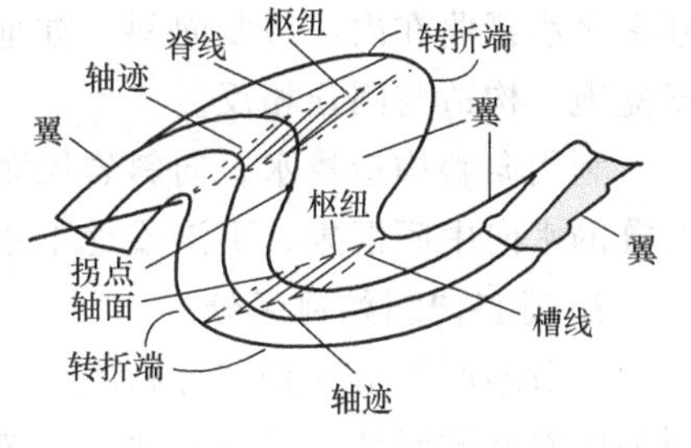

图 2-10　褶皱要素示意图

① 核——泛指褶皱的中心部位的岩层，也称为核部。

② 翼——泛指褶皱核部两侧的地层。

③ 拐点——为连续地周期性波形曲线上，上凸与下凹部分的分界点。即褶皱翼部曲率为零的点。

④ 翼间角——指构成两翼的同一褶皱面的拐点的切线的夹角，亦指两翼间的最小夹角。圆弧形褶皱的翼间角是指通过两翼上两个拐点的切线之间的夹角。

⑤ 转折端——指褶皱面从一翼过渡到另一翼的弯曲部分。

⑥ 枢纽——在褶皱的各个横剖面上，同一褶皱面的各最大弯曲点的连线。

⑦ 轴迹——轴面与地面或任一平面的交线。

⑧ 轴面——平分褶曲两翼的假想面。它可以是平直面，也可以是曲面。其产状可以是直立的、倾斜的或水平的。轴面的形态和产状可以反映褶曲横剖面的形态。

⑨ 轴线——轴面与水平面的交线，它可以是水平的直线或水平的曲线，轴线代表褶曲延伸的方向，轴的长度可以反映褶曲的规模。

（二）背斜和向斜

1. 背斜

背斜是褶皱构造中褶曲的基本形态之一，与“向斜”相对。背斜外形上一般是向上突出的弯曲。

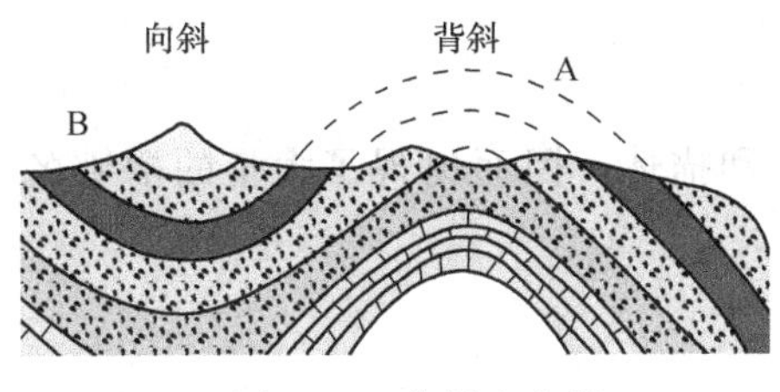

图 2-11　背斜和向斜

岩层自中心向外倾斜，核心部分是老岩层，两翼是新岩层（这一点是其与向斜的根本区别）。如图 2-11 中的 A 就是背斜。

地形特点：背斜顶部受张力作用，岩性脆弱，易被侵蚀，在外力作用下形成谷地。向斜与背斜的情况相反，底部岩性坚硬，不易侵蚀。背斜在外力作用下反而成谷，向斜在外力作用下反而成山，这种情况称为“地形倒置”，是外力作用的典型体现。

背斜常是良好的储油、气构造。煤、石油等是由千万年的地质演化形成的，与岩层的新老关系密切。有些含有油气的沉积岩层，由于受到巨大压力而发生变形，石油都跑到背斜里去了，形成富集区。所以背斜构造往往是储藏石油的“仓库”，在石油地质学上叫“储油构造”。通常，由于天然气密度最小，处在背斜构造的顶部，石油处在中间，下部则是水，寻找油气资源就是要先找这种地方。

2. 向斜

向斜也是褶曲的基本形态之一，与背斜相对。如图 2-11 中的 B 就是向斜。

在褶曲内之岩层，愈往中央，愈为年轻。

地形特点：从形态上看，向斜一般是岩层向下弯曲。因此，从地形的原始形态看，向斜往往会成为谷地。但是，由于向斜槽部受到挤压，物质坚实不易被侵蚀，经长期侵蚀后反而可能成为山岭，相应的背斜却会因岩石拉张易被侵蚀而形成山谷。因此，我们应该根据岩层新老关系来确定一个褶皱是背斜还是向斜，而不能单凭地表形态来判断。

向斜与背斜相连，彼此方向相反，常使地壳岩层，呈现波状。在向斜构造之中，如含有甚多之小褶曲在内，曰复向斜；如地层是由多个不同方向，向中心倾斜，使向斜略呈圆形，曰盆地。构造与圆丘相反。

利用向斜构造找水。向斜岩层蓄水好，水量丰富容易找。向斜构造有利于地下水补给，两翼的水向中间汇集，下渗成地下水，故打井可以在向斜槽部。

3. 背斜向斜如何区分

一般的原始地貌是“背斜成山，向斜成谷。”但地貌形态往往“背斜成谷，向斜成山”，因为向斜地质坚硬，不易侵蚀，而背斜则岩性脆弱，易被侵蚀。

① 当岩层弯曲方向相反时，要用以下方法判断。

向斜：指的是岩层向下弯曲，主要的判断方法是内新外老，在一水平面上，中间是新岩层，而两边是老岩层。

背斜：指的是岩层向上弯曲，主要的判断方法是内老外新，在一水平面上，中间是老岩层，而两边是新岩层。

② 根据地层的相互关系来确定向斜和背斜的方法：中新侧老，中老侧新。

即：褶皱的面向上弯曲，两侧相背倾斜，称为背斜；褶皱面向下弯曲，两侧相向倾斜，称为向斜。如组成褶皱的各岩层间的时代顺序清楚，则较老岩层位于核心的褶皱称为背斜；较新岩层位于核心的褶皱称为向斜。正常情况下，背斜呈背形，向斜呈向形，是褶皱的两种基本形式。由于后期风化剥蚀作用，造成向斜在的在地面上出露特征为：从中心向两侧岩层从新到老对称重复出露；而背斜在地面上的出露特征却恰好相反：从中心向两侧岩层从老到新对称重复出露。

（三）褶皱的分类

褶皱的形态是多种多样的，可以从不同方面来研究和描述，因而出现了大量的褶皱名称。下面引述一些最常见的褶皱的分类。

1. 横剖面上褶曲形态描述

横剖面是指垂直于褶曲轴线的剖面。

（1）根据褶皱轴面产状，结合两翼产状特点分（见图 2-12）

直立褶皱：轴面近于直立，两翼倾向相反，倾角近于相等；

斜立褶皱：轴面倾斜，两翼倾向相反，倾角不相等；

倒转褶皱：轴面倾斜，两翼倾向相同，倾角可以相等，也可以不相等；

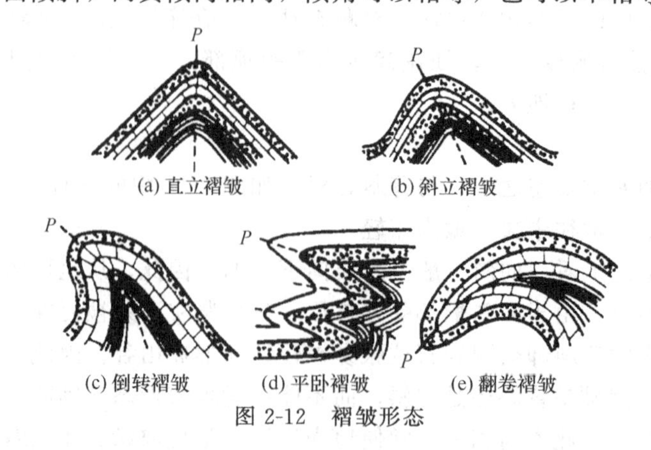

图 2-12 褶皱形态

平卧褶皱：轴面近于水平，一翼地层正常，另一翼地层倒转；

翻卷褶皱：轴面弯曲的平卧褶皱。

(2) 根据褶皱岩层的弯曲形态分

圆弧褶皱：岩层是圆弧形弯曲；

尖棱褶皱：两翼岩层平直相交，转折端呈棱角状；

箱状褶皱：两翼近直立，到转折端转为水平，褶皱成箱状，常具有一对共轭轴面；

扇形褶皱：两翼均为倒转，以致整个褶皱呈扇形；

挠曲褶皱：缓倾斜岩层中的一段突然变陡，形成台阶状弯曲；

(3) 根据褶皱岩层的两翼夹角大小分

平缓褶皱：翼间角小于180°，大于120°；

开阔褶皱：翼间角小于120°，大于70°；

闭合褶皱：翼间角小于70°，大于30°；

紧密褶皱，翼间角小于30°；

同斜褶皱：翼间角近于0°。

2. 纵剖面上褶曲的形态描述

纵剖面是指平行于褶曲轴线的剖面。

根据枢纽与水平面的关系，可将褶皱分为：

水平褶皱：枢纽近于水平，呈直线状延伸较远，两翼岩层界线基本平行，见图2-13。若褶曲长宽比大于10：1，在平面上呈长条状，称为线状褶曲，见图2-15。

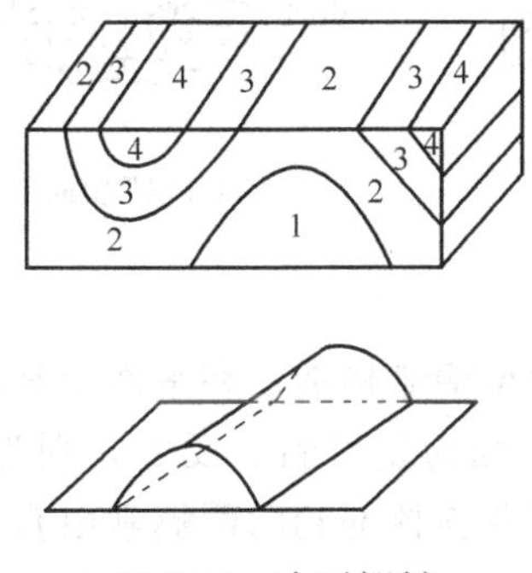

图2-13 水平褶皱

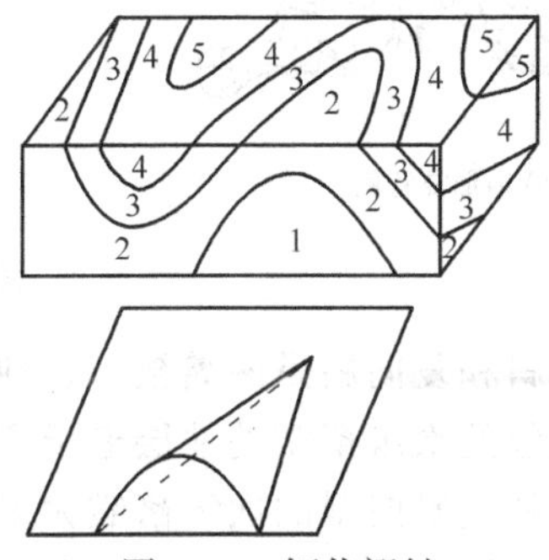

图2-14 倾伏褶皱

倾伏褶皱：枢纽向一端倾伏，另一端昂起，两翼岩层界线不平行，在倾伏端交汇成封闭弯曲线，见图2-14。若枢纽两端同时倾伏，则两翼岩层界线呈环状封闭，其长宽比在(3：1)～(10：1)之间时，称为短轴褶曲，见图2-16。其长宽比小于3：1时，背斜称为穹窿构造，见图2-17；向斜称为构造盆地，见图2-18。

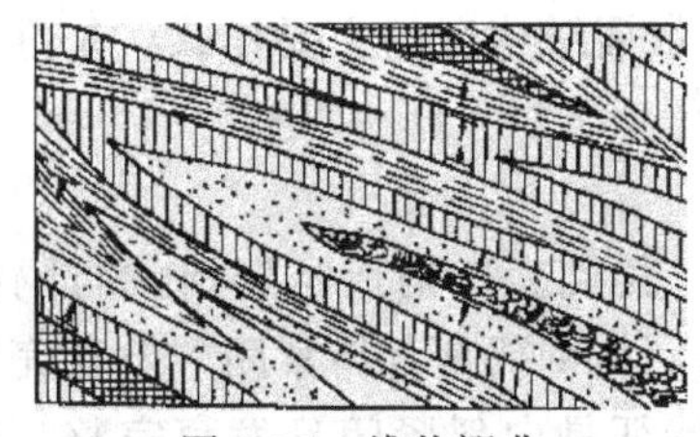

图2-15 线状褶曲

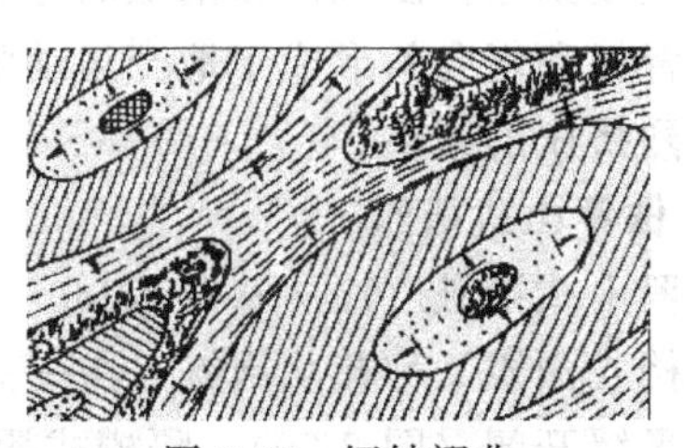

图2-16 短轴褶曲

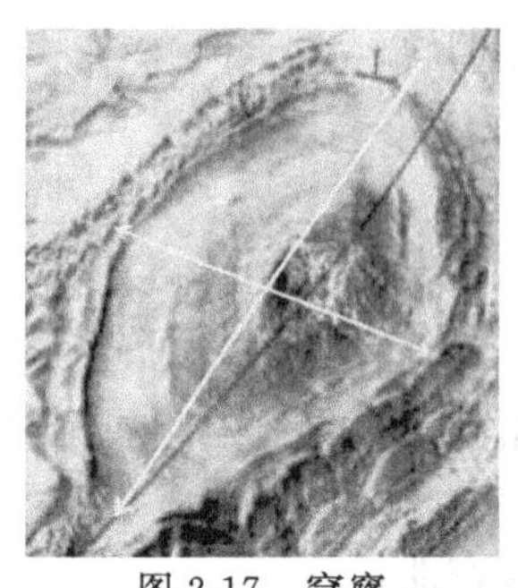
图 2-17　穹窿

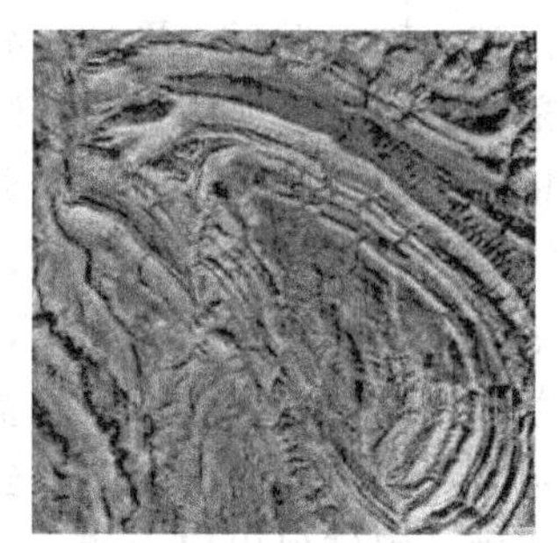
图 2-18　盆地

（四）褶皱的组合型式分类

褶皱的组合型式主要有三种代表性的典型类型：阿尔卑斯式褶皱、侏罗山式褶皱、日耳曼式褶皱。

1. 阿尔卑斯式褶皱

阿尔卑斯式褶皱（Alpino-type folds）又称全形褶皱（见图 2-19）。其基本特点是，一系列线状褶皱成带状展布，所有褶皱的走向基本上与构造带的延伸方向一致；在整个带内的背斜和向斜呈连续波状，同等发育，布满全区；不同级别的褶皱往往组合成巨大的复背斜和复向斜。

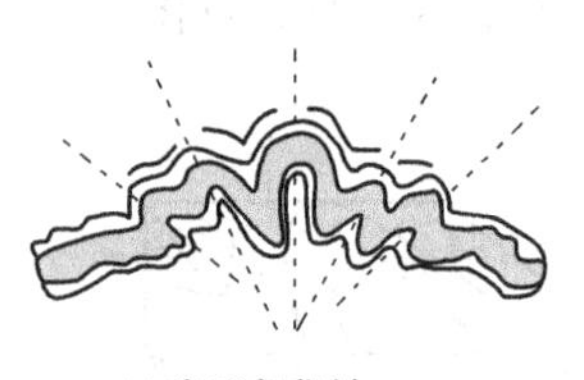
(a) 扇形复背斜

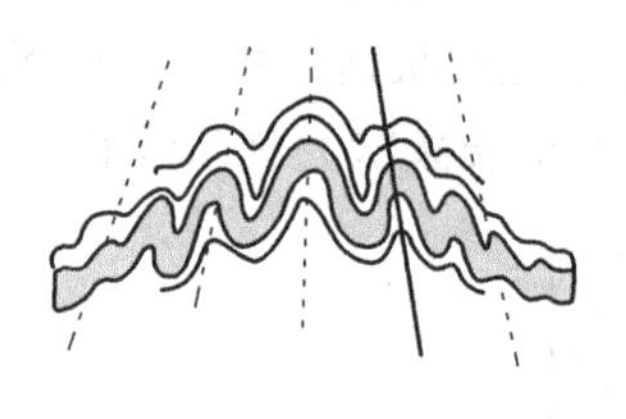
(b) 倒扇形复背斜

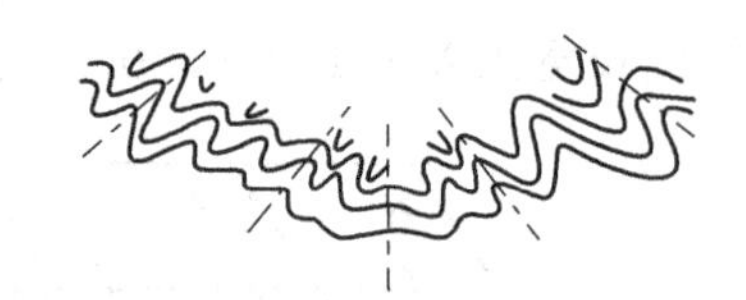
(c) 扇形复向斜

图 2-19　复背斜和复向斜

复背斜和复向斜是两翼被一系列次级褶皱复杂化的大型褶皱构造。在平面上观察，如果其中央部位的次级褶皱的地层老于两侧次级褶皱的地层，则为复背斜。反之，则为复向斜。组成复背斜或复向斜的次级褶皱大多是比较紧闭的，自复背斜核部趋向两翼常由直立褶皱变为斜歪、倒转，甚至平卧褶皱。所以，次级褶皱的轴面常呈有规律的排列。复背斜的次级褶皱轴面如果向核部收敛，则构成扇形复背斜［图 2-19（a）］；次级褶皱轴面如果向复背斜顶部收敛，则构成倒扇形复背斜图［2-19（b）］。复向斜中次级褶皱的轴面向核部收敛构成倒扇形复向斜，向槽部收敛则构成扇形复向斜［图 2-19（c）］。自然界中以扇形复背斜和倒扇形复向斜常见。这些次级褶皱的延伸方向与主褶皱一致，但枢纽时有起伏，并且会因次级褶皱的倾伏或扬起，出现次级褶皱的分叉和归并。

复背斜和复向斜形成于地壳运动强烈地区，是造山带褶皱构造的主要样式，是垂直褶轴方向强烈挤压的结果。

2. 侏罗山式褶皱

侏罗山式褶皱（Jura-type folds）又称过渡型褶皱，其代表性构造是隔档式与隔槽式褶皱。隔档式褶皱又称梳状褶皱，由一系列平行褶皱组成，其特征是背斜紧闭，发育完整，而向斜则平缓开阔（图 2-20）。隔槽式褶皱与前者相反，特征是向斜紧闭且发育完整，而背斜则平缓开阔，常呈箱状（图 2-21）。

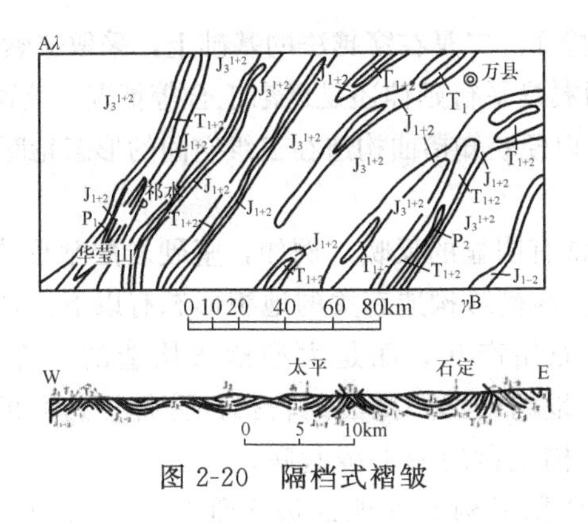

图 2-20　隔档式褶皱

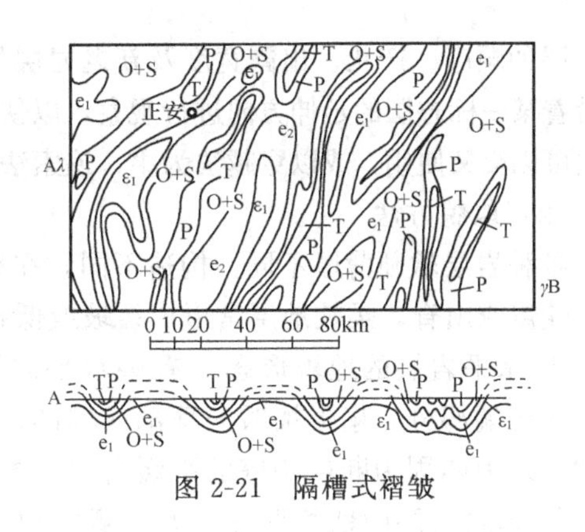

图 2-21　隔槽式褶皱

这两类褶皱组合的共同特点是背斜和向斜的变形强度不同，较紧闭的褶皱和较开阔的褶皱相间并列。这两类褶皱尤其是隔档式褶皱在欧洲侏罗山非常发育，研究较早，故称侏罗山式褶皱。关于其成因，现在多数人认为是沉积盖层沿刚性基底上的软弱层滑脱变形或薄皮式滑脱的结果。这类构造主要产出于造山带前陆。

3. 日耳曼式褶皱

日耳曼式褶皱（German-type folds）又称断续褶皱。这类构造发育于构造变形十分轻微的地台盖层中，以卵圆形穹窿、拉长的短轴背斜或长垣为主。褶皱翼部的倾角极缓，甚至近于水平，但规模可以很大，延长可达数十公里。穹窿或长垣可以孤零零地产出于水平岩层之中，所以向斜和背斜不等同发育，而且空间展布常无一定的方向性；有些穹窿或长垣可以成群展布，或呈有规律的定向排列。

这类构造在北美地台上常产出于区域性巨大构造盆地之中，称作平原式褶皱。我国川中构造盆地以及柴达木盆地之中也有这类褶皱。

（五）褶皱构造的野外识别与工程地质评价

在野外，对于地质构造应首先通过观察和测量搞清其形态，进而通过各种现象与标志分析其力学性质、活动过程和规模，最后结合区域背景探讨其动力来源和形成机制，并分析其控矿作用。

褶皱构造研究的基本任务是，通过野外观察和填图，结合其他资料的综合研究，查明褶皱的形态、产状和组合分布特点，探讨褶皱形成机制和形成时代，为研究区域地质构造特征及褶皱与矿产等关系提供这方面的基础资料。

1. 褶皱的野外识别

褶皱构造是地质构造的重要组成部分，几乎在所有的沉积岩及部分变质岩构成的山地都会存在不同规模的褶皱构造。小型的褶皱构造可以在一个地质剖面上窥其一个侧面的完整形态；而大型构造往往长宽超过数千米到数万米。在野外研究褶皱构造的方法有以下几种。

（1）地质方法

① 岩层观察与测量　必须对一个地区的岩层顺序、岩性、厚度、各露头产状等进行测量或基本搞清楚，才能正确地分析和判断褶曲是否存在。然后根据新老岩层对称重复出现的特点判断是背斜还是向斜；再根据轴面产状、两翼产状以及枢纽产状等判断褶曲的形态（包括横剖面、纵剖面和水平面）。

② 野外路线考察　一是采取穿越法，即垂直岩层走向进行观察，以便穿越所有岩层并了

解岩层的顺序、产状、出露宽度及新老岩层的分布特征。二是在穿越法的基础上，采取追索法，即沿着某一标志层的延伸方向进行观察，以便了解两翼是平行延伸还是逐渐汇合等情况。这两种方法可以交叉使用，或以穿越法为主，追索法为辅，以便获知褶曲构造在三维空间的形态轮廓。

(2) 地貌方法

各种岩层软硬薄厚不同，构造不同，在地貌上常有明显的反映。例如，坚硬岩层常形成高山、陡崖或山脊，柔软地层常形成缓坡或低谷等等。与褶皱构造有关的地貌形态有以下几种。

① 水平岩层的地貌形态　有些水平岩层不是原始产状，而是大型褶皱构造的一部分，例如转折端部分，扇形褶皱的顶部或槽部，构造盆地的底部，挠曲的转折部分等，这样的岩层常表现为四周为断崖峭壁的平缓台地、方山以及构造盆地的平缓盆底。

② 单斜岩层的地貌形态　大型褶曲构造的一个翼或构造盆地的边缘部分，常表现为一系列单斜岩层。这样的岩层，在倾向方向存在顺岩层层面进行的面状侵蚀，故地形面常与岩层坡度大体一致；而在反倾向方向进行的侵蚀，常沿着垂直裂隙呈块体剥落，形成陡坡和峭壁。因此，如果单斜岩层倾角较小（如 20°～30°），则形成一边陡坡一边缓坡的山，叫做单面山；如果单斜岩层倾角较大（如 50°～60°），则形成两边皆陡峻的山，叫猪背山或猪背脊。

③ 穹窿构造、短背斜和构造盆地的地貌形态　前二者常形成一组或多组同心圆或椭圆式分布的山脊，如果岩层产状平缓，里坡陡而外坡缓。有时在这样的地区发育成放射状或环状水系。在构造盆地地区，四周常为由老岩层构成的高山，至盆地底部岩层转为平缓，并且多出现较新的岩层。如四川盆地，北部大巴山主要由古生界和前古生界岩层组成，在盆地中心则主要由中生界及新生界岩层组成。

④ 水平褶皱及倾伏褶皱的地貌形态　在水平褶皱地区，常沿两翼走向形成互相平行而对称排列的山脊和山谷。在倾伏褶皱地区，常形成弧形或“之”字形展布的山脊和山谷。

⑤ 背斜和向斜的地貌形态　地形优势与地质构造基本一致，即形成背斜山和向斜谷。但在更多的情况下，是在背斜部位侵蚀成谷，而在向斜部位发育成山，即形成背斜谷和向斜山。这种地形与构造不相吻合的现象称地形倒置。

2. 褶皱构造的工程地质评价

① 褶皱的核部　褶皱的核部是岩层强烈变形的部位，在背斜的顶部和向斜的底部发育拉张裂隙。这些裂隙将岩体切割成块状，破坏了岩石的完整性，降低了岩石的力学性质。同时也为地下水的储存和运移提供了空间和通道。由于岩层的构造变形以及地下水的影响，公路、隧道、桥梁或水库等构筑物在褶皱的核部易遇到工程地质问题。

在背斜的顶部易蕴藏油矿，而在向斜的核部易储存地下水。

② 褶皱的翼部　在褶皱的翼部往往形成单斜岩层，容易产生顺层滑动，特别是岩层中存在软弱夹层，且岩层倾向与临空面方向一致时。

五　断裂构造

岩石受地应力作用，当作用力超过岩石本身的抗压强度时就会在岩石的薄弱地带发生破裂。断裂构造是岩石破裂的总称，包括劈理、节理、断层、深大断裂和超壳断裂等。研究断裂构造对找矿勘探、水文地质与工程地质以及了解区域构造特点均有实际意义。

断裂可以作为石油天然气二次运移的良好通道，油气沿断裂通道运移比在岩石孔隙中运移更加容易。

断裂构造是地壳上层常见的地质构造，下面主要介绍节理（裂隙）和断层。

（一）节理（裂隙）

节理即岩石中的裂隙，是指没有明显位移的断裂，是地壳上发育最广泛的一种地质构造现象，是岩体结构控制理论研究的主要对象之一。

研究节理在理论和实践中都有重要的意义。在地质构造理论上，节理与褶皱断裂和区域性构造密切相关，它的研究对认识和阐明区域地质构造及其形成和发展方面具有重要意义。在实际生产中，首先节理是矿液、石油、天然气运移通道、储集场所，节理的产状控制着矿体形态。其次，地下水、石油的渗透性、含油性、含水性与节理发育的密度、开启性密切相关。再次，节理的分布和发育程度会直接或间接影响水工建筑物的渗漏性和岩体的稳定性。因此节理研究在认识和阐明区域地质构造及其形成和发展方面有重要的意义。

1. 节理的分类

节理的分类主要依据两个方面：一是按照节理与有关地质构造的几何关系分类；二是依据节理形成的力学性质分类。通常地质工作者主要研究按照力学性质进行分类。

节理作为一种相对小型的地质构造，总是伴随着其他地质构造的发育而发育。而且节理的产状与其他地质构造的产状之间往往存在一定的几何关系。

(1) 节理与其他构造的几何关系分类

根据节理产状与岩层产状的关系（图 2-22），节理可以分为：

走向节理：节理的走向与岩层的走向一致或大体一致（图 2-22 中 1）。

倾向节理：节理的走向大致与岩层的走向垂直，即与岩层的倾向一致（图 2-22 中 2）。

斜向节理：节理的走向与岩层的走向既非平行，亦非垂直，而是斜交（图 2-22 中 3）。

顺层节理：节理面大致平行于岩层层面（图 2-22 中 4）。

前三种最为常见。

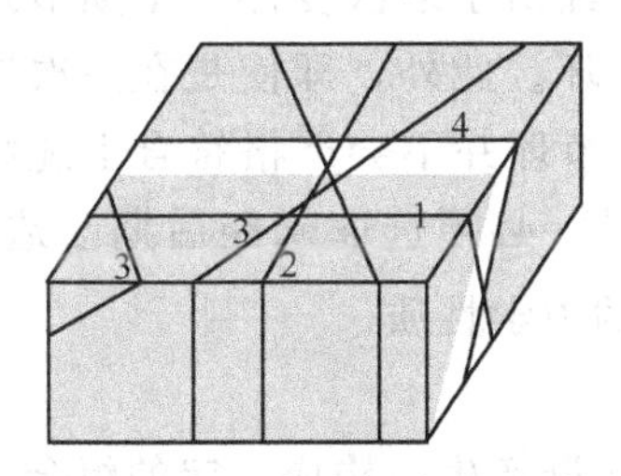

图 2-22　节理与岩层产状的关系

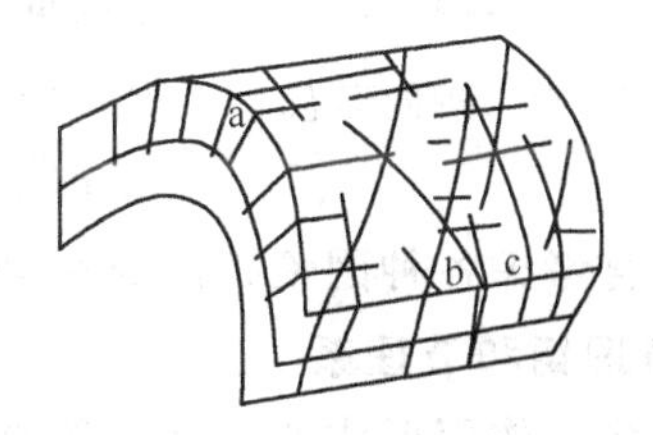

图 2-23　节理走向与褶皱轴面走向的关系

根据节理的走向与褶皱轴面走向之间的关系（图 2-23），节理又可以分为

纵节理：两者的关系大致平行（图 2-23 中 a）。

横节理：二者大致垂直（图 2-23 中 c）。

斜节理：二者大致斜交（图 2-23 中 b）。

如果褶皱轴延伸稳定，不发生倾伏的话（水平褶皱），则走向节理相当于纵节理，倾向节理相当于横节理，斜向节理相当于斜节理。

(2) 根据节理的力学性质的分类

根据节理的力学性质，可以将节理分为剪节理和张节理。

剪节理是由于岩层受到剪应力产生的破裂面，图 2-24 显示了实际岩层中的剪节理。剪节理的特征如下。

图 2-24 巢湖岩层中的剪节理（右图为共轭 X 型剪节理）

① 产状稳定（沿走向和倾向均如此）；②节理面平直光滑，时有擦痕，脉壁平直；③切割砾石或较大的矿物颗粒；④常发育成共轭 X 节理系；⑤由羽列组成；⑥尾端特征：折尾；菱形结环；分叉。

张节理是由于岩层受到张应力产生的破裂面，图 2-25 显示了实际岩层中张节理的形态。张节理的特征如下。

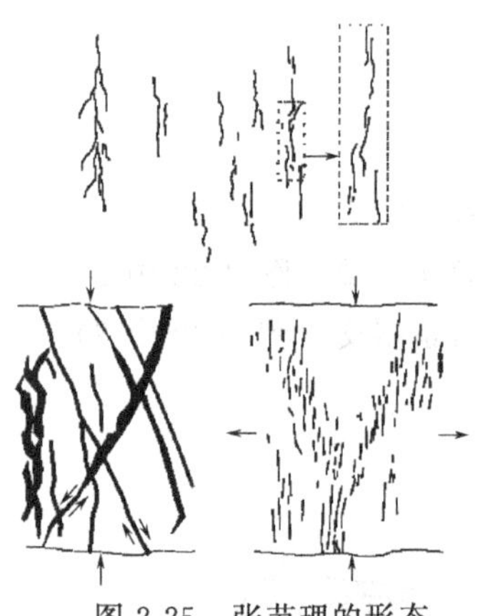

图 2-25 张节理的形态

① 产状不稳定；

② 节理面粗糙不平整，无擦痕；

③ 常绕砾石和粗砂颗粒而过，一般不切割；

④ 多开启性，脉体充填，形态成楔形、扁豆形等；

⑤ 不规则树枝状、网状、有时呈追踪 X 型、雁行式、放射状、同心圆状的组合形式；

⑥ 尾端变化，树枝状、多级分叉、杏仁状结环、不规则状。

前面所述的张节理与剪节理的特征是在一次变形中形成的节理中所具有的。如果岩层经历了多次变形，早期节理的特点在后期变形中常被改造或破坏。此外，即使是在一次变形过程中，由于各种因素的干扰，节理并不会严格符合上述特征。因此在鉴别节理的力学性质时，必须选取未经后期改造的节理，并且要综合考虑各种因素，同时结合有关的构造和岩石的力学性质。

2. 节理组和节理系

一次构造作用形成的节理一般是有规律性的，并且成群产生，构成一定的组合，就形成了节理组和节理系。

节理组：指统一应力场中，一次构造作用下形成的产状基本一致，力学性质相同的一组节理。

节理系：指统一应力场中，一次构造作用下形成的两个或两个以上的节理组，如共轭“X”节理、放射状节理、同心状节理等。野外工作中，一般都是以节理组和节理系为对象进行节理的观测。

3. 节理的野外观测和调查研究

节理的调查研究工作，首先是进行野外观测、收集、测量所研究地区节理的各项必要资料，其次是整理资料，编制各种节理统计分析表，最后根据所得资料结合工程建筑物的情况作出相应的判断。

根据工作要求，节理的调查研究必须选择在充分反映节理特征的岩层出露点进行。按照表 2-3 所列内容进行测量，同时注意研究节理的成因和填充情况。测量节理产状的方法和测量岩层产状的方法相同。如果遇到不太好测量的节量，可以准备一张硬纸片，插入待测节理中，测量硬纸片的产状即可代表节理的产状。

表 2-3　节理野外测量记录表

编　号	节理产状			长　度	宽　度	条　数	填　充 情　况	成　因 类　型
	走　向	倾　向	倾　角					
1								
2								
3								
4								

节理资料的整理、统计和构造解析一般采用图表形式，主要有节理玫瑰图、节理赤平投影极点图、节理赤平投影等值线图、共轭节理赤平投影求解主应力方位图等。

节理玫瑰图就是其中比较常用的一种。节理玫瑰图可以根据节理产状中的走向、倾向数据编制。编制方法如下。

① 将节理走向，换算成北东和北西方向，然后按方位角的一定间隔分组。分组间隔大小依作图要求及地质情况而定，一般采用5°或10°为一间隔，如分成0°～9°、10°～19°……。习惯上把0°归入0°～9°内，10°归入10°～19°组内，以此类推。然后统计每组的节理数目，计算出每组节理平均走向，如0°～9°组内，有走向为6°、5°、4°三条节理，则其平均走向为5°。把统计整理好的数值填入统计表中。

② 根据作图的大小和各组节理数目，选取一定长度的线段代表1条节理，以等于或稍大于按比例尺表示数目最多的一组节理的线段的长度为半径，作半圆，过圆心作南北线及东西线，在圆周上标明方位角。

③ 从0°～9°一组开始，按各组平均走向方位角在半圆周上作一记号，再从圆心向圆周该点的半径方向，按该组节理数目和所定比例尺定出一点，此点即代表该组节理平均走向和节理数目。各组的点子确定后，顺次将相邻组的点连线。如其中某组节理为零，则连线回到圆心，然后再从圆心引出与下一组相连。

④ 标明图名和比例尺（如图 2-26 所示）。

节理倾向玫瑰图绘制时，也是按节理倾向方位角分组，求出各组节理的平均倾向和节理数目，用圆周方位代表节理的平均倾向，用半径长度代表节理条数，作法与节理走向玫瑰花图相同，只不过用的是整个圆而已（如图 2-27 所示）。

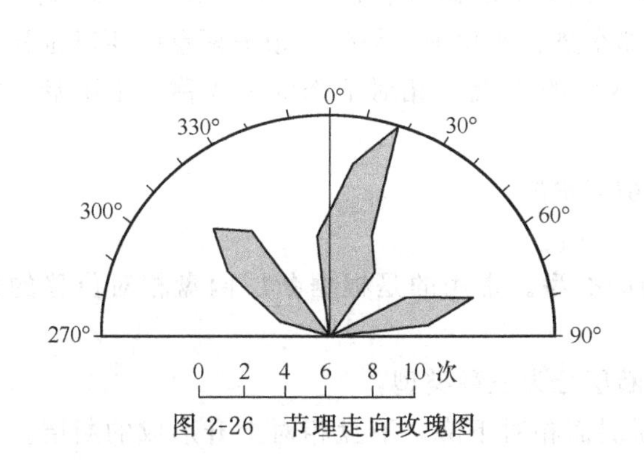

图 2-26　节理走向玫瑰图

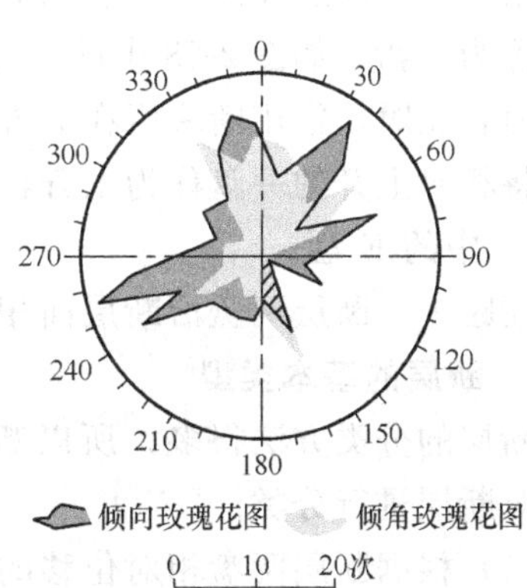

图 2-27　节理倾向、倾角玫瑰图

4. 节理的工程地质评价

① 节理破坏了岩体的完整性，使岩体的稳定性降低；

② 节理为大气和水进入岩体内部提供了通道，加速了岩石的风化和破坏；

③ 节理会降低岩石的承载能力；

④ 在挖方或采石中，节理的存在可以提高工作效率；

⑤ 节理发育的岩体中可以找到地下水作为供水水源。

（二）断层

地壳岩层因受力达到一定强度而发生破裂，并沿破裂面有明显相对移动的构造称断层。在地貌上，大的断层常常形成裂谷和陡崖，如著名的东非大裂谷、中国华山北坡大断崖。

断层是构造运动中广泛发育的构造形态。它大小不一、规模不等，小的不足一米，大到数百、上千千米。但都破坏了岩层的连续性和完整性。在断层带上往往岩石破碎，易被风化侵蚀。沿断层线常常发育为沟谷，有时出现泉或湖泊。

1. 断层要素（图 2-28）

断层主要由以下几个部分组成。

断层面和破碎带——断层两侧岩块发生相对位移的断裂面，称为断层面。断层面可以是直立的，但大多数人是倾斜的。断层面的产状是用断层面的走向、倾向和倾角来表示，测量方法和岩层产状的测量方法相同。规模大的断层，经常不是沿着一个简单的面发生断裂，而往往是沿着一个错动带发生断裂，这个错动带称为断层破碎带。断层破碎带的宽度从数厘米到数十米不等。断层的规模越大，断层带也就越复杂。由于断层带两侧的岩体受断层面、断层带发生的错动，所以在断层面上常留有擦痕，在断层带中常形成糜棱岩、断层角砾岩和断层泥等特征岩石。

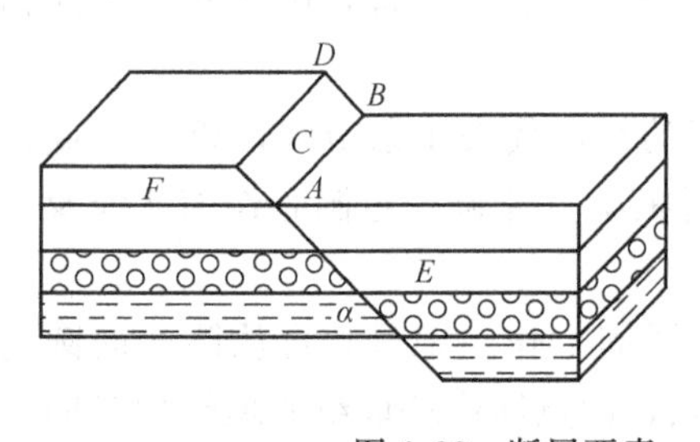

AB：断层线
C：断层面
α：断层倾角
E：上盘
F：下盘
DB：总断距

图 2-28 断层要素

断层线——断层面与地面的交线，称为断层线。断层线表示断层的延伸方向，其产状决定于断层面的形状和地面的起伏情况。

断盘——断层面两侧发生相对位移的岩块，称为断盘。当断层面倾斜时，位于断层面上部的称为上盘，如图 2-28 中的 E 盘；位于断层面下部的称为下盘，如图 2-28 中的 F 盘。当断层面直立时，常用断块所在的方位表示，如东盘、西盘等。另外，根据两盘的相对位移关系，将相对上升的一盘称为上升盘，如图 2-28 中的 F 盘，相对下降的一盘称为下降盘，如图 2-28 中的 E 盘。

断距——断层两盘沿断层面相对移动错动的距离。

2. 断层的基本类型

断层的分类方法很多，所以断层有不同的类型。常用的是根据断层两盘相对位移的情况，对断层进行分类。

（1）根据断层两盘相对位移的情况，把断层分为三种类型：

正断层［见图 2-29（a）］：断层上盘沿断层面相对下降，下盘相对上升形成的断层。正断层一般是由于岩体受到水平张应力及重力作用，使上盘沿断层面向下错动而成的。正断层一般规模不大，断层线比较平直，断层面倾角较陡，常大于 45°。

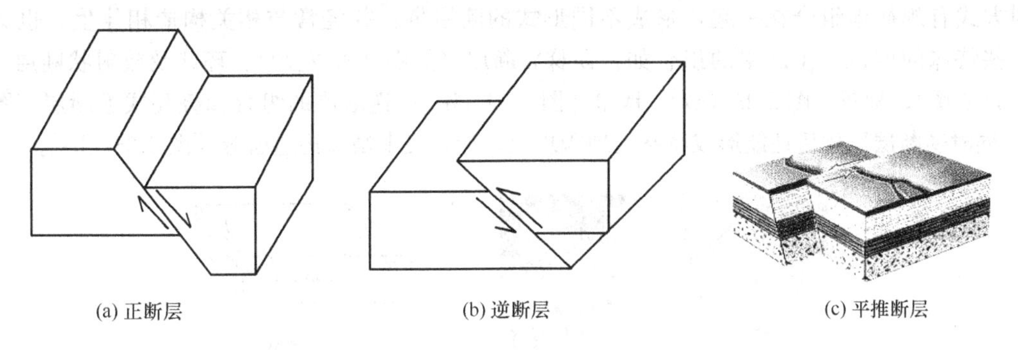

(a) 正断层　　(b) 逆断层　　(c) 平推断层

图 2-29　断层类型

逆断层［如图 2-29（b）］：断层上盘沿断层面相对上升，下盘相对下降形成的断层。逆断层一般是由于岩体受到水平方向强烈挤压力的作用，使上盘沿断层面向上错动面成的。断层线的方向常和岩层走向或褶皱轴的方向近于一致，和所受的压应力的方向垂直。断层面倾角有陡有缓。依据倾角的大小，倾角大于 45°的称为逆冲断层；介于 25°与 45°之间的称为逆掩断层；小于 25°的称为辗掩断层。后两者常会形成规模较大的区域性断层。

平推断层［如图 2-29（c）］：由于岩体受水平扭应力作用，使两盘沿断层面发生相对水平位移形成的断层。平推断层的倾角很大，断层面近于直立，断层线比较平直。

上面介绍的几种类型，主要是根据断层断盘相对位移且受单向应力作用而产生的断裂变形，是断层构造的三个基本类型，也是地质工作者常用的几个基本分类。由于岩体的受力性质和所处的边界条件相对复杂，实际断层也要复杂很多。同时，由于分类依据的不同，断层也会有其他不同的分类和名称。

(2) 根据断层走向与所切割的岩层走向的方位关系（图 2-30），断层还可以分为以下几种。

走向断层：断层走向与岩层走向基本一致，图 2-30 中的 F_1；

倾向断层：断层走向与岩层走向基本垂直，图 2-30 中的 F_2；

斜向断层：断层走向与岩层走向斜交，图 2-30 中的 F_3；

顺层断层：断层面与岩层层理等原生地质界面基本一致。

(3) 根据断层与褶皱轴的关系，断层可分为以下几种。

纵断层：断层走向基本上平行于褶皱轴的走向，如图 2-31 中的左上图；

横断层：断层走向基本上垂直于褶皱轴的走向，如图 2-31 中的右上图；

斜断层：断层走向与褶皱轴的走向斜交，如图 2-31 中的下图。

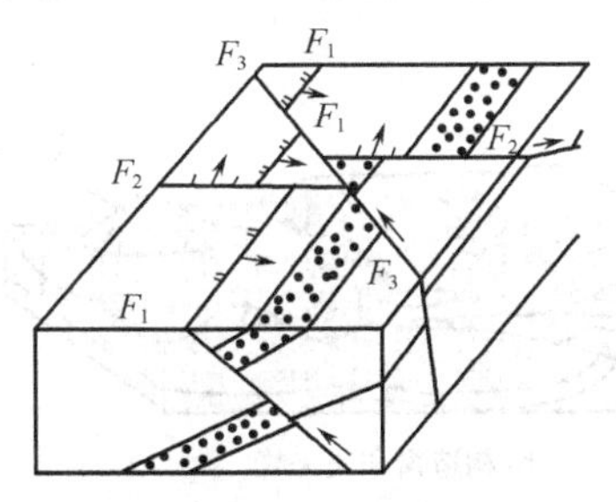

图 2-30　根据断层与岩层的关系分类

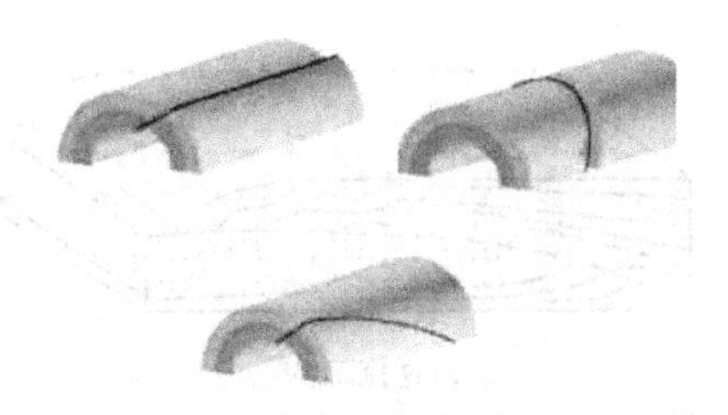

图 2-31　根据断层与褶皱轴的关系分类

3. 断层的组合类型及典型构造

断层的形成和分布，不是孤立的现象。它受区域性或地区性地应力场的控制，以一定的排列方式有规律地组合在一起，形成不同形式的断层带，并经常与相关构造相伴生，也会形成一些特殊的构造，正断层的组合如：阶梯状断层（如图 2-32 左图）、环状及放射状断层（如图 2-32 右图）、地堑［图 2-33（a)］、地垒［图 2-33（b)］；逆断层的组合如叠瓦式逆断层（图 2-34）。同时逆断层风化后还能形成特殊的地貌现象，如：飞来峰和构造窗等［图 2-35（b)］。

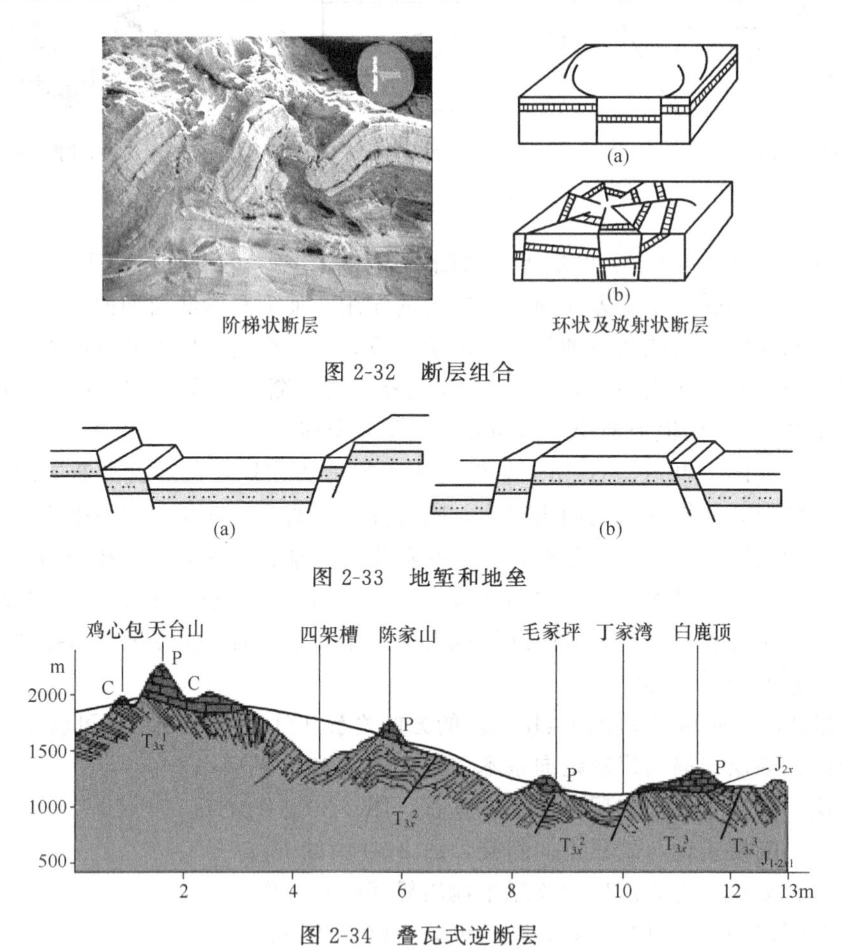

图 2-32 断层组合

图 2-33 地堑和地垒

图 2-34 叠瓦式逆断层

飞来峰：原地系统中见外来系统的残留岩块，上下为断层接触关系，断层线呈圈闭形态。通常飞来峰是老岩层，如图 2-35 所示。

构造窗：外来系统中剥露出下伏原地系统的露头，上下为断层接触关系，断层线呈圈闭形态，通常构造窗是新岩层。

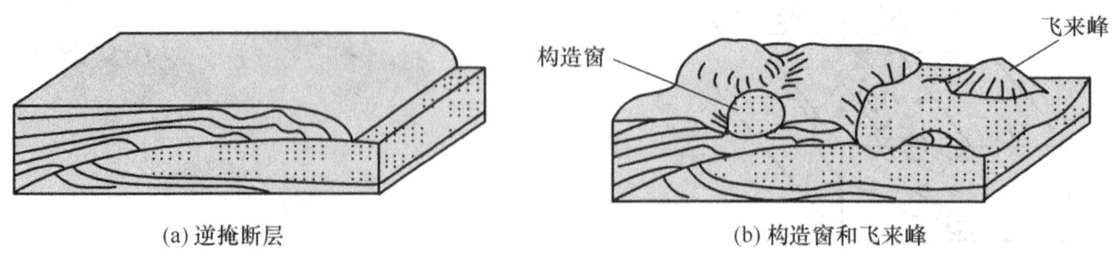

图 2-35 逆掩断层形成的地貌

4. 断层的野外识别

由于岩层发生强烈的断裂，岩体裂隙增多，岩石破碎，风化严重，地下水发育，从而降低了岩石的强度和稳定性，对工程建筑形成了种种不利影响。因此，在实际工程建设中应当仔细观测、识别断层，认真选择建筑地址，尽量避免大的断层破碎带。

当岩层发生断裂并形成断层后，不仅会改变原有地层的分布规律，还常在断层面及相关部分形成各种伴生构造，并形成与断层构造有关的一些地貌现象，因此，我们可以根据这些标志来识别断层。

（1）地貌及水文标志

当断层的断距较大时，上升盘的前缘可能形成陡峭的断层崖，经过剥蚀后，则会形成断层三角面地形（见图 2-36）；断层破碎带的岩石破碎，易于侵蚀下切，可能形成沟谷或峡谷地形。此外，如果山脊错断、错开，河谷跌水瀑布，河谷方向突然发生转折，串珠状湖泊或泉水呈带状出现等现象，很可能是断层在地貌上的反映。这些地方应当特别注意观察，识别断层的存在与否。

图 2-36　断层崖及断层三角面

（2）地层标志

如果岩层发生重复或缺失，岩脉被错断，或者岩层沿走向突然发生了中断，与不同性质的岩层突然接触等地层方面的现象，则说明此处断层存在的可能性很大。

（3）伴生构造现象

断层的伴生构造是断层在发生和发展过程中遗留下来的痕迹，它们也能表明断层的存在。这些伴生构造主要有岩层发生的牵引弯曲（如图 2-37）、糜棱岩、断层角砾、断层泥及断层擦痕和阶步（如图 2-38）等。岩层的牵引弯曲是岩层因断层两盘发生相对错动，因受牵引而形成的弯曲，多形成于页岩、片岩等柔性和薄层岩层中。当岩层发生相对位移时，其两侧岩石因受强烈的应力作用（主要是挤压力），岩石有时沿断层面被研磨成细泥，称为断层泥；如果岩石被研碎成角砾，则称为断层角砾。断层两盘相对错动时，因强烈摩擦在断层面上还会形成一条条平等密集的细刻槽，称为断层擦痕。顺擦痕方向摸断层面，感到光滑的方向即为对盘错动的方向。

以上所说的几种现象都是野外识别断层存在的可靠标志，所以在野外观测时，遇到这些现象，一定要仔细认真观察分析，判断断层存在的可能性。但是需要指出的是，断层通常是复杂多变的，断裂构造运动常常是多次进行的，先期活动留下的各种现象，常被后期活动的磨失、破坏、叠加和改造，不能清晰的呈现断层初发的状态，各种断层标志也不易识别，因此，在实际工作中一定要认真研究，结合各种方法和手段进行分析，准确判断断层的存在及活动。

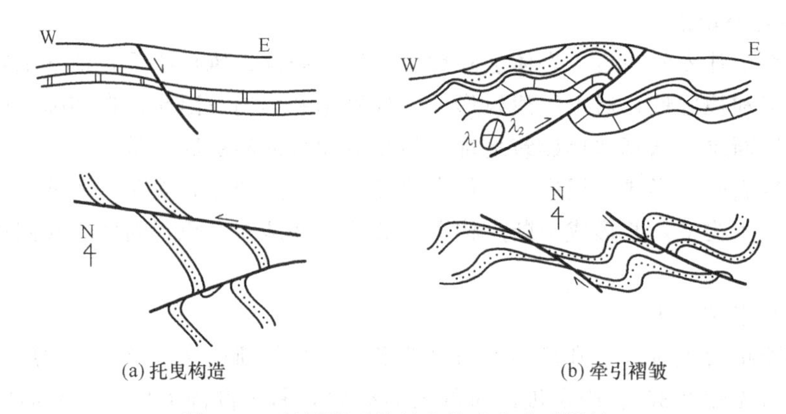

图 2-37　断层附近的托曳构造和牵引褶皱

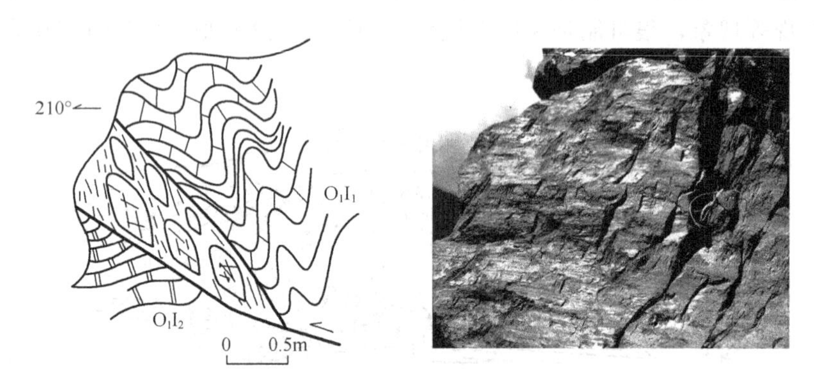

图 2-38　左图为断层泥、断层角砾，右图为断层镜面、擦痕

5. 断层的工程地质评价

① 大多数情况下，断层面两侧一定宽度范围内的岩石破碎，对场地的稳定性影响极大；

② 在新构造运动强烈的地区，有的断层可能有活动性，甚至有产生地震的可能性，这将对其附近的工程带来极大的事故隐患；

③ 断层与地下水紧密相连，给地下工程造成事故隐患（河南平顶山二矿某井下巷道施工中遭遇的断层透水事故）；

④ 断层面是软弱结构面（见第五章）；

⑤ 断层上、下盘岩石的性质一般不同，跨越其间的建筑物可能因不均匀沉降而产生破坏；

因此，选择建筑物场地时最好避开断层地带。

（三）活断层

活断层一般理解为目前还在持续活动的断层，或在人类历史时期或近期地质时期活动过、极可能在不远的将来重新活动的断层。后一种情况也可称为潜在的活断层。

关于潜在的活断层有不同的标准。人类历史时期有过活动记录的当然是潜在的活断层。对近期地质时期确有不同的理解与限定。有人将之限于全新世（即最近 1.1 万年以内），有人则限于最近 3.5 万年（以 C^{14} 确定绝对年龄的可靠上限）之内，更有人限于晚更新世（最近 10 万年 或 50 万年）之内，或者根据近期地质历史时期（例如第四纪，180 万年）有重复活动来判定。

从工程使用时间尺度和断层活动时间测年的准确性来考虑，活动时间上限不宜太长，应以前两者为适当。可能有重新活动的不远的将来，一般理解为重要建筑物如大坝、原子能电站等的使用年限之内，约为100～200年。

《水利水电工程地质勘察规范》（GB 50287—2006）中将活断层的活动时限定为约10万年。在《岩土工程勘察规范》［GB 50021—2001（2009版）］中规定：在全新世（1万年）内有过地震活动或近期正在活动，在今后100年可能继续活动的断裂定为全新活动断裂；对其中近500年发生过的大于5级地震的断裂，或在未来100年内，可能发生大于等于5级地震的断裂称为发震断裂。

1. 活动断层活动的基本方式

持续不断缓慢蠕动的称为蠕滑或稳滑；间断地、周期性突然错断的为黏滑，黏滑常伴有地震，是活断层的主要活动方式。一条长大活断层的不同区段可以有不同的活动方式。活断层的活动强度主要以其错动速率来判定。

但活断层错动速率是相当缓慢的，两盘相对位移平均达到1mm/a，已属相当强的活断层。世界上最著名的活断层为美国的圣安德烈斯断层，两盘间年平均最大相对位移也只有5cm。所以，即使是现今还在蠕动的断层，也不能用一般的观测方法取得它活动的标志，而需采用重复精密水准测量（水准环测或三角、三边测量）。近年还采用全球定位系统（GPS，Global Positioning System）或超长基线（VIBI）测量法测得两盘相对位移。

近年研究证明，断层位移往往伴有小地震，所以用密集地震台网精确测定小震震中沿断层线分布，也是判定断层活动的可靠标志。有些间断活动的断层，在其非活动期，断层线两侧既无相对位移，沿断层也无小地震产生。但经过一定时期之后，在断层线上的某一点会发生较强地震，有时还伴以位移达几米的地表错断。这类断层可从历史上地震和断层错动记录或从过去的强震震中沿断层分布取得其活动标志。

但即使在我国这样一个历史悠久的国家，地震历史记录也不过只有3000年左右，仪器确切测定震中更是最近几十年来才实现的。所以判定断层活动性主要还是依靠地质标志，即断层近期活动在最新沉积层中、在断层物质中或在地形地貌上留下来的证据。通过这些证据的详细研究，可以判定断层是否活动，其活动方式和规模及是否伴有地震。通过多种绝对年龄测定，还可判定断层的活动时间、速率及重复活动的时间间隔或重复活动周期。

2. 活断层进行工程地质研究的重要意义

其一是断层的地面错动及其附近的伴生的地面变形，往往会直接损害跨断层修建或建于其邻近的建筑物。

其二是活断层多伴有地震，而强烈地震又会使建于活断层附近的较大范围内的建筑物受到损害。

活断层错动直接损害建筑物的例子迄今为止为数不多。在我国则有1976年唐山地震时的长达8km的地表错断。它呈北30°东方向由市区通过，最大水平错距3m，垂直断距0.7～1m，错开了道路、围墙、房屋、水泥地面等一切地面建筑物。宁夏石咀山红果子沟一带的活断层，也将明代（约400年前）长城边墙水平错开1.45m（右旋），且西升东降垂直断距约0.9m。日本神户附近的六甲地区活断层对建筑物的影响也是一个较好例子。津田调查了六甲山南侧平原和阶地上建筑物出现裂缝的情况，并以统计法编制了受损害建筑物等密线图。图上的高密度延伸线恰好与六甲山麓发育的几条活断层的延长线一致，表明建筑物的损坏与断层活动有关。

3. **活断层的类型和活动方式**

按构造应力状态及两盘相对位移的性质，可将活断层划分为地质上熟悉的三种类型，即：走向滑动或平移断层，倾滑断层（正断层）和逆断层。其中以走向滑动型最为常见。三类活断层由于几何特征和运动特性不同，所以它们对工程场地的影响也各异。

走向滑动或平移断层——主要是断层面两侧相对的水平运动，相对的垂直升降很小。河流最易于沿这种断层发育，水工建筑物也就最易于受到这种活断层的威胁。如断层与坝轴线小角度斜交，由于断层错动而造成的心墙拉开宽度可以相当大。有名的走向滑动型活断层有美国加州的圣安德烈斯断层系 。

逆断层——由于位移是水平挤压形成的，断层面两侧的点之间的距离总是由于位移而缩短。上盘除上升外还产生地面变形，往往伴以多个分支或次级断层的错动。

如 1971 年美国圣费尔南多地震时使圣费尔南多断层（逆断层）产生逆冲错动。下降盘无地表变形及破裂，上升盘抬升近 2m 以上，并有强烈变形，许多小的次级断层主要集中在距主断面 1km 之内，但距主断面 2.5km 尚有一条产生 150mm 相对位移的次级断层。

正断层——在错动过程中，垂直断面走向的水平方向有所伸长。伴随这类断层活动的变形（下沉）和分支断层错动，主要集中于下降盘。与河谷平行断面倾斜的正断层，可以使拦河坝产生比其他形式断层运动更宽的初始裂缝。一般说来，这类断层的可识别程度介于走滑断层和逆断层之间，其影响带宽度和对工程的危害程度也介于两者之间。

4. **活断层的调查和研究方法**

活断层的工程地质调查目的在于准确确定建筑区附近活断层带位置，确定建筑区内有无活断层，活断层带的宽度，错动最大幅值及变形带宽度，以及间断活动的时间间隔，如果伴有地震，则应进行地震研究。

进行活断层研究时，可以采用低阳光角航空摄影法和开挖探槽的方法。

航测照片可以看到地表研究所不能看到的迹象，在研究属于线性构造的断层中是很有用的。有些主干走向错动活断层在图上极易看出。

开挖探槽法主要研究跨断层的最新沉积是否被断层错断及其错动幅度；提供含碳物质的样品以定绝对年龄，以便判定错动的时代；揭露重复错动证据，如较老地层比新地层错距大、多次的地层砂土液化造成的多次喷砂的地层记录等等，以判定间歇错动的时间间隔。所需探槽深度一般不大，约为 2～4m。

揭露后必须小心地以铲清除槽壁浮土，用刷和刮刀清理壁面以便详细观察和测绘细节。因为即使是大的活断层，最近期表层沉积中的错动带宽也仅有 10～20mm 或更少，不仔细研究细节往往会作出错误结论。

第四节 地质图的阅读

地质图是反映一个地区各种地质条件的图件，是将自然界的地质情况，用规定的符号、色谱和花纹将地壳的一部分地质体和地质现象（地层、岩体、地质构造、矿床分布和相互关系），按一定比例尺概括地投影到地形图上的一种图件。它是工程实践中需要搜集和研究的重要地质资料。要清楚地了解一个地区的地质情况，需要花费不少的时间和精力，如果通过对已有地质图进行阅读和分析，就可以帮助我们清楚地了解本地区的地质情况，这对我们研究实际工程中场址和路线的选择及布局，确定野外地质工作的重点等，都能提供极大的帮助。因此，学会阅读和分析地质图是十分必要的。

一　地质图的种类

地质图的种类很多，主要有普通地质图和专门地质图。通常普通地质图是用来表示地层、岩性和地质构造条件的地质图件，简称地质图。专门地质图是用来表示某一项地质条件或服务于某项实践活动的地质图件，如专门表示第四纪沉积层的第四纪地质图，表示地下水条件下的水文地质图，服务于各种工程建设的工程地质图等。地质图（即普通地质图）是地质工作的最基本的图件，各种专门的地质图一般都是在地质图的基础上绘制出来的。

一幅完整的地质图主要应当包括平面图、剖面图和柱状图。平面图是反映地表地质条件的图件，它一般是通过野外地质勘测工作，直接填绘到地形图上编制出来的。剖面图是反映地表以下某一断面地质条件的图件，它可以通过野外测绘或勘探工作编制，也可以在室内根据地质平面图来编制。综合地层柱状图综合反映了一个地区各个地质年代的地层特征、厚度和接触关系等。

地质图中平面图全面反映了一个地区的地质条件，是地质图中最基本的图件。地质剖面图是配合平面图来反映一些重要部位的地质条件，它对地层层序和地质构造现象的反映比平面图更清晰，更直观，因此，一般地质平面图都会附有剖面图。

地质平面图中应当有图名、图例、比例尺、编制单位和编制日期等。特别指出的是，地质图的图例中，从新地层到老地层，严格要求自上而下或自左到右顺次排列，形成地层柱状图。

二　地质构造在地质图上的表现形式

地质图的阅读和分析，首先必须清楚地知道各种地质构造在地质图上是如何表现的，只有这样，我们才能通过阅读地质图，清楚的了解该地区的基本地质条件，是否有特殊构造等现象。因此，认识各种地质构造在地质图的表现形式对我们的分析判断就显得特别重要了。以下给大家介绍各种常见的地质构造在地质图上表现形式，供大家参考。

1. 水平构造（见图 2-39）

水平构造在地面和地形地质图上的特征：

① 水平岩层在地质图上的界线与地形等高线平行或重合；

② 在沟谷呈尖牙状，其尖端指向上游；

③ 在孤立的山丘上呈圈闭的曲线；

④ 在近直立的陡崖处重合成一条线。

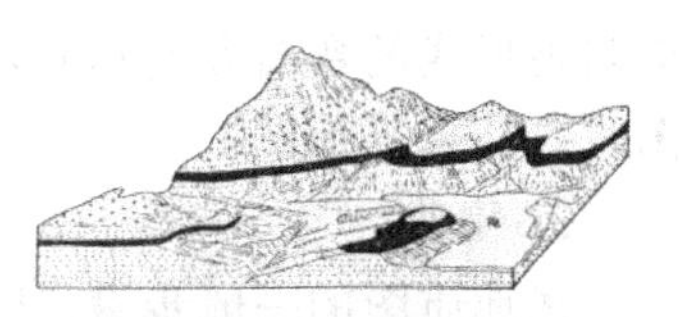

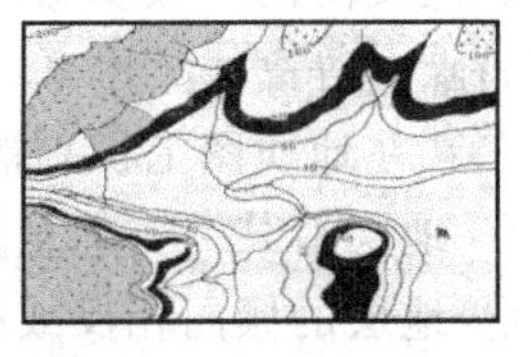

图 2-39　水平构造在地质图及地形图上的特征

2. 倾斜构造

地质界线在地形地质图上弯曲的规律，其特征受地质界面（断层面）倾角、地形坡度，以及地形与地质界面产状之间的相互关系三个因素制约。

倾斜岩层穿越沟谷和山脊的地质界线在平面的投影均呈“V”字形，这种规律叫“V”字形法则。“V”字形法则在地形地质图上的特征可概括为以下三点。

① 相反相同，弯曲小。当岩层倾向与地面倾斜的方向相反，“V”字形尖端山脊处指向下坡，在沟谷处“V”字形的尖端指向沟谷的上游，岩层分界线的弯曲方向与地形线的弯曲方向相同，但岩层界线比地形线的弯曲程度小［见图 2-40，(a) 是立体图，(b) 是平面图］。

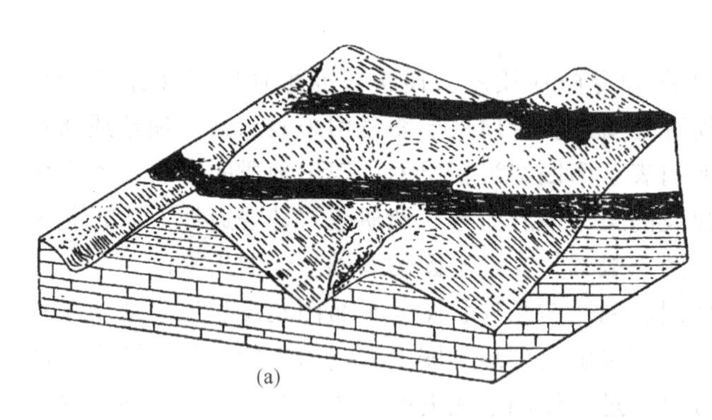

(a)

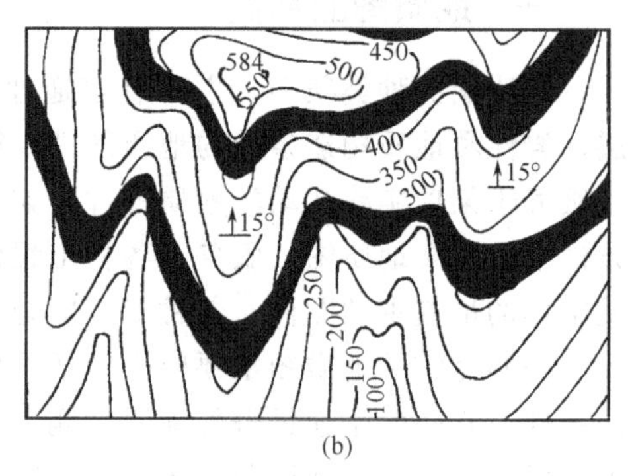

(b)

图 2-40 相反相同，弯曲小

② 相同相反，岩层倾角大于坡角。当岩层倾向与地形坡向的方向相同，岩层倾角＞地面坡角，“V”字形尖端山脊处指向上坡，沟谷处指向下游；岩层分界线的弯曲方向与地形线的弯曲方向相反［见图 2-41，(a) 是立体图，(b) 是平面图］。

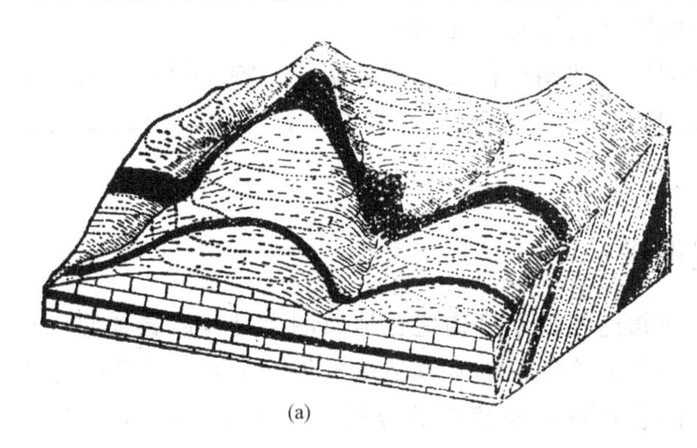

(a)

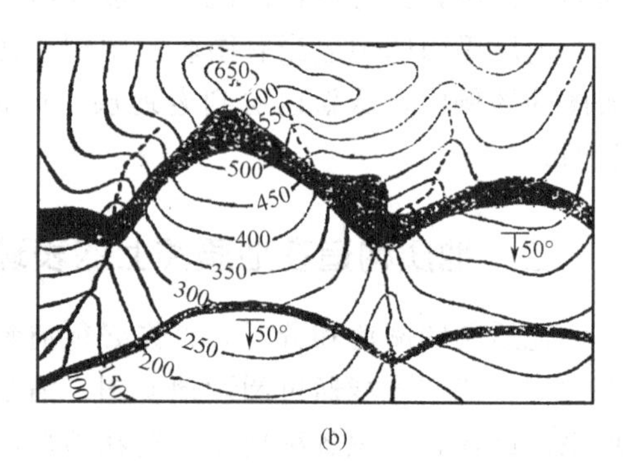

(b)

图 2-41 相同相反，岩层倾角大于坡角

③ 相同相同，岩层倾角小于坡角，弯曲大。当岩层倾向与地形坡向的方向相同，岩层倾角＜地面坡角，“V”字形尖端山脊处指向下坡，沟谷处指向上游。岩层分界线的弯曲方向与地形线的弯曲方向相同，但岩层界线比地形线的弯曲程度大［见图 2-42，(a) 是立体图，(b) 是平面图］。

3. 褶曲

读地质图的一般步骤：图名→比例尺→图例→责任表→综合地层柱状图、图切剖面图→地形特点（等高线、水系、山峰等）→图的正文。

(1) 在地质图上识别褶皱的存在

① 地层沿某一方向重复，需要排除由于断层造成的地层重复；

② 地层的倾向相反或相对。

(2) 看图中标识，确定两翼的产状

图上通常标有图例，产状正常与岩层倒转的图例分别如图 2-43 所示：左图是正常地层

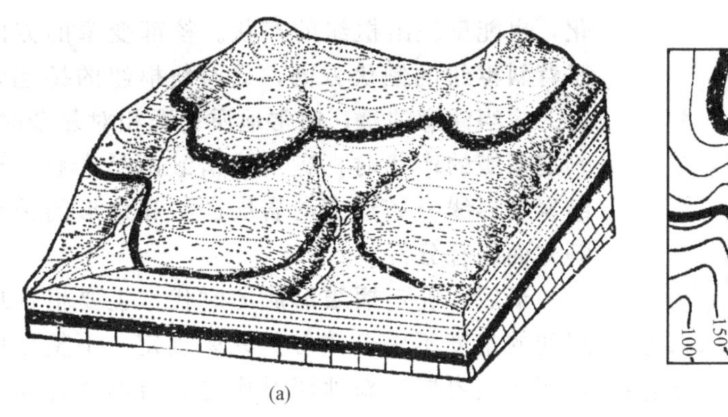
(a)

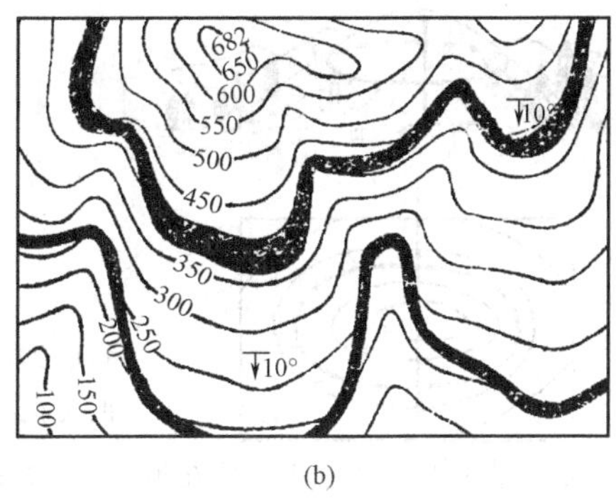

(b)

图 2-42　相同相同，岩层倾角小于坡角，弯曲大

产状的表示，右图为倒转岩层产状的表示。

根据岩层的露头形态，用倾斜岩层的“V”字形法则判断岩层的倾斜方向，从而确定出褶皱两翼的产状。这一步是在地质图上识别褶皱的关键。

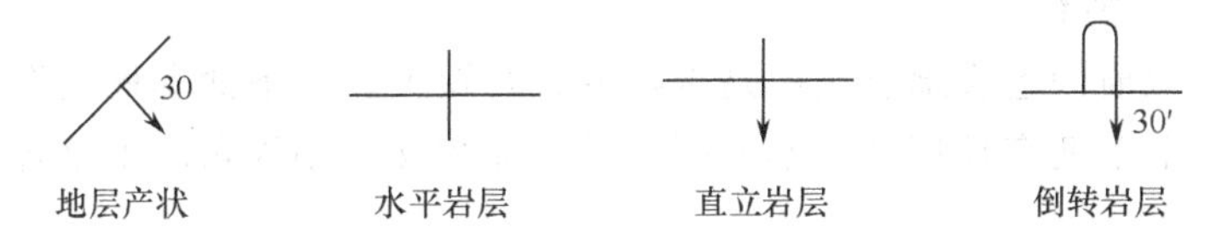

图 2-43　地层产状图例

(3) 向斜与背斜的判定，如图 2-44 所示

① 背斜从核部向两翼地层时代变新，向斜从核部向两翼地层时代变老；

② 背斜两翼倾向相背，向斜两翼倾向相对。倒转褶皱两翼的倾向是相同的。

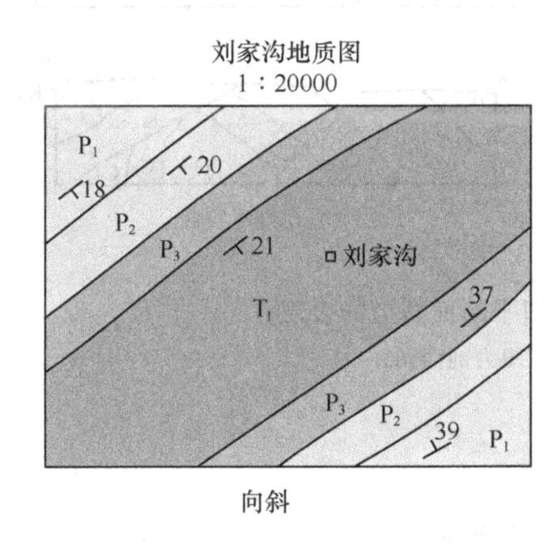

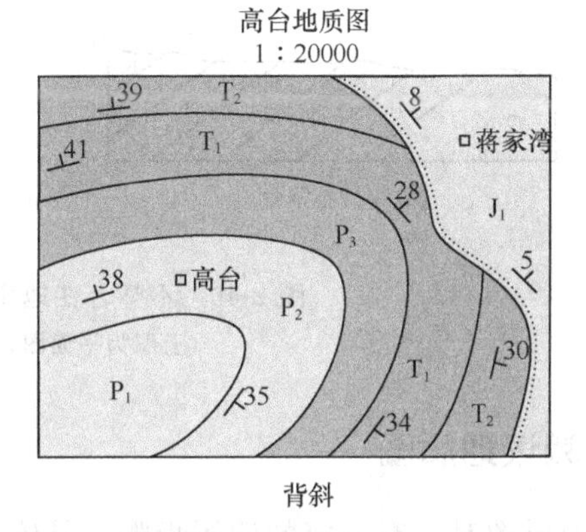

图 2-44　背斜与向斜

然后，根据两翼产状及其延伸，可以确定轴面和枢纽的产状。若两翼倾向相反、倾角近相等，表示轴面直立。如果两翼倾角不等，轴面是倾斜的。而倒转褶皱中背斜的轴面均与缓翼倾向一致。当地形近于平坦，褶皱两翼平行延伸时，表示两翼岩层走向平等一致，则褶皱枢纽是水平的；如果两翼岩层走向不平行，两翼同一岩层界线交会或呈弧形弯曲，说明此褶皱枢纽是倾伏的；背斜两翼同一地质界线交会的弯曲尖端指向枢纽的倾伏方向，向斜两翼同一岩层地质交会的弯曲尖端指向扬起的方向。另外，沿褶皱延伸方向核部地层出露宽窄的变

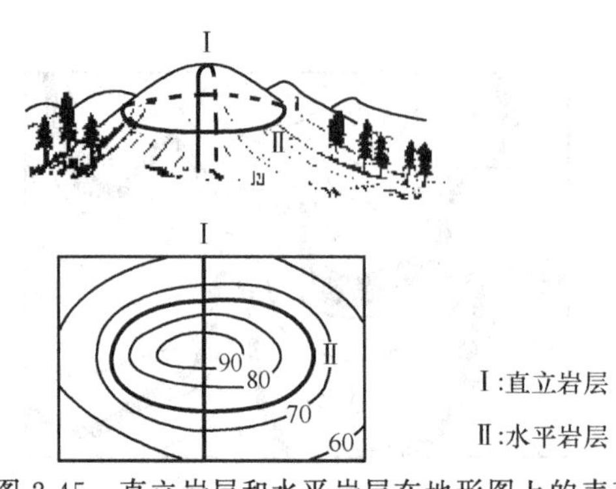

图 2-45 直立岩层和水平岩层在地形图上的表现

化，也能反映出枢纽的产状。核部变窄的方向是背斜枢纽的倾伏方向，或向斜枢纽的扬起方向。应当注意的是，通常地质情况相对复杂时，判定褶皱的产状时，应当从褶皱两翼产状、褶皱岩层界线分布形态与岩层产状和地形的关系等方面综合分析。

最后，确定褶皱形成的时代：主要根据地层间的角度不整合接触关系来确定。不整合面以下褶皱岩层最新地层时代之后与不整合面以上最老地层时代之前即为褶皱形成的时代。

4. 断层

断层产状主要是根据断层线“V”字形特征用相邻等高线法作图直接求取，也就是说把断层面视为倾斜岩层，用倾斜岩层的 V 字形法则进行判定。倾斜岩层在地形图上的表现，前面已有介绍。水平岩层及直立岩层在地形图上的表现如图 2-45 所示。

5. 地层间的接触关系

首先从图例和地质图上看地层层序是否缺失，若缺失，上下两套地层界线基本平行，则为平行不整合；若上下两套地层产状不平行，呈角度相交，则为角度不整合，见图 2-46。

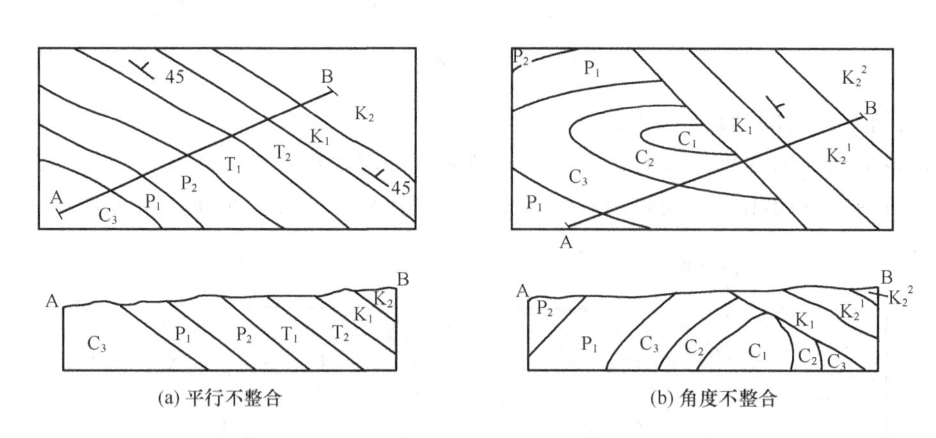

图 2-46 不整合在地质图平剖面图上的表现

（上图为平面图，下图为剖面图）

三 阅读地质图

阅读地质图时，有一定的读图步骤，具体如下所示。

① 首先看图名和比例尺，了解图件绘制的地区的位置及精度。

② 阅读图例。图例自上而下，按由新到老的年代顺序，列出了图中出露的所有地层符号和地质构造符号。通过图例，可以概括了解图中出现的地层及地质情况。在看图例时，要注意地层之间的地质年代是否连续，中间是否存在地层缺失现象。

③ 分析地形。地质图是在地形图的基础上绘制出来的，所以在正式读图时应当先分析地形情况。通过地形图上的地形等高线或河流水系的分布特点，了解地区的山川形势和地形高低起伏情况。这样，在分析地质图所反映的地质条件前，能使我们对地质图所反映的地

区，有一个比较完整的概括了解。

④ 读图分析。对该地区的情况有一定认识后，此时，应当阅读地质图中反映出的岩层的分布情况，岩层之间的新老关系，岩层的产状及其与地形的关系，分析该地区的地质构造。分析地质构造时，有两种不同的分析方法。一种是根据图例和各种地质构造的表现形式，先了解地区的总体构造的基本特点，明确局部构造相互间的关系，然后对单个构造进行具体分析；另一种是先研究单个构造，然后结合单个构造之间的相互关系，进行综合分析，最后得出整个地区地质构造的结论。这两种方法并没有实质的区别，它们得出的分析结论是相同的。

在分析单个地质构造时，可以先分析各年代地层的接触关系，再分析褶皱，然后分析断层。

分析不整合接触时，要注意上下两岩层的产状是否大致一致，分析是平行不整合还是角度不整合，然后根据不整合面上部的最老岩层和下伏的最新岩层，确定不整合形成的年代。

分析褶皱时，可以根据褶皱轴部及两翼岩层的新老关系，分析是背斜还是向斜。然后看两翼岩层是大体平行延伸，还是向一端闭合，分析是水平褶皱还是倾伏褶皱。其次根据岩层产状，推测轴面产状，根据轴面及两翼岩层的产状，可将直立、倾斜、倒转和平卧等不同形态的褶皱加以区别。最后，可以根据未受褶皱影响的最老岩层和受到褶皱影响的最新岩层，判断出褶皱形成的年代。

在水平构造、单斜构造、褶皱和岩浆侵入体中都会发生断层。不同的构造及断层与岩层的不同关系，都会使断层在地质平面图上的表现形式有不同的特点。因此，在分析断层时，应首先了解发生断层前的构造类型，断层后断层产状和岩层产状的关系，根据断层的倾向，分析判断出断层线两侧的上下盘，然后再根据两盘岩层的新老关系和岩层出露的变化情况，分析两盘相对位移方向，也就是说哪盘是上升盘，哪盘是下降盘，确定断层的性质和类型，最后根据错动岩层的新老关系，判断断层的形成年代。

要注意的是，岩层经过长期的风化剥蚀，其出露地面的构造形态遭到了破坏，使得它在地面出露的情况变得更为复杂，从而使我们在地质图上看不出构造的本来面目。所以，在读图时要注意地质平面图与剖面图相互配合，从而加深对地质图的理解和认识。

思考题

2-1 怎样确定地层的相对地质年代？

2-2 岩层的接触关系有哪些？简要叙述其各自的特征及形成过程。

2-3 褶皱的基本形态有哪些？其要素有哪些？

2-4 断层的要素有什么？

2-5 按断层两盘的相对运动，断层分为几类？简要叙述其各自的特征。

2-6 节理按其力学性质可以分为什么节理？各自的特征有哪些？

2-7 野外调查节理的调查内容有哪些？整理节理资料时常用的方法有哪些？

2-8 什么是岩层的厚度？根据的岩层水平与否，可以把岩层分为哪两类？

2-9 什么是岩层的产状要素？在野外用什么工具，如何测量？

2-10 什么是“V”字形法则，简述其内容。

2-11 一幅完整的地质图有什么组成？

2-12 一般的阅读地质图的步骤是什么？

2-13 在地质图中，如何识别褶皱和断层？

2-14 分析某地区地质图，并回答下列问题：

某地区地质图比例尺1: 10000

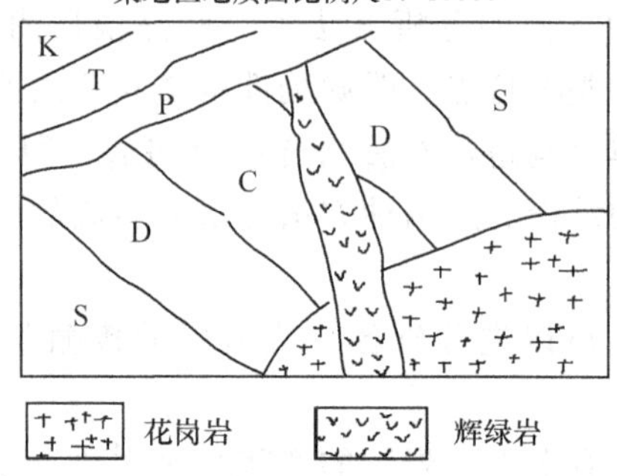

（1）说明该地区有哪些褶曲类型，并作出相应解释；

（2）说明各沉积岩地层之间的接触关系，并给出相应解释；

（3）试说明地质事件发生的先后顺序，并给出相应解释。

2-15 阅读下面地质图，回答下列平面地质图中的几个问题：

（1）指出图中各种符号（∈、O、D、C、T；$\top_{30}$）的中文含义。

（2）指出各时代地层（含岩浆岩）之间的接触关系；

（3）在图上画出褶皱轴线位置，并说明其类型；

（4）指出图中断层的位置、产状和断层的类型。

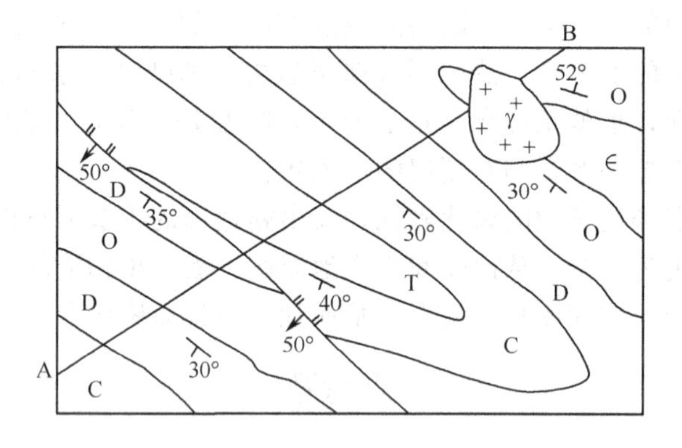

第三章 地下水

【内容导读】 在工程建设中，经常会接触到地下水。一方面它是供水的重要来源，特别是在干旱地区，供水主要靠地下水；另一方面，地下水的活动又是威胁施工安全，造成工程病害的重要因素。所以本章介绍地下水的基本知识（主要包括地下水的赋存、运动、分类以及地下水中的化学成分及其形成），以便防止地下水的不利方面，应用其有利方面为工程建设服务。

【教学目标及要求】 掌握岩石常见的水理性质，掌握地下水的分类，潜水、承压水的特征以及相应的等水位（压）线图的识读和应用，正确理解含水层与隔水层，透水层与不透水层，了解地下水补给、径流、排泄方式，明白地下水中常见的化学成分及其形成和表示方法，正确划分地下水的化学类型。

第一节 概述

在自然界，水有气态、液态、固态三种不同状态，分别存在于大气中，覆盖在地球表面和存在于地下，分别称为大气水、地表水和地下水。

地下水是赋存于地表以下岩土体空隙中各种不同形式水的统称。地下水是地壳中的一种极其重要的天然资源，也是岩土三相物质组成中的一个重要组分，其含量及其存在形式明显影响着岩土的工程性质。尤其是重力水，它是一种很活跃的流动介质，它在岩土空隙中能够自由流动，地下水的渗流对岩土的强度和变形会发生作用，使地质条件更为复杂，甚至引发各种不良的地质现象。如地下水渗流会引起岩土体渗透变形，降低岩土强度和地基承载力；基坑涌水会给工程施工带来很大的不便；抽水使地下水位下降导致地基土体固结，造成建筑物不均匀下沉；地下水还经常是滑坡、地面沉降等发生的主要原因。有的地下水对混凝土和其他建筑材料还会产生腐蚀作用等。因此，地下水是工程分析评价和地质灾害防治中的一个极其重要的影响因素。研究地下水及其特点和运动规律，可以排除危害，应用其有利方面为建筑工程服务，对工程建设具有重要意义。本章就地下水基本知识、地下水类型、地下水性质、地下水运动规律及其工程和环境效应等问题作一介绍。

第二节 地下水赋存

一 岩石中的空隙类型

地下水存在于岩土的空隙之中。地壳表层十余公里范围内，都或多或少存在着空隙，特别是浅部一二公里的范围内，空隙分布普遍。岩土的空隙既是地下水的储存场所，又是地下水的渗透通道，空隙的多少、大小及其分布规律，决定着地下水分布与渗透的特点。因此研究地下水首先要分析岩土中的空隙。

根据岩石空隙成因的不同，可以把空隙分为松散沉积物中的孔隙、坚硬岩石中的裂隙和可溶性岩石中的溶隙（图 3-1）。

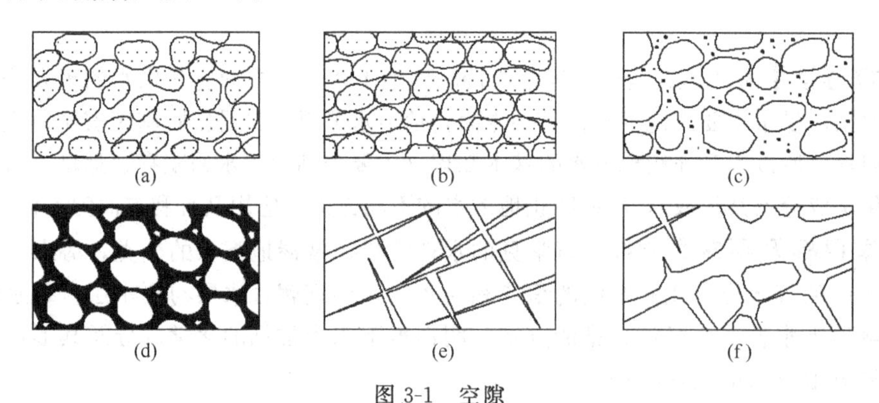

图 3-1 空隙

（a）分选良好排列疏松的砂；（b）分选良好排列紧密的砂；（c）分选不良含泥、砂的砾石

（d）部分胶结的砂岩；（e）具有裂隙的岩石；（f）具有溶隙的可溶岩

（一）孔隙

松散沉积物（如黏土、砂土 、砾石等）中颗粒或颗粒集合体之间存在的空隙称为孔隙。孔隙的多少是影响岩土体储存地下水能力大小的重要因素，而孔隙的大小直接影响地下水的运动。

岩石中孔隙体积的多少用孔隙率表示，是指某一体积岩石（包括孔隙在内）中孔隙体积所占的比例。

$$n=V_n/V \quad 或 \quad n=(V_n/V)\times 100\% \tag{3-1}$$

式中 n——岩石的孔隙率，用小数或百分数表示；

V——包括孔隙在内的岩石体积；

V_n——岩石中孔隙的体积。

孔隙率的大小主要取决于颗粒排列情况、分选程度，另外颗粒形状及胶结充填情况也影响孔隙率。对黏性土，结构及次生孔隙常是影响孔隙率的重要因素。表 3-1 为松散岩石孔隙度参考数值。

表 3-1　松散岩石孔隙度参考数值（据 R. A. Freezet，1987）

岩石名称	砾石	砂	粉砂	黏土
孔隙度变化区间	25%～40%	25%～50%	35%～50%	40%～70%

（二）裂隙

裂隙是岩石受地壳运动及其他内外地质营力作用而产生的空隙。裂隙的发育程度除与岩石受力条件有关，还与岩性有关。裂隙按成因可分为：成岩裂隙、风化裂隙和构造裂隙。成岩裂隙是岩石在成岩过程中由于冷凝收缩（岩浆岩）或固结干缩（沉积岩）而产生的。岩浆岩中成岩裂隙比较发育，尤以玄武岩中柱状节理最有意义。构造裂隙是岩石在构造变动中受力而产生的，该种裂隙具有方向性，大小悬殊（由隐蔽的节理到大断层），分布不均一。风化裂隙是风化营力作用下，岩石破坏产生的裂隙，主要分布在地表附近。

裂隙的多少以裂隙率表示。

$$K_r = V_r/V \quad 或 \quad K_r = (V_r/V) \times 100\% \qquad (3\text{-}2)$$

式中　K_r——坚硬岩石的裂隙率；

V_r——裂隙体积；

V——包括裂隙在内的岩石体积。

裂隙的多少、方向、宽度、延伸长度以及充填情况，都对地下水的运动产生重要影响。常见岩石裂隙率的经验值见表 3-2。

表 3-2　常见岩石裂隙率的经验值

岩石名称	裂隙率/%	岩石名称	裂隙率/%
各种砂岩	3.2～15.2	正长岩	0.5～2.8
石英岩	0.0008～3.4	辉长岩	0.6～2.0
各种片岩	0.5～1.0	玢岩	0.4～6.7
片麻岩	0～2.4	玄武岩	0.6～1.3
花岗岩	0.02～1.9	玄武岩流	4.4～5.6

表 3-2 所列各值是指岩石的平均值，对局部岩石来说裂隙发育可能有很大的差别。

（三）溶隙

溶隙是指可溶性岩石（如石膏、石灰岩、白云岩等）经过地下水流长期溶蚀作用而形成的空隙。溶穴的体积与包括溶穴在内的岩石体积的比值即为岩溶率，即

$$K_K = V_K/V \quad 或 \quad K_K = (V_K/V) \times 100\% \qquad (3\text{-}3)$$

式中　K_K——岩溶岩层的岩溶率；

V_K——溶穴的体积；

V——包括溶穴在内的岩石体积。

其规模相差悬殊，大的宽达数十米，高达数十米至百余米，长达几公里至几十公里，而小的溶隙直径仅几毫米。

自然界中孔隙的发育状况远较上面所说的复杂。例如松散岩石固然以孔隙为主，但某些黏土干缩后可产生裂隙，而这些裂隙的水文地质意义远远超过其原有的孔隙。固结程度不高

的沉积岩，往往既有孔隙，又有裂隙。可溶岩石，由于溶蚀不均一，有的部分发育溶穴，而有的部分则为裂隙，有时还可保留原有的孔隙与裂缝。

岩石中的空隙，必须以一定方式连接起来构成空隙网络，才能成为地下水有效的储存空间和运移通道。松散岩石、坚硬基岩和可溶岩石中的空隙网络具有不同的特点。

松散岩石中的孔隙分布于颗粒之间，连通良好，分布均匀，在不同方向上，孔隙通道的大小和多少都很接近，赋存于其中的地下水分布和流动都比较均匀。

坚硬岩石的裂隙是宽窄不等，长度有限的线状缝隙，往往具有一定的方向性。只有当不同方向的裂隙相互穿切连通时，才能在某一范围内构成彼此连通的裂隙网络。裂隙的连通性远较孔隙为差。因此，赋存于裂隙基岩中的地下水相互联系较差，分布与流动往往是不均匀的。可溶岩石的溶穴是一部分原有裂隙与原生孔缝溶蚀扩大而成的，空隙大小悬殊且分布极不均匀，因此赋存于可溶岩石中的地下水分布与流动通常极不均匀。

二　岩石中水的存在形式

自然界岩土体中存在着各种形式的地下水，根据空隙中水的物理力学性质可以将其分为：气态水、液态水、固态水。

（一）气态水

即水蒸气，它和空气一起充满于岩土的空隙中，岩土中的气态水可由大气中的气态水进入地下形成，也可以由地下液态水蒸发形成。气态水有极大的活动性，受气流或温度、湿度的影响，由蒸汽压力大的地方向蒸汽压力小的地方移动。在温度降低或湿度增大到足以使气态水凝结时，便变为液态水。

（二）液态水

液态水包括结合水和自由水。

1. 结合水

松散岩类的颗粒表面及坚硬岩石的裂隙壁面均带有电荷，水分子受静电作用在固体表面受到强大的吸力，排列较紧密，随着距离增大，吸力逐渐减弱，水分子排列渐为稀疏。受到固体表面的吸力大于其自身重力的那部分水便是结合水。结合水被束缚在固体表面，不能在重力作用下自由运动。

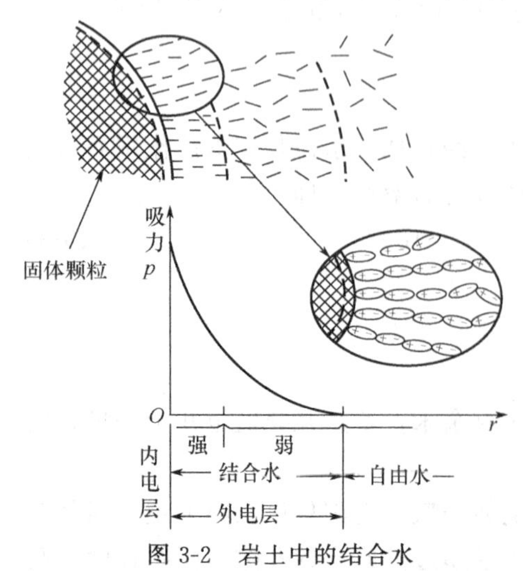

图 3-2　岩土中的结合水

最接近固体表面的水叫强结合水（或称吸着水）。其厚度可达几个、几十个或上百个水分子直径。其所受的吸引力可相当于980MPa，密度平均为2g/cm^{3}左右，溶解盐类能力弱，－78℃时仍不冻结，并像固体那样，具有较大的抗剪强度（见图3-2），不能流动，但可转化为气态水而移动。

结合水的外层，称为弱结合水（或称薄膜水，见图3-2），厚度相当于几百个或上千个水分子直径，固体表面对它的吸引力有所减弱。密度较大具有抗剪强度；黏滞性及弹性均高于普通液态水，溶解盐类的能力较低。弱结合水的抗剪强度及黏滞性是由内层向外逐渐减弱的（见图 3-2）。当施加外力超过其抗剪强度时，最外层的水分子即发生运动。施加的力愈大，发生运动的水层厚度也随之加大。在包气带中，因结合水的分布是不连续的，所以不能传递静水压力，而处在地下水面以下的饱水带时，当外力大于结合水的抗剪强度时，则结合水便能传递静水压力。

2. 自由水

自由水是指存在于土粒电场影响范围以外的地下水，分为重力水和毛细水两类。

① 重力水。距离固体表面更远的那部分水分子，重力影响大于固相表面的吸引力，因而能在自身重力作用下自由运动，这部分水就是重力水。重力水能产生静水压力，对岩土颗粒和地下结构物的水下部分产生浮力作用；能够对岩土产生化学腐蚀作用，导致土的成分及结构发生破坏；流动的重力水在运动过程中能产生动水压力，严重时影响工程质量。重力水是本章研究重点。

② 毛细水。又称半自由水。松散岩土中细小孔隙通道可构成毛细管。在毛细力的作用下，地下水沿着细小孔隙上升到一定高度，这种既受重力又受毛细力作用的水，称为毛细水，只能垂直运动，可以传递静水压力；广泛存在于地下水面以上的包气带中，毛细管水会随着潜水面的升降而升降。

毛细水对岩石中的地下水的分布有着重要意义。对于气候炎热、蒸发强烈的干旱地区，地下水补给较少且埋藏不深时，水分不断被蒸发带走，盐分不断积聚沉淀形成土壤盐渍化。当地下水位埋藏较浅时，由于毛细水的上升，助长了地基土的冰冻现象，使地下室潮湿，危害房屋基础及公路路面，对建筑和道路工程造成一定的破坏作用。

（三）固态水

常压下，当岩土体温度低于 0℃时，岩土空隙中液态水便凝结成冰，形成固态水。在我国东北，青藏高原等地区，就有部分地下水以固态形式存在于岩土空隙中，形成季节性冻土或多年冻土。

固态水在土中起到胶结作用，提高岩土体强度，但是岩土空隙中的液态水转变为固态水时，其体积膨胀，使土的空隙增大，因此解冻后土的结构变得疏松，土的压缩变形增大，强度往往低于冻结前的强度。

上述各种形态的水在地壳中的分布是很有规律的，在地面以下接近地表的部分岩土比较干燥，实际上已有气态水与结合水存在，向下，岩石有潮湿感觉，但仍无水滴，再向下开始遇到毛细带，再向下便遇到重力水带（见图 3-3），水井中的水面便是重力水带的水面，在此高度以上的，统称为包气带，以下的叫做饱水带。

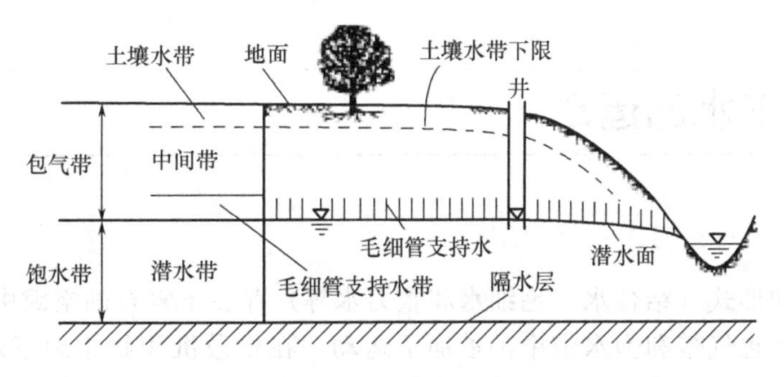

图 3-3　各种形态的水在岩层中的分布

三　岩石的水理性质

实践告诉我们，饱水带以下的岩层并不都是含水层。有些岩层中虽已包含了水分，但水在岩层中却不能自由移动，但还有一些岩层却可在重力作用下释放较多的水量或允许水通过。这些差异主要是由于岩石具有储存、容纳水分并控制水运动的性质。岩石与水接触时，控制水分储存和运移的性质称为岩石的水理性质。岩石的水理性质包括：容水性、持水性、给水性、透水性及毛细管性等。岩石的水理性质受岩石空隙大小的控制、并与水在岩石中的形式有关系。

1. 容水性

容水性是指在常压下，岩石空隙中能够容纳若干水量的性能，在数量上以容水度来衡量。容水度 W_n 为岩石空隙能够容纳水量的体积 V_n 与岩石体积（V）之比，表达式为：$W_n=V_n/V$，用百分数或小数表示。

从定义可知，如果岩石的全部空隙被水所充满，则容水度在数值上与空隙度相等。但实际上由于岩石中可能存在一些密闭空隙，或当岩石充水时，有的空气不能逸出，形成气泡，所以一般容水度的值小于空隙度。但是对于具有膨胀性的黏土来说，因充水后体积扩大，容水度可以大于空隙度。

2. 持水性

饱水岩石在重力作用下排水后，依靠分子力和毛细管力仍然保持一定水分的能力，称为持水性。持水性在数值上用持水度来表示。持水度是指饱水岩石在重力作用下释水后，保持在岩土中的水的体积与岩土体积之比。其值大小取决于岩土颗粒表面对水分子的吸附能力。在松散沉积物中，颗粒超细，吸附的水膜越厚，持水度越大，反之就越小。

3. 给水性

饱水岩石在重力作用下能自由排出水的性能，称为给水性。其值用给水度表示。给水度是指饱水岩石在重力作用下，能自由流出水的体积与岩石总体积之比，用小数或百分数表示。给水度等于容水度减去持水度。一般情况下，颗粒越粗，给水度越大；反之，越小。

4. 透水性

岩石透水性是指岩石允许水透过的性能。岩石透水性首先取决于岩石中空隙大小和连通程度。其次才和空隙的多少有关。如黏土的空隙度很大，但空隙直径很小，水在这些微孔里运动时，不仅由于水与孔壁的摩擦阻力大而难以通过，而且还由于黏土颗粒表面吸附一层结合水膜，这种水膜几乎占满了整个空隙，使水更难通过。因此，其透水性很弱。岩石透水性常用渗透系数表示，渗透系数也是水文地质计算中的重要参数。

第三节　地下水的运动

一　概述

地下水以不同形式（结合水、毛细水和重力水等）存在于岩石的空隙中。除了结合水以外，其他几种水在包气带和饱水带中都参加了运动。在松散沉积物中地下水沿着孔隙流动，在坚硬的岩石中沿着裂隙或溶隙中流动。本节中主要介绍地下水的运动。

二　地下水的循环（补给、径流与排泄）

地下水是整个地球上水循环的重要环节之一，通过含水层从外界获得补给，在含水层中向排泄区运动并和周围的岩石相互作用，最后向外界排泄而参与水循环。地下水的不断交替、不断更新决定了含水层中水质水量在时间和空间上的变化。在土木工程建设中，研究地下水运动的问题就非常有意义。

（一）地下水的补给

含水层从外界获得水量的过程叫做地下水的补给。研究地下水的补给要研究补给来源，影响补给的因素和补给量。地下水的补给来源有：大气降水、地表水、凝结水、其他含水层的水和人工补给。

1. 大气降水补给

大气降水是自然界水循环中最活跃的因素之一，也是浅层地下水的主要补给水源。落到地面的水一部分变为坡面径流或被蒸发而消耗掉，仅有部分渗入地下。渗入地下的水，如果在降雨前土层湿度不大，则入渗的水分首先形成结合水，达到最大结合水量之后，剩余的水形成毛细水继续下渗，只有当包气带中的毛细空隙全被水充满时，才能形成重力水的连续下渗；有时候渗入地下的水，尚未到达地下水面就消耗于湿润包气带，地下水并没获得水量。这种不能使地下水得到补给的降水称为无效降水。

2. 地表水对地下水的补给

地表水存在于江、河、湖、海、库、池、塘等地表水体内，在一定条件下都可以成为地下水的补给源。地表水体补给地下水的必要条件有两个：①两者之间具有水力联系；②地表水位必须高于地下水位。

一般山地河流河谷深切，河水水位常低于地下水位，故河流排泄地下水。

山前地带，河流堆积，地面高程较大，河水水位常高于地下水位，故河水补给地下水。

大型河流的中下游，常由于河床堆积成为地上河（如黄河），也是河水补给地下水。

冲积平原或盆地的某些部位，河水与地下水之间的补给、排泄关系往往随季节而变化。

大气降水和地表水体是地下水获得补给的两个重要来源，但二者的补给特征是不同的。大气降水是面状补给，范围大而均匀，持续时间短。而地表水体是线状补给，范围限于水体周边，持续时间长或不间断。

3. 凝结水的补给

凝结水在昼夜温差较大的干旱气候地区，可成为地下水补给源之一。

空气中含有了水分就构成湿度。饱和湿度随着温度的降低而减小，当温度降到一定程度，空气中的绝对湿度可与饱和湿度相等。若温度继续下降，饱和湿度便继续减小，超过饱和湿度的那一部分水分便凝结成液态水。这种由气态水转化成液态水的过程叫做凝结作用。

白天，在太阳辐射的作用下，大气和土壤都进入吸热升温过程；到夜晚，都进入散热降温过程。由于土壤和空气的热学性质不同，热响应能力不同，土壤散热快而大气散热慢。当地温降到一定程度，土壤孔隙中的水汽达到饱和。地温继续下降，随着绝对湿度的减小，过饱和的那部分水汽便凝结成水滴。此时，由于大气温度较高，绝对湿度较大的水汽便由大气向土壤孔隙运动，如此不断的补充和凝结，数量足够大时便补给地下水。

4. **含水层之间的补给**

当两个含水层之间有水力联系并存在水头差时，水头高的含水层便会补给水头低的含水层。

5. **地下水的人工补给**

人工补给包括人类某些生产活动引起的对地下水的补给和人类有意识地专门修建一些工程，采取一些措施将地表水灌入地下，或使降水和地表水的渗入量增加等形式。

（二）地下水的排泄

含水层或含水系统失去水量的过程称为排泄。在排泄过程中，含水层的水质、水量及水位等要素都会产生相应的变化。研究地下水的排泄，应包括排泄方式、排泄去路、排泄条件、排泄量。

地下水通过泉（点状排泄）、河渠（线状排泄）、蒸发（面状排泄）及越流（含水层之间的排泄，得水者为补给，失水者为排泄）等形式向外界排泄。

泉是地下水的天然露头，是地下水的主要排泄方式之一。泉的形成主要是由于地形受到侵蚀，使含水层暴露于地表；或是地下水在运动过程中受到阻挡，使水位升高而溢出地表。泉多见于山地丘陵的沟谷与坡脚部位，这些地段受侵蚀强烈，形成有利于地下水向地表排泄的通道。而在地面平坦地形单调的平原地区，一般都堆积了较厚的第四系松散层，地形切割微弱，少有泉水出露。

地下水的蒸发排泄是在垂直方向上进行的，分为土面蒸发和叶面蒸发（蒸腾）两种。天然状态下，平原或地势低平的地区，尤其在干旱气候条件下的松散堆积物区，蒸发成为地下水主要的甚至唯一的排泄方式。蒸腾作用指的是植物在生长过程中，经由根系吸收水分，通过叶面蒸发逸失。

除了上面介绍的两种天然排泄形式以外，人工排泄也是导致含水层迅速耗失水量的途径。有时大城市的集中抽水，大型矿区的疏排水造成的排泄强度远大于天然排泄量，导致地下水位下降，大大改变了含水层的原生补给、径流和排泄条件，甚至引发不良水文地质工程地质现象。

（三）地下水的径流

地下水由补给区向排泄区运移的过程称作径流。一般情况下，地下水处在不断的径流运动之中，它是连接补给与排泄的中间环节，它将地下水的水量、盐量从补给区传输到排泄处，从而影响着含水层或含水系统中水质、水量的时空分布。因而，地下水的径流是地下水形成过程中一个不可分割的循环过程。研究地下水径流包括径流方向、径流强度、径流条件、径流量。

1. **径流方向**

地下水在补给区获得水量之后，通过径流到排泄区排泄。所以，地下水总的径流方向是由补给区指向排泄区（由源指向汇）。但在某些局部地段，由于地形变化造成局部势源与势汇关系的差异，使得局部地下水径流方向与总体方向不一致，如从井孔中抽水时，井孔周围的水流都指向井孔，呈向心状径流。又如河北平原，在总的地势控制下，地下水从地形较高的西部太行山前向东部地势较低的渤海方向流。但在广阔的大平原的某些局部地段，会由于地形、地质——水文地质结构或含水系统的差异，使得地下水在遵循整体东流的基础上而发生变化。在地表河流或古河道裸露区，常常是大气降水补给地下水，水先向下流，然后叠加在东流的地下水流场中。近几十年来，人们用水量大增，某些地段过度开采地下水，形成若干大小不等的地下水降落漏斗，使天然的地下水流场（地下水系统）平衡被打破，为了达到并维持新的平衡，地下水系统的水头重新分布，使某些部位的地下水径流方向发生改变，甚至变反，更有甚者会使补给区与排泄区易位。

2. 径流强度

地下水径流强度是指单位时间内通过单位断面的水量。地下水的径流强度与含水层的透水性（K）成正比；与补给区到排泄区的水头差或水位差（h）成正比；与流动距离（L）成反比。在基岩山区，其径流条件还受断裂构造和岩溶发育程度的影响。

3. 径流量

径流量的大小取决于含水层厚度和地下水的补给排泄条件。补给量越大，其径流量也越大。

三　地下水的运动规律

从广义的角度来讲，地下水的运动包括包气带水的运动和饱水带水的运动两大类。尽管包气带与饱水带具有十分密切的联系，但是在工程实践中，掌握饱水带重力水的运动规律具有更重大的意义。

地下水在岩土体孔隙中的运动称为渗流。发生渗流的区域称为渗流场。由于受到介质的阻滞，地下水的流动远比地表水缓慢。

地下水运动时，水质点有秩序地呈相互平等而互不干扰的运动，称为层流；水质点相互干扰而呈无秩序的运动，称为紊流。天然条件下地下水在岩土中的运动速度一般都很小，多为层流运动。只有在宽大的裂隙或溶隙中，水流速度较大时，才可能出现紊流运动。

（一）线性渗透定律

1856年，法国水利学家达西（H. Darcy）通过大量的实验，得到了层流条件下地下水渗流速度与水头损失之间的线性渗透定律，即达西定律（Darcy’s Law）。

达西实验装置如图3-4所示，主要部分是一个上端开口的直立圆筒，下部放碎石，碎石上放一块多孔滤板 c，滤板上面放置颗粒均匀的土样，其断面积为 A，长度为 L。筒的侧壁装有两支测压管，分别设置在土样两端的1、2过水断面处。水由上端进水管 a 注入圆筒，并通过溢水管 b 保持桶内为恒定水位。透过土样的水从装有控制阀门 d 的弯管流入容器 V 中。测压管中的水位将恒定不变。以图中的 $O—O'$ 为基准面，h_1、h_2 分别为1、2两个断面处的测压水头；Δh 即为渗流流经长度为 L 土样后的水头损失。

达西根据对不同尺寸的圆筒和不同类型及长度的土样进行的试验发现，渗出水量 Q 与圆筒断面积 A 及水头损失 Δh 成正比，与断面间距 L 成反比，即

$$Q=vA \tag{3-4}$$

或

$$v=Q/A=Ki=K\Delta h/L \tag{3-5}$$

式中　v——断面平均渗透速度（cm/s 或 m/day）；

i——称为水力梯度，也称水力坡降，$i=\Delta h/L$；

K——反映土的透水性能的比例系数，称为渗透系数。它相当于水力梯度 $i=1$ 时的渗透速度，量纲与流速相同。当水力梯度为定值时，渗透系数越大，渗流速度越

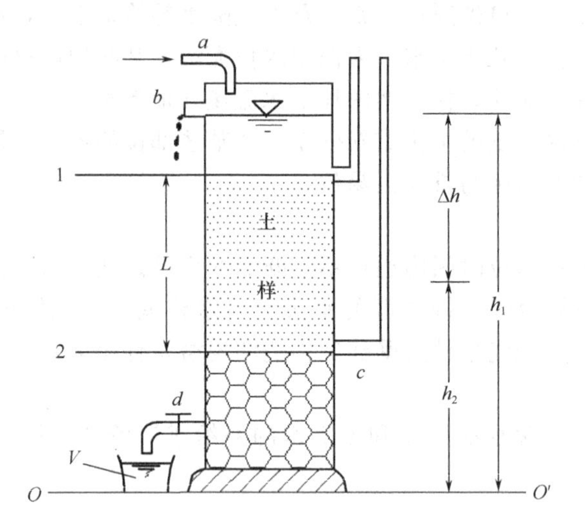

图 3-4　达西定律试验装置

大。由此可见，渗透系数越大，岩土的透水能力越强。K 值可以在室内做渗透试验测定或在野外做抽水试验测定。常见土的渗透系数见表 3-3。

式（3-4）和式（3-5）所表示的关系称为达西定律，它是渗透的基本定律。

表 3-3　常见土渗透系数的经验数值

土的名称	渗透系数/(m/d)	土的名称	渗透系数/(m/d)
粉质黏土	0.001～0.10	中砂	5.0～20.0
砂质粉土	0.10～0.50	粗砂	20.0～50.0
粉砂	0.50～1.00	砾砂	50.0～150.0
细砂	1.0～5.0	卵石	100.0～500.0

达西定律表明，在层流状态（雷达诺数数小于 10）的渗流中，渗流速度 v 与水力梯度 i 成正比，并且与土的性质有关。达西定律又称为线性渗透定律。天然条件下，地下水的实际流速很小。绝大多数渗流，无论是发生于砂土中的或一般黏性土中，均属于层流范围，故达西定律均可适用。

需要注意的是，式（3-5）中的渗透速度 v 并不是砂土空隙中的实际平均流速，因为公式推导过程中采用的是土样的整个断面积，包括岩土颗粒所占据的面积和空隙所占据的实际面积。岩土颗粒本身是不透水的，所以水流实际通过的过水断面面积 A_1 为空隙所占据的面积，若均质砂土的空隙率为 n，则

$$A_1 = An \tag{3-6}$$

根据水流连续原理：　$Q = vA = v_s A_1$

因此，实际平均流速 v_s 应大于 v，$v_s = v/n$ 。

由于水在土中沿着空隙流动的实际路径很复杂，v_s 也并非实际的实际速度。要想真正确定某一具体位置的真实流动速度，无论理论分析或实验方法都很难做到。从工程应用角度而言，也没有这种必要。对于解决实际工程问题，最重要的是在某一范围内宏观渗流的平均效果。所以，为了研究的方便，渗流计算中均采用假想的平均速度。

（二）非线性渗透定律

当渗流仍属于层流时，但已超过达西定律的适用范围时，渗透速度与水力坡度就不是一次方的关系，而变成非线性关系，又称为非线性层流定律，即

$$Q=K_m A I^{\frac{1}{m}} \text{ 或 } V=K_m I^{\frac{1}{m}} \tag{3-7}$$

式中　K_m——随 $1/m$ 变化的非线性层流时含水层的渗透系数（m/d）；

　　$1/m$——液态指数，其范围为 $0.5<1/m<1$。

应该指出，同一种岩石的同一种渗透液体，当液体的流动状态（层流、紊流）不同时，其渗透系数也不同。即使都处于紊流状态，但也因其水流的紊流程度不同而有所差别。

四　地下水的动态与均衡

（一）地下水动态与均衡的概念

地下水的动态是指地下水的数量和质量（水位、流量、水温、水化学成分等）在各种因素影响下随时间的变化情况。分析研究某一时间段内某一地段地下水水质、水量收支平衡的数量关系称作地下水均衡。

对于浅部含水层，地下水的水质水量随时间变化的原因在于地下水在不同时间内补给与排泄量的不平衡。根据质量守恒定律，某一时段内进入含水层的水量和随水带入的物质成分，如果大于同时从含水层中排出的水量和物质成分，就必然会引起含水层中水量和物质成分的增加，表现为水位上升和矿化度升高，并通过增大排泄量而达到新的平衡；反之则水位下降，流量减小，矿化度降低。因此，可以说地下水的动态是地下水均衡的外部表现，而地下水均衡则是地下水动态的内在原因。

对于深部含水层来说，不仅仅补给量的变化可导致其动态变化，地壳应力应变有时也能造成地下水水位、水量的变化。

研究地下水动态与均衡，对于认识区域水文地质条件、水量和水质评价，以及水资源的合理开发与管理，都具有非常重要的意义。任何目的、任何勘查阶段的水文地质调查，都必须重视地下水动态与均衡的研究工作。由于对地下水动态规律的认识，往往要经过相当长时间的资料积累才能得出结论，因此在水文地质与工程地质调查时，应尽早开展地下水动态与均衡研究。

（二）地下水动态监测项目

对大多数水文地质勘查任务来讲，地下水动态监测的基本项目都应包括地下水水位、水温、水化学成分和井、泉流量等。对与地下水有水力联系的地表水水位与流量，以及矿山井巷和其他地下工程的出水点、排水量及水位标高也应进行监测。

水质的监测，一般是以水质检分析项目作为基本监测项目，再加上某些选择性监测项目。选择性监测项目是指那些在本地区地下水中已经出现或可能出现的特殊成分及污染物质，或被选定为水质模型模拟因子的化学指标。为掌握研究区内水文地球化学条件的基本趋势，可在每年或隔年对监测点的水质进行一次全分析。

地下水动态资料，常常随着观测资料系列的延长而具有更大的使用价值，故监测点位置

确定后，一般都不要轻易变动。

（三）地下水的均衡项目（或均衡要素）

地下水的均衡包括水量均衡、水质均衡和热量均衡等不同性质的均衡。不同性质均衡方程的均衡项目（均衡要素），也就必然有所区别。在多数情况下，人们首先关注的还是水量问题，而水量均衡又是其它两种均衡的基础。因此，下面着重讨论水量均衡的组成项目。

根据质量守恒定律，在任何地区（均衡区），在任一时间段内（均衡期），地下水系统中地下水（或溶质或热）的流入量 A（或补充量）与流出量 B（或消耗量）之差，恒等于该系统中水（溶质或热）储存量的变化量 ΔW。据此，我们可直接写出均衡区在某均衡期内的各类水量均衡方程。

总水量均衡方程的一般形式为

$$\Delta W = A - B \tag{3-8}$$

进一步写为（单位面积）

$$\mu\Delta h + V + P = (X + Y_1 + Z_1 + W_1 + R_1) - (Y_2 + Z_2 + W_2 + R_2) \tag{3-9}$$

式中 $\mu\Delta h$——潜水储存量的变化量，其中，μ 为潜水位变动带内岩石的给水度或饱和差，Δh 为均衡期内潜水位的变化值；

V，P——分别为地表水体和包气带水储存量的变化量；

X——降水量；

Y_1，Y_2——地表水的流入和流出量；

Z_1，Z_2——凝结水量和蒸发量（包括地表水面、陆面和潜水的蒸发量）；

W_1，W_2——地下径流的流入和流出量；

R_1，R_2——人工引入和排出的水量。

潜水水量均衡方程的一般形式为

$$\mu\Delta h = (X_f + Y_f + W_1 + Z'_1 + R'_1) - (W_2 + W_s + Z'_2 + R'_2) \tag{3-10}$$

式中 X_f——降水入渗量；

Z'_1，Z'_2——潜水的凝结补给量及蒸发量；

W_s——泉的流量；

Y_f——地表水对潜水的补给量；

R'_1，R'_2——人工注入量和排出量；

其余符号同前式。

承压水的水量均衡方程，比潜水为例，常见形式为

$$\mu^* \Delta h = (W_1 + E_1) - (W_2 + R_{2k}) \tag{3-11}$$

式中 μ^*——承压含水层的弹性给水度（贮水系数）；

E_1——越流补给量；

R_{2k}——承压水的开采量；

其余符号同前式。

对于不同条件的均衡区及同一均衡区的不同时间段，均衡方程的组成项可能增加或减少。如：当地下水位埋深很大时，Z'_1 和 Z'_2 常常忽略不计。

分析上述各水量均衡方程，可清楚地看到，一切水量均衡方程均由三部分组成，即均衡

期内水量的变化量（ΔW）、地下水系统的补给量（或流入量 A）和消耗量（或流出量 B）。在补给量中，最重要的是降水入渗量（X_f）、地表水入渗量（Y_f）、地下径流的流入量（W_1）；在某些情况下，越流补给量（E_1）和人工注入量（R'_1）也有较大意义；在消耗量中，最重要的是潜水的蒸发量（Z'_1）、地下径流的流出量（W_2）、地下水的人工排泄量（R'_2 和 R_{2k}）；有时，泉水的溢出量（W_s）和越流流出量（E_2）也很有意义。

第四节 地下水的分类

一 概述

地下水这一术语有广义和狭义的两种概念。广义的地下水指的是赋存于地面以下岩土空隙中的水，包气带和饱水带中所有赋存于空隙中的水均属于这一类。狭义的地下水仅指赋存于饱水带岩土空隙中的水。通常在工程地质研究范畴内所提到的地下水是指狭义的地下水。

地下水的运动和聚集必须具有一定的岩性和构造条件。空隙多而大的岩层能使水流通过，称为透水层；地下水充满整个透水层的岩层称为含水层；不能透过也不能给出水的岩层往往被称为隔水层；自然界中没有绝对不透水的岩层，有些岩层在天然状态下不透水也不给出水，但当其压力条件改变后，则可透水和给出水，对于这类透水和给水能力极弱的岩层可称为相对隔水层。

地下水受诸多因素的影响，各种因素的组合错综复杂，因此出于不同的角度或目的，人们提出了各种各样的分类。但概括起来主要有两种：一种是根据地下水的某种单一的因素或某种特征进行分类，如按硬度分类、按地下水源分类等；另一种是根据地下水的若干特征综合考虑进行分类。根据地下水的埋藏条件可分为包气带水、潜水和承压水。不论哪种类型的地下水，均可按其含水层的空隙性质分为孔隙水、裂隙水和岩溶水。

二 包气带水

位于潜水面以上未被水饱和的岩土中的水，称为包气带水。包气带水主要是土壤水和上层滞水。

埋藏于包气带土壤层中的水，称土壤水。主要包括气态水、吸着水、薄膜水和毛管水。靠大气降水的渗入、水汽的凝结及潜水由下而上的毛细作用补给。大气降水向下渗入，必须通过土壤层，这时渗入的水一部分保持在土壤层中，成为所谓的田间持水量（即土壤层中最大悬着毛管水含水量），多余的部分呈重力水下渗补给潜水。

土壤水主要消耗于蒸发和蒸腾，水分的变化相当剧烈，主要受大气条件的控制。当土壤层透水性不好，气候又潮湿多雨或地下水位接近地表时，易形成沼泽，称沼泽水。当地下水面埋藏不深，毛细管可达到地表时，由于地表水分强烈蒸发，盐分不断积累于土壤表层，则形成土壤盐渍化，从而危害农作物生长。所以，研究控制土壤层中的水分的变化，对农业生产和建筑物基础埋置具有重要意义。

上层滞水是存在于包气带中的局部隔水层之上的重力水。上层滞水一般分布不广，接近地表，接受大气降水或地表水的补给，补给区和分布区一致。以蒸发的形式排泄。雨季获得补充，积存一定水量，旱季水量逐渐消耗，甚至干涸。上层滞水一般含盐量低，但易受污染。根据上层滞水水量不大，季节变化强烈的特点，它只能用做小型或暂时性供水水源。从工程地质的角度看，上层滞水会突然涌入基坑危害基坑安全；而且还可能减弱地基强度，引起土质边坡滑塌，黄土地基深陷等工程问题。

三 潜水

潜水是埋藏于地面以下第一个稳定隔水层之上的具有自由水面的重力水。潜水主要分布在第四系松散沉积物中，也可以存储在裂隙或可溶性基岩中，形成裂隙潜水和岩溶潜水。

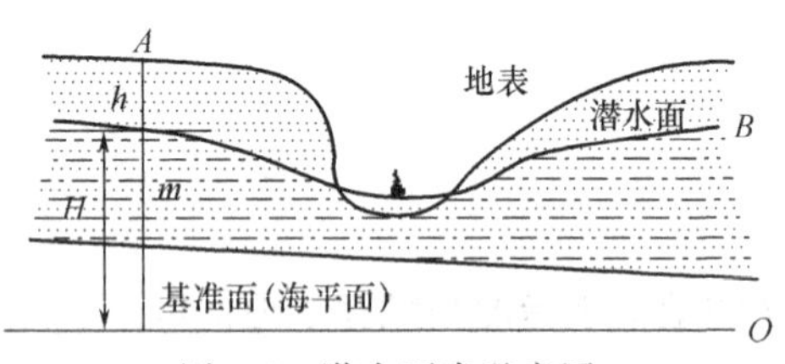

图 3-5 潜水要素示意图

（一）基本概念

潜水的自由水面叫做潜水面，潜水面上任意一点的高程，称为该点的潜水位（H）。潜水面至地面的铅直距离为潜水的埋藏深度（h）。自潜水面至隔水底板之间的铅直距离为潜水含水层厚度（m），见图 3-5。

（二）潜水的特征

潜水通过包气带与地表相通，水质容易受到污染，水温随季节有规律变化。潜水具有自由水面，受大气压力、气候条件影响，季节性变化明显，如雨季降水多，潜水补给充沛，水位上升，含水层厚度增大，水量增加，埋藏深度变浅；而在枯水季节则相反。潜水积极参与水循环，易于补充恢复，但容易受到污染。由于受气候影响及含水层厚度有限，潜水一般缺乏多年调节性。

由于潜水含水层上面不存在隔水层，所以在其全部分布范围内都可以通过包气带接受大气降水、地表水或凝结水的补给。潜水面不承压，通常在重力作用下由水位高的地方向水位低的地方径流。潜水的排泄方式有两种，一种是径流到适当地形处，以泉、渗流等形式排泄出地表或流入地表水，这是径流排泄；另一种是通过包气带或植物蒸发进入大气，这是蒸发排泄。

潜水的水质变化很大，主要取决于气候、地形和岩性条件。湿润气候及地形切割强烈的地区，有利于潜水的径流排泄，而不利于蒸发排泄，往往形成含盐量不高的淡水。而在干旱气候及低平地形区，潜水以蒸发为主，常形成含盐量高的咸水。

（三）潜水面的形状及表示方法

1. 潜水面的形状

在自然界中，潜水面的形状因时因地而异，它受地形、地质、气象、水文等各种自然因素和人为因素的影响。一般情况下，潜水面不是水平的，而是向着排泄区倾斜的曲面，起伏大体与地形一致，但常较地形起伏缓和。

当含水层的透水性和厚度沿渗流方向发生变化时，会引起潜水面形状的改变。在同一含水层中，当含水层的透水性随渗流方向增强或含水层的厚度增大时，则潜水面的形状趋于平缓；反之变陡，如图 3-6 所示。

气象、水文因素会直接影响潜水面的变化。如大气降水和蒸发，可使潜水面上升或下

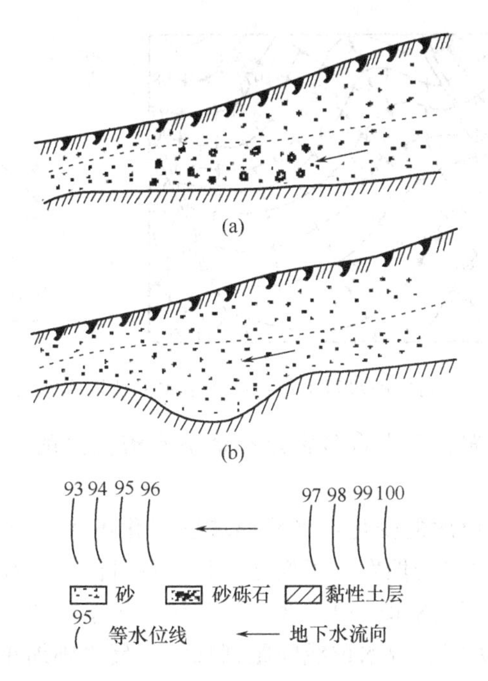

图 3-6　潜水面与含水层透水性和厚度的关系

降。在某些情况下，地面水体的变化也引起潜水面形状的改变。

人为修建水库或渠道以及抽取或排除地下水，都会引起地下水位的升高或降低，改变潜水面的形状。

2. 潜水面的表示方法

常用剖面图和等水位线图的方法清晰地表示潜水面的形状。两种方法常配合使用。

(1) 剖面图

按一定比例尺，在具有代表性的剖面方向上，根据地形绘制地形剖面，再根据钻孔、试坑和井、泉的地层柱状图资料，绘制地质剖面图。然后画出剖面图上各井、孔等的潜水位、连出潜水面，即绘成潜水剖面图。它也称为水文地质剖面图。从这种图上可以反映出潜水面与地形、含水层岩性及厚度、隔水层底板等的变化关系。

(2) 等水位线图

将潜水面上潜水位相等的各点连线，即潜水等水位线图，该图能反映潜水面形状。相邻两等水位线间作一垂直连线，即为此范围内潜水的流向。

潜水等水位线图可以解决以下问题。

① 确定潜水流向：潜水总是沿着潜水面坡度最大的方向流动，垂直等水位线的方向就是潜水的流向，如图 3-7 中箭头所指的方向即为流向。

② 求潜水的水力坡度：当潜水面的倾斜坡度不大时（千分之几），两等水位线之高差被相应的两等水位线间的距离所除，既得两等水位线间的平均水力坡度。图中 A 至 B 的水平距离为 500m，则 A 至 B 间平均水力坡度为

$$I=\frac{91-90}{500}=\frac{1}{500}=0.002=2‰$$

③ 确定潜水的埋藏深度：往往是将地形等高线和等水位线汇于同一张图上，地形等高线和等水位线相交之点两者高差即为该点潜水的埋藏深度，并由此可进一步绘出潜水埋藏深度图。

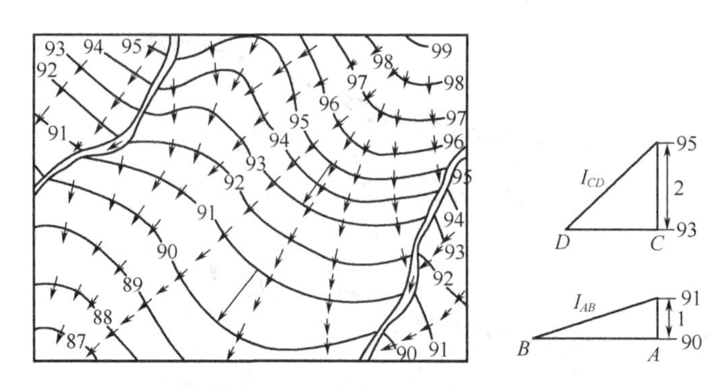

图 3-7　利用潜水等水位线图求潜水的流向和水力坡度

④ 提供合理的取水位置：取水点常常定在地下水流汇集的地方，取水构筑物排列的方向往往垂直地下水的方向。

⑤ 推断含水层岩性或厚度的变化：当地形坡度变化不大，而等水位线间距有明显的疏密不等时，一种可能是含水层岩性发生了变化；另一种可能是岩性未变而含水层厚度有了改变。岩性结构由细变粗时，既透水性由差变好，其潜水等水位线之间的距离相应变疏，反之则变密；当含水层厚度增大时，等水位线间距则加大，反之则缩小。

⑥ 确定地下水与地表水的相互补给关系：在邻近地表水的地段测绘潜水等水位线图，并测定地表水的标高，便可了解潜水与地表水的相互补给关系，如图 3-7 所示。

⑦ 确定泉水出露点和沼泽化的范围：在潜水等水位线和地形等高线高程相等处，是潜水面达到地表面的标志，也就是泉水出露和形成沼泽的地点。

四　承压水

承压水是充满两个稳定隔水层之间的含水层中的地下水，承压含水层上部的隔水层称做隔水顶板，下部的隔水层叫做隔水底板。顶底板之间的距离为含水层的厚度（M）。典型的承压含水层可分为补给区、承压区（径流区）及排泄区三部分（见图 3-8）。

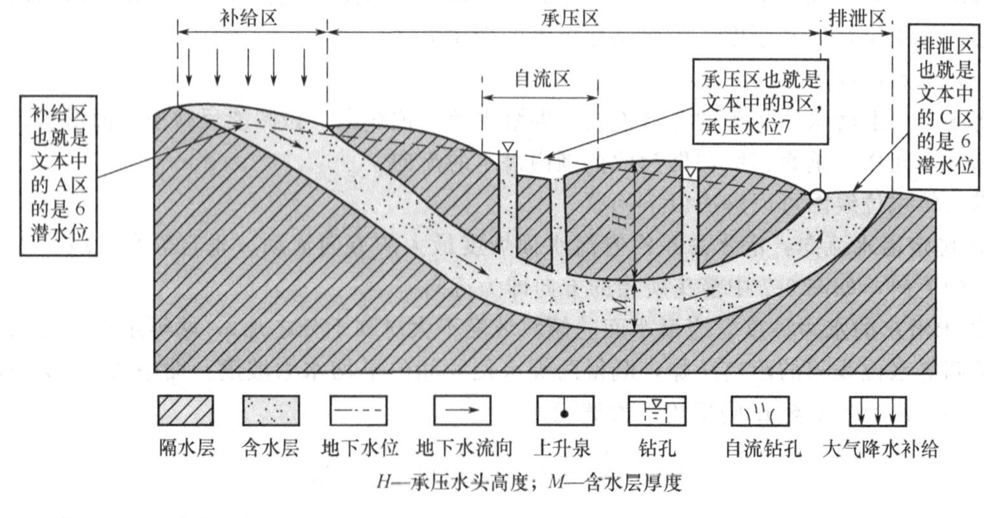

图 3-8　承压水埋藏示意图

（一）基本概念

打井时若未揭穿隔水顶板是见不到承压水的，只有揭穿隔水顶板后才能见到水，此时的水位高程叫做初见水位（H_1）。承压水在静水压力下沿钻孔上升到一定高度停止下来，此高程称为承压水位或测压水位（H_2）。承压水位高于地表时，钻孔能够自喷出水形成自流井。承压水位高出隔水顶板底面距离称为承压水头（H）。

（二）承压水的特征

由于稳定隔水顶板的存在，承压水的补给区与承压区（或分布区）不一致，承压区不可能自其上部的地表直接获得补给，它主要通过含水层出露地表的补给区获得补给，并通过范围有限的排泄区排泄，所以各种气候、水文因素的变化对其影响较小，在一定条件下承压含水层中可以保留年代很古老的水，有时甚至保留沉积物沉积时的水。总的说来，承压水不像潜水那么容易补充、恢复，但由于其含水层厚度一般较大，往往具有良好的多年调节性。其动态一般较潜水稳定，也不易受到污染，所以承压水作为供水水源地，一般来说，其卫生条件可靠，水量比较稳定。

（三）承压水的分类

承压水的形成取决于地质构造条件，在适当的地质构造条件下，无论孔隙水、裂隙水或岩溶水，均能形成承压水。

适宜于承压水形成的地质构造大致有两类：一类为向斜构造盆地（见图 3-9）或称自流盆地，另一类为单斜构造，或称自流斜地（见图 3-10）。

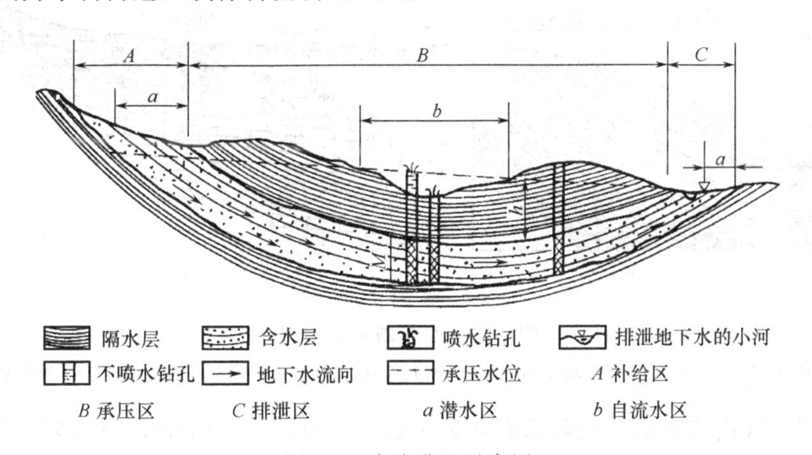

图 3-9　自流盆地示意图

（1）自流盆地

自流盆地可分为三个区：补给区、承压区、排泄区（见图 3-9）。承压含水层在盆地边缘出露地表，若出露的边缘比较高时可构成承压水的补给区；出露的边缘低的一面常是排泄区。在补给区没有隔水层，所以不具有承压性质，实际上是潜水，具有潜水的特点。介于上述两区之间的含水层为承压区，其上部有隔水顶板覆盖，地下水承受静水压力。在地形适宜的地方，由于承压水位高于地面高程，井穿透隔水顶板，或在有利的地质条件下地下水可溢出地表，这一地区叫自流区，在自流盆地地形较低的边缘地区，承压水可以以泉的形式排出地表，叫做排泄区。

我国这类自流盆地分布普遍，较大的自流盆地有：四川盆地、淄博盆地、汉中盆地等。

(2) 自流斜地

含水层的上部出露地表成为补给区，含水层的下部或是由于被断层切割［见图 3-10 (a)］或是含水层岩性发生变化，其透水性逐渐变差，或含水层的厚度变小，以致在某一深度处尖灭［见图 3-10 (b)］；这时便形成了自流斜地。在含水层上部出露地表的地方接受来自地表水或大气降水的补给，当补给量超过含水层可能容纳的水量时，由于含水层下部无处排泄，在含水层出露地带地势较低的地方出现泉，形成排泄区，在这种情况下，含水层的补给区与排泄区是相邻的，而承压区位于另一端的含水层水循环也与前一种类型不同，有些由于受到断层阻隔形成的自流斜地，若断层的导水性能好，在地形条件适宜时，还可形成泉排出地表，成为排泄区［见图 3-10 (c)］；济南承压水是自流斜地的典型实例［见图 3-10 (d)］。

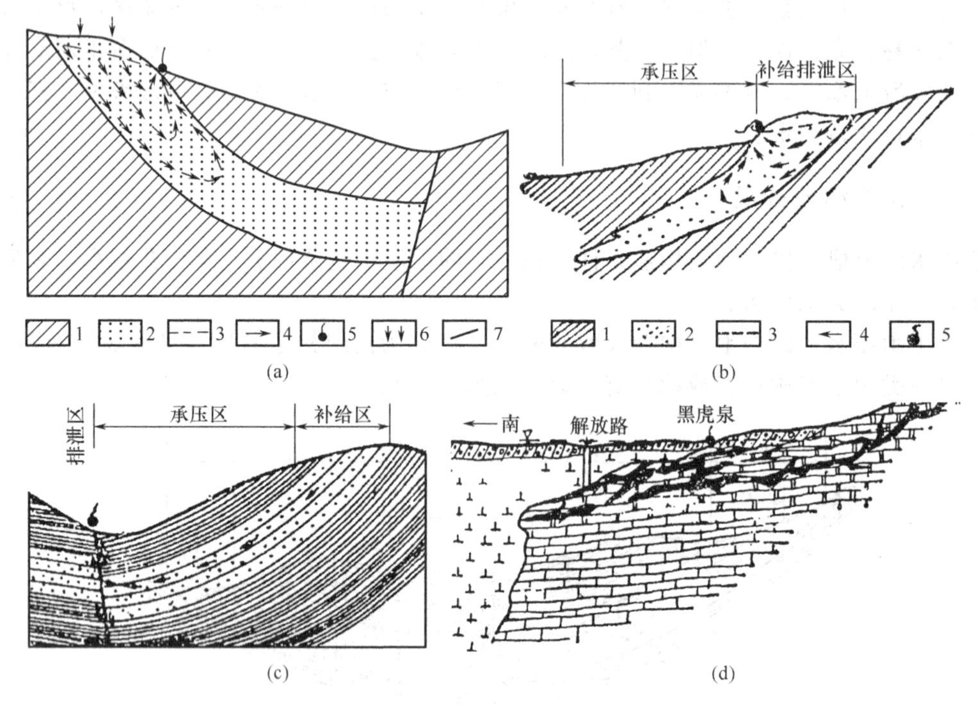

图 3-10　自流斜地示意图

1—隔水层；2—含水层；3—地下水位；4—地下水流向；5—上升泉；6—降水；7—不导水断层

济南南部地区由寒武系、奥陶系石灰岩组成，总厚度为 1400m，石灰岩上部岩溶发育，含有丰富的地下水，山区石灰岩出露处接受大气降雨补给，在济南附近，石灰岩受到后期入侵的闪长岩、辉长岩入侵体的阻挡，其透水性差，含水层逐渐尖灭，石灰岩上部除在北部局部地区有岩浆岩侵入体以外，还有透水性较差的第四系山前洪积物覆盖，起着隔水顶板的作用，构成了岩溶自流斜地。文明全国的济南泉水是奥陶系灰岩自流斜地的主要排泄方式之一。

无论是自流盆地还是自流斜地，在同一区域内均可能有多个埋藏深度不同的含水层同时存在，它们的承压区可具有不同的承压水位，这取决于地形和地质构造两者之间的相互关系。补给区水位越高，承压水的水位便越高。在几个含水层相互沟通的地方，高水位含水层补给低水位含水层。

（四）承压水等水压线图

利用承压水等水压线反映承压含水层承压水位变化情况的平面图叫做等水压线图。作图的方法与绘制潜水等水位线图相似，即根据一定数量的某含水层的测压水位资料，用内插法求得承压水位相等的点，联成等水压线。一系列不同标高的等水压线，组成等水压线图（见图 3-11）。

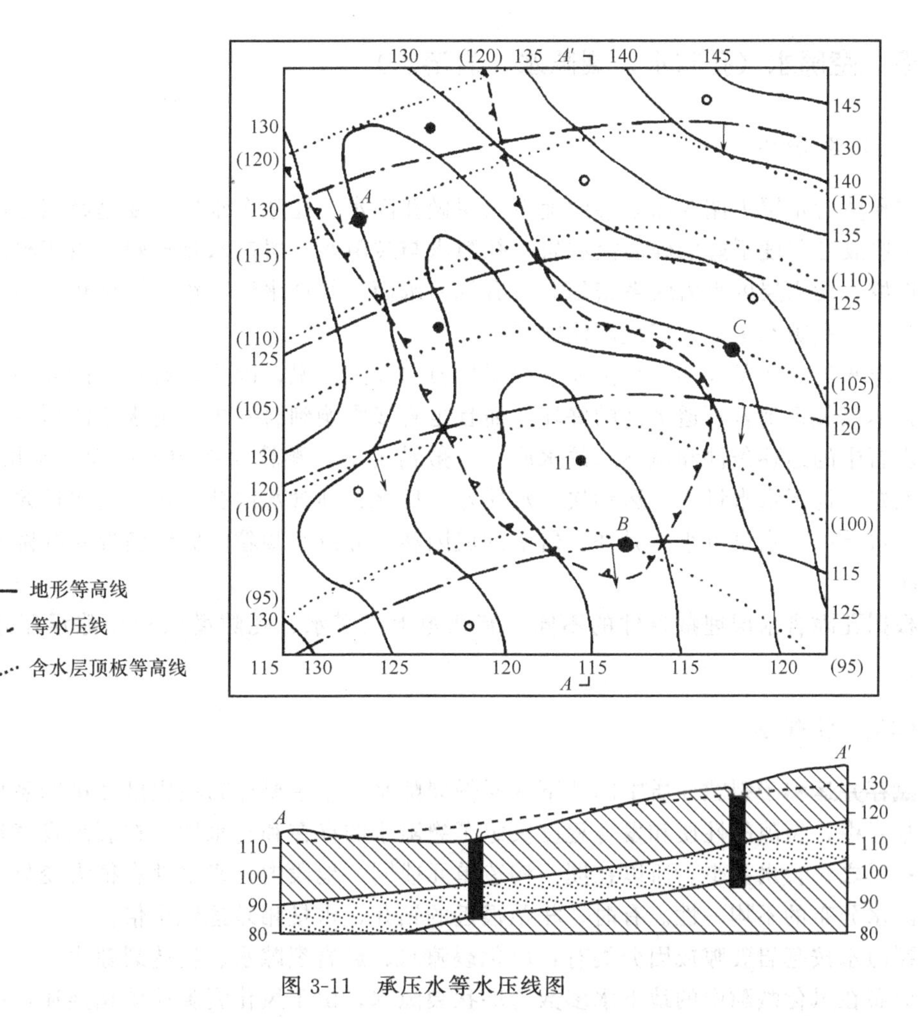

图 3-11　承压水等水压线图

一般在承压水等水压线图上常同时附有地形等高线和隔水顶板的等高线，根据这样的等水压线图可求得图幅范围内任一点的承压水位埋藏深度、地下水流向、水头值大小及水力坡度值。

图 3-11 即为由地形等高线、等水压线及承压含水层顶板标高等值线组成的承压水等水压线图。由此可见，在地形低洼处承压水位高于地形标高。根据地形等高线与等水压线可以找出两者相等之点，即为承压水位埋深为零之点，它的连线就是图中之点划线。此线圈定的范围内，钻孔打穿隔水顶板后，钻孔中地下水即可自溢。图 3-11 的下图为等水压线图中 AA' 线的剖面图。图中反映了承压水位与地形的关系。图中高地上的钻孔不可自溢，低洼地处钻孔中水位高于地表，因此可以自溢，当然钻孔必须打穿隔水顶板才可以得到自溢承压水。

由承压水等水压线图可以解决以下问题。

① 可以确定地下水的流向：水总是从高水位流向低水位，垂直等水压线的方向所画的线并指向低水压的方向就是地下水的流向，如图 3-11 中上图箭头所指的方向即为流向。

② 求地下水的水力坡度

③ 结合地形图可以确定承压水位的埋深和自溢区

④ 结合含水层顶板等高线图，可以确定承压水头、承压含水层的埋深厚度和透水性能的变化。

五 空隙水（孔隙水、裂隙水、岩溶水）

（一）孔隙水

在孔隙含水层中储存和运移的地下水叫做孔隙水。孔隙含水层主要是第四纪的松散沉积物和一些胶结程度不好的碎屑沉积岩。孔隙水与裂隙水、岩溶水相比较，由于松散岩层一般连通性好，含水层内水力联系密切，具有统一水面，其透水性、给水性变化较裂隙、岩溶含水层为小，孔隙水运动大多呈层流状态。

孔隙水的存在条件和特征主要取决于岩石的孔隙情况，因为岩石孔隙的大小、多少和连通性，不仅关系到岩石透水性的好坏，而且也直接影响到岩石中地下水量的多少，以及地下水在岩石中的运移条件和地下水的水质。一般情况下，颗粒大而均匀，则含水层孔隙也大、透水性好，地下水水量大、运动快、水质好；反之，则含水层孔隙小、透水性差，地下水运移慢、水质差、水量也小。另外，岩土的成因和成分以及颗粒的胶结情况对孔隙水也有较大的影响。

根据孔隙含水层埋藏条件的不同，有孔隙上层滞水、孔隙潜水和孔隙承压水三种基本类型。

（二）裂隙水

赋存并运移于裂隙介质中的地下水叫做裂隙水。它主要分布在山区和第四系松散覆盖层下的基岩中，裂隙的性质和发育程度决定了裂隙水的存在和富水性。在裂隙发育地区，含水丰富；反之，含水甚少。所以在同一构造单元或同一地段内，富水性有很大变化，因此形成了裂隙水分布的不均一性。有时，相距很近的钻孔，水量相差达数十倍。

裂隙水按基岩裂隙成因分类有：风化裂隙水、成岩裂隙水、构造裂隙水。

分布在风化裂隙中的地下水多数为层状裂隙水，由于风化裂隙彼此相连通，因此在一定范围内形成的地下水也是相互连通的，水平方向透水性均匀，垂直方向随深度而减弱，多属潜水，有时也存在上层滞水。

风化裂隙水的补给来源主要为大气降水，补给量的大小受气候及地形因素的影响很大，在气候潮湿多雨和地形平缓地区，风化裂隙水较丰富，常以泉的形式排泄于河流中；在地形起伏大，沟谷发育的山区，径流和排泄条件好，不利于风化裂隙水的储存，所以除了雨季短时期外，水量不大。

储存并运移于成岩裂隙中的地下水称为成岩裂隙水。成岩裂隙是岩石在成岩过程中产生的原生裂隙。当成岩裂隙岩层出露于地表时，接受大气降水或地表水补给时，形成裂隙-潜水型地下水；当成岩裂隙岩层被隔水层覆盖时，则形成裂隙-承压水型地下水。成岩裂隙一般常见于岩浆岩中，这一类裂隙在水平和垂直方向上都比较均匀，呈层状分布，彼此相互连通，裂隙不随深度减弱，水量较大，下伏隔水层往往是其它的不透水层。

构造裂隙水是岩石在构造应力作用下产生的裂隙中赋存的地下水。构造裂隙水可呈层状分布，也可呈脉状分布；可形成潜水，也可形成承压水。断层带是构造应力集中释放造成的断裂，通常延伸很远，宽度也达数百米。当这样的断层沟通含水层或地表水体时，断层带通常兼具贮水空间、集水廊道与导水通道的能力，对地下工程建设危害较大，应给予充分的重视。

总之，裂隙水的存在、类型、运动、富集等受裂隙发育程度、性质及成因控制，所以只有很好地研究裂隙发生、发展的变化规律，才能更好地掌握裂隙水的规律性。

（三）岩溶水

岩溶水是指赋存和运移于可溶岩的溶隙中的地下水。我国岩溶的分布十分广泛，特别是在南方地区。因此，岩溶水分布很普遍，其水量丰富，对供水极为有利，但对矿床开采、地下工程等都会带来一些危害。

岩溶水根据埋藏条件可以是潜水、也可以是承压水。岩溶潜水在厚层灰岩地区分布广泛，而且动态变化大，水位变化幅度可达数十米，水量变化可达几百倍，这主要受补给和径流条件的影响，降雨季节水量很大，其他季节水量很小，甚至干枯。岩溶承压水主要分布在岩溶地层被覆盖地区，其动态稳定，主要以承压含水层出露情况补给，排泄主要通过含水断层，以泉的形式进行排泄。

岩溶水在其运动的过程中由于受到岩溶作用不断改善自身的赋存环境，使岩溶水在垂直和水平方向上变化都很大，空间分布极不均匀。岩溶作用的有关内容见第四章第四节。在岩溶水地带常形成地下暗河，流动迅速，水量丰富，水质好，可作为大型供水水源。岩溶水分布地区容易发生地面塌陷，使建筑工程厂区的工程地质条件大为恶化，岩溶地区的地质问题具体见第六章第七节。因此，在岩溶发育地区进行地下工程和地面建筑工程建设时，必须弄清楚岩溶的发育与分布规律。

第五节 地下水中的化学成分及其形成作用

一 概述

地下水并不是纯的 H_2O，而是复杂的天然溶液，含有多种组分。组成地壳的 92 种元素中，地下水中已发现 80 多种，它们分别以气体、离子、分子化合物及有机物等形式存在于地下水中。

二 地下水中的化学成分

（一）地下水中主要的气体成分

地下水中常见的气体成分有 O_2、N_2、CO_2、H_2S、CH_4、Rn（氡）、H^3（氚）等，尤以前三种为主。气体在地下水中的含量通常不高，每升水数毫克到数十毫克。但是它们能很好地反映地下水的形成环境，影响地下水中元素的迁移和富集。同时，地下水中某些气体还会影响到盐类在水中的溶解度以及其他的化学反应。

1. **氧**（O_2）

地下水中 O_2 主要来源于大气、地表水以及植物的光合作用。地下水中溶解氧的含量通常在 0～14mg/L之间。若其含量大于 3.5mg/L，表明地下水已处于氧化环境，可使许多有机物和无机物氧化。水中氧气的含量对元素的迁移和水化学成分的形成有很大作用。氧化作用使水中的氧气含量逐渐减少，以至最终消耗殆尽而处于还原环境。氧化带的深度各地不一，数厘米到数百米甚至更大，主要取决于地下水面的埋藏深度、岩石的透水性、地质构造特点和水循环交替速度。

2. **氮**（N_2）

N_2 和 O_2 一样主要来源于大气，但是由于 N_2 的性质不活泼，所以在封闭的环境中，O_2 虽然消耗殆尽，而 N_2 可以大部分都保存下来。N_2 的另一个来源是生物体分解或由变质作用产生。判断氮的成因可根据 N_2 和惰性气体间的比例关系。大气中惰性气体 Ar、Kr、Xe 和 N_2 的比例是恒定的，即 $(Ar+Kr+Xe)/N_2=0.0118$，地下水中的比值若等于此值，说明 N_2 是大气起源；若小于此值，则可能有生物起源或变质起源。

3. **二氧化碳**（CO_2）

地下水中 CO_2 的含量通常为 15～40mg/L，其含量的大小与地下水的温度、压力、pH 值有关，温度升高、压力减小或酸度降低，均会使地下水中 CO_2 含量降低。地下水中含 CO_2 越多，溶解碳酸盐的能力越强，对结晶岩进行风化作用的能力也越强。

地下水中 CO_2 主要来源有以下几个方面。

① 表生带的生物化学作用使有机物分解产生 CO_2，随水一起进入地下水，这是浅部地下水中 CO_2 的主要来源。

② 地壳深部高温环境中，变质作用和火山作用使碳酸盐分解产生 CO_2。

③ 由于工业的发展，大气中人为产生的 CO_2 显著增加，特别是在集中的工业区，大气中的 CO_2 含量显著增加。

4. **硫化氢**（H_2S）

在地下水中含量较低，只是在还原环境中存在。地下水中出现 H_2S，恰好与 O_2 的意义相反，表明地下水处于还原环境。火山区的矿泉水中，H_2S 的含量每升中可达数百毫克；同时 H_2S 在水中离解：$H_2S=H^++HS^-$，H_2S 与 HS^- 比例决定于水中 pH 值，在酸性水中 H_2S 占优势，而碱性环境 HS^- 为主。

（二）地下水中主要离子成分

地下水中含有很多离子，但是分布最广、含量最多的主要有七种，即 Cl^-、SO_4^{2-}、HCO_3^-、Na^+、K^+、Ca^{2+}、Mg^{2+}。次要离子有 CO_3^{2-}、NO_3^-、H^+、NH_4^+、Fe^{2+}、Fe^{3+}、Mn^{2+}等。

地下水中所含的元素有些是地壳中含量高，而又容易溶解于水的，如 O_2 在地壳中的克拉克值为 46.41%，Ca、Mg、K、Na 等的克拉克值也在 2%以上；有些元素在地壳中的含量虽不很大，但它们极易溶解于水，如 Cl 和 S 等，其克拉克值 0.1%左右，但因其溶解度大，容易溶解在水中，也成为地下水中主要的离子成分；相反有些离子如 Si、Al 等元素在地壳中含量很大，克拉克值分别达到 27.6%和 8.1%，却因难溶于水不能成为地下水中的主要成分。

地下水中常见的离子有以下七种。

1. 氯离子（Cl^-）

Cl^- 在地下水中分布很广。低矿化度水中 Cl^- 含量很低，每升水仅数毫克至数百毫克，但在高矿化度水中 Cl^- 成为主要成分，最高含量每升达数百克。

地下水中的 Cl^- 主要来源于沉积岩中所含岩盐或其他含氯化物的溶解，在岩浆岩地区则来自于含氯矿物的风化溶解。在工业、生活污水及粪便中也含有大量 Cl^-。

Cl^- 因溶解度大，不易沉淀析出，又不容易为植物或细菌吸收、不被岩石颗粒吸附，故成为地下水中最稳定的离子。它的含量随水中含盐量增加而不断增加，所以氯离子常常是高矿化度水中的主要阴离子。

2. 硫酸根离子（SO_4^{2-}）

地下水中 SO_4^{2-} 的来源有以下几个方面。

① 含石膏（$CaSO_4 \cdot 2H_2O$）或其他含硫酸盐岩石的溶解；

② 含硫矿物的氧化，煤系地层和金属硫化物矿床中黄铁矿等硫化物的水解；

③ 城市附近大量燃烧煤炭使大气中聚集大量 SO_2 形成“酸雨”渗入地下。

因此在含黄铁矿较多的煤系地层地区和金属硫化物矿床附近，地下水中常含有大量的 SO_4^{2-}。SO_4^{2-} 含量大于 250mg/L 的地下水，对混凝土具有结晶类腐蚀作用，影响各类工程建筑物的稳定。

3. 重碳酸根离子（HCO_3^-）

HCO_3^- 在地下水中分布很广，但其绝对含量始终不高，一般在 1g/L 以内。

地下水中 HCO_3^- 的来源有以下几个方面。

① 在沉积岩地区主要来源于石灰岩、白云岩等碳酸盐岩的溶解

$$CaCO_3 + H_2O + CO_2 \longrightarrow 2HCO_3^- + Ca^{2+}$$

$$MgCO_3 + H_2O + CO_2 \longrightarrow 2HCO_3^- + Mg^{2+}$$

② 在变质岩与岩浆岩地区，HCO_3^- 主要来源于长石类铝硅酸盐矿物的风化水解

$$Na_2Al_2Si_6O_{16} + 2CO_2 + 3H_2O \longrightarrow 2HCO_3^- + 2Na^+ + H_4Al_2Si_2O_9 + 4SiO_2$$

4. 阳离子（Na^+、K^+、Ca^{2+}、Mg^{2+}）

Na^+ 在地下水中分布很广，含量变化很大。在低矿化度水中每升仅数毫克至数十毫克，而在高矿化度水中每升可达数十克或更高，成为高矿化度水中主要的阳离子，但因 Na^+ 易被岩石吸附，其含量总是低于 Cl^-。地下水中 Na^+ 的来源和 Cl^- 相似，主要是沉积岩中所含岩盐及其他钠盐的溶解。

K^+ 在地下水中的分布与 Na^+ 相近，但其含量明显小于 Na^+。水中 K^+ 含量低的原因在于 K^+ 风化后参与形成水云母、蒙脱石、绢云母等不溶于水的次生矿物，而且 K^+ 易被植物吸收，还容易被黏土颗粒吸附。

Ca^{2+} 在地下水中分布很广，含量变化很大。除了在含白云质岩石地区外，Mg^{2+} 的含量总是比 Ca^{2+} 小，原因在于地壳中 Mg^{2+} 的含量比 Ca^{2+} 小，而且和 K^+ 一样，Mg^{2+} 容易被植物吸收，容易被岩石颗粒吸附。

地下水中除了上述大量出现的主要离子以外，还含有一些微量组分、胶体化合物、有机物以及细菌等。

（三）地下水的主要化学性质

1. 地下水的酸碱性

地下水的酸碱性主要取决于水中 H^+ 浓度，常用 pH 值表示。根据 pH 值的大小，将水分为强酸性（pH＜5）、弱酸性（pH＝5～7）、中性（pH＝7）、弱碱性（pH＝7～9）、强碱性（pH＞9）。多数地下水的 pH 值为 6.5～8.5。

2. 地下水的总矿化度

总矿化度或矿化度是指溶于水中的离子、分子与化合物的总和，以 g/L 或 mg/L 为单位。这一概念来自前苏联，其他国家几乎不采用。《生活饮用水卫生标准》（GB5749—2006）中已经采用溶解性总固体（TDS）代替矿化度，习惯上以 105～110℃时把水灼干所得的干涸残余物总量表示，也可将分析所得阴离子、阳离子含量相加，求得理论干涸残余物值。但应注意，因为在灼干时有将近一半的重碳酸根分解成 CO_2 和 H_2O 逸出，所以相加时 HCO_3^- 应取其质量的一半。

按溶解性总固体含量（g/L），将地下水分为五类：淡水＜1、微咸水 1～3、咸水 3～10、盐水 10～50 和卤水＞50。

矿化度是表征地下水化学特征的一个重要指标。因水中各盐类的溶解度不同，故地下水的矿化度与水中离子成分之间有一定的对应关系。低矿化度水中常以 HCO_3^- 及 Ca^{2+}、Mg^{2+} 为主，高矿化度水中常以 Cl^-、Na^+ 或 Ca^{2+} 为主，中等矿化度水中常以 SO_4^{2-} 及 Na^+ 或 Ca^{2+} 为主。

3. 地下水的硬度

水的硬度取决于水中 Ca^{2+}、Mg^{2+} 的含量。硬度分为总硬度、暂时硬度和永久硬度等。总硬度相当于水中所含 Ca^{2+}、Mg^{2+} 的总量。暂时硬度是水煮沸后，水中一部分 Ca^{2+}、Mg^{2+} 与 HCO_3^- 作用生成碳酸钙和碳酸镁沉淀的这部分 Ca^{2+}、Mg^{2+} 的总量。永久硬度是由于煮沸后不会生成沉淀而被除去的这部分 Ca^{2+}、Mg^{2+} 的含量。

我国目前常用 $CaCO_3$ 含量（mg/L）表示地下水的硬度，1 德国度＝17.86 $CaCO_3$ 含量（mg/L）。地下水按硬度可分为极软水、软水、微硬水、硬水和极硬水。

我国在《地下水质量标准》（GB/T 14848—93）中规定：Ⅰ类水总硬度（以 $CaCO_3$ 计）（mg/L）不大于 150，Ⅱ类水总硬度不大于 300，Ⅲ类水总硬度不大于 450，Ⅳ类水总硬度不大于 550，Ⅴ类水总硬度大于 550。

（四）地下水化学成分的库尔洛夫表示式

为了简明表示地下水中的化学成分特点，可采用库尔洛夫式表示。将阴阳离子分别表示在分式横线的上下，按离子含量的毫克当量百分数自大而小顺序表示，小于 10% 的离子不予表示。横线前依次表示特殊成分、气体成分及 TDS（以字母 M 为代号），三者单位均为 g/L。横线之后以字母 t 表示温度（℃）。如：

$$H^2SiO^3_{0.07}H^2S_{0.021}\ CO^2_{0.031}M_{3.2}\frac{Cl_{84.8}SO^4_{14.3}}{Na_{71.6}Ca_{27.8}}t_{52}$$

三　地下水中化学成分的形成作用

地下水在漫长的地质历史时期中不断与围岩发生化学作用，使其化学成分不断发生变化。大气降水本身就不是纯净的水，渗入地下后，与围岩发生各种作用，使水中成分不断变化。因此在多种环境因素的综合影响下，地下水化学成分的形成作用也是多种多样的。地下水化学成分的形成作用主要有以下几种。

（一）溶滤作用

溶滤作用是形成地下水化学成分的基本作用，它是水和岩石相互作用时，岩石中一部分物质溶于地下水中。溶滤作用使岩石失去一部分可溶物质；地下水则补充了新的组分。但是溶滤作用并未破坏岩石的完整性，也未破坏矿物的结晶格架，只是使其中一部分可溶成分进入到地下水中。

溶滤作用的强弱一方面取决于岩石的溶解度及空隙发育情况；另一方面也取决于水的溶解能力及水的交替强度。长期溶滤作用下，地下水中的矿化度以低矿化度的 HCO_3^- 及 Ca^{2+}、Mg^{2+} 为主。

（二）浓缩作用

浓缩作用主要发生在干旱半干旱地区的平原与盆地的低洼处。当地下水位埋藏较浅时，蒸发强烈，蒸发成为地下水的主要排泄去路。随着时间的增加，地下水溶液逐渐浓缩，矿化度增大。随着矿化度的上升，溶解度较小的盐类在水中相继达到饱和而沉淀析出，易溶盐类（如 NaCl）的离子逐渐成为水中主要成分。

（三）脱碳酸作用

地下水中 CO_2 的溶解度受环境的温度和压力控制。在温度升高或压力降低的条件下，因 CO_2 溶解度的降低而造成水中部分 HCO_3^- 以游离 CO_2 形式从水中逸出，这就是脱碳酸作用。CO_2 的逸出使地下水中形成碳酸盐沉淀，所以脱碳酸作用的结果是使水中 Ca^{2+}、Mg^{2+} 和 HCO_3^- 含量降低，Na^+ 的含量相对增多，pH 值降低。

（四）脱硫酸作用

在还原环境中当地下水中有机质存在时，脱硫酸细菌等微生物使 SO_4^{2-} 还原为 H_2S，使 SO_4^{2-} 减少或消失的作用叫做脱硫酸作用。

脱硫酸作用，使水中 SO_4^{2-} 减少或消失，H_2S 气体增多，或生成黄铁矿，形成次生方解石与白云石沉淀，水的 pH 值增大。

（五）阳离子交替吸附作用

岩土颗粒表面常带有负电荷，能够吸附阳离子。当地下水从岩石空隙中流过时，在一定条件下，颗粒所吸附的阳离子能与地下水中的阳离子发生置换，即岩石颗粒吸附地下水中某些阳离子，而将原来吸附的阳离子转移至地下水中，使地下水中化学成分发生改变，这种作用称为阳离子交换吸附作用。

不同的阳离子，其吸附于岩土颗粒表面的能力不同。按吸附能力，自大而小的顺序为：$H^+ > Fe^{3+} > Al^{3+} > Ca^{2+} > Mg^{2+} > K^+ > Na^+$。通常情况下，离子价愈高，离子半径愈大，则吸附能力也愈大，H^+ 例外；地下水中某种离子的相对浓度愈大，交替吸附作用也就愈强；颗粒愈细，比表面积愈大，交替吸附作用也就愈强。

（六）混合作用

成分不同的两种水汇合在一起，形成化学成分或矿化度与原来不相同的地下水，这就是混合作用。

水的混合作用分为化学混合和物理混合两种类型。化学混合即混合后发生化学作用，形成化学类型完全不同的新型地下水。物理混合指混合后并未发生化学反应，只是机械地混合后矿化度发生变化。

（七）人类活动在地下水化学成分形成中的作用

人类的生产和生活也会使地下水的化学成分发生变化，而且随着生产的发展，人为影响会越来越大。

工业生产产生的废气、废水、废渣，以及农业上大量使用的化肥、农药等，渗入地下水后使地下水中富集了原来含量很低的有害元素，造成地下水污染；人类活动还可能改变地下水的形成条件，使水质发生变化；过量开采地下水可能引起海水入侵，不合理灌溉引起次生盐渍化，使浅层水变咸等。

四　地下水化学类型

一项工程常常会积累有很多地下水化学分析资料，为了使大量的分析资料系统化和简单化，需要确定地下水化学类型，来阐明地下水化学成分特征与变化规律，阐述地下水化学成分的形成条件。

下面介绍最常用的舒卡列夫水化学分类方法。

地下水化学类型的舒卡列夫分类是根据地下水中六种主要阴阳离子（K^+合并于Na^+中）与水的矿化度作为分类的依据，详见表 3-4。

表 3-4　舒卡列夫分类表

阳离子＼阴离子	HCO_3^-	$HCO_3^- + SO_4^{2-}$	$HCO_3^- + SO_4^{2-} + Cl^-$	$HCO_3^- + Cl^-$	SO_4^{2-}	$SO_4^{2-} + Cl^-$	Cl^-
Ca^{2+}	1	8	15	22	29	36	43
$Ca^{2+} + Mg^{2+}$	2	9	16	23	30	37	44
Mg^{2+}	3	10	17	24	31	38	45
$Na^+ + Ca^{2+}$	4	11	18	25	32	39	46
$Na^+ + Ca^{2+} + Mg^{2+}$	5	12	19	26	33	40	47
$Na^+ + Mg^{2+}$	6	13	20	27	34	41	48
Na^+	7	14	21	28	35	42	49

首先将毫克当量百分数＞25％的阴阳离子作为分类的基础，根据它们的组合关系可以组合成 49 种不同类型的水，分别以阿拉伯数字作为代号。其次根据矿化度大小将水分为四组（表 3-5）。最后根据水型和矿化度级别将水命名，如 1-A 型水为矿化度＜1.5g/L 的 HCO_3-Ca 型水，是沉积岩地区典型的溶滤水。从分类的左上角向右下角方向大体表示水的矿化度由低硫化向高矿化方向演化。

表 3-5 舒卡列夫分类中矿化度分组表

组别	矿化度/(g/L)
A	<1.5
B	1.5～10
C	10～40
D	>40

舒卡列夫分类的优点是简单明了、容易划分和使用方便，同时考虑了主要离子和矿化度两种因素，因而能反映地下水的形成作用和矿化过程。如从分类的左上角到右下角，地下水由溶滤作用逐渐转变为蒸发浓缩作用或变为古沉积水，矿化度逐渐由低增高，由 A 型变为 D 型；而且划分的水型较多，对小比例尺制图比较方便，在工程应用中使用较多。

思考题

3-1 什么叫地下水？

3-2 岩土体中有哪些形式的水，各有哪些特点？

3-3 岩土体中空隙的种类有哪三类？度量指标各是什么？

3-4 岩石的水理性质有哪些？

3-5 写出达西（*Darcy*）线性渗透定律的表达式，并说明其物理意义和适用条件。

3-6 地下水按埋藏条件可以分为哪几种类型？它们有何不同？试简述之。

3-7 潜水的等水位线图有何用处？承压水等水压线图有何用处？

3-8 地下水按含水层空隙性质可以分为哪几种类型？试简述之。

3-9 研究地下水动态与均衡的意义？

3-10 地下水中的化学成分有哪些？

3-11 地下水按矿化度分为哪 5 类？硬度有哪几种，它们之间的关系是什么？

3-12 地下水中化学成分的形成作用有哪些？各造成什么样的结果？

第四章 常见的自然地质作用

【内容导读】理解和掌握常见的自然地质作用知识是从事工程地质工作的基础，是人类认识自然和改造自然的需要。本章主要介绍常见的自然地质作用，主要包括风化作用、地表水的地质作用、岩溶和地震等地质作用。

【教学目标及要求】通过本章的学习，理解自然地质作用、风化作用、地表水的地质作用、岩溶和地震的概念与内涵；掌握风化作用和地表水流作用类型、影响因素及产物；掌握岩溶的发育条件和地震的震级与烈度的含义及相互关系。

本章重点：风化作用的影响因素和地表水流的地质作用及其产物的特征。

第一节 概述

地质作用是靠自然动能引起的，这种动能可能来自地球外部，也可能来自地球本身。按照自然动能的来源和作用部位的不同，地质作用可分为内力地质作用和外力地质作用。内力地质作用的能源主要包括地球的公转及自转产生的旋转能、放射性元素蜕变等产生的辐射热能和重力作用形成的重力能；外力地质作用（表生地质作用）主要是太阳的辐射能、重力能和日、月引力能等。其具体表现形式及作用结果见表4-1。

表4-1 按能源角度地质作用分类及其性质

类别	能量来源	表现形式	作用结果
内力地质作用	地球内部，主要包括旋转能、放射性元素衰变产生的热能和重力能	地壳运动、岩浆活动、变质作用、地震	使地表高低不平，差异加大
外力地质作用	地球外部，主要是太阳辐射能、重力能和日、月引力能	风化、侵蚀、搬运、沉积、固结成岩	夷平地表、减小差异

按照常见的自然地质作用来分，可分为风化作用、地表水作用、岩溶和地震等地质作用。这四种自然地质作用对地壳的建筑物、构筑物和人类生活的环境影响最大，有建设性的一面，但更多是产生破坏性的作用。

第二节 风化作用

一 概述

风化作用是指地表及地面以下一定深度的岩石，在气温变化、水溶液、气体及生物等各种营力的作用下，逐渐产生裂隙、发生机械破碎和矿物成分的改变，丧失完整性的过程。具体表现为岩石矿物成分和化学成分以及结构构造的变化，岩土体逐渐发生破坏从而形成松散或松软堆积物。风化作用能使岩石成分发生变化，能把坚硬的岩石变成松散的碎屑，降低了岩石的力学强度；风化作用又能使岩石产生裂隙，破坏了岩石的完整性，影响斜坡和地基的稳定。

二 风化作用的类型

根据作用方式不同，风化作用可分为物理风化作用、化学风化作用和生物风化作用三种类型。

（一）物理风化作用（又称机械风化作用）

物理风化作用是指由于温度的变化、岩体中水的冻结与融化或盐类物质的结晶膨胀使在地表或地表以下一定深度内的岩体机械破碎的过程。常见的物理风化作用有以下几种。

1. 温差剥离作用

岩石是热的不良导体，在阳光、气温的影响下，表层与内部受热不均，表面热胀冷缩变化很大，且往深部迅速减小，产生膨胀与收缩，这样就导致岩体表层和内部胀缩变化不协调，产生从表层向内部层层剥落的显现，称为温差剥离作用，该作用最终使岩石由大块变成小块以致最终完全碎裂（图 4-1）。

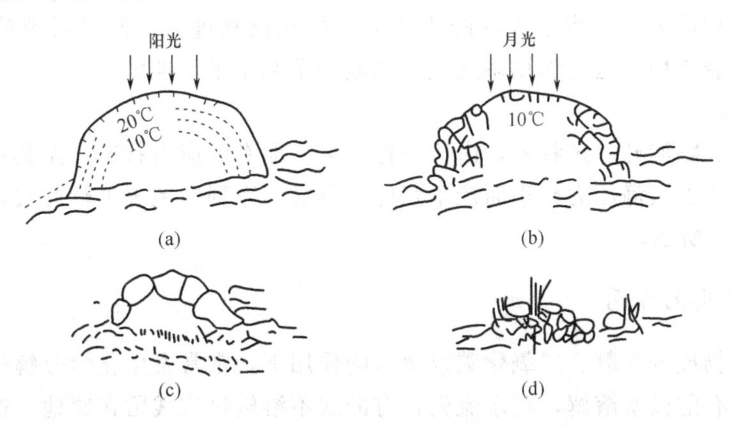

图 4-1　温度作用引起的岩石崩解过程示意图

一些岩浆岩或中厚层的岩石，温差剥离作用往往沿着裂隙从几个方向进行，造成球状或椭球状的剥离，叫做球形风化，如花岗岩和细砂岩等（图 4-2）。

(a) 花岗岩

(b) 细砂岩

图 4-2　物理球形风化

2. 温差冰劈作用

在寒冷和高山地区，一般气温的日变化和年变化都较突出，渗入岩石空隙中的水不断冻融交替，冰冻时体积膨胀，产生很大的膨胀压力，好像一把把楔子插入岩石体内直到把岩石劈开崩裂破碎，这种过程称为温差冰劈作用（图 4-3）。在封闭的空隙中由于水结冰后的冻胀每平方厘米产生的压力可达 9600N。

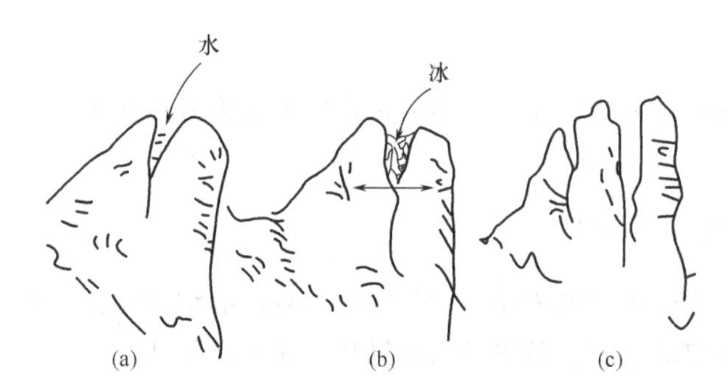

图 4-3　温差冰劈作用过程示意图

图 4-4　卸荷作用造成的岩体破裂

3. 结晶胀裂作用

岩石中含有的潮解性盐类，如石膏质岩石，在夜间因吸收大气中的水分而潮解，变成溶液渗入岩石内部，并将沿途所遇到的盐类溶解；白天在烈日照晒下，水分蒸发，盐类又结晶出来，结晶时体积增大，产生很大的膨胀压力。如此反复进行，使岩石裂隙扩大而造成破坏，称为结晶胀裂作用。这种作用多发生在气候干旱和半干旱地区。

4. 卸荷作用

在岩石地基、隧洞开挖过程中，由于开挖破坏了原有的应力状态，尤其从地下深处变到地表条件时，由于上覆静压力减小而产生张应力形成一系列与地表平行的宏观和微观的内部破裂面。如图 4-4 所示。

（二）化学风化作用

岩石中的矿物成分在氧、二氧化碳以及水的作用下，常常发生化学分解作用，产生新的物质。这些物质有的被水溶解，随水流失，有的属不溶解物质残留在原地。这种改变原有化学成分的地质作用称为化学风化作用。这种作用不仅使岩石破碎，更重要的是使岩石成分发生变化，形成新矿物。化学风化作用有水化作用、氧化作用、水解作用和溶解作用等。

1. 水化作用

水化作用是水和某种矿物结合形成含结晶水的新矿物，水被吸收到矿物的晶体结构中，形成新的含水矿物，改变了矿物原来的结构，同时也改变了原来岩石的结构，这种作用可使岩石因体积膨胀而导致破坏，加速了风化的过程。

例如：

$$\underset{\text{(硬石膏)}}{CaSO_4} + 2H_2O \longrightarrow \underset{\text{(石膏)}}{CaSO_4 \cdot 2H_2O}$$

2. 氧化作用

氧化作用是地球表面最为活跃的风化作用形式之一。主要是指大气和水中的游离氧和水的联合作用而生产新的矿物，这种作用对氧化亚铁、硫化物、碳酸盐类矿物表现比较突出。

例如：

$$\underset{\text{(黄铁矿)}}{2FeS_2} + 7O_2 + 2H_2O \longrightarrow \underset{\text{(硫酸亚铁)}}{2FeSO_4} + 2H_2SO_4$$

$$\underset{\text{(硫酸亚铁)}}{12FeSO_4} + 3O_2 + 6H_2O \longrightarrow \underset{\text{(硫酸铁)}}{4Fe_2(SO_4)_3} + \underset{\text{(褐铁矿)}}{4\,Fe(OH)_3}$$

黄铁矿风化后生成的硫酸对混凝土会起破坏作用。

3. 水解作用

水解作用是指矿物与水的成分起化学作用形成带有 OH^- 的新的矿物或化合物，具体表现为矿物溶于水后，其自身离解出的离子与水中部分离解的 H^+ 和 OH^- 之间的交换。经过水解作用后，会形成带有 OH^- 的新矿物。

例如：

$$\underset{\text{(正长石)}}{4KAlSi_3O_8} + 6H_2O \longrightarrow 4KOH + \underset{\text{(高岭石)}}{Al_4(Si_4O_{10})(OH)_8} + 8SiO_2$$

水解作用会使岩石成分发生改变，结构破坏，从而降低岩石的强度。

4. 溶解作用

溶解作用是化学风化过程的另一种常见形式。任何矿物都能溶于水，只不过溶解度不同而已。水是一种常含有 O_2、CO_2 以及其他盐类的溶液，具有一定的溶解能力，尤其当温度升高、压力增大时。溶解作用是指水直接溶解岩石矿物的作用。

例如：

$$\underset{\text{(碳酸钙)}}{CaCO_3} + H_2O + CO_2 \longrightarrow \underset{\text{(重碳酸钙)}}{Ca(HCO_3)_2}$$

溶解作用促使岩石孔隙率增加，裂隙加大，使岩石遭受破坏。

（三）生物风化作用

生物风化作用是指岩石由生物活动所引起的破坏作用。生物在地表的风化作用相当广泛，它对岩石的破坏既有物理风化作用，又有化学风化作用。

物理的风化作用如植物根系在岩石裂隙中生长导致岩石崩裂，对岩石造成破坏，又称为根劈作用（图 4-5），洞穴动物的活动等。

化学风化作用如生物的新陈代谢中析出的有机酸和生物遗体腐烂分解成的腐殖质对岩石产生的腐蚀、溶解；此外，随着社会的发展，人类的工程活动也对岩石风化产生了严重的影响。

三　影响岩土体风化的因素

影响岩土体风化的因素很多，主要有地形地貌、岩性及其结构、气候、地质构造和地下水等。

图 4-5 树木根系对岩石的劈裂破坏示意图

（一）地形地貌

受地形高度、起伏程度和朝向的影响，高山区以物理风化为主，低山丘陵和平原区以化学风化为主；朝阳的山坡比阴坡风化作用要强，朝阳面以化学风化为主，背阳面以物理风化为主；陡坡以物理风化为主；缓坡以化学和生物风化为主；两岸阶地比河漫滩及河床风化层厚。

（二）岩性及其结构、构造

1. 岩石的矿物成分

在风化带中，各种造岩矿物对风化作用的抵抗能力明显不同。岩浆岩比变质岩和沉积岩易于风化，而在岩浆岩中，侵入岩抗风化能力较喷出岩弱，基性岩抗风化能力较中酸性岩弱；沉积岩中碎屑岩类的风化速度取决于胶结物和碎屑物的成分。

常见的造岩矿物中，抵抗风化能力的顺序为：石英＞白云母＞长石＞黑云母＞角闪石＞辉石＞橄榄石。石英在风化作用过程中几乎不分解，只产生机械破碎。通常深色的矿物比浅色的矿物易风化，多种矿物组成的岩石比单种矿物组成的岩石易风化。所以，在相同的条件下，不同矿物组成的岩块由于风化速度不等，岩石表面凹凸不平；或由不同岩性组成的岩层，抗风化能力弱的岩层形成相互平行的沟槽的风化称为差异风化。砂岩、页岩互层，页岩呈沟槽，通过差异风化，可以确定这些岩层的产状。

2. 岩石的结构、构造

岩石的结构、构造是影响岩石风化的另一因素。岩石中矿物颗粒的粗细、均匀程度、胶结方式和胶结物成分都影响着风化速度。通常，等粒结构的比不等粒结构、板状结构抗风化能力要强；细粒结构的比粗粒结构的抗风化能力强；块状构造比气孔状、杏仁状构造的抗风化能力强；片理构造的片麻岩、片岩、板岩、千枚岩以及具有层理构造的沉积岩等，抗风化能力较弱。

（三）气候：气温、降水

湿热地区化学风化和生物风化作用强烈；干旱和寒冷地区含水岩石的冻融交替强烈，以物理风化作用为主。

气候寒冷或干燥地区，生物稀少，寒冷地区降水以固态形式为主，干旱区降水很少，以物理风化作用为主，化学和生物风化为次。岩石破碎，但很少有化学风化形成的黏土矿物，以生物风化为主形成的土壤也很薄。

气候潮湿炎热地区，降水量大，生物繁茂，生物的新陈代谢和尸体分解过程产生的大量有机酸，具有较强的腐蚀能力，故化学风化和生物风化都十分强烈，形成大量黏土，在有利的条件下可形成残积矿床和较厚的土壤层。

（四）地质构造

地质构造也是促使岩石风化的重要因素，主要包括断层、节理（裂隙）、层面、不整合接触面、岩浆侵入接触面等。地质构造破坏岩体的完整性、增大透水性，为风化营力深入岩石内部提供良好的通道，加深和加速岩石风化。

（五）地下水

地下水的渗流和水中的化学成分及其循环条件影响风化速度、程度和分布。

四　风化带的划分

遭受风化的地壳岩石圈表层叫做风化壳。风化岩石自地表至新鲜岩石的垂直距离为风化壳厚度。岩石风化后，其物理性质和化学成分将有不同程度的改变，在垂直方向上风化程度也不相同，一般总是在地表强烈，从地表向下逐渐减弱至新鲜基岩。不同风化程度的岩石其工程性质不同，所以必须结合具体的水文地质条件，对风化岩石在垂直方向上进行适当的分带。工程上常根据不同风化程度的岩石特征，如风化岩石的颜色、结构、构造和矿物组成以及物理力学性质的变化来划分。

表 4-2　岩石按风化程度分类

风化程度	野外特征	风化程度参数指标	
		波速比 K_v	风化系数 K_f
未风化	岩质新鲜，偶见风化痕迹	0.9～1.0	0.9～1.0
微风化	结构基本未变，仅节理面有渲染或略有变色，有少量风化裂隙	0.8～0.9	0.8～0.9
中等风化	结构部分破坏，沿节理面有次生矿物，风化裂隙发育，岩体被切割成岩块。用镐难挖，岩芯钻方可钻进	0.6～0.8	0.4～0.8
强风化	结构大部分破坏，矿物成分显著变化，风化裂隙很发育，岩体破碎，用镐可挖，干钻不易钻进	0.4～0.6	<0.4
全风化	结构基本破坏，但尚可辨认，有残余结构强度，可用镐挖，干钻易钻进	0.2～0.4	—
残积土	组织结构全部破坏，已风化成土状，锹镐易挖掘，干钻易钻进，具可塑性	<0.2	—

注：1. 表中波速比 K_v 是风化岩石与新鲜岩石压缩波速度之比。2. 风化系数 K_f 是风化岩石与新鲜岩石单轴抗压强度之比。3. 岩石风化程度除按表列野外特征和定量指标划分外，也可根据当地经验划分。4. 花岗岩类岩石，可采用标准贯入基数 N 划分，$N \geq 50$ 为强风化，$50 > N \geq 30$ 为全风化，$N < 30$ 为残积土。5. 泥岩和半成岩，可不进行风化程度的划分。

不同行业对岩石风化程度的划分标准不同，《岩土工程勘察规范》[GB 50021—2001（2009 版）] 将岩石风化程度按表 4-2 分类。《水利发电工程地质勘察规范》（GB 50287—2006）将岩石按风化程度分为全风化、强风化、弱风化和微风化四个等级。

一般情况下在一个地区或一个剖面上从全风化到微风化均有发育，但并不是在任何地段、任何风化岩石的剖面上均存在上述连续的风化带，可能在某些地区常缺失一个或数个风化带。因此，在实际工程中必须进行详细勘察才能划分风化带。

在划分风化带的同时，还要查明风化厚度、风化速度和引起风化的主要因素，制定相应的预防风化的措施。

五 风化的后果及治理

（一）风化结果

岩体遭受风化后，完整性被不同程度的破坏，岩体中原有裂隙被扩大，产生新的风化裂隙，使完整岩体变为碎裂结构岩体，甚至散体结构土体；岩石矿物成分发生变化，生成新的矿物，特别是黏土矿物，改变了岩体的性质，导致工程特性不同程度的恶化。

1. 岩体结构构造发生变化

岩体完整性遭受破坏，结构性丧失，空隙性增大，完整岩石风化碎裂成块石、碎石或土体。

2. 岩石的矿物成分和化学成分发生变化

可溶矿物溶解流失，耐风化矿物残留下来，形成稳定性好的次生矿物，如绿泥石、绢云母、高岭石、蒙脱石等。

3. 岩体的工程地质性质发生变化

如：力学强度的降低；压缩性变增大（由基岩→黏土）；渗透性增强；次生矿物的抗水性降低、亲水性增强，易崩解、膨胀、软化。

（二）治理

风化作用恶化了岩石的工程性质，在工程选址、岩土体稳定、地基处理、灾害防治、工程造价等方面都有重要意义。基础建设地基处置、确定矿坑边坡角、洞室围岩支护、基坑开挖层支护、抗滑工程设置等都要考虑到风化问题。

治理的指导思想是通过人工措施，使风化营力与岩石隔离，使岩石免遭继续风化，或减缓风化营力的作用强度，减缓岩石的风化速度。

具体的防治手段如下。

① 风化厚度较小，施工条件简单时，全部挖除；

② 风化厚度较大，数十米以上时，处理措施视具体条件而定。一般工业民用建筑物，可选择足够强度的风化层作地基，设置合理的基础埋置深度。重大工程，需挖除对工程构成危险的风化岩石。对于囊状或夹层风化带，可采用局部挖除或铺盖跨越；

③ 表面铺盖（黏土、水泥、沥青材料），使水和空气不接触岩层；

④ 在岩石裂隙中充填化学材料，如水泥、黏土、沥青等浆液，增强岩石的整体性，从而防止风化；

⑤ 植被；

⑥ 探槽检测法：对于风化速度较快的岩层，应设置开敞的风化探槽，以观测岩石的风化速度，从而估算拟建工程开挖基坑后外露岩石的风化速度。同时应在基坑开挖至设计标高后立即浇筑基础并分层回填，以加快施工速度，防止风化作用的不良影响；

⑦ 适当做一些排水工程，以减少具有侵蚀性的地表水和地下水对岩石中可溶性矿物的溶解。

第三节 地表水的地质作用

一 暂时性流水的地质作用

暂时性流水是大气降水后短暂时间内在地表形成的流水，因此雨季是它发挥作用的主要时间，特别是在强烈的集中暴雨后，它的作用特别显著，往往造成较大灾害，分为淋滤地质作用、坡面细流地质作用和山洪急流地质作用。

（一）淋滤地质作用

大气降水渗入地下的过程中渗流水不仅能把地表附近细小的破碎物质带走，还能把周围岩石中易溶成分溶解带走。经过渗流水的物理和化学作用后，地表附近岩石逐渐失去其完整性、致密性，残留在原地的是未被冲走，又不易溶解的松散物质，这个过程称为淋滤作用，残留在原地的松散物质称为残积层（Q^{el}）。由残积层的形成过程，可知其有以下特征。

① 位于地表以下，基岩风化带以上，从地表至地下，破碎程度逐渐减弱；

② 残积物的物质成分与下伏基岩的成分基本一致；

③ 残积层的厚度与地形、降水量、水的化学成分等多种因素有关；

④ 具有较大的孔隙率、较高的含水率，较低的力学强度。

（二）坡面细流地质作用（洗刷作用）

水流沿自然斜坡流动，水层薄、流速小、无固定流向的网状面流。面流的水动力微弱，仅能冲走颗粒较小的粉沙及泥土。可溶性岩石（石灰岩）组成的山坡还能产生溶蚀作用，形成溶沟、石芽地貌。特点：靠大气降水补给，时断时续。在山坡下部，无数细小股流水还具有一定的线状侵蚀能力。坡面在小股流水冲刷作用下，出现无数小沟。山坡上裸露的土壤常受到面流的洗刷，产生大量的土壤流失。其形成的堆积层称为坡积层（Q^{dl}），主要特征如下。

① 坡积物的厚度变化较大，一般在坡脚处最厚，向山坡上部及远离山脚方向均逐渐变薄尖灭；

② 坡积物多由碎石和黏性土组成，其成分与下伏基岩无关；

③ 搬运距离较短，坡积物层理不明显，碎石棱角清楚；

④ 坡积物松散、富水、强度很差。

（三）山洪急流地质作用（冲刷作用）

随着片流的进一步发展，山坡上沿最大坡度方向可出现一些沟槽的雏形，其一旦形成，水层增厚，水量增加，冲刷能力增强，片流中更多水流向沟槽集中，并以较大能量冲刷、扩大沟槽，片流转变为线状水流，称为洪流。其特点是具有固定流向和流道，但时断时续。形成的堆积层称为洪积层（Q^{pl}）。洪流携带大量泥沙、石块到沟口，由于坡度减小，洪流无侧壁约束，水流分散，动能迅速减弱，所搬运的碎屑物在沟口大量沉积，形成扇形堆积地貌。

其流道主要有细沟、切沟、冲沟和坳沟四个阶段，其中，切沟是冲沟的初级阶段，坳沟是冲沟的衰老阶段。洪积层的主要特征如下。

① 洪积层多位于沟谷进入山前平原、山间盆地、流入河流处。从外貌上看洪积层多呈扇形，所以又称洪积扇；

② 洪积物成分复杂，主要是由上游汇水区的岩石种类决定；

③ 在平面上，山口处洪积物颗粒粗大，多为砾石、块石，甚至巨砾；向扇缘方向，洪积物颗粒渐细，由砂、黏土等组成。在断面上，底部较地表颗粒为大；

④ 洪积物初具分选性和不明显的层理，洪积物颗粒有一定磨圆度；

⑤ 具有一定的活动性。

二 河流的地质作用

在冲沟的发育过程中，沟底下切至地下水面线以下，沟谷水流得到地下水的不断补充，暂时性水流转变为陆地上有固定流向的水流即为河流。其特点为线状水流，具有固定流道，经常性流水。

（一）河流的地质作用类型

1. 侵蚀作用

（1）河流的下蚀作用（下切侵蚀、垂直侵蚀、深向侵蚀）

① 河水对河床岩石的直接撞击冲刷；

② 河水以挟带的岩石碎屑对河床岩石的撞击和摩擦；

③ 对跌水基面处的凹坑（壶穴）掏刷；

④ 河水对可溶性岩石（如石灰岩、白云岩）进行溶解下蚀。

（2）河流的溯源侵蚀作用

又称向源侵蚀，河床深切作用逐渐向河流上游方向发展的过程。河流在下切过程中所形成的坡折、河流的源头，受到流水的侵蚀不断向上游或河间地带推进，河流的这种侵蚀方式称为河流的溯源侵蚀作用。它实际上仍是河流下蚀作用的一种表现形式。

产生溯源侵蚀作用的原因主要有：①河流的流量、流速增大；②河流侵蚀基准面下降。

溯源侵蚀作用的结果使河床伸长，河流向纵深方向发展。

（3）河流的侧蚀作用（旁蚀、侧方侵蚀）和蛇曲、牛轭湖

流水拓宽河床和河谷的作用称为侧蚀作用。侧蚀产生的主要原因是由于河谷的弯曲而产生的横向环流作用，使得凹岸受蚀，凸岸堆积。由于河流侧蚀作用的不断发展，致使河流一个河湾接着一个河湾，并使河湾的曲率越来越大，河流的长度越来越长，结果使河床的比降逐渐减小，流速不断降低，侵蚀能量逐渐消弱，直至常水位时已无能量继续发生侧蚀为止。这时河流所特有的平面形态称为蛇曲（图 4-6）。有些处于蛇曲形态的河湾，彼此之间十分靠近，一旦流量增大，就会截弯取直，流入新开拓的局部河道，而残留的原河湾的两端因逐渐淤塞而与原河道隔离，形成状似牛轭的静水湖泊，称为牛轭湖（图 4-6）。最后由于主要承受淤积，致使牛轭湖逐渐成为沼泽，以致消失。上述河湾的发展和消亡过程，一般只在平原区的某些河流中出现。我国内蒙古的呼伦贝尔草原和锡林郭勒草原，是蛇曲形态河流最多的地方。这是因为河流的发展既受河流动力特征的影响，也受地区岩性和地质构造条件的制约，此外与河流夹沙量也有一定的关系。在山区，由于河床岩性以坚硬的岩石为主，所以河湾的发展过程极为缓慢。

图 4-6 河曲的发展，牛轭湖的形成

以上三种侵蚀作用方式是同时存在，同时进行的，只是在不同时期、不同河段三者的侵蚀强度不同。

2. 搬运作用

河流将其携带的物质向下游方向搬运的过程，称为河流的搬运作用。河水在流动过程中，搬运着河流自身侵蚀的和谷坡上崩塌、冲刷下来的物质。其中，大部分是机械碎屑物，少部分为溶解于水中的各种化合物。前者称为机械搬运，后者称为化学搬运。河流机械搬运量与河流的流量、流速有关，还与流域内自然地理——地质条件有关。

3. 沉积作用和冲积层

河流在河床坡降平缓的地带及河口附近，河水的流速变缓，水流所搬运的物质在重力作用下，逐渐沉积下来，这种沉积过程称河流的沉积作用，所沉积的物质称冲积物（层）。河流搬运物质的颗粒大小和重量，严格受流速控制。当流速逐渐减缓时被搬运的物质就按颗粒大小和比重，依次从大到小、从重到轻沉积下来，因此冲积层的物质具明显的分选性。

冲积层的特点从河谷单元来看，可以分为河床相与河漫滩相。河床相沉积物颗粒较粗，河漫滩相下部为河床沉积物，颗粒粗；表层为洪水期沉积物，颗粒细，以黏土、粉土为主。河谷这样两种不同特点的沉积层称为“二元结构”。

从河流纵向延伸来看，由于不同地段流速降低的情况不同，各处形成的沉积层就具有不同的特点，基本可分为四大类型段。

在上游山区，河床纵坡陡、流速大，侵蚀能力强，沉积作用弱，河床中的沉积层多为巨砾、卵石和粗砂。

当河流由山区进入平原时，断面增大，河床纵坡降变缓，流速骤然降低，大量物质沉积下来，形成冲积扇，如图 4-7，其形状和特征与前面的洪积层相似，但冲积层规模较大，冲积层的分选性及磨圆度更高。现在很多城市都坐落在河流的冲积扇上，如北京坐落在永定河的冲积扇上。冲积扇还常分布在大山的山麓地带，例如祁连山北麓、天山北麓和燕山南麓的大量冲积扇。如果山麓地带几个大冲积扇相互连接起来，则形成山前倾斜平原。

图 4-7 冲积扇

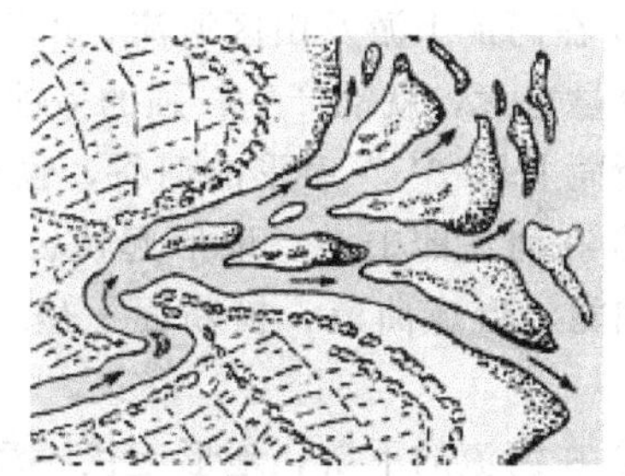

图 4-8 三角洲

在河流下游，则由细小颗粒的沉积物组成广大的冲积平原，如黄河下游、海河及淮河的冲积层构成的华北平原。冲积平原也常分布有牛轭湖相的沉积，如江汉平原。

在河流入海或入湖口处，流速几乎降到零，河流携带的泥沙绝大部分都要沉积下来。若河流沉积下来的泥沙大量被海流卷走，或河口处地壳下降的速度超过河流泥沙量的沉积速度，则这些沉积物不能保留在河口或不能露出水面，这种河口则形成港湾。如我国南方钱塘江河口处，由于海流和潮汐作用强烈，使冲积层不能形成，而成为港湾。更多的情况是大河河口都能逐渐积累冲积层，在水面下呈扇状分布，扇顶位于河口，扇缘则伸入海中或湖中，冲积层露出水面的部分形如一个其顶角指向河口的倒三角形，如图 4-8，故称河口冲积层为三角洲，如长江三角洲、珠江三角洲等。三角洲的内部构造与洪积扇、冲积扇相似：上粗下细，即近河口处较粗，距河口越远越细。不同的是，在河口外有一个比河床更陡的斜坡在水下伸向海洋，此斜坡远离海岸后渐趋平缓，三角洲就沉积在此斜坡上。随着河流不断带来沉积物，三角洲的范围也不断向海洋方向扩展，随各种条件不同，扩展速度也不同。例如天津市在汉代是海河河口，元朝时附近为一片湿地，现在则已成为距海岸约 90km 的城市。长江下游自江阴以东地区，就是由大三角洲逐渐发展起来的。我国河流中携带泥沙量最多的黄河，其三角洲已向黄海伸进 480km，每年伸进 300m。

由冲积层的形成过程可知，其具有以下特征。

① 冲积层分布在河床、冲积扇、冲积平原或三角洲中。

② 冲积层成分复杂，河流汇水面积内所有岩石和土都成为该河流所形成冲积层的来源。所以，冲积层给工程建设也带来许多不利因素，如饱和砂、粉土的液化性以及淤泥质土的低承载力、高压缩性等是工程中常见的问题。

③ 冲积层分选性好、层理明显、磨圆度高。

④ 冲积层中的砂、卵石、砾石层是良好的建筑材料。厚度稳定、延续性好的砂层和卵石层是主要的含水层，可以作为良好的供水水源地开采层。

（二）河谷断面和河流阶地

1. 河流断面

一般情况下，典型的河谷断面如图 4-9 所示，其中包括：河床，经常被水所占据；河漫滩，此部位在洪水期被水淹没，在枯水期露出水面；河谷斜坡，即为河漫滩以上向两侧延伸的斜坡；河流阶地。

河谷地貌的形成受多种因素的控制，包括河流的各种地质作用、地壳升降的速度、组成河谷的岩石性质及地质构造、气候条件等。在河流的不同地段和不同发展时期，河谷地貌形态各有不同。按其断面形态主要分为以下三种类型。

① 在河流上游及山区河流，由于河床的纵降比和流水速度大。因此，重力在垂直方向上的分量也大，就能产生较强的下蚀能力，这样使河谷的加深速度快于拓宽速度，从而形成在横断面上呈“V”字形的河谷，也称 V 形谷，所以上游和山区多峡谷和急流瀑布。

② 在河流的中游，地形起伏、河床坡度减小，下蚀作用减弱，侧蚀作用占主导地位，河谷加宽，形成曲流，横断面上呈“U”形，出现心滩、边滩、河漫滩等各种形态的沉积地形。

③ 在河流的下游，地形起伏、河床坡度进一步变缓，侧蚀作用不再加宽河谷，仅使河流摆动形成蛇曲和牛轭湖，横断面上呈“|_|”形，谷坡基本上不存在，阶地也不甚明显，

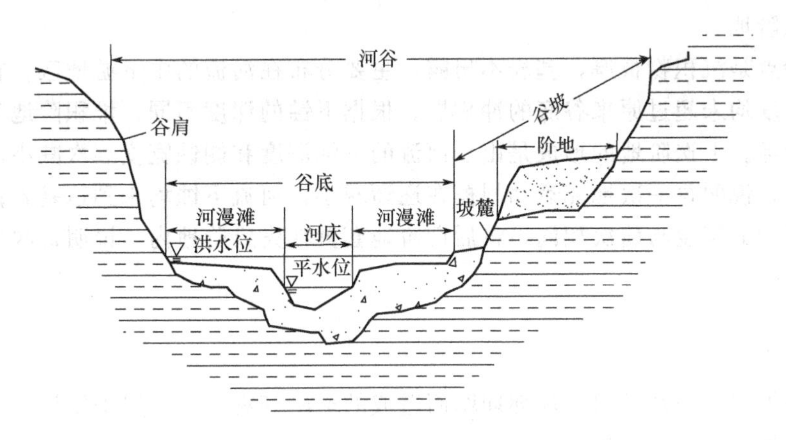

图 4-9　河谷形态示意图

沉积作用显著，个别地段沉积作用强烈，河床愈积愈高，以致河水面高出两侧平原形成地上河，如黄河的下游段。

2. 河流阶地

河谷两岸由流水作用所形成的狭长而平坦的阶梯平台，称河流阶地。它是河流侵蚀、沉积和地壳升降等作用的共同产物。当地壳处于相对稳定的时期，河流的侧向侵蚀和沉积作用显著，塑造了宽阔的河床和河漫滩。然后地壳上升，河流垂直侵蚀作用加强，使河床下切，将原先的河漫滩抬高，形成阶地。若上述作用反复交替进行，则老的河漫滩位置不断抬高，新的阶地和河漫滩相继形成。因此，多次地壳运动将出现多级阶地（图 4-10）。

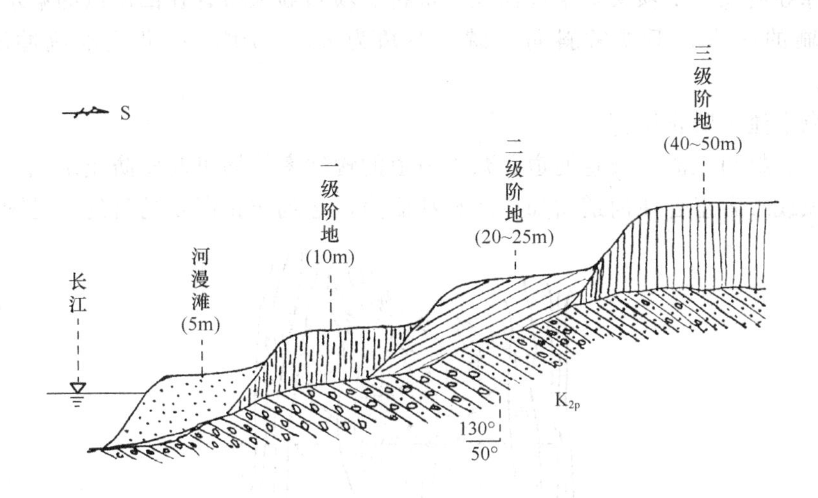

图 4-10　南京附近长江河谷阶地示意图

河流阶地主要可分以下三种类型。

（1）侵蚀阶地

侵蚀阶地的特点是阶地面由裸露基岩组成，有时阶地面上可见很薄的沉积物，侵蚀阶地只分布在山区河谷。它作为厂房地基或者桥梁和水坝接头是有利的。

（2）基座阶地

基座阶地由两层不同物质组成，由冲积物组成覆盖层，基岩为其底座，它的形成反映河流垂直侵蚀作用的深度已超过原来谷底冲积层的厚度切入基岩，基座阶地在河流中比较常见。

(3) 堆积阶地

阶地的特点是沉积物很厚，基岩不出露，主要分布在河流的中下游地区，它的形成反映河流下蚀的深度均未超过原来谷底的冲积层。根据下蚀的深度不同，堆积阶地又可分为上迭阶地和内叠阶地。上迭阶地的形成是由于河流的下蚀深度和侧蚀宽度逐次减小，堆积作用规模也逐次减小，说明每一次地壳运动规模在逐渐减小，河流下蚀均未到达基岩；内叠阶地的特点是每次下蚀的深度与前次相同，将后期阶地套置在先成阶地内，说明每次地壳运动规模大致相等。

(三) 防治

对于河流侧向侵蚀及因河道局部冲刷而造成的坍岸等灾害，一般采用护岸工程或使主流线偏离被冲刷地段等防治措施。

1. 护岸工程

① 直接加固岸坡：常在岸坡或浅滩地段植树、种草。

② 护岸：有抛石护岸和砌石护岸两种。

抛石护岸即在岸坡砌筑石块，以消减水流能量，保护岸坡不受水流直接冲刷。石块的大小，应以不致被河水冲走为原则。抛石体的水下边坡一般不宜超过 1∶1，当流速较大时，可放缓至 1∶3。石块应选择未风化、耐磨、遇水不崩解的岩石，抛石层下应有垫层。

2. 约束水流

(1) 顺坝和丁坝

顺坝又称导流坝，丁坝又称半堤横坝。常将丁坝和顺坝布置在凹岸以约束水流，使主流线偏离受冲刷的凹岸。丁坝常斜向下游，夹角为 60°～70°，它可使水流冲刷强度降低 10%～15%。

(2) 约束水流、防止淤积

束窄河道、封闭支流、截直河道、减少河道的输砂率等均可起到防止淤积的作用。常采用顺坝、丁坝或二者组合使河道增加比降和冲刷力，达到防止淤积的目的（见图 4-11）。

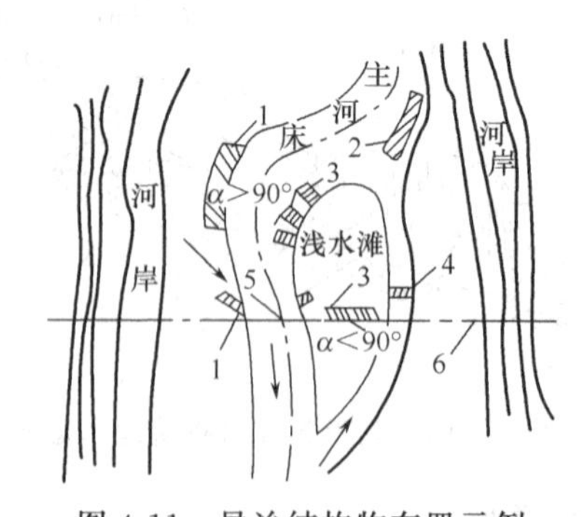

图 4-11　导治结构物布置示例

1、2—顺坝；3—丁坝；4—格坝；5—主河床；6—公路中线

三　海洋的地质作用

(一) 概述

海洋占整个地球面积的 70.8%，地球上的水约有 97% 存在于海洋中。在地质历史中，

沧海桑田、海陆变迁，占陆地表面75%的沉积岩中绝大部分是海洋沉积形成的，因此海洋的地质作用是极为重要的。我国海域辽阔，渤海、黄海、东海、南海的自然海域总面积470余万平方公里，属我国管辖海域约300万平方公里，大陆岸线1.8万公里、岛屿岸线长1.4万公里，海岸类型多样，岛屿6500多个，滨海砂矿丰富，天然良港众多，海岸带经济发达。

海水运动、海水中溶解物质的化学反应和海洋生物对海岸、海底岩石和地形的破坏和建造作用的总称为海洋的地质作用。海水的运动方式主要是波浪、潮汐、洋流和浊流，这四种海水运动是海洋地质作用的重要的机械动力。由于海水深度和海底地形的影响，它们在海洋中构成了不同的水动力带。海水较浅的滨海带和大陆架是波浪和潮汐为主的水动力带；在波浪影响不到的大陆坡和深海盆地，是洋流和浊流的水动力带。这四种机械动力都能产生海蚀作用、搬运作用和沉积作用。机械海蚀作用是海水运动时的水力冲击（也叫冲蚀）和海水挟带的碎屑产生的磨蚀对海岸和海底的破坏作用。海水机械搬运的方式有三种：①推移，粗大的碎屑沿海底滚动和滑动；②跃移，较粗的碎屑间歇地跳跃式移动；③悬移，细小碎屑悬浮在水中移动。这三种方式随水动力的强弱和碎屑粒径大小而变化。有时三种方式同时存在，有时推移和跃移并存，或者仅有悬移。机械沉积作用遍布海洋各处，但以大陆架和大陆坡上的沉积量最多。

（二）海洋地质作用

海洋地质作用主要包括波浪、潮汐、洋流和浊流等地质作用。

1. 波浪地质作用

波浪（也称海浪）是由于风的摩擦，海水有规律的波状起伏运动。波浪的大小与风力强弱、风势久暂和海面开阔程度有关。通常波浪的波长自数十厘米至数百米，波高自数厘米至十余米不等。水质点的波动振幅和与此相关的能量，均随水深增加而衰减。它们在水深为半个波长处已大为减小，因此，通常将半个波长的深度看作是波浪影响的下限。在水深小于半个波长的浅水区，波浪受海底摩擦而变形以致破碎，变为激浪，形成复杂的近岸流系，称激浪流。激浪流的冲击力可达9.80665×10^4Pa至29.41995×10^4Pa。当波浪运动方向与海岸直交时，产生与海岸垂直的进流和退流；当波浪运动方向与海岸斜交时，由于波浪的折射而产生与海岸平行的沿岸流。波浪及其在不同情况下衍生的各种波浪流是浅水区的重要动力。激浪流可直接破坏海岸。当海水渗进岩石裂缝，压缩空气，空气的膨胀力便加剧了岩石崩裂。激浪流携带的碎屑还是磨损岩石的工具。海浪对海岸、海底岩石的上述机械破坏作用称为冲蚀作用。沙、砾随海浪运动就是海浪的搬运作用。波浪的冲蚀作用与搬运作用常常同时出现。当海浪水动力减小时，被搬运物就沉积下来。

2. 潮汐地质作用

海水在月球和太阳的引潮力作用下所发生的周期性涨落运动称为潮汐，与周期性升降同时发生的海水水平运动称潮流。潮汐改变着激浪带的范围，增强或减弱海岸带的海蚀作用。潮流在平坦的粉沙、淤泥质海岸可影响到相当宽的范围。潮流搅动泥、沙，冲刷海滩，刻蚀出细长的潮水沟。在狭窄的海峡和河口段，潮高激增，流速加大。落潮时，潮水奔腾而下，将海底或河口底的泥沙挖掘起来搬运入海。

3. 洋流地质作用

海水沿固定途径的大规模流动叫洋流或海流。表层洋流主要由风及海水密度差引起，水层厚度一般不超过100米；深层洋流主要与海水的密度有关。洋流的速度一般不超过

0.5～1.5m/s，且随水深增加而变小，由此构成水深不同流速各异的所谓等深流。洋流的地质作用主要是将浅海的粉沙、黏土等悬浮物质缓慢地搬运到深海沉积。等深流的流速差异和搬运能力差异影响着其搬运物的粒径大小和搬运方式。加上搬运物沉积速率大小不同，以及紊流的出现等，所有这些因素决定着洋流搬运的距离。

4. 浊流地质作用

浊流是一种含大量悬移质，主要靠自重沿海底斜坡呈片状向下流动的高密度海流。浊流具有极强大的搬运力，流速达 3m/s 的浊流能搬运重达 30 吨的岩块。大陆坡堆积大量饱含水的软泥和松散碎屑物，这些软泥在暴风浪、潮流、海底地震等外界因素的诱发下，易于液化并沿斜坡向下流动。因此，浊流多半起源于大陆架外缘或大河口外缘。浊流沿大陆斜坡向深海平原运动时，刻蚀出狭窄而底深壁陡的深海峡谷。浊流出峡谷到达深海平原时，速度骤降，将大量碎屑物质堆积下来，形成长条形或舌状沉积体或扇形地，叫浊积扇。浊流沉积物由典型的陆源碎屑组成，夹有浅海的生物遗体，具分选性和层理。

（三）海洋沉积物

海洋沉积物可分为机械的、化学的和生物的 3 种类型。整个海洋底都有沉积物，但以大陆架上的沉积物数量大、种类多。大陆架是海洋中最重要的沉积区域。海洋沉积物质主要是由河流、风等带入海洋的碎屑物质，其次是生物遗体、微生物分解物质等有机质成分。此外，沉积物中还有少量的由火山喷发堕入海中的火山灰，以及来自宇宙空间的陨石和宇宙尘粒等。海洋沉积物与海洋沉积环境密切相关。一般按不同海水深度的海洋沉积环境将海洋沉积物分为：滨海带（高潮线与低潮线之间水域）沉积物、浅海带（低潮线～200m 深水域）沉积物、半深海带（200～2500m 水域）沉积物和深海（水深大于 2500m 的水域）沉积物。

1. 滨海带沉积物

主要是分布在海滩、潮滩地带的机械碎屑，即不同粒度的沙、砾石和生物骨骼、壳体的碎屑等。在干旱气候下的潟湖中，因蒸发作用可以形成岩盐、石膏和钾盐等化学沉积物；在潮湿气候条件下，潟湖可变成滨海沼泽，堆积大量成煤物质。

2. 浅海带沉积物

浅海带占海洋面积的 25%，但这一海域的沉积物却占海洋全部沉积物的 90%。浅海沉积物有 3 类：碎屑沉积物主要是沙质级的，由于波浪随海深的增加而减弱，所以碎屑沉积物的粒径一般是从浅水往深水变小。但是因潮流、洋流，以及海底的起伏和大陆的剥蚀强度等的影响，现代的浅海带的沉积物的粒度，并非都是近岸粗，远岸细。生物沉积主要是生物遗体形成的沙和泥，它们的成分主要为碳酸钙质。在热带、亚热带的温暖海洋中，还有以珊瑚骨骼为主、其他生物的骨骼和壳体为辅所构成的生物礁堆积，叫珊瑚礁。化学沉积物主要是来自大陆的铁、锰、铝、硅的氧化物和氢氧化物的胶体，与海水电解质相遇时，絮凝成鲕状或豆状的沉积物。

3. 半深海带沉积物

通常以陆源泥为主，可有少量化学沉积物和生物沉积物。在浊流和海底地滑发育区，可有来自浅海的粗碎屑物，局部地段可见冰川碎屑和火山碎屑。大陆坡上分布最广的沉积物是形成于还原环境中的蓝色软泥；分布于热带、亚热带海岸大河口外的红色软泥和发育于大陆架与大陆坡接壤地带的绿色软泥。

4. **深海沉积物**

通常以浮游生物遗体为主，而极少陆源物质。沉积速率极为缓慢。深海区生物源沉积物通常为各种生物软泥；包括硅藻软泥和放射虫软泥的硅质软泥；包括有孔虫（又称抱球虫）软泥、翼足类软泥和钙质软泥。此外，还有深海褐色黏土和少量陆源物质等。

第四节 岩溶作用

一 概述

岩溶原称喀斯特（Karst），是指在以碳酸盐岩为主的可溶性岩地区，地下水和地表水对可溶岩进行的以化学溶蚀作用为主、机械侵蚀作用为辅的地质作用及所产生的各种地貌形态的总称。

这种现象在南斯拉夫西北部伊斯的利亚半岛的石灰岩高原上最为典型，所以常把石灰岩地区的这种地形笼统地称之喀斯特地形。19 世纪末，南斯拉夫学者司威杰（J. Cvijic）首先对该地区进行研究，并借用喀斯特一词作为石灰岩地区一系列作用过程的现象的总称，1966 年我国第二次喀斯特学术会建议将“喀斯特”一词改为“岩溶”。

可溶岩包括碳酸盐类岩石以及石膏、岩盐、芒硝等其它可溶性岩石。就岩溶对工程危害而言，由于石膏、岩盐等易溶岩的溶解速度大，因此，岩土工程评价中不但要评价其现状，更要着眼于工程有效使用期限内溶蚀作用的继续对工程的影响。由于碳酸盐类岩石在我国各类可溶岩中，分布范围占有绝对优势，因此应主要掌握碳酸盐类岩石中的岩溶问题。

岩溶地貌在地面上往往崎岖不平，岩石嶙峋，奇峰林立，地表常见有石芽、石林、峰林、溶沟、漏斗、落水洞、溶蚀洼地等形态；而地下则发育着地下河、溶洞。溶洞内有多姿多彩的石笋、钟乳石、石柱。

我国碳酸盐岩类岩石在地表出露面积约占我国陆地面积的 14.3%，主要分布于广西、贵州、湘西、鄂西、滇东、川东等地。尤以广东桂林、云南路南石林、贵州龙宫等岩溶地貌极为发育。

世界上最大的溶洞是北美阿巴拉契亚山脉的犸猛洞，位于肯塔基州境内，洞深 64km，所有的岔洞连起来的总长度达 250km。

二 岩溶发育的条件

岩溶发育的条件可用两句话或四个条件来表述，两句话即可溶的透水岩层和具有侵蚀性的水流；四个条件具体为以下几个方面。

1. **岩石是可溶性的**

岩溶的发育必须有可溶性岩石的存在。根据岩石的溶解度，能造成岩溶的岩石可分以下三大组。

① 碳酸盐类岩石，如石灰岩、白云岩和泥灰岩；

② 硫酸岩类岩石，如石膏和硬石膏；

③ 卤素岩，如氯化物岩盐。

2. **可溶岩具有透水性**

透水性越好，岩溶越发育，透水性对渗漏通道具有控制作用。一般在断层破碎带、裂隙密集带和褶皱轴部附近，因为岩石裂隙发育且连通性好，有利于地下水的运动，从而促进了岩溶的发育，并且往往沿此方向发育着溶洞、地下河等。

3. **具有溶蚀能力的水流**

水对碳酸盐类岩石的溶解能力，主要取决于水中侵蚀性 CO_2 的含量。水中侵蚀性 CO_2 的含量越多，水的溶蚀能力也越强。

石灰岩在纯水中的溶解度：25℃时为 14.3mg/l。

石灰岩在天然水中的溶解度：可达几百 mg/l，原因是 CO_2 参与了化学反应

$$CaCO_3+CO_2+H_2O=\!=\!=Ca^{2+}+CO_3{}^{2-}+H^++HCO_3{}^-$$

水中 CO_2 的来源：①雨水溶解空气中的 CO_2；②土壤和地表附近强烈的生物化学作用所形成的 CO_2；③火山作用、变质作用、含煤地层。

水中 CO_2 的含量是动态变化的：①流速降低，CO_2 含量降低；②随着溶解的进行，CO_2含量降低。

4. **水流必须具有流动性**

水的流动性反映了水在可溶岩层中的循环交替程度。

只有水循环交替条件好，水的流动速度快，才能将溶解物质带走，同时又促使含有大量 CO_2 的水，源源不断地得到补充，则岩溶发育速度就快；反之，岩溶发育就慢，甚至处于停滞状态。

毋庸置疑，岩溶洞穴只能发育在可溶岩体中，如石灰岩、白云岩、石膏等；其次，可溶岩必须具有能提供水流运移的空间，如裂隙、节理、层面、空隙等。同时，如果运移在可溶岩体中的水流是饱和的而不再具有溶蚀能力，其也无法进一步溶蚀岩石扩大其原始空间；此外，如若水流静止不动，其亦不能将水中溶蚀掉的岩石成分带走，又怎能扩大岩体中的次生溶蚀空间？因此，这四个基本条件必须同时满足，缺一不可。

三　岩溶发育的影响因素

影响岩溶发育的因素主要有岩性及其产状、气候和地质构造等因素。

（一）岩性及其产状与地层组合

岩石的可溶性主要取决于岩石成分和岩石结构。根据岩石的化学成分和矿物成分可将可溶性岩石分为三大类：碳酸盐类岩石、硫酸盐类岩石、卤化物盐类岩石。

在以上三种可溶性岩石中，卤化物盐类的溶解度最大，硫酸盐类次之，碳酸盐类最小。如，在 25℃的纯水中，各种可溶盐类的溶解度分别为：NaCl，360g/l；$CaSO_4$，2.1g/l；$CaCO_3$，0.015g/l。

卤化物盐类岩石和硫酸盐类岩石分布不广，岩体较小。而碳酸盐类岩石分布广泛，岩体也很大。所以发育在碳酸盐类岩石中的喀斯特较之在卤化物盐类岩石和硫酸盐类岩石中发育的喀斯特要普遍得多。层厚质纯的石灰岩地区岩溶规模很大，白云岩略次于石灰岩。含有泥质和其他杂质的石灰岩或白云岩，溶蚀速度和规模都小得多。结晶质岩石的晶粒愈小，相对溶解度愈大。不等粒结构的石灰岩比等粒结构的石灰岩的相对溶解度值要大。

（二）气候因素

气候因素主要有降水量、温度和气压等方面。

温度的影响比较复杂，一方面温度越高，化学反应速度越快，溶蚀能力增强；但另一方面，温度越高，水溶液中 CO_2 含量越低，溶蚀作用会减弱。

降水的影响比温度的影响更为显著，不仅影响水的渗透条件、水的运动循环，同时雨水中含有较丰富的游离 CO_2，大大地加强了喀斯特作用。

气压方面，一般大气中 CO_2 的含量约为空气体积的 0.03%。在自由大气下，空气中的 CO_2 的分压力 $P_{CO_2}=0.0003$ 大气压。在空气中，P_{CO_2} 条件相同时，温度越高，$CaCO_3$ 在水中的溶解度就越小；当温度相同时，P_{CO_2} 越高，$CaCO_3$ 在水中的溶解度越大。

一般来讲，降水量越大，气温越高，溶蚀量越大，溶岩也愈发育。另外，植物腐蚀产生的有机酸与 CO_2 及风化也易于被溶蚀。

对石灰岩而言，纯水的溶解力是很微弱的。当水中含有大量的 CO_2 时，水的溶蚀力就大大提高。具有溶蚀能力的水将 $CaCO_3$ 溶解，把不能溶解的残余物质留下，或呈悬浮状态而带走。

我国广西属典型的热带岩溶地区，以溶蚀峰林为主要特征；长江流域的川、鄂、湘一带，属亚热带气候，岩溶形态以漏斗和溶蚀洼地为主要特征；黄河流域以北属温带气候，岩溶一般多不发育，以岩溶泉和干沟为主要特征。

（三）地质构造

地质构造与岩溶发育的关系极为密切。实践表明，它不仅控制着岩溶发育的方向，而且还影响着岩溶发育的规模和大小，现就不同地质构造对岩溶发育的控制分述如下。

1. 节理对岩溶发育的控制

岩溶发育与可溶岩节理裂隙的分布有关，岩溶常常沿着节理裂隙发育部位成带状分布。

2. 褶皱构造对岩溶发育的控制

褶皱构造的核部及转折端常是岩溶发育的有利部位，特别是核部，宽度长度较大的巨型张裂隙，雨水或地表水沿着这些节理裂隙做垂直运动，往往形成地下水相对集中的地带，有利于地表水汇集，提供集中渗入补给条件，故地表岩溶多以落水洞、漏斗、洼地等为主，下部则形成溶洞或地下河。在岩溶水的运动系统中，此处一般属于补给部位。

3. 断层构造对岩溶发育的控制

断层使岩层发生破裂，形成密集的破裂带，有利于大气降水和地表水的渗入和径流，形成强径流带。但是，不同性质的断层对岩溶发育的控制作用是大不相 同的，一般而言，张性断裂带受张拉应力作用，张裂程度较大，断裂面粗糙不平，结构松散，裂隙率高，常为岩溶水的有利通道，有利于岩溶发育。而压扭性断裂带多为压碎岩、糜棱岩、断层泥所组成，一般呈致密胶结状态，孔隙率低，不利于岩溶水的流通，不利于岩溶发育。

（四）地形

在岩层裸露、坡陡的地方，因地表水汇集快、流动快且渗入量少，地下水运动和循环缓慢，多发育溶沟、溶槽或石芽；在地势平缓，地表径流排泄缓慢，向下渗流量多的地方，地下水运动和循环迅速，常发育漏斗、落水洞和溶洞。

岩溶发育的程度，在地表和接近地表的岩层中最强烈，往下愈深愈减弱。在岩层倾角较大的纯石灰岩层深部，偶可见到岩溶发育；在富有 CO_2 和循环较快的承压水地区，也可能有深层的岩溶发育。

四　岩溶的形态及发育规律

（一）岩溶形态

岩溶形态如图 4-12 所示，主要包括石林、溶沟、漏斗、落水洞、溶洞、暗河、钟乳石和石笋等。

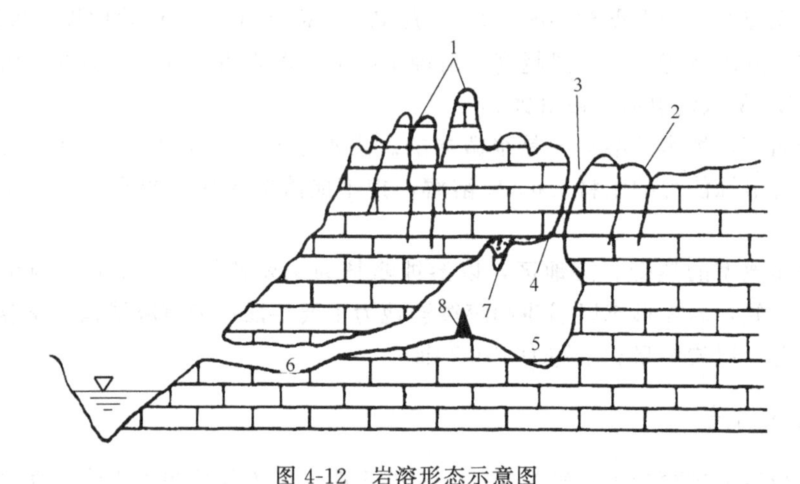

图 4-12　岩溶形态示意图

1—石林；2—溶沟；3—漏斗；4—落水洞；5—溶洞；6—暗河；7—钟乳石；8—石笋

（二）岩溶发育规律

1. 垂直分带性

在岩溶地区地下水流动具有垂直分带现象，因而所形成的岩溶也带有垂直分带的特征，分为垂直循环带，或称包气带；季节循环带或称过渡带；水平循环带或称饱水带和深部循环带等四个带。

岩溶化程度随深度增加而减弱是一般规律，但不排除深饱水带发育大溶洞。岩溶基准面尚待进一步研究，主要基准面受区域中最低的河（湖、海）面控制；暂时或局部基准面受地区中位置较高的河流、河谷面控制。

2. 不均匀性

（1）岩溶发育受岩性控制

一般情况下，质纯、层厚的石灰岩中，岩溶最为发育，形态齐全，规模较大，含泥质或其他杂质的岩层，岩溶发育较弱。

（2）岩溶发育受地质构造条件控制

岩溶常沿着区域构造线方向（如裂隙、断层走向及褶皱轴部）呈带状分布，多形成溶蚀洼地、落水洞、较大的溶洞及地下河等。

3. 阶段性和多代性

岩溶作用是缓慢的地质过程，存在发生、发展和消亡的过程。

一个岩溶旋回：幼年期→青年期→中年期→老年期；

多个岩溶旋回：地壳升降；气候变化；侵蚀基准面下降。

4. 成层性

原因：岩溶水排泄基准面的变化，与河流地质作用相应：

河流：　下蚀　→　旁蚀 → 再下蚀
　　　　↓　　　　↓　　　↓
岩溶水：垂直　→　水平 →　垂直
　　　　↓　　　　↓
溶洞：　垂直管道　水平溶洞

5. 地带性

受气候控制，我国岩溶类型可分为热带岩溶、亚热带岩溶、温带岩溶；另外还包括高寒气候岩溶、干旱区岩溶和海岸岩溶。

五　岩溶地区工程地质问题及防治措施

由于岩溶的发育致使建筑物场地和地基的工程地质条件大为恶化，经常遇到建筑物地基因不均匀沉降所导致的稳定性、溶洞塌陷、基坑和硐室涌突水、岩溶渗漏和地表土潜移等地质问题。因此在岩溶地区修建各类建筑物时必须对岩溶进行工程地质研究，以预测和解决因岩溶而引起的各种工程地质问题。

（一）地基稳定性及塌陷问题

在岩溶地区，由于地表覆盖层下有石芽溶沟，岩体内部有暗河、溶洞，建筑物的地基通常是很不均匀的。上覆土层还常因下部岩溶水的潜蚀作用而塌陷，形成土洞，土洞的塌陷作用常常是突然发生的。

坝基或其他建筑物地基中若有岩溶洞穴，将大大降低地基岩体的承载力，容易引起洞穴顶塌陷，使建筑物遭受破坏。同时，岩溶地区的土层特点是厚度变化大，孔隙比高，因此，地基很容易产生不均匀沉降，从而导致建筑物倾斜甚至破坏。在岩溶地区工程设计前，必须充分细致地进行工程地质勘察工作，搞清建筑地区岩溶的分布和发育规律，正确评价它对工程的影响和危害。

工业与民用建筑物的压力作用范围多在地面以下 10m 左右。所以，建筑物的地基既涉及上覆土层，也涉及下伏基岩。

根据岩溶发育的特点，岩溶地区可能遇到以下几类地基。

1. 岩溶地区的几类地基

（1）石芽地基

由于地表岩溶作用，石灰岩表层溶沟发育。纵横交错的溶沟之间多残留有锥状或尖棱状的石芽，致使石灰岩基面高低不平，形成石芽地基。石芽间的溶沟常被土充填，因此强度较低，压缩性较高，易引起地基的不均匀沉降而影响建筑物的稳定性。因此，在石芽地基上修建建筑物时，必须查清基岩的埋深、起伏情况、覆盖土层的压缩性及石芽的强度。

（2）溶洞地基

溶洞地基的稳定性取决于溶洞的规模、埋深及充填情况。当溶洞的规模大、埋深浅、溶洞顶板承受不了建筑物的荷载时，就会使溶洞顶板坍塌、地基失稳。当建筑物地基直接遇到溶洞时，可视溶洞的规模及充填物情况，进行适当处理。规模小，可采用清除或堵塞，或盖板跨越；规模大，则不宜作为建筑物的地基。为了确保溶洞地基的稳定性，必须根据溶洞的规模、溶洞顶板岩层的性质确定洞穴离地面的安全深度，即溶洞顶板的安全厚度。当溶洞埋深大于安全厚度时，地基是稳定的；否则地基不稳定，必须进行处理。实践中，对溶洞顶板安全厚度的确定常采用以下方法。

① 对洞顶完整的溶洞，顶板安全厚度采用厚跨比法确定。认为当溶洞顶板厚度 h 与建筑物跨过溶洞的长度 L 之比 $h/L>0.5$ 时，溶洞顶板安全。

② 对顶板不完整、洞顶坍塌的溶洞，顶板安全厚度洞顶板坍塌堵塞计算法。所需塌落高度（H）按下式计算：

$$H=\frac{H_0}{K-1}$$

式中 H_0——洞体最大高度，m；

K——岩体松散系数，石灰岩 $K=1.2$，黏土 $K=1.05$。

③ 若溶洞顶板不完整，裂隙、节理发育，则可按裂隙节理分布特征采用受力的梁（板）计算弯矩，根据弯矩和岩体应力求洞顶板的厚度。

（3）土洞地基

在覆盖型岩溶地区，可溶岩的上覆土层中常常发育着空洞，一般叫土洞。当土洞顶板在建筑物荷载作用下失去平衡而产生下陷或塌落时，则危及建筑物的安全。因此，凡是岩溶地区有第四纪土层分布的地段，都要注意土洞发育的可能性，应查明土洞的成因、形成条件，土洞的位置、埋深、大小，以及与土洞发育有关的溶洞、溶沟的分布。

岩溶地基变形破坏主要形式有地基承载力不足、不均匀沉降、地基滑动、地表坍塌等。目前对岩溶洞体稳定性评价方法有定性、半定量和定量之分。对稳定围岩，将洞体顶板视作结构自承重体系，可用结构力学分析法；对不稳定围岩，一般用散体理论分析法。岩溶地基处理方法视具体情况采取“不处理”、“绕避”、“处理”三类措施。

2. 岩溶地基的处理措施

（1）岩溶地基可不加处理的

属于下列情况的，岩溶地基可不加处理。

① 岩溶在基础影响范围以外；

② 溶洞处于地基压缩层深度以下或垂直附加应力与洞顶地层自重应力之比≤10%时，洞顶板无破碎现象，受力地基边缘无土洞、漏斗、落水洞地段；

③ 基础位于微风化硬质岩表面且宽度小于 1m 的竖向洞隙旁，洞隙被密实充填且无被水冲蚀可能地段；

④ 洞体厚跨比大于 1，围岩完整性好或洞体小于基础底面。

（2）可采取绕避措施的

当遇到以下情况时，宜采取“绕避”措施。

① 岩溶区断裂、孔隙发育，宽度和密度较大，其底与溶洞、暗河相通的地段；

② 溶洞、暗河发育地区，溶洞的洞径大、顶板薄、裂隙发育、基岩破碎，暗河水流较大且洞内无或少充填物的地段；

③ 岩溶水以表流和暗流交替出现，岩溶发育复杂无规律；

④ 落水洞分布较密且漏水严重，塌陷时常发生的地段；

⑤ 基岩起伏、流塑或可塑软土分布广且厚度变化大、地下水活动强烈地段；

⑥ 地基处理费用太高的地段。

当岩溶体地基的强度和稳定性不能满足工程要求，常据岩溶具体情况、工程要求、施工条件，按照安全性与经济性原则选择适当的地基处理方法。

(3) 常用地基处理方法

① 填垫法　该法可分为充填法、换填法、挖填法、垫褥法等几类。

充填法适用于裸露岩溶土洞，其上部附加荷载不大的情况。最底部须用块石、片石作填料，中部用碎石，上层用土或混凝土填塞，以保持地下水的原始流通状况，使其形成自然的反滤层。

当已被充填的岩溶土洞，如充填物物理力学性质不好，可采用换填法。须清除洞中充填物，再全部用块石、片石、砂、混凝土等材料进行换填。石横电厂厂房岩溶地基处理采用此法取得了很好的效果。

对浅埋的岩溶土洞，将其挖开或爆破揭顶，如洞内有塌陷松软土体，应将其挖除，再以块石、片石、砂等填入，然后覆盖黏性土并夯实，称挖填法。此法适用于轻型建筑物，并且要估计到地下水活动再度掏空的可能性。为提高堵体强度和整体性，在填入块石、片石填料时注入水泥浆液；对于重要工程基础下或较近的溶洞、土洞，除去洞中软土后，将钢筋或废钢打入洞体裂隙后再用混凝土填洞，对四周的岩石裂隙注入水泥浆液，以黏结成整体，并阻断地下水。

对岩溶洞、隙、沟、槽、石芽等岩溶突出物，可能引起地基沉降不均匀，将突出物凿去后做 30～50cm 砂土垫褥处理，称为垫褥法。

② 加固法　该法通常包括灌浆法、顶柱法、强夯法、挤密法、浆砌法等。

对埋深较大的岩溶土洞，宜采用密钻灌浆法加固。应视岩溶洞隙含水程度和处理目的来选择材料。用于填塞时可用黏土、砂石、混凝土、水泥砂浆等；用于防渗时可用水泥浆和沥青作帷幕，灌浆顺序可先外围后中间，先地下水上游后下游；用于充填加固时，用快干材料或砂石等将洞隙先行填塞，开始时压力不宜过高，以免浆料大量流出加固范围。在对广州白云机场候机楼扩建工程岩溶地基处理过程中运用双液化学硅化法对复杂多层含水溶洞成功进行加固。

当洞顶板较薄、裂隙较多、洞跨较大，顶板强度不足以承担上部荷载时，为保持地下水通畅，条件许可时采用附加支撑减少洞跨，称顶柱法。一般在洞内做浆砌块石填补加固洞顶并砌筑支墩作附加支柱。贵州一铁路构筑物以半挖半填形式通过一顶板厚 2～3.2m 的大型溶洞上方，在洞内砌筑 4 根浆砌片石柱以支撑溶洞顶板，即获解决顶板稳定问题。

在覆盖形岩溶区，处理大面积土洞和塌陷时强夯法是一种省工省料、快速经济且能根治整个场地岩溶地基稳定性的有效方法。一般夯击遍数 1～8 遍，夯点距 3m。如无地下水影响，两遍夯击间歇时间可不受限制，在夯击过程中，如果夯锤突然下陷，说明下部有隐伏土洞，此时可随夯随填土或砂砾土料处理。

对岩洞土洞中软土较深地段，适宜于挤密法。采用砂柱、石灰柱、CFG 桩、混凝土桩或者钢管等打入洞内，形成复合地基，提高地基稳定性和强度。贵州六盘市师范单身住宅楼应用此法处理效果甚佳。

③ 跨越法　此法包括板跨法、梁跨法、拱跨法等。

深度较大、洞径较小不便入内施工或洞径虽大、但因有水的溶洞，可据建筑物性质和基底受力情况，用混凝土板或钢筋混凝土板封顶，称板跨法。桂林某厂车间柱基基础下面采用钢筋混凝土板跨越下伏溶洞或土洞，在各杯口周围同样预留灌浆孔，保证了各柱沉降比较均匀；宜春市张坊大桥3号桥台也用钢筋混凝土板跨越溶沟，处理效果良好。

对埋藏较深但仍位于地基持力层内的规模较小的塌陷或土洞，可用弹性地基梁或钢筋混凝土梁跨越土洞或塌陷体。贵州某影剧院岩溶地基的处理采用倒挂式沉井墩式基础作支承，然后在沉井、墩基及基岩上架设20.6m的弹性地基梁跨越溶洞处理效果甚佳。

在地下建筑工程的边墙、堑式挡墙、堤式坡脚挡墙及桥墩、桥台等地基下常见洞身较宽、深度又大、洞形复杂或有水流的岩溶地基，宜采用拱跨形式。拱分浆砌片石拱、混凝土拱、钢筋混凝土拱。

④ 桩基法　溶洞、塌陷漏斗较深较大或溶洞多层发育，可采用桩基础。在基岩起伏处，其上覆土层性质较软弱、厚度又大、不易清除时，宜采用钻孔或冲孔灌注桩、爆扩桩，视工程需要作支承桩或摩擦桩，桩头锚入基岩内采用打入桩时桩尖应锚入基岩，采用人工挖孔桩时多数情况开挖时宜设护壁。湖南某厂锅炉房采用钻孔灌注桩有效处理了深达12.3 m、宽4.8 m的溶洞。广西某市中心广场24层贸易大厦采用冲孔和挖孔要结合，解决复杂、多层、含水岩溶地基强度和稳定性问题。

（二）岩溶渗漏和突水问题

由于岩溶地区的岩体中有许多裂隙、管道和溶洞，在进行水库、大坝、隧道、基坑等工程活动时，如存在承压水并有富水优势断裂作为通道，则可能会遇到地下突水而导致基坑、隧道等工程的排水困难甚至淹没，也可能因岩溶渗漏而造成水库无法蓄水。

库区应选在地势低洼，四周地下水位较高，上游有大泉出露而下游无大泉出露，上下游流量没有显著差异的河段上，要避免邻区有深谷大河。如果发现库底有渗漏，可采用堵（堵落水洞）、铺（铺盖黏土）、截（筑截水墙）、围（在落水洞四周建围墙）、引（引入库内或导出库外）等方法进行处理。

对岩溶突水的处理，原则上以疏导为主。对隧道中的岩溶水，可用水管引入隧道边沟或中心排水沟排出。水量过大时，可用平行导坑排水。

由于溶洞的形成与地表水和地下水的关系极为密切，土洞的处理首先措施是治水，然后根据具体情况，可采取以下方法处理。

① 当土洞埋深较浅时，可采用挖填和梁板跨越；

② 对直径较小的深埋土洞，因其稳定性好，危害性小，故可不处理洞体，而仅在洞顶上部采取梁板跨越；

③ 对直径较大的深埋土洞，可采用顶部钻孔灌砂（砾）或灌碎石混凝土以充填空间。

第五节　地震

一　概述

（一）基本概念

（1）地震的定义

地震是一种常见的地质现象，一般是指岩石圈物质在地球内动力作用下产生构造活动而发生弹性应变，当应变能量超过岩体强度极限时，就会发生破裂或沿原有的破裂面发生错动滑移，应变能以弹性波的形式突然释放并使地壳振动从而发生地震。还有其它原因如火山、人工等诱发的地震。

(2) 地震的要素

震源：地球内部直接发生断裂的地方（图 4-13）。

震中：震源在地表的投影。

震中距：震中到观测点的距离。

震源深度：震源到震中的距离。地震可按照震源深度分为浅源地震（震源深度小于 70 公里）、中源地震（震源深度为 70～300km）和深源地震（震源深度大于 300km）。浅源地震大多发生在地表以下 30km 深度以上的范围内，而深源地震最深的可以到 650km 左右。其中，浅源地震的发震频率高，占地震总数的 75%以上，所释放的地震能占总释放能量的 85%，是地震灾害的主要制造者，对人类影响最大。汶川大地震属浅源地震，震源深度为 10～20km，破坏力巨大；唐山大地震震源深度为 12km，也是浅源地震。

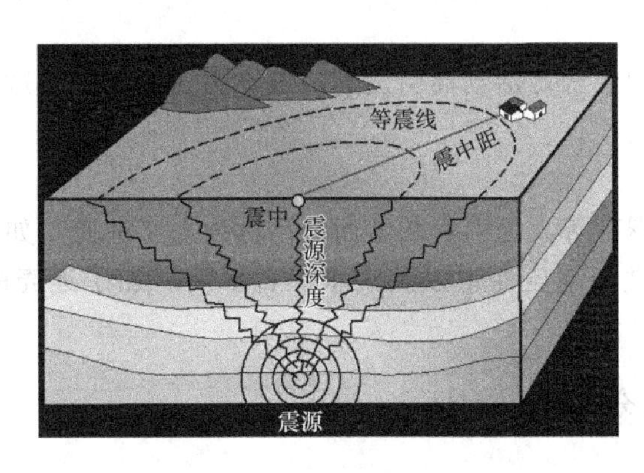

图 4-13　地震要素示意图

(3) 地震序列

一个地区相继发生的一系列地震。

主震型：前震和余震有但不突出，如海城地震。

多震型：主震不突出，如邢台地震。

单发型：前震和余震很少，如唐山地震。

(二) 地震的成因与类型

1. 地震成因的三种学说

① 弹性回跳理论（断层说）：美国地震学家在 1906 年旧金山大地震时结合圣安德列斯断层的活动情况而于 1910 年提出的。这是最为人们广泛接受的地震成因的解释。这一理论基于岩石的弹性变形机制。汶川大地震类型为逆冲、右旋、挤压型断层地震；唐山大地震是张拉性的。

② 岩浆冲击说：1931 年日本学者提出的。该学说认为，地壳深部岩浆的物理化学变化产生化学能、热能和动能，使岩浆具有向外扩张而冲入地壳岩体软弱地段的趋势，岩浆以强大的力量挤压和冲击围岩，并使围岩遭受破坏而产生地震。

③ 相变理论：1963 年新西兰学者提出的。该学说认为，处于高温、高压条件下的深部

物质能够从一种结晶状态突然转变为另外一种结晶状态，在此过程中伴随着密度的变化而引起物质体积的改变（扩张或缩小），从而使围岩受到快速压缩或快速拉张而产生地震。

2. 地震类型

(1) 构造地震

由于地下深处岩石破裂、错动把长期积累起来的能量急剧释放出来，以地震波的形式向四面八方传播出去，到地面引起的房摇地动称为构造地震。这类地震发生的次数最多，破坏力也最大，约占全世界地震的90%以上。

(2) 火山地震

由于火山作用，如岩浆活动、气体爆炸等引起的地震称为火山地震。只有在火山活动区才可能发生火山地震，这类地震只占全世界地震的7%左右。

(3) 塌陷地震

由于地下岩洞或矿井顶部塌陷而引起的地震称为塌陷地震。这类地震的规模比较小，次数也很少，即使有，也往往发生在溶洞密布的石灰岩地区或大规模地下开采的矿区。

(4) 诱发地震

由于水库蓄水、油田注水等活动而引发的地震称为诱发地震。这类地震仅仅在某些特定的水库库区或油田地区发生。

(5) 人工地震

地下核爆炸、炸药爆破等人为引起的地面振动称为人工地震，如工业爆破、地下核爆炸造成的振动；在深井中进行高压注水以及大水库蓄水后增加了地壳的压力，有时也会诱发地震。

（三）地震的空间分布

1. 全球主要地震带

(1) 环太平洋地震带

根据统计表明，世界上76%的地震带总能量释放在环太平洋地震带上。其具体位置是：沿北美洲太平洋东岸的阿拉斯加向南经过加拿大西部、美国的加利福尼亚和墨西哥西部地区，到达南美洲的哥伦比亚、秘鲁和智利，然后从智利转向西穿过太平洋抵达大洋洲东边界附近，在新西兰东部海域折向北，再沿斐济、印度尼西亚、菲律宾、中国的台湾岛、琉球群岛、日本列岛、阿留申群岛，回到阿拉斯加，环绕太平洋一周。

(2) 欧亚地震带也称地中海—喜马拉雅地震带

这是地球上第二个集中发生地震的地方，在这个带上释放的地震能量占全球总能量的22%。其具体位置是：从印度尼西亚开始，经缅甸和中国的云南、贵州、四川、青海、喜马拉雅地区以及印度、巴基斯坦、尼泊尔、阿富汗、伊朗、土耳其，到地中海北岸，一直延伸到大西洋的亚速尔群岛。

(3) 海岭地震带

从西伯利亚北岸靠近勒那河口开始，穿过北极经斯匹次卑根群岛和冰岛，再经过大西洋中部海岭到印度洋的一些狭长的海岭地带或海底隆起地带，并有一分支穿入红海和著名的东非裂谷区。

2. 我国地震的时空分布

我国是一个地震多发的国家，从1556年以来主要发生了14次7.0级及以上的强震，造成了大量的人员伤亡和财产损失（表 4-3）。

（1）华北地震区

包括河北、河南、山东、内蒙古、山西、陕西、宁夏、江苏、安徽等省的全部或部分地区。其包括四个地震带：a. 郯城-营口地震带。是我国东部大陆区一条强烈地震活动带。1668 年山东郯城 8.5 级地震、就发生在这个地震带上。据记载，7～7.9 级地震 6 次；8 级以上地震 1 次。b. 华北平原地震带。是对京、津、唐地区威胁最大的地震带。1976 年唐山 7.8 级地震就发生在这个带上。据统计，7～7.9 级地震 5 次；8 级以上地震 1 次。c. 汾渭地震带。是我国东部又一个强烈地震活动带。1998 年 1 月张北 6.2 级地震也在这个带的附近。有记载 7～7.9 级地震 7 次；8 级以上地震 2 次。d. 银川-河套地震带。1739 年宁夏银川 8.0 级地震就发生在这个带上。有记载 7～7.9 级地震 9 次，8 级地震 1 次。

（2）西南地震区

本地震区是我国最大的一个地震区，也是地震活动最强烈、大地震频繁发生的地区。据统计，这里 8 级以上地震发生过 9 次，7～7.9 级地震发生过 78 次，均居全国之首。汶川地震就发生在这个地震区内。

（3）新疆地震区

这里不断发生强烈破坏性地震也是众所周知的。由于新疆地震区总的来说，人烟稀少、经济欠发达。尽管强烈地震较多，也较频繁，但多数地震发生在山区，造成的人员和财产损失与我国东部几条地震带相比，要小许多。

（4）华南地震区的东南沿海地震带

这里历史上曾发生过 1604 年福建泉州 8.0 级地震和 1605 年广东琼山 7.5 级地震。但从那时起到现在的 400 多年间，无显著破坏性地震发生。

（5）台湾地震区

我国曾发生过 8 级地震的地震区，是地震多发区。

表 4-3 我国主要地震统计

时间	地点	震级	死亡人数
1556 年	陕西华县	8.0 级	83 万人
1920 年 12 月 16 日 20 时 5 分 53 秒	宁夏海原县	8.5 级	24 万人
1927 年 5 月 23 日 6 时 32 分 47 秒	甘肃古浪	8.0 级	4 万余人
1932 年 12 月 25 日 10 时 4 分 27 秒	甘肃昌马堡	7.6 级	7 万人
1933 年 8 月 25 日 15 时 50 分 30 秒	四川茂县叠溪镇	7.5 级	2 万余人
1950 年 8 月 15 日 22 时 9 分 34 秒	西藏察隅县	8.6 级	近 4000 人
1966 年 3 月 22 日 16 时 19 分 46 秒	河北省邢台	7.2 级	8064 人
1970 年 1 月 5 日 1 时 0 分 34 秒	云南省通海县	7.7 级	15621 人
1975 年 2 月 4 日 19 时 36 分 6 秒	辽宁省海城县	7.3 级	1328 人
1976 年 7 月 28 日 3 时 42 分 54 点 2 秒	河北省唐山市	7.8 级	24.2 万人
1988 年 11 月 6 日 21 时 3 分	云南省澜沧、耿马	7.6 级	743 人
2008 年 5 月 12 日 14 时 28 分	四川汶川县	8.0 级	69227 人
2010 年 4 月 14 日 5 时 39 分 57 秒	青海玉树	7.1 级	2698 人
2013 年 4 月 20 日 8 时 02 分	四川芦山县	7.0 级	200 人

二 震级与烈度

（一）地震震级

震级：表示地震能量大小的等级，由震源释放出来的能量多少来决定，能量越大，震级越大。震级与能量的关系见表 4-4。

表 4-4 地震震级与能量关系

震级	能量/J	震级	能量 /J
1	2.00×10^{6}	6	6.31×10^{13}
2	6.31×10^{7}	7	2.00×10^{15}
3	2.00×10^{9}	8	6.31×10^{16}
4	6.31×10^{10}	8.5	3.55×10^{17}
5	2.00×10^{12}	8.9	1.41×10^{18}

从表 4-4 可以看出，1 级地震释放的能量约为 2.00×10^{6}J，震级相差一级，能量相差 32 倍。现有地震震级最大不超过 8.9 级，是 1960 年 5 月 22 日发生在南美洲的智利。

震级的确定方法：距震中 100km 处，用标准地震仪（周期 0.8s，阻尼系数 0.8，放大倍数 2800）实测到最大水平地动位移（μm）的对数。震级标准最先是由美国地震学家里克特提出来的，所以又称“里氏震级”。

按照震级的大小和人的感觉与破坏程度可进一步划分为 5 个级别：① 超微震：震级小于 1 的地震。该级别地震人们不能感觉，只有用仪器才能测出。② 微震：震级大于 1、小于 3 的地震。该级别地震人们也不能感觉，也只有用仪器才能测出。③ 小震：又称弱震，震级大于 3、小于 5 的地震。该级别地震人们可以感觉，故有时也称有感地震，但一般不会造成破坏。④ 中震：也称强震，震级大于 5、小于 7 的地震。该级别地震可造成不同程度的破坏。⑤ 大地震：震级 7 级和 7 级以上的地震，该级地震可造成十分严重的破坏。汶川大地震是里氏 8.0 级，唐山大地震是里氏 7.8 级。

（二）地震烈度

地震时地表和地表建筑物遭受地震破坏的强烈程度称为地震烈度。通常，震级越高，震源越浅距震中越近，地震的烈度越大。《中国地震烈度表》（GB/T 17742—2008）将烈度分成 12 度，11 度就叫毁灭性地震，12 度就是歼灭性地震。汶川地震震中地区的破坏力度为 11 度，唐山地震也是 11 度，都造成大量的房倒屋塌、地质滑坡和地面裂缝等灾害，但破坏程度不同，汶川的比唐山的要大，主要是场地工程地质条件不同。

在工程实际中，地震烈度又分为基本烈度、建筑场地烈度和设计烈度。

基本烈度是指该地区在今后 50 年内，在一般场地条件下可能遭遇的超越概率为 10%的地震烈度值。

场地烈度是建设地点在工程有效使用期间内，可能遭遇的最高地震烈度。是在基本烈度的基础上，考虑了小区域地震烈度异常的影响后确定的。工程场地条件对建筑破坏程度的影响很复杂，特别是软弱地基上的建筑物破坏。场地烈度比基本烈度更符合于工程建设地点的实际情况，可作为抗震设防的具体依据。

设计烈度是指抗震设计中实际采用的烈度，又称计算烈度或设防烈度。它是根据建筑物的重要性（如水库大坝、原子能发电站）、永久性、抗震性及工程经济条件等对基本烈度的调整。一般建筑物可采用基本烈度为设计烈度。对于特别重要的建筑物，经国家批准，可提高 1 度，如特大桥梁、长大隧道、高层建筑等；对于重要建筑物，可按基本烈度设计，如各种铁道工程、活动人数众多的公共建筑物等；对于一般的建筑物可降低 1 度，如一般的工业与民用建筑物，但基本烈度为 7 度时，不再降低。

各类水工建筑物抗震设计的设计烈度按下列规定确定。

① 一般采用基本烈度作为设计烈度。

② 工程抗震设防类别为甲类的水工建筑物，可根据其遭遇强震的危害性，在基本烈度基础上提高 1 度作为设计烈度。

③ 基本烈度为 6 度或者 6 度以上地区的坝高超过 200m 或库容大于 100 亿 m^3 的大型工程以及基本烈度为 7 度或 7 度以上的坝高超过 150m 的大型工程，需要做专门的地震危害性分析。

《建筑抗震设计规范》（GB 50011—2010）中明确提出了建筑物的“三不准”的抗震设防要求，即通常所说的“小震不坏，中震可修，大震不倒”。

震级与烈度是描述地震两个重要的参数，两者之间既有区别又有联系。由两者的定义及特征可以看出，一次地震只有一个震级，但震中周围地区的破坏程度，则随离震中距离的增大而逐渐减小，形成不同的地震烈度区。但因地质条件不同，可出现偏大或偏小的烈度异常区。距离相同的条件下，震级越高则烈度就越大；一次地震，通常距离震中越远，对地面产生的破坏就越小。

三　地震对建筑物的影响

（一）地震灾害的特点与破坏形式

1. 地震灾害的特点

①突发性强；②破坏性大；③影响面广；④连锁性强。

2. 地震灾害的破坏形式

①地面运动；②断裂与地面破裂；③余震；④火灾；⑤斜坡变形破坏；⑥砂土液化；⑦地面标高改变；⑧海啸；⑨洪水。

（二）地震灾害对建筑物的影响

地震对建筑物的破坏作用是通过地基和基础传递给上部结构的。地震时地基和基础起着传播地震波和支承上部的双重作用。在地震的作用下，引起地基承载力降低或使地基产生不均匀沉降，从而导致建筑的破坏。地震的震害现象主要有砂土地基的振动液化、滑坡、地裂及震陷等。另外，由于地震产生的惯性力使建筑物受到水平方向的作用力，也会引起建筑物主体结构的破坏（图 4-14）。

地震对建筑物的影响不仅与地震烈度有关，还与建筑物场地效应、地基土动力特性有关。对同一类土，因地形不同，可以出现不同的场地效应，房屋的震害因而不同。在同样的场地条件下，黏土地基和砂土地基、饱和土和非饱和土地基上房屋的震害差别也很大。地震对建筑物的破坏还与基础形式、上部结构的体型、结构形式及刚度有关。

1. 地震对建筑物造成的破坏形式

(1) 倒塌或者严重破坏，不易修复

以汶川地震为例，这种情况占农村民房的90%，城镇居 民住房占60%。

(2) 中等破坏

通过考察发现农村民房没有倒塌，或者严重破坏的房屋全部属于中等破坏，要经过大修才能使用；城镇居民住房中等破坏占没有倒塌或者严重破坏房屋的90%左右，这些房屋部分框架柱轻微裂缝或者个别柱明显裂缝，个别墙体严重裂缝或局部酥碎。

(3) 轻微损坏或者基本完好

这类房屋在地震重灾区，农村民房基本没有，城镇房屋占没有倒塌房屋的10%左右，经过一定的修复或者不经修复就可以使用。

2. 地震对建筑物破坏的主要部位

通过对地震灾区未倒建筑物的仔细考察，发现地震中建筑物结构破坏的主要部位如下：①梁、柱节点部位，梁两端头；②强柱弱梁；③框架结构中的填充墙；④砖混结构圈梁、构造柱与墙体交界处；⑤施工缝；⑥装饰线条以及屋面女儿墙。

图 4-14　都江堰地震楼房倒塌（汶川地震）

(三) 地震效应

在地震影响范围内，地壳表层出现的各种震害及破坏现象称为地震效应。对于工程建筑物来说，地震效应大致可分为场地破坏效应和强烈振动破坏效应两个方面，它主要与场地工程地质条件和地震烈度两个因素有关。

1. 场地破坏效应

(1) 地面破裂效应

地震导致地表岩土体直接出现断裂或地裂，跨越断裂或断裂附近的建筑物及道路、各种管线会因此而发生严重破坏。

(2) 斜坡破坏效应

因地震而引发的崩塌、滑坡、溜滑等斜坡岩土体失稳。

(3) 地基变形破坏效应

地震使地基产生变形破坏（地基强烈沉降与不均匀沉降、水平滑移），尤其是砂土液化导致地基承载力下降以至丧失，由此造成建筑物的破坏。

2. 强烈振动破坏效应

强烈振动破坏效应是反映地震波直接对建筑物破坏的现象，包括建筑物的水平滑动、晃动及共振等造成的破坏，这是地震效应中的主要震害，约95%的人员伤亡和建筑物破坏是由强烈地振直接造成的。

(1) 地震力对建筑物的作用

地震力是由于地震波直接产生的惯性力。

(2) 地震周期对建筑物的影响

建筑物地基受到地震波的冲击而振动，同时引起建筑物的振动。地基土石和建筑物具有各自的振动周期，当两者的振动周期相等或相近时便引起共振，这对建筑物的破坏最大。

思考题

4-1 风化作用的类型及影响因素

4-2 河流的地质作用有哪些？各有何不同特点？

4-3 河流阶地是怎样形成的？它有几种类型？研究它有什么意义？

4-4 岩溶发育的条件有哪些？

4-5 根据岩溶发育的特点？试述岩溶区的主要工程地质问题。

4-6 我国地震有哪些分布规律？

4-7 什么是地震的震级与烈度？

4-8 地震对建筑物的影响主要包括哪些方面？

第五章 岩土的工程地质研究

【内容导读】本章主要介绍岩石、岩体、结构面、结构体、地应力的概念，岩体的结构特征及质量评价和工程分类；土体的物质组成及物理性质，最后介绍土体的分类及土的工程性质。

【教学目标及要求】：理解矿物、岩石、岩体等概念的区别，掌握岩体的结构特征、常见的质量评价和分类方法，掌握土体的物理、工程性质和分类方法，了解岩土的力学特性及压缩沉降、稳定和强度的知识。

第一节 概述

各类工程建设或是修建在地表，或是地下一定深度范围内，其所产生的荷载都是由岩土承担的。此处所说的岩土包括岩体和土体。岩土的工程性质对于建筑物的质量、性状、安全性等具有直接而又重要的影响。

岩体是地质体的一部分，由岩石组成，经受了地质历史过程中内外力地质作用的破坏和改造，并赋存于一定地应力状态的地质环境之中。岩体往往表现出不连续性、非均质性和各向异性。

土体是地壳表面岩石风化的产物，是岩石经风化、剥蚀、搬运、沉积而形成的没有胶结或弱胶结的松散颗粒堆积物。其性质随着形成过程和自然环境的不同而有差异，所以也表现出不连续性、非均质性和各向异性，只不过为了计算简单，在满足工程需要的前提下，常假定为均匀、连续的、各向同性的半无限空间弹性体。

第二节 岩石及岩体的工程性质

岩石是由矿物或岩屑在地质作用下按一定的规律聚集而成的自然结合体。通常也把岩石称之为岩块。

岩体是在漫长的自然历史过程中经受了各种地质作用，并在地质营力的长期作用下形成的、内部保留了各种地质构造形迹的、具有一定工程尺度的自然地质体。它由岩石和层面、节理、断层等各种性质的结构面共同构成，所以通常把岩体称之为多裂隙岩体。

岩体与岩石（岩块）是既有联系，又有区别的两个概念。岩石是组成岩体的基本单元；而岩体则是指天然埋藏条件下，由岩石和一种以上的结构面共同组成的复杂地质体。它是岩石受到各种性质的结构面的切割而形成的综合体。由于结构面的存在，岩体的强度要远低于岩石的强度。因此，对于建筑在岩体上或岩体中的各类工程的稳定起决定作用的是岩体强度，而不是岩石强度。所以，实际工程中不仅要深入研究岩石的物理力学性能，而且要深入研究岩体的物理力学性能。

一　岩石的物理、水理和力学性质

（一）岩石的基本物理性质

岩石的基本性质包括密度和重度、相对密度、孔隙率等。

1. 密度和重度

岩石的密度（ρ，g/cm^3）是试样质量（m，g）与试样体积（v）的比值，分为天然密度、干密度、饱和密度等。表达式为

$$\rho = m/v \tag{5-1}$$

岩石的密度取决于其矿物成分、孔隙以及含水率，天然密度一般在 2.3～2.8 g/cm^3。测定密度用量积法、蜡封法和水中称量法等。

重力密度简称重度（γ，kN/m^3），是单位体积岩石受到的重力，它与密度的关系为

$$\gamma = 9.80\rho \tag{5-2}$$

2. 相对密度

岩石的相对密度（G_S）是干试样质量（m_s，g）与4℃时同体积纯水质量之比。

$$Gs = m_s/(V_s\rho_w) \tag{5-3}$$

岩石的相对密度取决于组成岩石矿物的相对密度及其在岩石中的相对含量，一般在 2.3～3.3，一般用比重瓶法测定。

3. 孔隙率

岩石的孔隙率是指岩石中空隙的体积（V_v，cm^3）与岩石总体积（V，cm^3）之比，常以百分数表示，即：

$$n = V_v/v \times 100\% \tag{5-4}$$

岩石孔隙率的大小主要取决于岩石的结构和构造，同时也受风化和构造作用等因素的影响，一般坚硬的岩石孔隙率在 0.04%～3%，但有的砂岩、砾岩可以达到 30%。

（二）岩石的水理性质

岩石的水理性质是指岩石与水作用时所表现的性质，主要有岩石的吸水性、透水性、溶解性、软化性、抗冻性等。与水文地质相关的性质见第三章第二节。

1. 岩石的吸水性

岩石吸收水分的性能称为岩石的吸水性。常以吸水率、饱和吸水率和饱水系数等指标来表示。

① 岩石的吸水率（w_a）是指在常温常压下岩石的吸水能力，以岩石所吸水分的质量（m_{w1}，g）与干燥岩石质量（m_s，g）之比的百分数表示，即

$$w_a = m_{w1}/m_s \times 100\% \tag{5-5}$$

一般用自由浸入法测定，一般与空隙的大小、连通性、张开度等因素有关。工程上常用吸水率作为判断岩石抗冻性、抗风化性、稳定性的指标。

② 饱和吸水率（w_{sa}）是指在高压（15MPa）或真空条件下的吸水能力。

③ 饱水系数（k_w）是吸水率与饱和吸水率的比值。饱水系数越大，岩石的抗冻性越差，一般为0.5～0.8。

2. 岩石的透水性

岩石允许水通过的性能称为岩石的透水性。

3. 岩石的溶解性

岩石溶解于水的性质称为岩石的溶解性，常用溶解度或溶解速度表示。岩石的溶解性不但和岩石的化学成分、空隙性有关，而且和水的性质有关。

4. 岩石的软化性

岩石在水的作用下，强度和稳定性降低的性质，常用软化系数 K_R 表示。它等于岩石在饱水状态下 R_{sa} 和在天然风干状态下的极限抗压强度 R 的比值，即

$$K_R = R_{sa}/R \tag{5-6}$$

通常取决于组成岩石的矿物成分和岩石的空隙性。其值越小，表示岩石在水作用下的强度和稳定性越差，软化性越强。$K_R > 0.75$ 的岩石，抗水、抗冻、抗风化性越强。

5. 岩石的抗冻性

岩石抵抗冰冻作用的能力称为岩石的抗冻性，常用抗冻系数和重量损失率表示。抗冻系数是指岩石冻融试验后的干抗压强度与冻融前的抗压强度之比。质量损失率是指冻融前后岩样干质量之差与冻融前干质量之比。

抗冻系数大于75%，质量损失率小于5%、软化系数大于0.75以及饱水系数小于0.8的岩石，具有足够的抗冻能力。

（三）岩石的力学性质（变形和强度）

岩石在外力作用下所表现的性质，称为岩石的力学性质。

1. 常用的变形指标

常用的变形指标有弹性模量 E、变形模量 E_0 和泊松比 μ。

（1）弹性模量 E 是应力 σ 与弹性应变 ε_γ 的比值。

（2）变形模量 E_0 是应力 σ 与总应变 ε（包括弹性应变 ε_γ 和塑形应变 ε_0）的比值。

（3）泊松比 μ 是岩石在单向受压条件下，横向应变 ε_1 与纵向应变 ε 的比值。泊松比越大，岩石受力作用后的横向变形越大，一般为0.2～0.4。

2. 常用的强度指标

岩石抵抗外力破坏的能力称为强度，按外力的性质不同，又可分为抗压强度、抗拉强度和抗剪强度等。

（1）岩石的抗压强度

岩石在单向压力作用下抵抗压力破坏的能力，称为单轴抗压强度，简称抗压强度。它（σ_c，Pa）等于岩石破坏时的压力（P，N）与受压面积（A，m^2）的比值。

(2) 岩石的抗拉强度

岩石在单向拉应力作用下抵抗拉伸破坏的能力，称为单轴抗拉强度，简称抗拉强度，它（σ_c，Pa）等于岩石拉断时的极限应力（P，N）与受拉面积（A，m^2）的比值。

(3) 岩石的抗剪强度

岩石受剪应力作用时抵抗剪切破坏的最大能力，称为抗剪强度，以剪断时剪切面上的极限剪应力表示：

$$\tau_f = \sigma \tan\phi + c \tag{5-7}$$

式中，τ_f为岩石的抗剪强度，Pa；σ 为破裂面上的法向应力，Pa；ϕ 为岩石的内摩擦角；c 为岩石的内聚力，Pa。

二 岩体的结构特征

岩体是以结构面和结构体为基本单元的组合体，工程中常见的岩体主要有地基岩体、边坡岩体和硐室围岩岩体等。岩体的力学性质是由结构面和结构体的力学性质以及两者的相互组合关系共同决定的。通常把结构面和结构体的组合关系称为岩体的结构。岩体结构的特征，决定岩体的工程地质特性及其在外力作用下的变形破坏机理，所以必须对岩体的结构进行研究。

结构面是具有一定方向、延展性、厚度和密集程度的地质界面。结构面是岩体稳定性的控制因素，它导致岩体力学性能的不连续性、不均匀性和各向异性。

(一) 结构面的成因类型

结构面按其成因可分为原生结构面、构造结构面和次生结构面三类。

① 原生结构面为在成岩过程中形成的结构面。进一步又可分为以下几种。

a. 沉积结构面，如层理、层面、假整合面和不整合面、软弱夹层等。

b. 火成结构面，如岩浆岩的流层、流纹、冷却收缩而形成的张裂隙、火成岩体与围岩的接触面等。

c. 变质结构面，如片理、板理等。

② 构造结构面指在各种构造应力作用下所产生的结构面，如节理、断裂、劈理以及由层间错动引起的破碎带等。

③ 次生结构面指在各种次生应力作用下形成的结构面，如风化裂隙、冰冻裂隙、卸荷裂隙、爆破裂隙等。

各种成因的结构面的具体特征见表 5-1。

表 5-1 各种成因结构面的特征

成因类型		地质类型	主要特征			工程地质评价
			产状	分布	特点	
原生结构面	沉积结构面	层理、层面、假整合面和假整合面、沉积软弱夹层	一般与岩层产状一致，为层间结构面	海相沉积中分布稳定，陆相及滨海相沉积中易于尖灭	层面新鲜时多平整且结合良好，风化后多张开，若经后期构造运动，常形成层间错动带；不整合面、假整合面中常有古风化残积物；软弱夹层易软化、泥化	较大的坝基滑动及滑坡多由其造成

续表

成因类型		地质类型	主要特征			工程地质评价
			产状	分布	特点	
原生结构面	火成结构面	侵入体与围岩的接触面;岩浆冷凝节理;岩脉岩墙接触面	岩脉受构造结构面控制,原生节理受岩体接触面控制	接触面延伸较远,较稳定;而原生节理往往短小密集	与围岩的接触面可具熔合及破坏两种不同的特征,原生节理多为张裂面,较粗糙不平	一般不造成大的破坏,但若与构造断裂配合,也可形成掩体的滑移
原生结构面	变质结构面	片理,片岩软弱夹层	与岩层或构造方向一致	片理短小,分布极密,片岩软弱夹层延展较远	片理在岩层内部常闭合成隐蔽结构面,片岩、软弱夹层、片状矿物,呈鳞片状	在变质较浅的沉积区,如千枚岩等路堑边坡常见塌方。片岩夹层有时影响工程和地下洞体的稳定
构造结构面		节理、断层、层间错动、羽状裂隙	与构造线有一定关系,层间错动与岩层一致	张性断裂较短小,剪性延展较远;压性断裂规模巨大,但有时为横断层切割的不连续	张性断裂不平整,常具次生充填,呈锯齿状,剪性较平整,具羽状裂隙;压性断裂成带状分布,常含断层泥、糜棱岩	对岩体稳定影响很大,岩体的破坏多与此有关
次生结构面		风化、卸荷裂隙,风化、泥化夹层	受地形及原始结构面控制	分布上常呈不连续透镜体,延展性差,主要发育在风化带内	一般为泥质充填,水理性质很差	影响有限,通常在施工中予以清基处理

(二) 结构面力学性质的影响因素特征

结构面的生成年代及活动性、延展性、贯通性、表面几何形态、规模、密集程度、充填胶结情况等对结构面的力学性质影响很大。

① 生成年代及活动性：主要对构造结构面而言。通常越古老的结构面充填胶结情况较好，对岩体力学性质影响较小；而那些在第四纪晚近期仍在活动的结构面如活断层，则直接影响到工程所在区域的稳定性。

② 延展性及贯通性：它控制岩体的规模、强度和完整性。按结构面的贯通情况，可将结构面分为非贯通性结构面、半贯通性结构面和贯通性结构面三种类型，见图 5-1。一般延展性及贯通性好的结构面常构成岩块或岩体的边界，对岩体的力学性质有较大的影响，岩体的破坏常受这类结构面控制，对岩体的稳定性影响较大。

③ 表面几何形态：它是结构面表面空间展布的几何属性，按其规模大小可分为起伏度和粗糙度两类。

根据国际岩石力学学会的建议，结构面的起伏度可分为平面形、波浪形和台阶形三种，粗糙度也可分为粗糙的、平坦的和光滑的三级。起伏度与三级粗糙度可组合成 9 类不同的结构面表面形态。

结构面的表面形态对其剪切强度等力学性质有极其重要的影响，尤其是对于没有发生位移和互相镶嵌的未充填节理。但结构面的表面形态的重要性会随充填物厚度和两侧相对位移

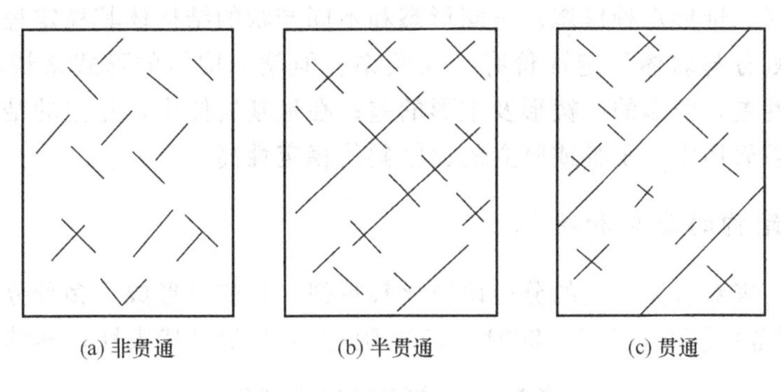

图 5-1　岩体内结构面贯通类型

的增加而逐渐降低。

④ 规模：结构面按规模有绝对规模和相对规模之分。按绝对规模分类是以结构面的绝对延展长度为标准而进行的结构面分类；相对规模分类是指综合考虑结构面的绝对延展长度和工程结构尺寸而进行的结构面分类，可将结构面分为细小的、中等的及大型的。由于绝对规模分类没有与工程结构相结合，工程意义不大。

⑤ 密集程度：岩体中结构面的密集程度将直接决定岩体破碎程度，从而对岩体的强度产生较大影响，所以，它是岩体的重要特征指标。结构面的密集程度可以用裂隙度（K）、切割度（Xe）表示。它们的物理意义如下。

a. 裂隙度：裂隙度是沿取样线方向单位长度上结构面的数量。

b. 切割度：切割度是指岩体被结构面割裂分离的程度。有些结构面可将岩体完全切割，而有些结构面由于其延展尺寸不大，只能切割岩体的一部分。当岩体中只含有一个结构面时，可沿着结构面在岩体中取一个贯通整体的假想平直断面，则结构面面积 a 与该断面面积 A 的比，即称为该岩体的切割度（Xe）：

$$Xe=a/A \tag{5-8}$$

以上说明，结构面的密集程度决定着结构体的尺寸和形状，能表征岩体的完整程度。当结构面的发育组数越多、密度越大时，则结构体块度越小，岩体的完整程度越差，其强度也越低。

⑥ 结构面的充填及胶结情况：当结构面内有填充物或胶结物时，结构面的力学性质将会发生改变。这种影响主要取决于填充及胶结物的成分和厚度。

结构面被胶结后，原来被分离的岩块又被重新连成一体，原结构面的强度将随着胶结物的成分不同而表现出很大差异性，其中硅质胶结物的结构面强度最高，钙质胶结物的结构面强度次之，泥质胶结物的结构面强度最差。结构面中的填充物包括结构面形成过程中或进一步风化而产生岩石碎屑、岩粉、夹泥，以及结构面形成后被水流、风带入的物质，一般以泥质为主。由于泥质成分的强度很低，因而结构面中的填充物常常会造成结构面的内摩擦角的降低，特别是填充物的厚度较大，形成软弱夹层后，结构面的破坏将演变为填充物的剪切破坏，结构面的抗剪强度将完全取决于填充物的强度。因此，填充物对结构面的物理力学性质的影响主要取决于填充物的厚度。

（三）结构体

岩体受结构面切割而产生的单元块体，称为结构体。常见的结构体形式有柱状、块状、板状、楔形、棱形、锥形六种形态。不同形态和不同产状的结构体其稳定程度各不相同，因此结构体形式的划分与岩体稳定评价有很大关系。但就结构体的形式来说，板状结构较块状、柱状的稳定性差，楔形的比棱形及锥形的差；在地基岩体中，竖立的结构体比平卧的稳定性高，而在边坡岩体中，平卧或竖立的比倾斜的稳定性高。

（四）岩体结构的类型和特征

岩土工程界历来对岩体结构的分类研究比较重视，目前已形成了多种分类方法，其中以《岩土工程勘察规范》[GB 50021—2001（2009 版）] 分类最具代表性，其结果见表 5-2。

表 5-2 岩体按结构类型划分

岩体结构类型	岩体地质类型	结构体形状	结构面发育情况	岩土工程特征	可能发生的工程问题
整体状结构	巨块状岩浆岩和变质岩，巨厚层沉积岩	巨块状	以层面和原生、构造节理为主，多呈闭合型，间距大于 1.5m，一般为 1～2 组，无危险结构面	岩体稳定，可视为均质弹性各向同性体	局部滑动或坍塌，深埋洞室的岩爆
块状结构	厚层状沉积岩，块状岩浆岩和变质岩	块状 柱状	有少量贯穿性节理裂隙，结构面间距 0.7～1.5m，一般为 2～3 组，有少量分离体	结构面互相牵制，岩体基本稳定，接近弹性各向同性体	
层状结构	多韵律薄层沉积岩，中厚层状沉积岩，副变质岩	层状 板状	有层理、片理、节理，常有层间错动	变形和强度受层面控制，可视为各向异性弹塑性体，稳定性较差	可沿结构面滑动或坍塌，软岩可产生塑性变形
碎裂状结构	构造影响严重的破碎岩层	碎块状	断层、层理、片理、节理发育，结构面间距 0.25～0.50m，一般 3 组以上，有许多分离体	整体强度很低，并受软弱结构面控制，呈弹塑性体，稳定性很差	易发生规模较大的岩体失稳，地下水加剧失稳
散体状结构	断层破碎带，强风化及全风化带	碎屑状	构造和风化裂隙密集，结构面错综复杂，多充填黏性土，形成无序小块和碎屑	完整性遭极大破坏，稳定性极差，接近松散体介质	易发生规模较大的岩体失稳，地下水加剧失稳

三 岩体的力学特性

由于岩体中存在各种结构面及不同体积、形状的结构体，所以岩体的力学性质与岩块的力学性质有很大的差别。岩体较岩块易于变形，岩体的强度明显低于岩块的强度。岩体变形与强度理论属于岩石力学的研究范畴，这里只简要介绍最基本的概念和岩体变形与破坏的特征。

（一）岩体的变形特征

1. 岩体的变形曲线

岩体的变形特征主要是通过现场的原位岩体变形试验确定。岩体变形的现场试验方法很多，主要有静力法和动力法两大类，其中，静力法有承压板法、单轴压缩法、夹缝法、协调变形法及钻孔弹模计测定法等；而动力法主要分为地震法、声波法及超声波法等。目前，广泛应用的是承压板法和动力法岩体变形试验。

若将坚硬岩石、岩体的软弱结构面及岩体的应力-应变曲线绘于一起，如图 5-2 所示。由图 5-2 可知，三条曲线的特征不同：坚硬岩石曲线的特点是弹性变形显著；软弱结构面曲线的特征表明了以塑性变形为主，而岩体的曲线则比它们要复杂得多。

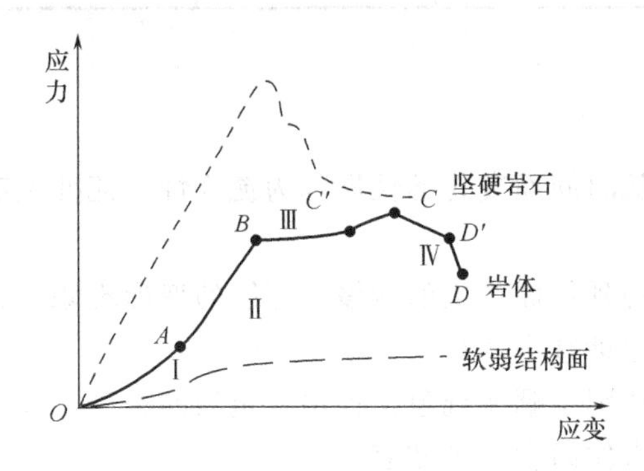

图 5-2　坚硬岩石、岩体与软弱结构面的应力-应变关系曲线

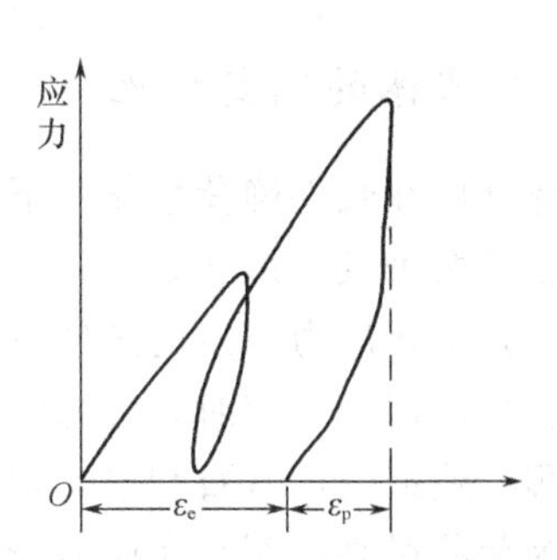

图 5-3　岩体的弹性变形和残余变形

根据岩体的应力-应变曲线，可大体将岩体的变形划分为四个阶段：第一阶段为结构面压密闭合阶段，变形曲线呈凹状缓坡，如图 5-2 中的 OA 段；AB 段为第二阶段，是结构面压密后的弹性变形阶段，变形曲线近于直线；BC 段为第三阶段，变形曲线呈曲线形，表明岩体产生塑性变形或开始破裂，C 点的应力值就是岩体的极限强度；最后阶段（CD 段）曲线开始下降，表明岩体进入全面的破坏阶段。

由于岩体中发育有各种结构面，所以岩体变形的弹塑性特征较岩石更为显著，如图 5-3 所示，岩体在反复荷载作用下，对应于每一级压力的变形，均由弹性变形 ε_e 和残余变形 ε_p 两部分组成。

2. 岩体的变形指标

变形模量或弹性模量是表征岩体变形的最重要的参数。

① 变形模量 E_0：为岩体在无侧限受压条件下的应力与总应变的比值。对于采用承压板法进行岩体变形试验，则岩体的变形模量 E_0 可采用以下式子计算

$$E_0 = pa(1-\mu^2)\omega/\omega_0 \tag{5-9}$$

式中　p——压应力（承压板单位面积上的压力），MPa；

ω_0——相应于各级压力 p 条件下岩体试件的总变形值，cm；

a——承压板的边长或直径，cm；

μ——泊松比；

ω——与承压板形状及刚度有关的系数。

② 弹性模量 E：为岩体在无侧限受压条件下的应力与弹性应变的比值。若采用承压板法进行岩体变形试验，则可将各级压力 p 及其相应的弹性变形值 ω_e 采用下式计算，即

$$E = pa(1-\mu^2)\omega/\omega_e \tag{5-10}$$

一般地，坚硬完整岩体的变形模量高，软弱破碎岩体则低。另外，用静力法测得的坚硬完整岩体的弹性模量 E 和变形模量 E_0 数值较接近。而软弱破碎岩体，因残余变形大，所以 E 和 E_0 二者往往差异较大。因此，在水利水电工程建设中常采用变形模量区别岩体的好坏（表 5-3）。

表 5-3 岩体根据变形模量 E_0 的分类

类型	Ⅰ	Ⅱ	Ⅲ	Ⅳ	Ⅴ
	好	较好	中等	较坏	坏
E_0（$\times10^9$Pa）	＞20	10～20	2～10	0.3～2	＜0.3

（二）岩体的蠕变特性

固体介质在长期静荷载作用下，应力、变形随时间而变化的性质称为流变性。流变性有蠕变和松弛两种表现形式。

蠕变是指在应力一定的条件下，变形随时间的延长而产生的缓慢、连续的变形现象。松弛是指在变形保持一定时，应力随时间的增长而逐渐减小的现象。

工程实践证明，岩石和岩体均具有流变性，特别是蠕变现象。很多建筑物的失事，往往不是因为荷载过高，而是在应力较低的情况下，岩体即发生了蠕变。

对一组试件，分别施以不同的恒定荷载，测定各试件随时间的应变值，则可得到如图 5-4 所示的蠕变曲线。

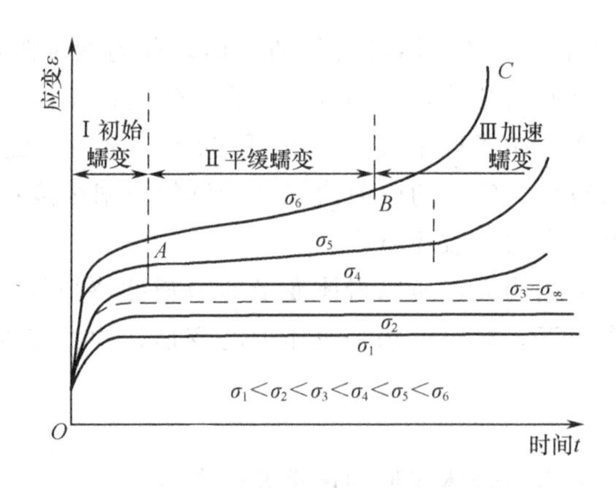

图 5-4 不同应力条件下岩体的蠕变曲线

岩体的蠕变曲线，因恒定荷载大小不同可分为两种类型：一种是在较小的恒定荷载（$\sigma<\sigma_\infty$）作用下，变形随时间增长，变形速率递减最后趋于稳定，是一种趋于稳定的蠕变；另一种则是当恒定荷载超过某一极限值（$\sigma>\sigma_\infty$）后，变形随时间不断增长，最终导致岩体破坏，是一种趋于非稳定的蠕变。

典型的蠕变曲线可分为三个阶段：①初始蠕变阶段，如图 5-4 中的 OA 段，其变形速率逐渐减小，所以也称阻尼蠕变阶段；②等速蠕变阶段，如图 5-4 中的 AB 段，其变形缓慢平稳，应变随时间呈近于等速的增长；③加速蠕变阶段，如图 5-4 中的 BC 段，变形速率加快直至岩体破坏。

通常把出现蠕变破坏的最低应力值，称为长期强度，以 σ_∞ 或 τ_∞ 表示。岩体的长期强度取决于岩石及结构面的性质、含水率等因素。根据原位剪切流变试验资料，软弱岩体和泥化夹层的长期剪切强度与短期剪切强度的比值为 0.8 左右，大体相当于快剪试验的屈服极限与强度极限的比值。

由软弱岩石组成的岩体、软弱夹层和碎裂岩体变形的时间效应明显。而坚硬完整的岩体变形的时间效应不显著。

（三）岩体的强度

一般情况下，岩体的强度既不等于结构体的强度，也不等于结构面的强度，而是等于二者共同影响表现出来的强度，岩体的强度低于岩石的强度。但在某些情况下，可以用结构体或者结构面的强度来代替。如当岩体中结构面不发育，呈完整结构时，岩体的强度即为岩石的强度；如岩体沿某一结构面产生整体滑动，则岩体强度完全受结构面强度控制。

岩体的强度受结构面的产状、结构面的密度及围压大小等因素影响，即结构面或软弱夹层是岩体抗剪强度的控制因素，并且又表现出明显的各向异性。

（四）岩体的破坏

岩体中的应力超过岩体的最大强度，产生岩体破坏。岩体破坏时破裂面上应力作用方式和破坏过程称为破坏机理，它是研究岩体破坏的核心问题。

岩体的破坏、破坏判据的理论复杂，这主要是因为岩体比岩石复杂得多。岩体的破坏方式、破坏机制与岩体的受力条件及结构特征有关。岩体结构类型不同，其破坏方式也不同。一般地，基本的破坏类型共有 6 种：①张破裂；②剪破坏；③结构体滚动；④结构体沿结构面滑动；⑤梁板溃屈和弯折破坏；⑥倾倒失稳。

完整结构岩体在低应力条件下呈脆性张破裂，在高应力条件下呈柔性剪破坏或塑性流动变形。块裂结构岩体的破坏主要是岩块沿软弱结构面滑动。板裂结构岩体的破坏，常以板裂体溃屈弯折、岩块沿结构面滑动以及倾倒失稳为主。碎裂结构岩体的破坏比较复杂，在低应力条例下，极大程度上受结构面及结构体形状控制，除结构体张破裂、沿结构面滑动以外，结构体滚动占有重要地位。在高应力条件下，结构面控制作用消失，其破坏作用机理与完整结构岩体基本相同，主要受岩石材料性质控制。

与岩石的破坏相类似，完整的岩体的破坏过程为裂隙压密阶段→弹性变形阶段→塑性变形阶段→破坏阶段→破坏后的残余强度阶段，因此，岩体的应力-应变曲线在形状上与图 5-2 的应力-应变曲线相似，只是由于结构面的切割作用，使应力-应变关系曲线中的压密阶段更加常见和明显，绝对的应变量大大增加，因而与岩石相比，岩体的弹性模量、峰值强度和残余强度有所降低，泊松比则有所提高，各向异性将更加显著，如图 5-5 所示。

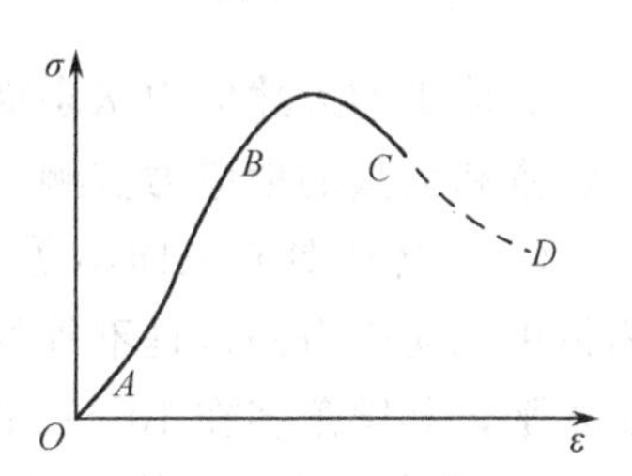

图 5-5　岩体的应力-应变曲线

破坏判据即岩体破坏的力学条件。破坏判据是以破坏机理为依据建立起来的。破坏类型不同，破坏判据也不同。①张破裂判据。岩石在压应力作用下，除在最大主应力方向产生纵向压缩变形外，在垂直于最大主应力方向还产生横向扩张变形，即产生张应变。脆性岩石在压应力作用下产生的横向扩张变形达到一定极限时，便在平行于最大主应力方向产生张破裂。以此建立起来的破坏判据称为张破裂判据。它主要用于判断岩石在压应力作用下能否产生张破坏。②剪破坏判据。在不等向应力作用下岩石内部不同方向的切面内可形成不同数值的剪应力，其中某一切面内的剪应力达到岩石剪破坏条件时，岩石便产生剪破坏。以此建立起来的破坏判据称为剪破坏判据，也称为库仑—莫尔判据。它适用于判断柔性岩石在压应力作用下能否产生剪破坏。③结构体滚动破坏判据。在破裂岩体内部的应力作用下，结构体滚动的力学条件称为结构体滚动破坏判据。它主要用于判断破裂结构岩体受力状况改变时能否产生结构体滚动破坏。④结构体沿结构面滑动破坏判据。以结构面为参照面可将岩体内应力分解为垂直于结构面的法向应力及平行于结构面的剪应力。在一定应力条件下，平行于结构面的剪应力超过结构面的抗剪阻力时，结构体便沿着结构面产生滑动。在作用于结构面上的剪应力与抗剪阻力达到平衡条件下建立起来的力学条件称为结构体沿结构面滑动破坏判据，也称为库仑判据。它适用于块裂结构岩体稳定性分析，也适用于校核碎裂结构岩体及板裂结构岩体能否沿结构面滑动。⑤溃屈破坏判据。在轴向力作用下板裂结构体产生弯折破坏的力学条件，这是一种结构失稳判据。这种破坏条件主要控制于板裂体的刚度及几何特征，而与材料强度无直接关系。它不仅适用于板裂结构岩体稳定性分析，也适用于校核碎裂结构岩体产生板裂化后能否产生破坏。

四　岩体的天然应力状态

工程在施工前，任何岩体内均存在一定的初始应力，称为天然应力或地应力。地应力是在漫长的地质历史时期中形成的，是重力场和构造应力场综合作用的结果。由于工程开挖，使一定范围内岩体中的应力受到扰动而重新分布，则称为扰动应力或二次应力，在地下工程中称为围岩应力。

（一）天然应力类型

地应力一般可分为自重应力、构造应力、变异及其他应力等。通常，自重应力、构造应力是地应力中最主要的和经常起作用的因素。

① 自重应力：是岩体自重而产生的内应力，随地层厚度的加大而增加。

② 构造应力：是指地质构造作用而形成的地应力，它可能是古老的地壳运动的残余应力；也可能是晚近期（新生代以来）或现代构造运动中所产生的地应力。构造应力可能因地震释放而减小，也可能重新积累增加。构造应力在地壳中的分布不均匀，而且随时间的推移在变化，也就是说构造应力场不像自重应力是处于静力状态，而是处于动力均衡状态。

③ 变异及其他应力：是指岩体受岩浆活动、变质作用以及侵蚀卸荷等而受到的温度应力、化学应变能以及重力场改变等而形成的地应力。

（二）岩体天然应力分布的规律

岩体中的天然应力状态极为复杂，目前尚不能准确地说明其内在的分布规律。但根据地质调查和大量的地应力实测资料，地应力的基本规律可归结如下。

① 岩体中具有三向不等的空间应力场：根据对世界各地岩体地应力实测结果的统计，岩体中三向应力经常是不等的，其中垂直应力通常是最小主应力，两个水平主应力也并不一定水平，其倾角多在10°～25°，最大不超过30°。

② 垂直应力与岩体自重的关系：国内外大量实测资料表明，垂直向应力往往大于岩体自重。

③ 水平应力与垂直应力的关系：实测资料表明，在绝大多数地区的浅部岩层，水平应力大于垂直应力。在深部岩层，如在1km以下，两者渐趋一致，甚至垂直应力大于水平应力。

④ 岩体中水平应力具有强烈的方向性：一般在岩体中两向水平主应力的数值是不等的。

我国华北地区，$\sigma_{hmin}/\sigma_{hmax}=0.19\sim0.27$ 的占 17%，比值为 0.43～0.64 的占 60%，比值为 0.66～0.78 的约占 20%。

（三）影响地应力分布的因素

岩体地应力的上述分布规律，常受到地质构造、岩体结构、岩体物质组成、岩体物理力学性质与工程力学性质、地形地貌、埋深及温度等一系列因素的影响，特别是地形和断层的扰动影响最大。地形的影响常在侵蚀基准面以上及其以下一定范围内表现特别明显。一般来说，谷底是应力集中的部位，越靠近谷底应力集中越明显。最大主应力在谷底或河床中心近于水平，而在两岸坡向谷底或河床倾斜，并大致与坡面相平行。

地质构造决定了地应力的类型、大小和方向性。一般在未经褶皱变位或构造变动轻微的地区，应力比较均一，具有单一自重应力场的特征。在构造变动强烈的地区，一般具有较高的水平应力，其最大水平主应力方向常常和地区的构造线方向相垂直。但有些地区，由于近期的构造应力场方向和老构造应力场不一致，所以实测的最大水平主应力方向不一定符合上述规律。

（四）地应力研究的工程意义

在岩土工程中，特别是地下工程建设中，地应力有十分重要的意义，它不仅影响工程场地的区域稳定性，还对工程建筑的设计与施工有直接的影响。例如在低地应力区，岩体松弛、漏水、风化带深；在高地应力区，由于开挖卸荷会引起岩体的变形与破坏。但有时在高地应力区也会对工程起有利的作用，关键在于充分认识地应力的分布与变化规律，认识地应力对岩体变形与破坏的影响。

在工程上，地应力的高低不是以其绝对值大小划分的，而是水平地应力与垂直地应力比较而言的。目前国内外高地应力区的定义还没有达成统一。我国《工程岩体分级标准》（GB 50281—1994）中提出强度应力比（R_c/σ_{max}）小于 4 为极高应力区，强度应力比为 4～7 为高应力区。关于低地应力区，一般是指水平应力小于由于自重所形成的水平应力区。

对在高地应力地区修筑的隧道及地下洞室中，常遇到的工程问题有以下几个方面。

① 基坑底部的隆起、剥离破坏。如加拿大安大略省露天煤矿坑，当挖穿冰碛层到达奥陶系灰岩，坑深达 15m 时，坑底突然裂开。裂缝两侧岩层在几分钟内向上隆起，最高达 2.4 米。经实测，其初始水平应力高达 14MPa，基坑隆起轴线与最大水平应力方向垂直。

② 基坑边坡的剪切滑移。如葛洲坝二江电站厂房地基开挖过程中，基坑上下游的岩层沿软弱夹层产生了向基坑方向的滑移。原因是该地区为白垩系的黏土质粉砂岩夹砂岩并有多层软弱夹层，岩层产状近水平，倾角只有 4°～8°，由于残存的水平构造应力大于软弱夹层的抗剪强度，在开挖切穿软弱夹层后，就造成了沿软弱夹层向临空面的滑动。

③ 地下洞室产生大的收敛变形。在高地应力区开挖地下洞室时，当洞室轴线与最大的水平应力垂直时，边墙会产生特别大的收敛变形，特别是在软岩地区更为显著，甚至可以使软岩向洞内挤出产生吐舌头现象。因此，一般认为地下洞室轴线与最大水平应力方向平行有利于边墙的稳定。如我国金川矿矿区最大水平主应力方向为 NE35°，最大应力值达 20～30MPa，位于地表下 400 米的西风井巷道走向为 NW30°，与最大水平主应力交角较大，结果巷道产生了严重的变形和破坏，巷道断面明显减小。后来将 500 米深的巷道改为与最大水平主应力方向近于平行，则围岩的稳定性得到显著改善，即使通过断层破碎带，也未发生明

显的破坏。

④ 地下洞室施工过程中产生岩爆。地下工程在开挖过程中，坚硬完整的围岩突然猛烈释放弹性变形能，造成岩石脆性破坏，或将大小不等的岩块弹射或掉落，并常伴有响声的现象，称为岩爆。

五　岩体的质量评价及工程分类

岩体质量评价就是针对不同类型岩体工程的特点，根据影响岩体稳定性的各种地质条件和组成岩体的岩石及结构面的物理力学特性，对工程岩体的综合性能进行评定、划分成若干工程特性等级，为岩体工程建设提供最基础的决策依据的过程。

目前，国内外的岩体分级方法已有数十种，其中我国的国家标准《工程岩体分级标准》（GB50218—1994）是在充分吸收大量国内外岩体质量评价方法的优点和总结大量国内外岩体工程经验的基础上而制定的，具有较高的准确性、可靠性和先进性。

岩体基本质量应由岩石坚硬程度和岩体完整程度两个因素确定。岩石坚硬程度和岩体完整程度划分又包括定性划分和定量指标两种确定方法。另外，岩体是由岩石和结构面相互组合而成的，因此，岩体质量评价应包括岩石的质量评价、结构面的质量评价、岩体被结构面切割后的综合质量的总体评价等几个步骤。

（一）影响岩体工程性质的因素

从工程角度来看，对岩体工程性质起主导和控制作用的因素主要有岩石强度、岩体完整性、风化程度、水的影响等。

1. 岩石强度和质量

岩石质量的好坏主要表现在它的强度（软、硬）和变形性（结构上的致密、疏松）方面。评价和衡量岩石质量好坏，目前多沿用室内单轴抗压强度指标来反映。影响岩石力学性质的因素是多方面的，但归纳起来主要有两个方面：一方面是岩石的地质特征，如岩石的矿物成分、结构、构造及成因等；另一方面是岩石形成后所受外部因素的影响，如水的作用及风化作用等。下面简单介绍岩石的地质特征的影响。

（1）岩石的矿物成分

岩石的矿物成分对岩石的工程性质产生直接的影响。例如石英岩的抗压强度比大理岩高很多，这是因为石英的强度比方解石高的缘故。所以尽管岩类相同，结构和构造也相同，由于岩石所含矿物成分不同，岩石的力学性质会有明显的差别。但是不能简单地认为含高强度矿物的岩石，其强度就一定高。因为岩石受力后，内部应力是通过矿物颗粒之间的接触传递的；如果强度高的矿物在岩石中不互相接触，则应力的传递必然会受到中间低强度矿物的影响，因此岩石不一定表现出高强度。所以，只有在矿物成分分布均匀，高强度矿物在岩石的结构中形成牢固的骨架时，才能增高岩石强度。因而在工程评价中，更应注重那些可能降低岩石强度的因素，如花岗岩中的黑云母含量是否过高，石灰岩和砂岩中黏土矿物的含量是否过高等。

（2）岩石的结构

岩石的结构特征是影响岩石工程性质的另一重要因素。根据岩石的结构特征，可将岩石分为两类：一类是结晶联结的岩石，如大部分的岩浆岩、变质岩和一部分沉积岩；另一类是由胶结物联结的岩石，如沉积岩中的碎屑岩等。

结晶联结是由岩浆或溶液结晶或重结晶形成的，矿物的结晶颗粒靠直接接触产生的力牢固地联结在一起，结合力强，孔隙度小，比胶结联结的岩石具有较高的强度和稳定性。但就结晶联结而言，结晶颗粒的大小对岩石强度有明显影响。如粗粒花岗岩的抗压强度一般为118～137MPa，而细粒花岗岩有的则达196～245MPa。又如大理岩的抗压强度一般为79～118MPa，而最坚固的石灰岩可达250 MPa。这说明矿物成分和结构类型相同的岩石，其矿物结晶颗粒的大小对强度的影响是显著的。

胶结联结的岩石，其强度和稳定性主要取决于胶结物的成分和胶结的形式，同时也受碎屑成分的影响。就胶结物的成分来说，硅质胶结的强度和稳定性最高，泥质胶结的强度和稳定性较低，钙质胶结、铁质胶结介于两者之间。如泥质砂岩的抗压强度一般只有59～79 MPa，钙质胶结的抗压强度可达118 MPa，硅质胶结的抗压强度可达137～206 MPa。

胶结方式的不同对岩石强度同样具有重要影响，基底胶结的碎屑物质分布于胶结物中，彼此不接触，岩石的强度及稳定性完全取决于胶结物的成分。孔隙式胶结由于碎屑颗粒直接接触，胶结物分布于孔隙内部，其强度及稳定性既取决于胶结物的成分，同时又取决于碎屑颗粒的成分。接触式胶结仅在碎屑颗粒接触处存在胶结物，所以具有有效孔隙度较高、重度低、吸水率高、强度低、易透水的特征。

(3) 岩石的构造

岩石的构造特征对岩石工程性质的影响主要是由于矿物在岩石中分布的不均匀性和岩石结构的不连续性所造成的。前者如某些岩石所具有的片状构造、板状构造、千枚状构造、片麻状构造、流纹构造等，这些构造往往造成矿物在岩石中分布极不均匀，从而使岩石的性质发生很大的变化。后者如不同矿物虽然在岩石中分布均匀，但由于存在层理、裂隙和各种成因的空隙，致使岩石结构的连续性和完整性受到一定程度的影响，从而使岩石的强度和透水性在不同的方向发生明显差异。一般来说，垂直层面的抗压强度大于平行层面的抗压强度，平行层面的透水性大于垂直层面的透水性。

2. 岩体的完整性

一般来说，岩体工程性质的好坏基本上不取决于或很少取决于组成岩体的岩块的力学性质，而是取决于包括各种地质因素和地形条件影响而形成的软弱面、软弱带和其间充填的原生或次生物质的性质。

岩体被断层、节理（裂隙）、层面、岩脉、破碎带等所切割是导致岩体完整性遭到破坏和削弱的根本原因。因此，岩体的完整性可以用被节理切割之岩块的平均尺寸来反映；也可以用节理（裂隙）出现的频度、性质、闭合程度等来表达；还可以根据灌浆时的消耗量，施工中选用的掘进工具、开挖方法、日进尺量，钻孔钻进时的岩芯获得率，抽水试验中的渗流量，弹性波在地层中的传播速度，甚至变形试验中的变形量、室内外弹性模量比和现场动静弹性模量的比值等多种途径去定量地反映岩体的完整性。总之，岩体的完整性可用地质、试验和施工等各种定性、定量指标来表达。

3. 水的影响

水的存在会使岩石的物理力学性质恶化，还可能形成渗流，影响岩体的稳定。水对岩石的影响可用岩石浸水饱和前后的单轴抗压强度之比来表示。

（二）工程岩体分级标准

由于组成岩体的岩石的性质千差万别，岩体中结构面的性质及分布情况又复杂多变，致使国内外的岩体质量评价的原则、方法和标准不尽相同。这里介绍几种国内外应用比较广、影响较大的分类方案。主要包括我国的国家标准《工程岩体分级标准》(GB 50218—1994),RQD 法(Rock Quality Designation),挪威 Barton 等人发展的岩体质量分类法(Quantitative Classification of Rock Mass),又称 Q 系统分类法,南非 Bieniawski 提出的地质力学分类法(Geomechanics Classification System),又称 RMR 法。

1. 国标《工程岩体分级标准》

该法采用分两步走的方法进行工程岩体分级,即先对岩体的基本质量划分级别,再针对岩体的具体条件作出修正,确定界别。

(1) 工程岩体质量的初步分级

工程岩体质量的初步分级是通过对岩体坚硬程度和完整程度两项指标进行定性和定量分析基础上确定的。

① 岩石坚硬程度的确定

a. 定性划分,见表 5-4

表 5-4 岩石坚硬程度的定性划分

坚硬程度等级		定性鉴定	代表性岩石
硬质岩	坚硬岩	锤击声清脆,有回弹,震手,难击碎,基本无吸水反应	未风化—微风化的花岗岩、闪长岩、辉绿岩、玄武岩、安山岩、片麻岩、石英岩、石英砂岩、硅质砾岩、硅质石灰岩等
	较硬岩	锤击声较清脆,有轻微回弹,稍震手,较难击碎,有轻微吸水反应	微风化的坚硬岩;未风化—微风化的大理岩、板岩、石灰岩、泥灰岩、白云岩、钙质砂岩等
软质岩	较软岩	锤击声不清脆,无回弹,较易击碎,浸水后指甲可刻出印痕	中等—强风化的坚硬岩或较硬岩;未风化—微风化的凝灰岩、千枚岩、泥灰岩、砂质泥岩等
	软岩	锤击声哑,无回弹,有凹痕,易击碎,浸水后手可掰开	强风化的坚硬岩或较硬岩;中等风化—强风化的较软岩;未风化—微风化的页岩、泥岩、泥质砂岩等
极软岩		锤击声哑,无回弹,有较深凹痕,手可捏碎,浸水后可捏成团	全风化的各种岩石,各种半成岩

b. 定量确定

定量指标采用岩石单轴饱和抗压强度 R_c 的实测值。当无条件取得实测值时,也可采用实测的岩石点荷载强度指数的换算值,换算公式如下:

$$R_c = 22.82 I_{s(50)}^{0.75} \tag{5-11}$$

式中,$I_{s(50)}$ 为点荷载强度指数,表示直径为 50mm 的圆柱形试件径向加压时的点荷载强度。

岩石单轴饱和抗压强度与定性划分的岩石坚硬程度的对应关系可按表 5-5 确定。

表 5-5 R_c 与定性划分的岩石坚硬程度的对应关系

R_c/MPa	>60	60~30	30~15	15~5	<5
坚硬程度	坚硬岩	较坚硬岩	较软岩	软岩	极软岩

注:本表来源于 GB50021—2001(2009 版),GB50218—1994 和 GB50287—2006 等,与其基本一致。

②岩石完整程度的确定

a. 定性划分

岩体完整程度应按表5-6进行定性划分。

表 5-6 岩体完整程度的定性划分

完整程度	结构面发育程度		主要结构面的结合程度	主要结构面类型	相应结构类型
	组数	平均间距/m			
完整	1～2	>1.0	结合好或结合一般	裂隙、层面	整体状或巨厚层状结构
较完整	1～2	>1.0	结合差	裂隙、层面	块状或厚层状结构
	2～3	1.0～0.4	结合好或结合一般		块状结构
较破碎	2～3	1.0～0.4	结合差	裂隙、层面、小断层	裂隙块状或中厚层状结构
	≥3	0.4～0.2	结合好		镶嵌碎裂结构
			结合一般		中、薄层结构
破碎	≥3	0.4～0.2	结合差	各种类型结构面	裂隙块状结构
		≤0.2	结合一般或结合差		碎裂状结构
极破碎	无序		结合很差		散体状结构

b. 定量确定

岩体完整程度的定量指标采用岩体完整性指数（K_V）的实测值。当无条件取得实测值时，也可用岩体体积节理数（J_V）按表5-7确定对应的值。岩体完整性指数（K_V）与定性划分的岩体完整程度的对应关系可按表5-8确定。

表 5-7 J_V 与 K_V 对照表

J_V/(条/m^3)	<3	3～10	10～20	20～35	>35
K_V	>0.75	0.75～0.55	0.55～0.35	0.35～0.15	<0.15

表 5-8 K_V 与定性划分的岩体完整程度的对应关系

K_V	>0.75	0.75～0.55	0.55～0.35	0.35～0.15	<0.15
完整程度	完整	较完整	较破碎	破碎	极破碎

(2) 岩体基本质量分级

在上述岩体质量定量评价的基础上，可根据式（5-11）计算出 R_c，再确定岩体基本质量指标（BQ）。

$$BQ=90+3R_c+250K_V \tag{5-12}$$

式中，R_c 的单位为MPa。

注意使用时应遵守下列限制条件。

a. 当 $R_c>90K_V+30$ 时，应以 $R_c=90K_V+30$ 和 K_V 代入计算 BQ 值。

b. 当 $K_V>0.04R_c+0.4$ 时，应以 $K_V=0.04R_c+0.4$ 和 R_c 代入计算 BQ 值。

根据岩体基本质量的定性特征和岩体基本质量指标（BQ）两者相结合按表5-9对岩体质量进行初步定级为Ⅰ、Ⅱ、Ⅲ、Ⅳ、Ⅴ级。

表 5-9 岩体基本质量分级

基本质量级别	岩体基本质量的定性特征	岩体基本质量指标(BQ)
Ⅰ	坚硬岩，岩体完整	>550
Ⅱ	坚硬岩，岩体较完整；较坚硬岩，岩体完整	550～451

续表

基本质量级别	岩体基本质量的定性特征	岩体基本质量指标(BQ)
Ⅲ	坚硬岩,岩体较破碎;较坚硬岩或软硬岩互层,岩体较完整;较软岩,岩体完整	450～351
Ⅳ	坚硬岩,岩体破碎;较坚硬岩,岩体较破碎～破碎;较软岩或软硬岩互层,且以软岩为主,岩体较完整～较破碎;软岩,岩体完整～较完整	350～251
Ⅴ	较软岩,岩体破碎;软岩,岩体较破碎～破碎;全部极软岩及全部的极破碎岩	≤250

再考虑地下水、岩体软弱结构面和地应力对岩体基本质量的影响，对 BQ 进行修正，得到工程岩体质量指标 $[BQ]$。

$$[BQ]=BQ-100(K_1+K_2+K_3) \tag{5-13}$$

式中，K_1、K_2、K_3 分别为地下水、岩体软弱结构面和初始应力状态的影响修正系数，可查 GB 50218—1994 求得。

2. 岩体质量指标（RQD）分类

岩体质量指标（RQD）指钻孔中用 N 型（75mm）二重管金刚石钻头获取的大于 10cm 的岩芯长度与该回次钻进深度的比值。岩体按岩石质量指标分为 5 个级别，见表 5-10。

表 5-10　岩体质量指标（RQD）分类

岩体分类	好	较好	较差	差	极差
RQD(%)	>90	75～90	50～75	25～50	<25

我国已将该指标正式收入国家规范 GB 50021—2001（2009 版）。

3. 岩体质量 Q 系统分类

1974 年挪威岩土工程研究所的 N·Barton 等根据 200 个隧道的实例分析，提出了该方案，也称巴顿岩体分类。该分类考虑了下述 6 中参数：①岩石的质量指标 RQD（0～100）；②节理组系数 J_n（0.5～20）；③节理粗糙度系数 J_r（4～0.5）；④节理面蚀变系数 J_a（0.75～20）；⑤节理水折减系数 J_w（1～0.05）；⑥应力折减系数 SRF（20～2.5）。巴顿用积商法计算岩体的质量 Q，公式如下：

$$Q=\frac{RQD}{J_n}\times\frac{J_r}{J_a}\times\frac{J_w}{SRF} \tag{5-14}$$

式中 6 个参数的组合，反映了岩体质量的三个方面，即 $\frac{RQD}{J_n}$ 为岩体的完整性，$\frac{J_r}{J_a}$ 表示结构面（节理）的形态、充填特征及其次生变化程度，$\frac{J_w}{SRF}$ 表示水与其他应力存在时对岩体质量的影响。

按 Q 值大小将岩体分成 9 种类型，式（5-14）中各种参数的确定方法可查专门的书籍。

表 5-11　按 Q 值对岩体的分类

Q 值	>400	100～400	40～100	10～40	4～10	1～4	0.1～1	0.01～0.1	<0.01
岩体分类	特别好	极好	很好	好	一般	差	很差	极差	特别差

4. *RMR* 分类

该方案由比尼维斯基（Bieniawski）于1973年提出，该法考虑了岩体的综合特征，包含：岩石单轴抗压强度（MPa）、*RQD* 值、节理间距（cm）、节理面性状、地下水条件及节理产状5个参数。分类时，根据各类参数的实测资料，按照标准分别评分（见表5-12）；然后将各类参数的评分值相加得岩体质量总分 *RMR* 值；再按节理产状对其进行修正（表5-13）；最后，用由式（5-15）得到修正后的 *RMR* 值对岩体分级（表5-14）。

$$RMR = 1 + 2 + 3 + 4 + 5 + (b) \tag{5-15}$$

式中，1、2、3、4、5是各参数的评分值，(b) 是节理产状修正的分值。

表5-12　分类参数及其评分值

	分类参数		数值范围				
1	岩石单轴抗压强度/MPa		＞250	100～250	50～100	25～50	＜25
	评分值		15	12	7	4	＜2
2	*RQD*/%		90～100	75～90	50～75	25～50	＜25
	评分值		20	17	13	8	3
3	节理间距/cm		＞200	60～200	20～60	6～20	＜6
	评分值		20	15	10	8	5
4	节理面性状		节理面很粗糙，不连续，未张开，岩壁未风化	节理面粗糙，宽度＜1mm，岩壁轻微风化	节理面稍粗糙，宽度＜1mm，岩壁高度风化	节理面光滑，或充填物＜5mm，或张开1～5mm，节理连续	含厚度＞5mm的软弱充填物，或张开＞5 mm，节理连续
	评分值		30	25	20	10	0
5	地下水	每10m长隧道涌水量/(L/min)	0	＜10	10～25	25～125	＞125
		节理水压力与最大主应力比值	0	＜0.1	0.1～0.2	0.2～0.5	＞0.5
		总条件	完全干燥	潮湿	湿	淋水	涌水
	评分值		15	10	7	4	0

表5-13　按节理产状修正的分值

节理产状与建筑物关系		很有利	有利	一般	不利	很不利
分值	隧道	0	−2	−5	−10	−12
	地基	0	−2	−7	−15	−25
	边坡	0	−5	−25	−50	−60

表5-14　*RMR* 的岩体类别及质量评价

RMR 值	100～81	80～61	60～41	40～21	≤20
岩体分级	Ⅰ	Ⅱ	Ⅲ	Ⅳ	Ⅴ
质量描述	很好	好	中等	差	很差

续表

RMR 值	100～81	80～61	60～41	40～21	≤20
围岩平均自稳时间	15m 跨度 10 年	8m 跨度 6 个月	5m 跨度 1 周	2m 跨度 10 小时	1m 跨度 30 分钟
凝聚力/MPa	>4	3～4	2～3	1～2	<1
内摩擦角/(°)	>45	35～45	25～35	15～25	<15

第三节 土的工程性质及分类

土是由地球表面的岩石由风化作用下形成的，残留在原地或经过各种不同类型的动力搬运后，在各种自然环境中重新堆积而成的没有胶结或弱胶结的颗粒集合体。它的厚度随地区变化较大，从几米至数百米，其工程性质的好坏对建筑物的质量、形状等具有直接而又重要的影响；同时也为孔隙水的赋存提供了空间。不同土体的工程性质、水理性质差异较大。

一 土的物理性质及分类

（一） 土的物质组成及结构

土的物质成分包括作为土骨架的土颗粒，充填于土颗粒之间的孔隙中的水或水溶液，以及气体三个部分。因此，土是由固相（颗粒）、液相（水）和气相（气）所组成的三相体系。由于土的形成年代和自然条件的不同，使各种土的颗粒大小、矿物成分以及土的三相间的数量比例有很大的差异，造成了土的轻重、疏密、干湿、软硬等一系列物理性质和状态上的不同反映，从而导致各种土在工程应力作用下的物理力学性质也各不相同。所以，要研究土的工程性质就必须了解土的三相组成性质、比例、环境条件以及在天然状态下土的结构和构造等总体特征。

1. 土的物质组成

（1） 土的固相

它既构成土的骨架主体，也是土中最稳定、变化最小的成分。

① 土的矿物成分　组成土的固体颗粒的矿物成分有原生矿物、次生矿物、可溶盐类、有机质四大类别，它们的工程特性各不相同。

原生矿物是指母岩物理风化后的矿物。它们的特点是颗粒粗大，物理、化学性质比较稳定，所以，原生矿物对土的工程性质影响比其他几种矿物要小得多。常见的原生矿物主要有石英、长石、角闪石、云母等。

次生矿物是指母岩化学风化的产物。常见的矿物主要有黏土矿物、次生 SiO_2（胶态、准胶态 SiO_2）、倍半氧化物（Al_2O_3 和 Fe_2O_3 等）。其中最常见、对土的工程性质影响最大的是黏土矿物，为含水铝硅酸盐，主要有高岭石、伊利石、水云母及蒙脱石等。这类矿物的最主要特点是呈高度分散状态——胶态或准胶态，具有很高的表面能、亲水性及一系列特殊的性质。所以，只要这类矿物在土中有少量存在就可引起土的工程性质发生显著改变，即增大土的变形和塑性、降低土的强度和透水性。黏土矿物的活动性、亲水性、膨胀性由弱到强依次是高岭石、伊利石和水云母、蒙脱石。土中次生 SiO_2 和倍半氧化物对土的工程性质影响一般比黏土矿物要小。

土中常见的可溶盐类，按其被水溶解的难易程度可分为易溶盐、中溶盐和难溶盐三类。这些盐类既可以以夹层、透镜体、网脉、结核等形式在土层中形成独立体分布，也可以构成土粒间的胶结物。其中易溶盐类极易被大气降水或地下水溶滤出去，所以，仅出现在干旱气候区和地下水排泄不良地区，是干旱气候区和地下水排泄不良地区地表上层土中的典型产物，常形成盐碱土和盐渍土。当土中含有可溶盐类时，若土浸水后，盐类被溶解，可使土的粒间连结削弱，甚至消失，从而增大土的孔隙性和可压缩性，降低土体的强度和稳定性。可溶盐对土的工程性质的影响程度取决于盐类的含量、溶解度、分布的均匀性和分布方式等。含量少、溶解度低、均匀分散分布者，盐的抗溶蚀能力较强，盐分溶解对土的工程性质及结构工程的影响较小；含量和溶解度高、不均匀集中分布者，盐分的抗溶蚀能力较弱，盐分溶解对土的工程性质的影响则较剧烈。

有机质一般存在于淤泥质土中，比黏土矿物有更强的胶体特性和更高的亲水性。有机质对土的工程性质的影响程度主要取决于有机质含量、分解程度和土被水浸的程度或饱和度以及有机质土层的厚度、分布均匀性及分布方式等。一般地说有机质含量愈高、分解程度愈高，对土的性质影响愈大；当含有机质的土体较干燥时，有机质可起到较强的粒间黏结作用；当土的含水量增大，则有机质将使土粒给合水膜剧烈增厚，削弱土的粒间黏结，土的强度将显著降低；有机质土层的厚度越大、分布越不均匀性，即分布越集中，对土工程性质及结构的影响越剧烈。

② 土的粒度成分　天然土是由大小不同的颗粒组成，通常将大小相近的土粒合并为一组，称为粒组。土颗粒粒组的划分在于使同一粒组中的土粒的工程性质相近，而与相邻粒组中的土粒的工程性质有明显差别。目前土的粒组的划分方法不完全相同。表 5-15 是我国现用的粒组划分及粒径范围。

表 5-15　土的粒组划分及粒径范围

粒组名称			粒径范围/mm
巨粒	漂石或块石		＞200
	卵石或碎石		200～60
粗粒	圆砾或角砾	粗砾	60～20
		细砾	20～2
	砂砾	粗砂	2～0.5
		中砂	0.5～0.25
		细砂	0.25～0.075
细粒	粉粒		0.075～0.005
	黏粒		0.005～0.002
	胶粒		＜0.002

土中某粒组的含量为该粒组中土的质量占总质量的百分数。土中各粒组的相对含量称为土的级配。实验室内常用颗粒分析试验（简称颗分法）确定土的级配。具体包括筛分法和沉降法。前者适用于粒径大于 0.075mm 的粗粒土，后者适用于粒径小于 0.075mm 的细粒土。具体试验方法见《土工试验方法标准》（GB/T 50123—1999）。根据颗粒分析试验成果，可

以绘制如图 5-6 所示的颗粒级配曲线（粒径分布曲线），其横坐标表示土粒粒径（mm，用对数坐标），纵坐标表示小于某粒径的土粒的累积质量百分含量。

根据颗粒级配累积曲线的坡度可以大致判断土的均匀程度。如曲线较陡，则表示粒径大小相差不多，土粒较均匀；反之，曲线平缓，则表示粒径大小相差悬殊，土粒不均匀，即级配良好。

为了判别土粒级配是否良好，常用不均匀系数 c_u 和曲率系数 c_c 两个指标分别表示累积曲线的坡度和形状。

$$c_u = \frac{d_{60}}{d_{10}} \tag{5-16}$$

$$c_c = \frac{d_{30}^2}{d_{60} \cdot d_{10}} \tag{5-17}$$

式中　d_{10}、d_{30}、d_{60}——累积曲线上小于某粒径的土颗粒累计含量百分数为 10%、30%、60%相对应的粒径值，d_{10} 为有效粒径，d_{30} 为中间粒径，d_{60} 为控制粒径。

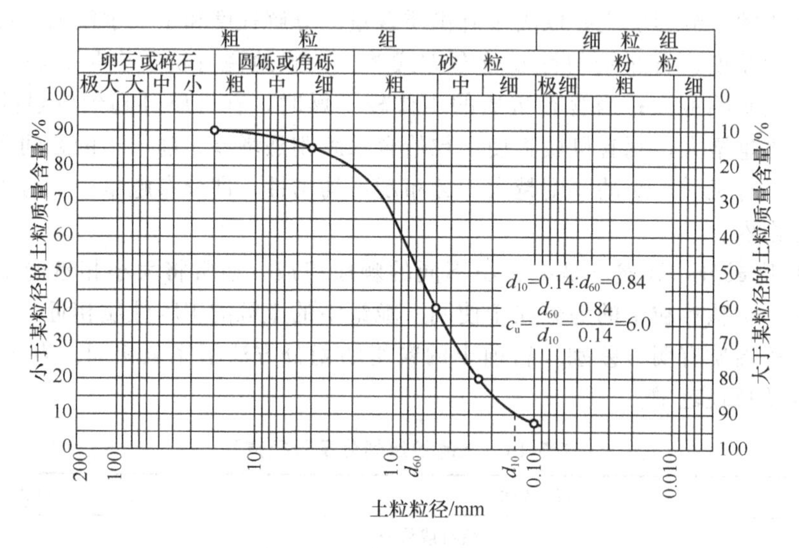

图 5-6　土颗粒级配累积曲线

不均匀系数 c_u 越大，级配曲线的坡度越缓，表明土粒越不均匀，常把 $c_u \geqslant 5$ 的土称为不均匀土。曲率系数 c_c 反映曲线的整体形状及细粒的含量。工程上将 $C_u \geqslant 5$ 且 c_c 的值在 1～3 之间的土称为级配良好的土，若不能同时满足上述条件，则是级配不良的。

土的粒度与土的矿物成分有关，粗粒土中原生矿物占多数，而细粒土中多为次生矿物。

（2）土的液相

土中或多或少均含水，土的液相是水及各种离子的溶液。其含量及性质明显影响土的性质，尤其是黏性土。随着土中水分的增加，黏性土的状态由坚硬变为可塑，直至成为流动状态的泥浆。土中液态的水可分为结合水和自由水，结合水是指吸附于土粒表面，受土粒表面引力的作用成薄膜状的水，根据距土粒表面的距离又分为强结合水（吸着水）和弱结合水（薄膜水）。自由水是在土粒电场影响范围以外的土中水，按其所受作用力的不同，又可分为重力水和毛细水。

（3）土的气相

土的气相即土中存在于未被土中水占据的孔隙中的气体，它以流通气体和封闭气体两种形式存在。

2. 土的结构

土的结构是指土的固体颗粒及其孔隙间的几何排列和连结方式。一般把土的结构分为单粒（散粒）结构、蜂窝结构和絮凝结构三种基本类型，见图 5-7。

① 单粒结构，也称散体结构，是指土颗粒间直接接触，固体颗粒没有连结或只在潮湿时具有微弱的毛细力连结的结构形式。它是碎石（卵石）、砾石类土和砂土等无黏性土的基本结构形式。这些土的颗粒粗大，在沉积过程中，土颗粒可以靠自身的重力作用而沉积下来，形成土颗粒的相互接触、相互支承堆积体。

② 蜂窝结构是指细小的土粒（较粗的黏粒和粉粒，粒径在 0.075～0.005mm 之间），沉积过程中粒间引力大于重力，使之在水中不能以单个颗粒沉积下来，需要凝聚成集合体，靠集合体自身的重力作用而沉积下来，形成疏松多孔的结构，在细砂与粉土中常见。

③ 絮状结构是指更小的黏性土颗粒（粒径小于 0.005mm）在水中长期处于悬浮状态，土粒在水中不仅粒间引力大于重力，不能以单个颗粒沉积下来，而且由土粒碰撞连结而成的团聚体也无法靠自身的重力作用直接沉积下来，只有当由土粒碰撞连结而成的团聚体彼此碰撞，连结成更大、更重的复合团聚体后，才能靠自身的重力作用沉积下来而形成疏松多孔的结构。其结构更为疏松、孔隙体积更大，是黏性土的结构特征。

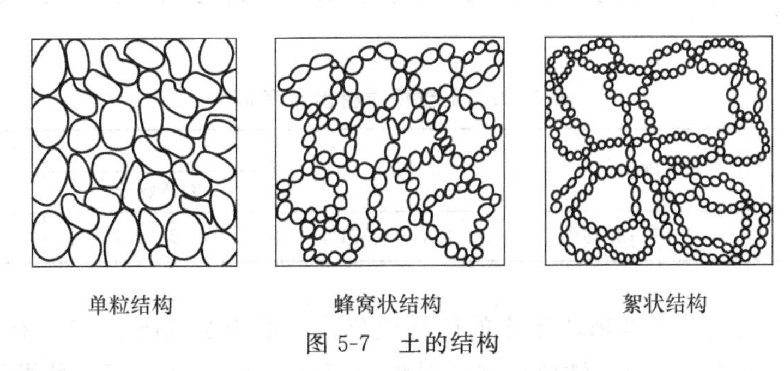

图 5-7　土的结构

事实上，天然条件下任何一种土的结构经常是以某种结构为主，由上述结构混合起来的复合形式。

（二）土的物理性质

1. 土的基本物理性质

天然土是由固相、液相和气相三部分组成，它们所占的比例不同，土的各项物理性质也随之而异。表示土的三相比例关系的指标称为土的物理性质指标，亦即土的三相比例指标，包括土的密度、含水率、土粒相对密度、饱和度、孔隙比、孔隙率等。

为了便于说明和计算，用图 5-8 所示的土的三相组成示意图来表示各部分之间的数量关系。

（1）土粒相对密度

土颗粒烘干至恒重后，土粒质量与同体积的 4℃纯水质量的比值，称为土粒相对密度，即

$$G_s = m_s / V_s \rho_{w4} \tag{5-18}$$

式中　G_s——土粒相对密度；

ρ_{w4}——4℃时纯水的密度，g/cm^3。

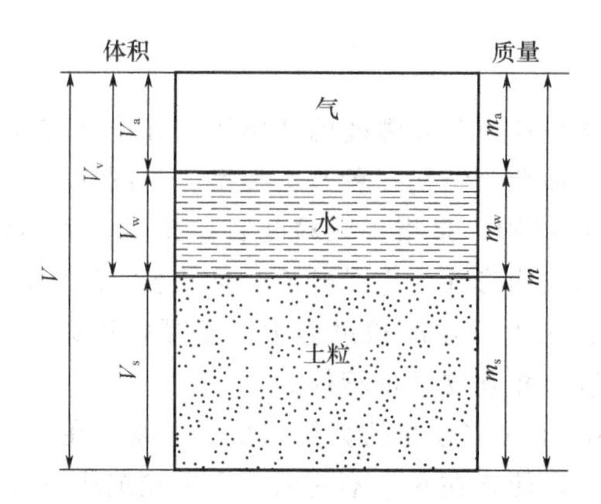

图 5-8　土的三相组成示意图

图中各指标的含义：m_a—空气的质量；m_s—土中所含土粒的质量，g；m_w—土中所含水（仅指自由水）的质量，g；m—土的总质量，g；V_s—土中所含土粒的体积，m^3；V_w—土中所含水的体积，m^3；V_a—土中所含气体的体积，m^3；V_v—土中孔隙的体积，m^3；V—土的总体积，m^3。

土粒相对密度可在试验室内用比重瓶法测定，具体测定方法见土工试验规程 SL 237—1999。一般土粒相对密度值见表 5-16。由于土粒相对密度的变化幅度不大，通常可按经验数值选用。

表 5-16　土粒相对密度参考值

土的名称	砂土	粉土	黏性土	
			粉质黏土	黏土
土粒相对密度	2.65～2.69	2.70～2.71	2.72～2.73	2.74～2.76

土粒相对密度的大小主要取决于土的矿物成分，一般为 2.65～2.75。有机质土为 2.4～2.5；泥炭土为 1.5～1.8；而含铁质较多的黏性土可达 2.8～3.0。同一种类的土，其颗粒相对密度的变化幅度很小。

(2) 土的密度和重度

单位体积土的质量称为土的密度，单位为 g/cm^3。根据土的含水状况，土的密度可分为天然密度、干密度、饱和密度 3 个指标。通常所说的土的密度是指土的天然密度。

① 土的天然密度　单位体积天然土的质量称为土的天然密度（ρ），单位为 g/cm^3，即

$$\rho=m/V \tag{5-19}$$

土的天然密度值的变化范围较大。一般黏性土 $\rho=1.8\sim2.0g/cm^3$，砂土 $\rho=1.6\sim2.0g/cm^3$，腐殖土 $\rho=1.5\sim1.7g/cm^3$。土的天然密度一般用“环刀法”测定。

② 土的干密度　单位体积土中固体颗粒部分的质量称为土的干密度（ρ_d），即

$$\rho_d=m_s/V \tag{5-20}$$

在工程上，常把土的干密度作为评定土体紧密程度的标准，特别是用于控制填土工程，如公路路基的碾压，土石坝的填筑等。

③ 土的饱和密度　土孔隙中充满水时的单位体积土的质量称为土的饱和密度（ρ_{sat}），即

$$\rho_{sat}=(m_s+V_v\rho_w)/V \tag{5-21}$$

式中　ρ_w——水的密度，近似等于 $1g/cm^3$。

④ 土的重度　工程中还常用土的重度这一物理性质指标来综合反映土的组成和结构特征。土重度的定义与密度相似，是指单位体积土的重量，分为天然重度 γ、干重度 γ_d、饱和重度 γ_{sat} 和有效重度 γ'4 个指标，前三个指标是在相应的密度的基础上乘以重力加速度，而有效重度的公式如下

$$\gamma'=(m_s g - Vs\rho_w g)/V=\gamma_{sat}-\gamma_w \tag{5-22}$$

(3) 土的含水率

土中水的质量与土粒质量之比，称为土的含水率（w），以百分数计，即

$$w=m_w/m_s \times 100\% \tag{5-23}$$

土的含水率一般用“烘干法”测定。先称小块原状土样的湿土重，然后置于烘箱内维持100～105℃烘至恒重，再称干土重，湿、干土重之差与干土重的比值，就是土的含水率。

(4) 土的饱和度

土中被水充满的孔隙体积与孔隙总体积之比，称为土的饱和度（S_r），以百分率计，即

$$S_r=V_w/V_v \times 100\% \tag{5-24}$$

饱和度 S_r 值愈大，表明土孔隙中含水愈多。孔隙完全为水充满时，$S_r=100\%$，土处于饱和状态；孔隙中全是气体，没有水分，$S_r=0\%$，土处于干燥状态（这种状态自然界实际很少）。工程实际中，按饱和度常将土划分为如下三种状态

$S_r<50\%$ 稍湿的

$S_r=50\%\sim80\%$ 很湿的

$S_r>80\%$ 饱水的

但黏性土因主要含结合水，由于结合水膜厚度的变化将使土体积发生膨胀、收缩而改变土中孔隙的体积，即孔隙体积可因含水率而变化。所以，对黏性土通常不按饱和度，而按稠度指标即液性指数 I_L 评述其含水状态（参见黏性土的稠度）。

(5) 孔隙比

土的孔隙比（e）是土中孔隙体积与土颗粒体积之比，用小数表示，即

$$e=V_v/V_s \tag{5-25}$$

(6) 孔隙率

土的孔隙率（n）是土中孔隙所占体积与土的总体积之比，以百分数表示，即

$$n=V_v/V \times 100\% \tag{5-26}$$

土的孔隙率与孔隙比为表征土结构特征的重要指标。数值愈大，土中孔隙体积愈大，土的结构愈疏松；反之，结构愈密实。

2. 无黏性土的密实度

同一种土，根据孔隙比的大小可以判断土的密实程度。但不同种类的土，则不能根据孔隙比的大小来比较。工程上用相对密实度更好的表示砂土的密实状态。相对密实度（D_r）是指砂土的最大孔隙比与天然孔隙比之差与砂土的最大孔隙比与最小孔隙比之差的比值，即

$$D_r=(e_{max}-e)/(e_{max}-e_{min}) \tag{5-27}$$

式中　e_{max}——砂土的最大孔隙比，也即砂土在最松散状态时的孔隙比；

e_{min}——砂土的最小孔隙比，也即砂土在最密实状态时的孔隙比；

e——砂土的天然孔隙比。

砂土的最大孔隙比和最小孔隙比的详细测定步骤与方法见国家标准《土工试验方法标

准》(GB/T 50123—1999)或《土工试验规程》(SL 237—1999)。

相对密实度 D_r 由于人为因素对其测定结果影响较大，目前工程中多采用标准贯入试验中的标贯击数 $N_{63.5}$ 来划分砂土的密实度，见表 5-17。

表 5-17 砂类土的密实度划分

按相对密度 D_r	密实		中密		松散
	$0.67 \leqslant D_r < 1.0$		$0.33 < D_r < 0.67$		$D_r \leqslant 0.33$
按标贯击数 $N_{63.5}$	密实	中密		稍密	松散
	$N_{63.5} > 30$	$15 < N_{63.5} \leqslant 30$		$10 < N_{63.5} \leqslant 15$	$N_{63.5} \leqslant 10$

3. 黏性土的稠度

稠度，是指黏性土在某一含水率时的黏滞程度或软硬程度，含水率的变化使黏性土呈现出不同的稠度状态。黏性土由一种状态转变为另外一种状态时的含水率称为界限含水率。黏性土的固态、半固态、可塑状态和流动状态对应着三个界限含水率，依次是缩限 ω_s、塑限 ω_P 和液限 ω_L。

缩限 ω_s 为半固体状态与固体状态的界限含水率。塑限 ω_P 是土从半固态进入可塑状态的界限含水率，是黏性土成为可塑状态的下限含水率。液限 ω_L 是土从可塑状态转变为流动状态时的界限含水率，是黏性土成为可塑状态的上限含水率。

液限通常采用锥式液限仪测定，而塑限的测定常用搓条法，目前在实验室常采用液塑限联合测定仪测定，具体测定方法参见《土工试验方法标准》(GB/T 50123—1999)。

塑性指数 I_P（是土的液限 ω_L 与塑限 ω_P 之差乘以 100）表示黏性土呈可塑状态时含水率的变化范围，是黏性土分类的重要指标，见土的工程分类一节。

液性指数 I_L 是表示黏性土所处状态的指标，表达式为

$$I_L = \frac{\omega - \omega_P}{\omega_L - \omega_P} = \frac{\omega - \omega_P}{I_P} \tag{5-28}$$

式中 ω——土的天然含水率；

ω_P——土的塑限，%；

ω_L——土的液限，%；

I_P——土的塑性指数。

显然，I_L 越大，土愈软，反之，土愈硬，《建筑地基基础设计规范》(GB 50007—2011)根据液性指数，将黏性土划分为如表 5-18 所示五种状态。

表 5-18 黏性土的状态

状态	坚硬	硬塑	可塑	软塑	流塑
液性指数 I_L	$I_L \leqslant 0$	$0 < I_L \leqslant 0.25$	$0.25 < I_L \leqslant 0.75$	$0.75 < I_L \leqslant 1$	$I_L > 1$

黏性土除具有可塑性外，还具有灵敏性、触变性、活动性、膨胀性、收缩性、崩解性，请参见土力学相关内容。

（三）土的工程分类

自然界中土的种类不同，性质也不同。目前无论国际还是国内各行业中由于土的用途不

完全相同，所以所使用的土名和分类方法分类标准并不统一。这里介绍我国《土的工程分类标准》（GB/T 50145—2007）和《建筑地基基础设计规范》（GB 50007—2011）中推荐的分类方法。

1.《土的工程分类标准》(GB/T 50145—2007)

我国制定的通用的土的分类标准，对土的分类体系与部分欧美国家的有些相近，仅根据实际情况作了适当修正。

首先将土分为一般土和特殊土（见第六章第四节）。然后将一般土根据有机质的含量分为有机土和无机土两大类。对于无机土，再根据土中各粒组的相对含量分为：巨粒土、含巨粒土、粗粒土和细粒土四类。对前三类土按粒组、级配及所含细粒的塑性高低进一步划分，对细粒土按塑性、所含粗粒类别及有机质多少进一步划分。

① 巨粒土、含巨粒土：若土中巨粒组（d>60mm）的质量多于总质量的 50%，称为巨粒土；若巨粒组质量为总质量的 15%～50%，称为含巨粒土。进一步划分见表 5-19。

表 5-19　巨粒土和含巨粒土的分类

土类	粒组含量			土代号	土名称
巨粒土	巨粒土	巨粒含量 75%～100%	漂石含量>50%	B	漂石
			漂石含量≤50%	Cb	卵石
	混合巨粒土	50%<巨粒含量<75%	漂石含量>50%	BSI	混合土漂石
			漂石含量≤50%	CbSI	混合土卵石
含巨粒土	15%≤巨粒含量≤50%		漂石含量>卵石含量	SIB	漂石混合土
			漂石含量≤卵石含量	SICb	卵石混合土

② 粗粒土：若土中粗粒组（d>0.075mm）的质量多于总质量的 50%，称为粗粒土。粗粒土可分为砾类土和砂类土。若土中砾粒组（d>2mm）的质量多于总质量的 50%，称为砾粒土，否则称为砂类土。

砾类土和砂类土再按细粒土（d≤0.075mm）的含量及类别、粗粒土的级配等进一步划分，见表 5-20、表 5-21。

表 5-20　砾类土的分类

土类	粒组含量		土代号	土名称
砾	细粒含量<5%	级配：$c_u \geq 5, c_c = 1 \sim 3$	GW	级配良好砾
		级配：不同时满足上述条件	GP	级配不良砾
含细粒土砾	细粒含量 5%～15%		GF	含细粒土砾
细粒土质砾	15%<细粒含量≤50%	细粒为黏粒	GC	黏土质砾
		细粒为粉粒	GM	粉土质砾

表 5-21　砂类土的分类

土类	粒组含量		土代号	土名称
砂	细粒含量<5%	级配：$c_u \geq 5, c_c = 1 \sim 3$	SW	级配良好砂
		级配：不同时满足上述条件	SP	级配不良砂

续表

土类	粒组含量		土代号	土名称
含细粒土砂	细粒含量5%～15%		SF	含细粒土砂
细粒土质砂	15%<细粒含量≤50%	细粒为黏粒	SC	黏土质砂
		细粒为粉粒	SM	粉土质砂

③ 细粒土：细粒组的质量不少于总质量的50%的土。若土中粗粒组（d>0.075mm）的质量少于总质量的25%，则属于细粒土；若土中粗粒组的质量占总质量的25%～50%，则属含粗粒的细粒土；若土中含部分有机质，则称有机质土。上述细粒土、含粗粒的细粒土及有机质土再按塑性图进一步划分为4种类型：高液限黏土（CH）、低液限黏土（CL）、高液限粉土（MH）和低液限粉土（ML）。结合我国的情况，当采用76g、锥角30°的液限仪，以锥尖入土17mm对应的含水率为液限时，可用图5-9塑性图分类。当采用76g、锥角30°的液限仪，以锥尖入土10mm对应的含水率为液限时，可用图5-10塑性图分类。细粒土、含粗粒的细粒土及有机质土具体分类分别见表5-22、表5-23、表5-24。

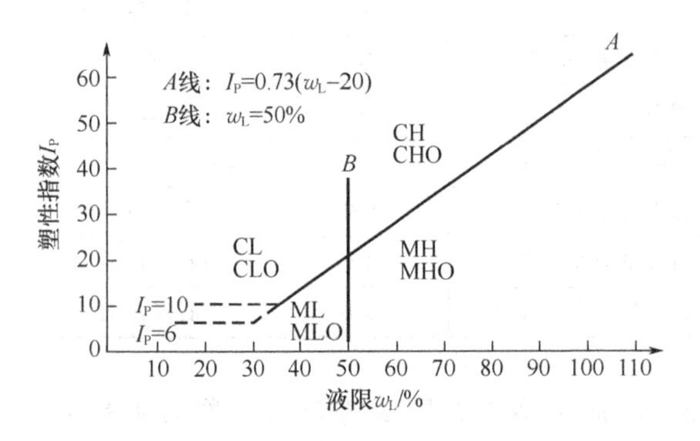

图5-9　塑性图（一）

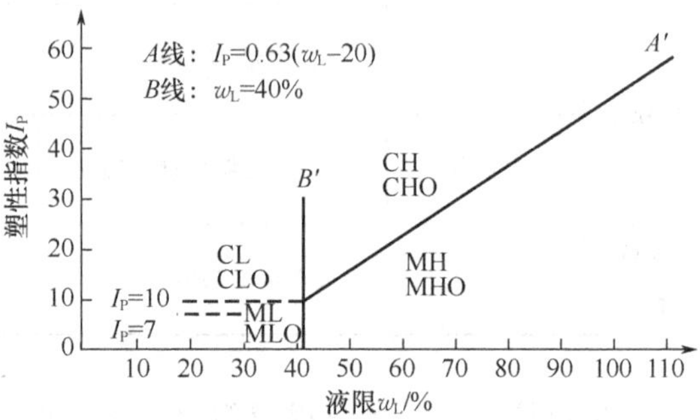

图5-10　塑性图（二）

表5-22　细粒土的分类

土级配	塑性指标在塑性图中的位置		土代号	土名称
	塑性指数 I_P	液限 W_L		
粗粒组质量少于总质量的25%	I_P≥0.73(ω−20)	≥50%	CH	高液限黏土
	和 I_P≥10	<50%	CL	低液限黏土
	I_P<0.73(ω−20)和	≥50%	MH	高液限粉土
	I_P<10	<50%	ML	低液限粉土

注意：表5-22、表5-23和表5-24的分类，若采用图5-10塑性图时，相应表格中的塑性指数I_P中的0.73换成0.63，液限W_L换成40%即可。

表5-23　含粗粒的细粒土分类

土级配	塑性指标在塑性图中的位置		土代号	土名称
	塑性指数 I_P	液限 W_L		
砾粒占优势	I_P≥0.73(ω−20)和	≥50%	CHG	含砾高液限黏土
	I_P≥10	<50%	CLG	含砾低液限黏土
	I_P<0.73(ω−20)和	≥50%	MHG	含砾高液限粉土
	I_P<10	<50%	MLG	含砾低液限粉土

续表

土级配	塑性指标在塑性图中的位置		土代号	土名称
	塑性指数 I_P	液限 W_L		
砂粒占优势	$I_P \geqslant 0.73(\omega-20)$和$I_P \geqslant 10$	≥50%	CHS	含砂高液限黏土
		<50%	CLS	含砂低液限黏土
	$I_P < 0.73(\omega-20)$和$I_P < 10$	≥50%	MHS	含砂高液限粉土
		<50%	MLS	含砂低液限粉土

表 5-24　有机质土的分类

塑性指标在塑性图中的位置		土代号	土名称
塑性指数 I_P	液限 W_L		
$I_P \geqslant 0.73(\omega-20)$和$I_P \geqslant 10$	≥50%	CHO	有机质高液限黏土
	<50%	CLO	有机质低液限黏土
$I_P < 0.73(\omega-20)$和$I_P < 10$	≥50%	MHO	有机质高液限粉土
	<50%	MLO	有机质低液限粉土

2.《建筑地基基础设计规范》(GB 50007—2011)

该分类方法体系比较简单，按照土颗粒的大小、粒组的颗粒含量，将地基土分为岩石、碎石土、砂土、粉土、黏性土和人工填土六大类。岩石的划分见岩体的分类一节（表 5-5 和表 5-8)。粗粒土按粒组的级配进一步划分，而细粒土则按塑性指数细分。

① 碎石土：粒径大于 2mm 的颗粒含量大于 50%的土。根据细粒含量及颗粒形状，可细分为漂石、块石、卵石、碎石、圆砾、角砾 6 种，见表 5-25。

表 5-25　碎石土的分类

粒组的颗粒含量	颗粒形状	土名称
粒径大于 200mm 的颗粒超过 50%	圆形或次圆形为主	漂石
	次棱角形为主	块石
粒径大于 20mm 的颗粒超过 50%	圆形或次圆形为主	卵石
	次棱角形为主	碎石
粒径大于 2mm 的颗粒超过 50%	圆形或次圆形为主	圆砾
	次棱角形为主	角砾

② 砂土：粒径大于 2mm 的颗粒含量不超过 50%，同时粒径大于 0.075mm 的颗粒含量超过 50%的土。砂土根据粒组含量不同可细分为砾砂、粗砂、中砂、细砂和粉砂 5 种，见表 5-26。

表 5-26　砂土的分类

粒组的颗粒含量	土名称
粒径大于 2mm 的颗粒占 25%～50%	砾砂
粒径大于 0.5mm 的颗粒含量超过 50%	粗砂

续表

粒组的颗粒含量	土名称
粒径大于0.25mm的颗粒含量超过50%	中砂
粒径大于0.075mm的颗粒含量超过85%	细砂
粒径大于0.075mm的颗粒含量超过50%	粉砂

注：表格/定名时，根据颗粒级配由大到小以最先符合者确定。

③ 粉土：粒径大于0.075mm的颗粒含量小于50%，且塑性指数不超过10的土。该土的工程性质较差，如抗剪强度低、黏聚力小、易液化等。

④ 黏性土：粒径大于0.075mm的颗粒含量不超过50%，且塑性指数大于10的土。根据塑性指数的大小可细分为黏土和粉质黏土，见表5-27。

表5-27　黏性土的分类

塑性指数 I_P	土名称
$I_P>17$	黏土
$17\geq I_P>10$	粉质黏土

⑤ 人工填土：根据组成和成因，可分为素填土、压实填土、杂填土、冲填土。素填土为由碎石土、砂土、粉土、黏性土等组成的填土。经过压实或夯实的素填土称为压实填土。杂填土为含有建筑垃圾、工业废料、生活垃圾等杂物的填土。冲填土，又称吹填土，是由水力冲填泥砂形成的填土。

二　土中的应力

土中的应力是指土体在自身重力、建（构）筑物荷载以及其它因素（如土中水的渗流、地震等）的作用下，土体中产生的应力。土中应力过大时，会使土体因强度不足发生破坏，甚至使土体发生滑动失去稳定，如第六章中的滑坡、边坡失稳等问题。此外，土中应力的增加会引起土体压缩导致建（构）筑物发生沉降、倾斜以及水平位移，变形过大时会影响建（构）筑物的正常使用和安全。

（一）土中应力类型

土中的应力按其起因可分为自重应力和附加应力。土中某点的自重应力与附加应力之和即为土体受外荷载作用之后的总应力。

(1) 自重应力

土中的自重应力是指土体受到自身重力作用而存在的应力，根据自身重力发挥的程度可分为三种情况：一种情况是在漫长的地质历史中，很早以前就形成了的土，在自身重力作用下完成固结，称为正常固结土；第二种是正常固结的土后来由于构造变动使上覆地层被风化剥蚀掉而剩下的土，土力学上称为超固结土；第三种是近代（约一万年以来）才沉积的土层，或者近期人工填土（包括路堤、土坝、人工地基换土垫层、冲填土等），土体在自身重力作用下尚未完成固结，仍将继续产生变形的土，称为欠固结土。

此外，地下水位的升降也会引起土中自重应力发生变化，详见第六章第六节。

(2) 附加应力

土中的附加应力是指土体受外荷载（包括建筑物荷载、交通荷载、堤坝荷载等）以及地下水渗流、地震等作用下产生的应力增量，它是引起地基变形的主要因素，也是导致土体强度破坏和建筑物失稳的重要原因。

（二）有效应力原理

1925 年，太沙基（K. Terzaghi）提出有效应力原理：土中的有效应力等于土体所受到的总应力减去由土中的孔隙水承担的孔隙水应力。有效应力就是土骨架所承受的应力。在封闭或相对封闭的条件下，上覆荷载的总应力由饱水的土骨架和孔隙水共同承担。

$$\sigma=\sigma'+u \tag{5-29}$$

式中，σ 为总应力；σ'为土骨架所承受的有效应力，u 为孔隙水承担的孔隙水应力。需要注意的是孔隙水应力是各向同性的，只有有效应力才能使土颗粒趋于紧密排列。所以在总应力不变的情况下，孔隙水的排出导致孔隙水应力减少，相应的有效应力增加导致土骨架排列更紧密，宏观表现就是地面或地基沉降。

三　土的压缩性及地面沉降

土在应力作用下体积缩小的特性称为土的压缩性。在一般的工程压力（100～600kPa）作用下，土的压缩是由于孔隙中的水和气受压缩而排出引起的体积缩小。但在高压作用下，也可能由土颗粒的压碎和气体的压缩变形引起。

饱和土体的压缩与时间有关（土力学称为固结）。尤其对于饱和的软黏土，孔隙中的水和气的排出是需要时间的，不是瞬时完成的。华北平原 20 世纪 70 年代集中超采若干年后，地面沉降才逐渐产生，就是由于饱和软黏土的固结引起的。

（一）土的压缩和再压缩曲线

不同的土，其压缩性不同。为了研究土的压缩性，一般通过室内土的压缩试验［试验过程及方法见《土工试验规程》（SL 237—1999）］来研究。通过对室内土的压缩试验过程中对土的孔隙比和试验压力的记录可以绘制出多种反映土的压缩性特点的曲线。通常将土的压缩试验时的孔隙比和试验压力所绘制的 e-p 曲线或 e-lg$p$ 曲线称为土的压缩曲线（图 5-11），而将加压到某一值 p_i 后逐级进行卸载过程中的孔隙比与压力的关系曲线称为土的回弹曲线。根据土在回弹稳定后再逐级进行加载过程中的孔隙比和试验压力所绘制的曲线则称为土的再压缩曲线。

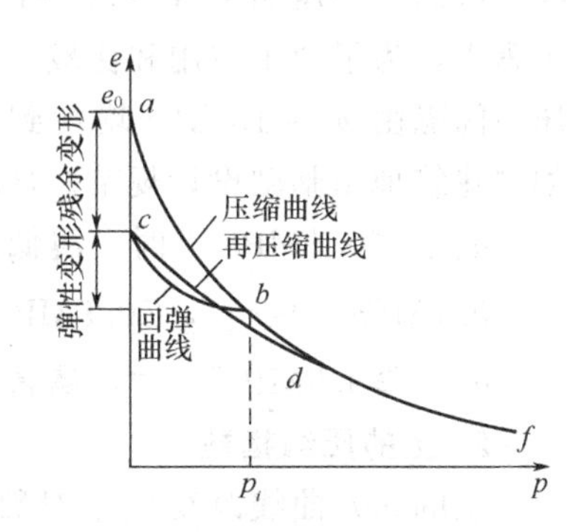

图 5-11　典型土的压缩性特征曲线

（二）土的压缩性指标

1. 土的压缩系数

不同的土，其 e-p 曲线的形状是不一样的。曲线愈陡，说明随着压力的增加，土孔隙比的减小愈显著，因而土的压缩性愈高。所以，曲线上任一点的切线斜率 a 就表示了相应于该压力作用下土的压缩性，故称 a 为压缩系数。

$$a=-\mathrm{d}e/\mathrm{d}p \tag{5-30}$$

此时，土的压缩性可用图 5-12 中割线 M_1M_2 的斜率表示。设割线与横坐标的夹角为 α，则

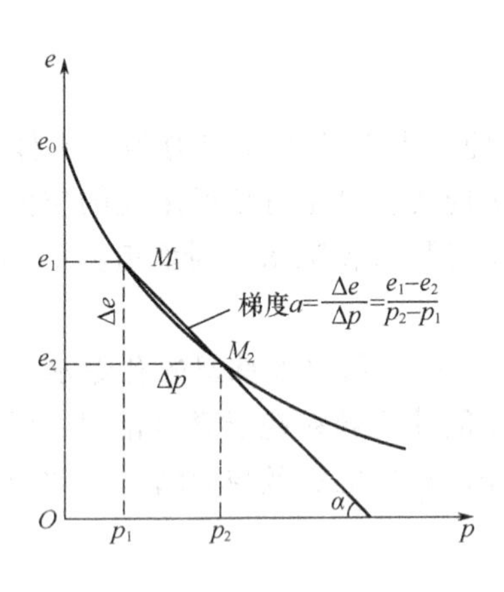

图 5-12　土的压缩系数

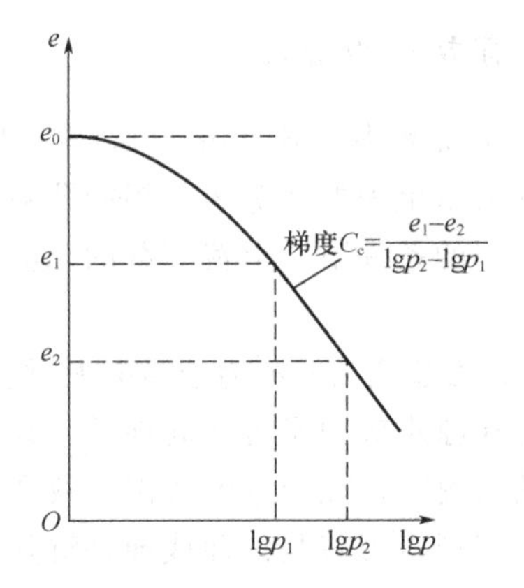

图 5-13　土的压缩指数

$$a=\tan\alpha=\Delta e/\Delta p=e_1-e_2/p_2-p_1 \tag{5-31}$$

式中　a——土的压缩系数，MPa^{-1}；

p_1——一般是指地基某深度处土中自重应力，MPa；

p_2——地基某深度处土中自重应力与附加应力之和，MPa；

e_1——相应于 p_1 作用下压缩稳定后的孔隙比；

e_2——相应于 p_2 作用下压缩稳定后的孔隙比。

压缩系数愈大，表明在同一压力变化范围内，土的孔隙比减小的愈多，也就是土的压缩性愈大。

式 (5-30) 中的负号表示随着压力 p 的增加，e 逐渐减小。由于土的压缩曲线并非直线，因而土的压缩系数不是一个常数，而是随着所取压力变化范围的不同而改变的。在实际工程中，为了便于应用和比较，并考虑到一般建筑物地基通常受到的压力变化范围，常采用压力间隔由 $p_1=100\mathrm{kPa}$ 增加到 $p_2=200\mathrm{kPa}$ 时所得的压缩系数 a_{1-2} 来评定土的压缩性，如《建筑地基基础设计规范》(GB 50007—2011) 中采用以下分类标准。

$a_{1-2}<0.1\mathrm{MPa}^{-1}$ 时，属低压缩性土；

$0.1\mathrm{MPa}^{-1}\leqslant a_{1-2}<0.5\mathrm{MPa}^{-1}$ 时，属中压缩性土；

$a_{1-2}\geqslant 0.5\mathrm{MPa}^{-1}$ 时，属高压缩性土。

2. 土的压缩指数

土的 e-p 曲线改绘成半对数压缩曲线 e-$\lg p$ 曲线后，它的后段将接近直线（图 5-13）。其斜率（C_c）即为土的压缩指数。即

$$C_c=(e_1-e_2)/(\lg p_2-\lg p_1)=(e_1-e_2)/\lg p_2/p_1 \tag{5-32}$$

同压缩系数 a 一样，压缩指数 C_c 值越大，土的压缩性越高。从图 5-13 可见 C_c 与 a 不同，它在直线段范围内并不随压力而变，试验时要求斜率确定得很仔细，否则出入很大。低压缩性土的 C_c 值一般小于 0.2，高压缩性土的 C_c 值大于 0.4。采用 e-$\lg p$ 曲线可分析研究应力历史对土压缩性的影响，这对重要建筑物的沉降计算具有现实意义。

3. 土的压缩模量

土的压缩模量（E_s）是指土在完全侧限条件下的竖向附加压应力与相应的应变增量之比值。即

$$E_s=\Delta p/\Delta\varepsilon=(p_2-p_1)/[(e_1-e_2)/(1+e_1)]=(1+e_1)/a \tag{5-33}$$

式中 E_s——土的压缩模量，MPa；

a，e_1，e_2——意义同式（5-31）。

土的压缩模量是土压缩性的另一种方式表达方式。E_s 越小土的压缩性越高。

4. 土的变形模量

前面的压缩性指标都是由侧限压缩试验得到的，所以与土的实际工作情况之间存在一定的差异。为了获得更加接近土的实际工作情况土的压缩性指标，人们又研究出了在实际土层上进行直接加载来测定土的压缩性指标的现场原位测试方法，如荷载试验、旁压试验等。其中荷载试验是《建筑地基基础设计规范》（GB 50007—2011）和《岩土工程勘察规范》（GB 50021—2009）等国家规范所推荐的测定土的承载力和压缩性指标的主要试验方法之一。

荷载试验是通过在实际土层上进行直接施加荷载，再根据试验中各级压力 p（MPa）及其相应的稳定沉降量 s（mm）绘制出土的 p-s 曲线，即测得的土体变形与压力之间的比例关系，从而获得土的承载力和压缩性指标的试验方法（载荷试验的设备、试验标准、操作要领及资料整理等详见《岩土工程勘察规范》[GB 50021—2001（2009 版）]，其测得的土的压缩性指标为土的变形模量 E_0。其计算公式对于浅层平板荷载试验为

$$E_0=I_0(1-\mu^2)pd/s \tag{5-34}$$

对于深层平板荷载试验为

$$E_0=\omega pd/s \tag{5-35}$$

式中 I_0——刚性承压板的形状系数，对方形承压板 $I_0=0.886$；对圆形承压板 $I_0=0.785$；

μ——土的泊松比（碎石土取 0.27，砂土取 0.30，粉土取 0.35，粉质黏土取 0.38，黏土取 0.42）；

d——承压板直径或边长，m；

p——p-s 曲线线性段的压力，kPa；

s——与 p 对应的沉降，mm；

ω——与试验深度和土类有关的系数，可按表 5-28 选用。

表 5-28 深层平板载荷试验计算系数 ω

土类 / d/z	碎石土	砂土	粉土	粉质黏土	黏土
0.30	0.477	0.489	0.491	0.515	0.524
0.25	0.469	0.480	0.482	0.506	0.514
0.20	0.460	0.471	0.474	0.497	0.505
0.15	0.444	0.454	0.457	0.479	0.487
0.10	0.435	0.446	0.448	0.470	0.478
0.05	0.427	0.437	0.439	0.461	0.468
0.01	0.418	0.429	0.431	0.452	0.459

注：d/z 为承压板直径和承压板直径底面深度之比。

与室内试验相比，载荷试验具有压力影响深度大、取样所受到的应力与机械的扰动要小、土中应力状态在载荷板较大时与实际基础条件比较接近、试验成果能反应较大一部分土体的压缩性等优点，但其试验设备笨重，操作繁杂，费时，费用高，因而只有在比较大型或重要的工程中才会使用。

需要指出的是，据有些地区的经验，变形模量所反映的土的压缩性仅相当于实际工程施工完毕时的早期沉降。因此，采用载荷试验所确定的压缩性指标仍带有一定的近似性，其主要原因是由于土不是理想的弹性体而用弹性理论来研究所致。

此外，在实际工程中，对于深层土或地下水位以下等试验条件复杂的土层，国内外还可以采用旁压试验、触探试验等现场快速测定变形模量的方法，限于篇幅在此不详细介绍，有兴趣者可参阅《岩土工程勘察规范》(GB 50021—2001)。

5. 变形模量与压缩模量的关系

如前所述，土的变形模量 E_0 是土体在单向受力，且无侧限条件下的应力与应变的比值，而土的压缩模量 E_s 则是土体在完全侧限条件下的应力与应变的比值。因此，从理论上讲，二者是完全可以相互换算的，其理论关系依据弹性理论在完全侧限条件下，得变形模量与压缩模量的关系为

$$E_0=E_s[1-2\mu^2/(1-\mu)] \tag{5-36}$$

令

$$\beta=(1-2\mu^2)/(1-\mu) \tag{5-37}$$

可得

$$E_0=\beta E_s \tag{5-38}$$

通常情况下，对土体而言 μ 在 0～0.5 之间，则 β 应在 1.0～0 之间，但实际统计资料所得的 β 值与它相比，却有较大的出入，E_0 可能是 E_s 的几倍（表 5-29）。其原因可能是：①用弹性理论来研究非理想的弹性体土体而带来的误差；②从钻孔取样一直到进行室内压缩试验过程，土样受到应力释放和结构扰动较大，而载荷试验所试验的土体为真实土层，且二者的受力条件也不相同；③载荷试验与室内压缩试验的加荷速率、压缩稳定标准不一致等。

表 5-29 变形模量与压缩模量的经验关系

土的种类	β	土的种类	β
老黏土、低压缩性土	2～3	一般高压缩性土	0.9～1.2
一般黏性土	1.4～2	淤泥及淤泥质土	1.1～1.5
新近沉积黏性土	0.8～1.0	黄土	2～5

表 5-30 μ、β 的经验值

土的种类和状态		μ	β
碎石土		0.15～0.20	0.95～0.90
砂土		0.20～0.25	0.90～0.83
粉土		0.25	0.83
粉质黏土	坚硬状态	0.25	0.83
	可塑状态	0.30	0.74
	软塑及流塑状态	0.35	0.62

续表

土的种类和状态		μ	β
黏土	坚硬状态	0.30	0.74
	可塑状态	0.35	0.62
	软塑及流塑状态	0.40	0.47

由表 5-30 可见，土愈坚硬或土的结构性愈显著，β 值愈大；土的压缩性愈大，则 β 值愈小。因而在实际使用时，应按地区经验，采用适当的 β 值进行变形模量与压缩模量的换算，不可盲目采用理论关系。

（三）地面沉降

1. 最终沉降量计算

地基最终沉降量是指地基土在建筑物荷载作用下达到压缩稳定时地基表面的沉降量，是建筑物地基基础设计的重要内容。目前国内常用的三种方法是：分层总和法、应力面积法（即规范法）和原位压缩曲线法。具体见土力学相关部分。

2. 与时间有关的沉降量

饱和黏性土地基在建筑物荷载作用下要经过相当长时间才能达到最终沉降。而对于一些特殊的建筑物，需要知道某时间的沉降量或达到某沉降量的时间，这就需要掌握沉降与时间的关系。这种与时间有关的沉降称为固结。常用的饱和土的固结理论有太沙基（Terzaghi）一维固结理论和比奥（Biot）的真三维固结理论。

饱和黏性土地基的沉降量由以下三部分组成。

① 瞬时沉降：是在施加荷载后瞬时发生的，在很短的时间内，孔隙中的水来不及排出。因此对于饱和黏性土来说，是在没有体积变化时的形状改变。

② 固结沉降：也称为主固结沉降，是在荷载作用下，孔隙水排出，孔隙体积减小的过程，是黏性土地基沉降的最主要的组成部分。

③ 次固结沉降：也称次压缩沉降或徐变沉降，是超净孔隙水压力消散为零，有效应力不变的情况下，土中的结合水以黏滞流动的形态缓慢移动，造成水膜厚度相应地发生变化，使土骨架产生徐变的结果。

事实上这三种沉降是不能截然分开，而是交错发生的，只是某个阶段以一种沉降变形为主而已。

四　地基的承载力及建筑物的稳定

建筑物因地基问题所引起的破坏一般有两种情况：一种是由于地基土在建筑物荷载作用下产生压缩变形，引起基础过大的沉降量或沉降差，使上部结构倾斜、开裂以致毁坏或失去使用价值；另一种是由于建筑物的荷载过大，超过了基础下持力层土（直接与建筑物基础底面接触并支承荷载的土层称为持力层）所能承受荷载的能力而使地基产生滑动破坏。

地基的承载力就是指地基单位面积上所能承受荷载的能力。地基的承载力与地基土的抗剪强度有关。

土的抗剪强度是指土体抵抗外力时保持自身不被破坏时所能承受的极限应力。在工程实践中，土的强度问题涉及地基、边坡和地下硐室的稳定性等问题，也是分析土坡与地基稳定性，计算挡土墙压力及地基承载力的理论依据，因而是土的力学性质的基本问题之一。

（一）土的抗剪强度

1. 莫尔-库伦破坏准则

关于材料强度理论有多种，不同的理论适用于不同的材料。通常认为，莫尔（O. Mohr）-库伦（C. A. Coulomb）理论最适合土体的情况。18 世纪末，库伦通过一系列土的强度实验总结出土的抗剪强度规律。

砂土的抗剪强度 τ_f 与作用在剪切面上的法向应力 σ 成正比，比例系数为内摩擦系数。黏性土的抗剪强度 τ_f 比砂土的抗剪强度增加一项土的黏聚力，即

砂土：$\tau_f=\sigma\tan\phi$ (5-39)

黏性土：$\tau_f=\sigma\tan\phi+C$ (5-40)

式中 τ_f——土体破坏面上的剪应力，即土的抗剪强度，kPa；

σ——作用在剪切面上的法向应力，kPa；

ϕ——土的内摩擦角，(°)；

C——土的黏聚力，kPa。

式（5-39）和式（5-40）即为著名的库伦定律。

在一般条件下对式（5-39）和式（5-40）的一种比较简单的解释是：黏聚力可以近似地看作土颗粒间的连结力，$\tan\phi$ 可以近似地看作土颗粒间的摩擦系数。由于无黏性土的试验结果 $C=0$，故土颗粒间无黏聚性；而黏性土的试验结果出现 C，表明土具有一定的结构强度。

在荷载作用下，当土中某截面上的剪应力 $\tau=\tau_f$ 时，则所对应的面上的剪应力处于极限平衡状态。当斜截面上的剪应力 $\tau>\tau_f$ 时，材料就会发生剪切破坏。所以，通常岩土工程中也将库仑定律称为土体的莫尔-库仑破坏准则。

莫尔还提出，对材料破坏起决定作用的是最大主应力 σ_1 和最小主应力 σ_3 而与中间主应力 σ_2 的大小无关。材料内任意一点的极限状态应力，可以用图 5-14、图 5-15 所示的应力圆（也称莫尔应力圆或极限莫尔圆）来表示。

由于材料可在不同的应力状态下达到破坏，因此，可以作出很多极限应力圆。这些应力圆的公切线，也就是材料的强度曲线，或者说是这些极限莫尔圆的包络线，如图 5-18 所示。材料发生剪切破坏时的剪应力并不是最大剪应力，而是破坏面上的剪应力和正应力正好满足，具体地说就是莫尔圆与强度曲线相交。

有了莫尔-库仑破坏准则及某一种土的强度曲线后，就可以很容易地利用它来判断这种土内任一点在某一应力状态下是否会发生破坏：即如果以这一点的应力状态作出的莫尔圆与强度曲线相交，那么土内在这交点以上点所代表的斜截面必然发生破坏；当莫尔圆与强度曲线相切时，切点所对应的面就是土内剪应力处于极限平衡状态的面，也就是潜在的破坏面。如果所作的莫尔圆不与强度曲线相切或相交，这一点处的应力状态是安全的。

2. 土中一点的应力状态

为了简化分析，下面仅介绍平面问题，并引用材料力学中有关表达一点应力状态的摩尔圆方法。设某一土体单元上作用着的大小主应力分别为 σ_1 和 σ_3（图 5-14），则在土体内与大主应力 σ_1 作用面成任意角 α 的 m-n 平面上的正应力 σ 和剪应力 τ 可以用下面的公式计算：

$$\tau=\frac{1}{2}(\sigma_1-\sigma_3)\sin2\alpha \tag{5-41}$$

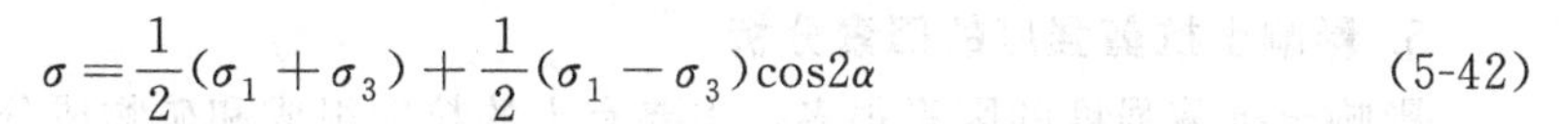

$$\sigma=\frac{1}{2}(\sigma_1+\sigma_3)+\frac{1}{2}(\sigma_1-\sigma_3)\cos2\alpha \tag{5-42}$$

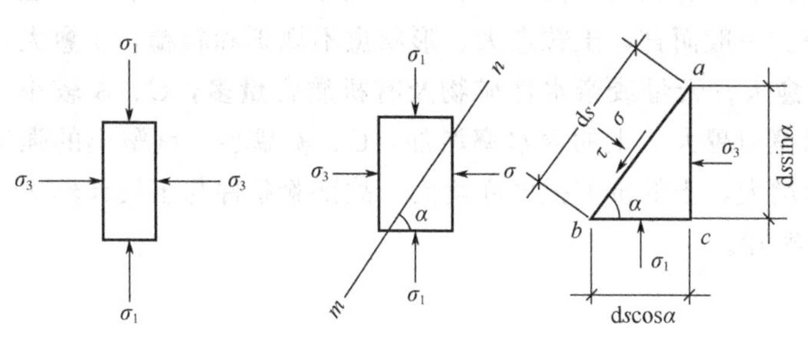

图 5-14　土体单元　　　图 5-15　m-n 平面

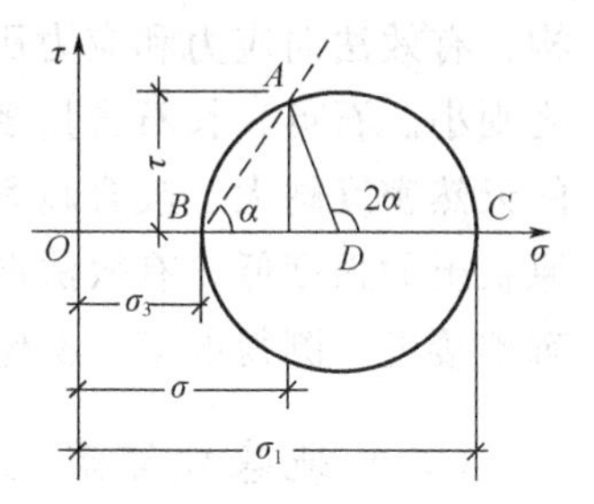

图 5-16　摩尔应力圆

式（5-41）和式（5-42）可以用图 5-16 所示的圆心为 $\left[\frac{1}{2}(\sigma_1+\sigma_3)，0\right]$，半径为 $\frac{1}{2}(\sigma_1-\sigma_3)$ 的应力圆表示，应力圆上的一点 A 所表示的应力就代表平面 m-n 上的应力状况。

3. 土的极限平衡条件

当土体中某个面上的剪应力 τ 达到了抗剪强度 τ_f，则土处于极限平衡状态，此时以这一点的应力状态做出的摩尔应力圆与强度曲线相切，如图 5-17 所示。

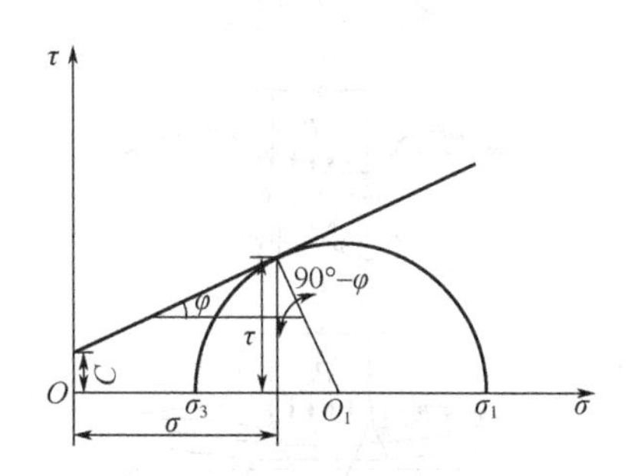

图 5-17　土的极限平衡条件

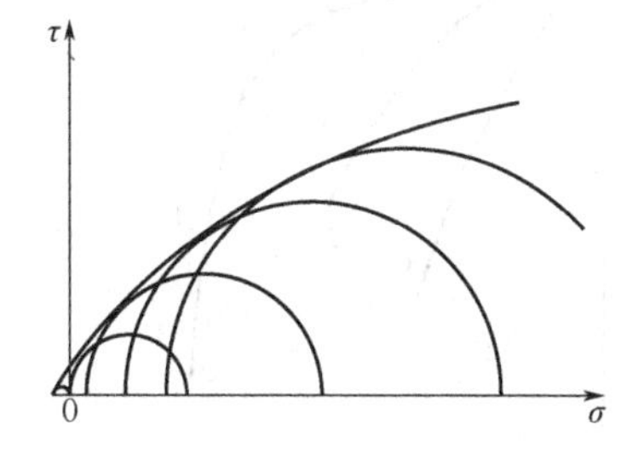

图 5-18　莫尔圆的包络线

将式（5-41）和式（5-42）分别代入式（5-39）并整理后可得砂土的极限平衡条件为

$$\sigma_{1f}=\sigma_3\tan^2(45°+\frac{\phi}{2}) \tag{5-43}$$

$$\sigma_{3f}=\sigma_1\tan^2(45°-\frac{\phi}{2}) \tag{5-44}$$

代入式（5-40）并整理得黏性土的极限平衡条件为

$$\sigma_{1f}=\sigma_3\tan^2(45°+\frac{\phi}{2})+2C\tan(45°+\frac{\phi}{2}) \tag{5-45}$$

$$\sigma_{3f}=\sigma_1\tan^2(45°-\frac{\phi}{2})-2C\tan(45°-\frac{\phi}{2}) \tag{5-46}$$

4. 土的抗剪强度测定

土的抗剪强度一般通过室内试验测定。根据试验的原理和方法的差异，土的抗剪强度试验可分为直接剪切试验和三轴剪切试验两种，详见《土工试验规程》（SL 237—1999）或《土工试验方法标准》GB/T 50123—1999。通常同一土样取 3~4 个，分别在不同的 σ_3 下剪切破坏，做这些极限应力圆的强度包线，如图 5-18，就可求得该土样的抗剪强度指标。原位可用十字板剪切试验测定。

5. **影响土抗剪强度的因素分析**

影响土抗剪强度的因素很多，主要有土的粒度组成和矿物成分、密度、含水率、土的结构、有效法向应力和应力历史等。一般而言，土粒愈大、形状愈不规则和粗糙，ϕ 愈大，反之则小。石英、长石含量多，ϕ 愈大；云母或亲水性矿物及有机质含量多，C、ϕ 较小。土的天然密度越大、咬合越紧，摩擦力越大。土的含水率增加，C、ϕ 减小。重塑土的强度比原状土的强度低。有效法向应力增大，土的抗剪强度亦增大，故试验条件与土层天然应力状态越接近，测得的 C、ϕ 越符合实际。

（二）地基破坏形式

不同的地基土，其破坏形式不同。常见的地基破坏形式有三种。

1. **整体剪切破坏**

对于浅埋基础下的密砂或硬黏土等坚硬地基中，其承载性状见图 5-19 中的曲线 A，可分为明显的三个阶段如下 。

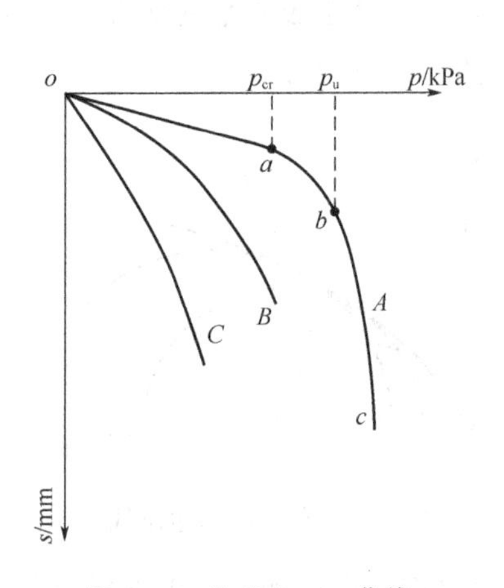

图 5-19 地基土 p-s 曲线

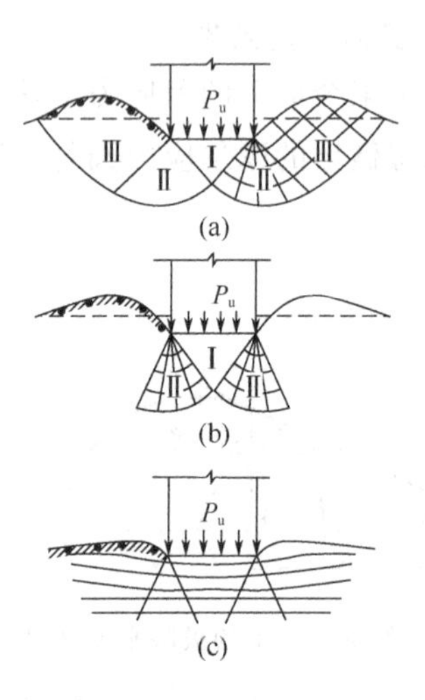

图 5-20 地基的破坏模式

(1) 压密阶段（或称线弹性变形阶段）

在这一阶段，p-s 曲线接近于直线，土中各点的剪应力均小于土的抗剪强度，土体处于弹性平衡状态。荷载板的沉降主要是由于土的压密变形引起的，如图 5-19 中 p-s 曲线上的 oa 段。通常将 p-s 曲线上相应于 a 点的荷载称为临塑荷载，用 p_{cr} 表示，意味着地基土中接下来将发生剪切破坏，出现塑性区。此时在地基地土中形成一个三角形压密区，见图 5-20 (a) 中的Ⅰ。

(2) 剪切阶段（或称弹塑性变形阶段）

随着荷载继续增大，p-s 曲线已不再保持线性关系，沉降的增长率随荷载的增大而增加，相当于图 5-19 中 p-s 曲线上的 ab 段，而 b 点对应的荷载称为极限荷载，用 P_u 表示，是地基单位面积上所能承受的最大荷载。在这个阶段，地基土中局部范围内（首先在基础边缘处）的剪应力达到土的抗剪强度，土体发生剪切破坏，这些区域也称塑性区。随着荷载的继续增加，土中塑性区的范围也逐步扩大。因此，剪切阶段也是地基中塑性区的发生［如图 5-20 (a) 中的Ⅱ］与发展阶段［如图 5-20 (a) 中的Ⅲ］。

(3) 破坏阶段

当荷载超过极限荷载后，荷载板急剧下沉，即使不增加荷载，沉降也不能稳定，这表明地基进入了破坏阶段。在这一阶段，由于土中塑性区范围的不断扩展，最后在土中形成连续滑动面，土从载荷板四周挤出隆起，基础急剧下沉或向一侧倾斜，地基发生整体剪切破坏。破坏阶段相当于图 5-19 中 p-s 曲线上的 bc 段。

2. 局部剪切破坏

对于中等密实的砂土中，p-s 曲线如图 5-19 中的曲线 B 所示。随着荷载的增加，地基中也产生压密区Ⅰ和塑性区Ⅱ。但塑性区仅仅发展到地基某一范围内，土中滑动面并不延伸到地面，基础两侧地面微微隆起，没有出现明显的裂缝［见图 5-20 (b)］。在 p-s 曲线上也有一个转折点，但不像整体剪切破坏那么明显，压力超过转折点之后，p-s 曲线仍呈线性关系，沉降也没有整体剪切破坏那样急剧增加。

3. 冲剪破坏

对于松砂或软土地基中，地基土常发生冲剪破坏，又称刺入剪切破坏。其特征是随着荷载的增加，基础下土层发生压缩变形，基础随之下沉。当荷载继续增加，基础周围附近土体发生竖向剪切破坏，使基础刺入土中，而基础两边的土体并没有移动，见图 5-20 (c)。刺人破坏的 p-s 曲线如图 5-19 中的曲线 C，在 p-s 曲线上没有明显的转折点，也没有明显的比例界限及极限荷载。

此外，破坏形式还与基础埋深、加荷速率等因素有关。当基础埋深较浅、荷载快速施加时，将趋向于发生整体剪切破坏；若基础埋深较大，无论是砂性土或黏性土地基，最常见的破坏形态是局部剪切破坏。但目前没有合理的理论作为统一的判别标准。

(三) 地基承载力确定方法

地基承载力是地基基础设计中的关键性数据，比较复杂。不仅要考虑地基土本身的特征，还要考虑基础的埋深、基础底面的形状和尺寸，而且涉及上部结构容许变形值的大小。当前确定地基承载力的方法主要如下。

1. 经验方法或规范法

收集已有的测试数据，通过统计分析，总结出各种类型的土在某种状态下的承载力数值。我国一些行业和地方地基基础设计规范中提供的承载力表，基本属于这一类。这些表是根据在各类土上所做的大量的载荷试验资料，以及工程经验经过统计分析而得到的。此外也可借鉴条件相近的已有建（构）筑物的成功经验来确定。此方法较简便实用，便于设计单位查用，因而得到广泛使用。

2. 原位试验

通过现场载荷试验、标准贯入试验、静力触探试验等原位试验，确定测试地点的地基承载力。对于那些地质条件复杂，土质很不均匀，或是一些重大工程，常采用此方法，但成本较高。具体内容见《建筑地基基础设计规范》GB 50007—2011 中附录 C 和附录 D。

3. 理论公式

根据土体强度理论，计算出能够保证地基强度安全的地基承载力，但要进行地基变形验算，要求计算地基的变形量不超过容许的变形量。这种方法又分两类：

(1) 按土的强度理论

首先要确定土的抗剪强度指标 c、ϕ。由于要考虑土的应力历史、排水、固结等条件，因此，指标的正确选择本身并不容易；而在确定地基承载力时，还必须考虑上部结构、基础、地基、荷载性质等的综合影响；此外有些公式推导中应用了弹性理论的假定，因而导致理论计算的结果可靠性受到质疑，从而影响了其在工程上的应用。

（2）按地基承载力理论公式

可以在临塑荷载与极限荷载及其介于二者之间的塑性荷载选用，但由于选择区间大，影响了工程上安全度的控制。

除此之外，随着计算机技术的发展，有限元等数值分析方法也被应用于地基承载力的理论计算中。

思考题

5-1 岩石和岩体有何区别和联系？

5-2 岩石的物理力学性质指标有哪些，各指标的含义是什么？

5-3 何谓岩石的蠕变，可分为几个阶段？何谓岩石的松弛？

5-4 何谓结构面，有哪些类型？何谓岩体的结构，有哪些类型？

5-5 岩体结构类型的划分指标有哪些？

5-6 简述岩体质量的含义及其确定方法。

5-7 影响岩体工程性质的主要因素有哪些？

5-8 试比较工程岩体分级代表性方案的异同点。

5-9 为什么说岩石坚硬程度和岩体完整程度是控制岩体质量的基本因素？

5-10 什么叫土的三相组成？

5-11 黏性土和无黏性土有何区别？

5-12 土的物性指标有哪些？

5-13 土的工程特性有哪些？

5-14 什么叫土的液限、塑限和缩限？

5-15 什么叫土的塑性指数和液性指数？

5-16 简述土的抗剪强度理论。

5-17 简述土的强度特征。

第六章 不良地质现象的工程地质问题

【内容导读】不良地质现象是指对工程建设不利或有不良影响的动力地质现象或过程，其不仅影响场地稳定性，也对地基基础、边坡工程、地下洞室等具体工程的安全、经济和正常使用不利。本章主要介绍了常见的地质灾害的特征、成因、特点、影响因素及对工程的不良影响和防治措施等。

【教学目标及要求】通过本章的学习，应掌握常见的地质灾害如滑坡、泥石流、岩溶、特殊土、边坡等的基本概念、形成条件、基本类型、防治原则及措施。

第一节 概述

一 不良地质现象的定义和特征

不良地质现象是指对工程建设不利或有不良影响的动力地质现象或过程，也叫地质灾害，其不仅影响场地稳定性，也对地基基础、边坡工程、地下洞室等具体工程的安全、经济和正常使用不利。此外，不良地质现象的动力来源是内外动力地质作用（含人类活动的应力作用）。

不良地质现象具有下列特征：区域性和成因多元性、复发性和多发性、活动周期性、群发性、灾害类型转化累进性。

我国地域广阔，地质环境复杂，不良地质现象分布广、类型多，频度高，强度大。每年都造成众多人员伤亡和严重经济损失，已成为影响我国城乡建设和人民生存环境的重大问题。不良地质现象的发育分布及其危害程度与地质环境背景条件（包括地形地貌、地质构造格局和新构造运动的强度与方式、岩土体工程地质类型、水文地质条件等）、气象水文及植被条件，人类经济工程活动及其强度等都有极为密切的关系。对这些地质现象应当查明其类型、范围、活动性、影响因素、发生机理、对工程的影响和评价以及为改善场地的地质条件而应当采取的防治措施。常见的不良地质现象有地震、火山、风化、崩塌、滑坡、泥石流、岩溶、地面沉降与塌陷、特殊土问题以及当前大型工程建设如地下洞室、深基坑开挖及水库蓄水等引起的工程地质问题等。

据国土资源部 2010 年《全国地质灾害通报》，2010 年全国共发生地质灾害 30670 起，其中滑坡 22329 起、崩塌 5575 起、泥石流 1988 起、地面塌陷 499 起、地裂缝 238 起、地面沉降 41 起，统计结果如图 6-1 所示；造成人员伤亡的地质灾害 382 起，2246 人死亡、669 人失踪、534 人受伤；直接经济损失 63.9 亿元。本章将对一些典型不良地质现象的工程地质问题进行介绍。

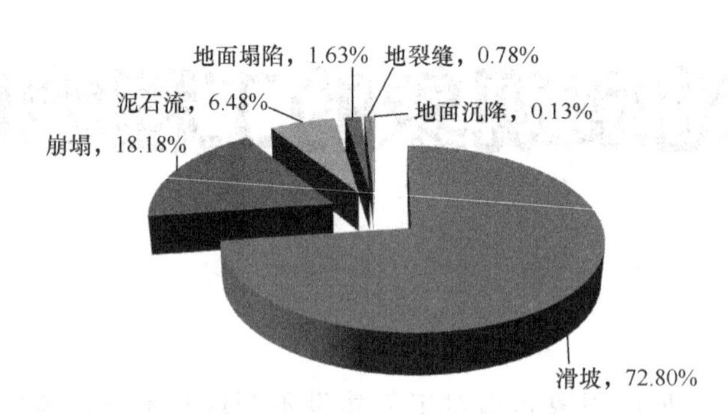

图 6-1　2010 年全国地质灾害类型构成

二　地质灾害的分类

地质灾害按照不同的分类标准，常见的有以下几种。

① 地质灾害按地质作用分为：内生地质灾害、外生地质灾害和人类活动诱发的地质灾害。内生地质灾害是由地球内部动力作用（岩浆活动、构造运动等）引发的地质灾害如地震、火山喷发等；外生地质灾害是由外动力（如重力、水力等）作用产生的地质灾害。人类活动诱发的地质灾害主要指由于人类的工程活动诱发的地质灾害。人类活动（主要指人类工程活动，如开挖、搬运和堆填等）作为一种应力已经超过自然地质作用强度，越来越强烈的影响着地质环境，恶化地质环境，增加地质灾害的强度和频度。

② 按地质灾害的生成空间可分为地下地质灾害、地表地质灾害。

③ 按地质灾害发生及持续时间又可分为突发型地质灾害，如地震、火山喷发等；缓进型地质灾害，如地面沉降等。

④ 按地质灾害发生的地质地貌背景分为山区地质灾害、平原地质灾害、近海岸地质灾害、高原地区地质灾害、沙漠干旱地区地质灾害。

⑤ 此外，我国国土资源部地质环境管理司等根据我国不良地质现象的具体国情，按致灾地质作用的性质和发生处所进行了总结和划分，共有 12 类，如下所示。

地壳活动灾害，如地震、火山喷发、断层错动等；

斜坡岩土体运动灾害等，如崩塌、滑坡、泥石流等；

地面变形灾害等，如地面塌陷、地面沉降、地面开裂（地裂缝）等；

矿山与地下工程灾害，如煤层自燃、洞井塌方、冒顶、偏帮、岩爆、高温、突水、瓦斯爆炸等；

城市地质灾害，如建筑地基与基坑变形、垃圾堆积等；

河、湖、水库灾害，如塌岸、淤积、渗漏、浸没、溃决等；

海岸带灾害，如海平面升降、海水入侵、海岸侵蚀、海港淤积、风暴潮等；

海洋地质灾害，如水下滑坡、潮流砂坝、浅层气害等；

特殊岩土灾害，如黄土湿陷、膨胀土胀缩、冻土冻融、砂土液化、淤泥触变等；

土地退化灾害，如水土流失、土地沙漠化、盐碱化、沼泽化等；

水土污染与地球化学异常灾害，如地下水质污染、农田土地污染、地方病等；

水源枯竭灾害，如河水漏失、泉水干涸、地下含水层疏干（地下水位超常下降）等。

第二节 崩塌与滑坡

一 崩塌

（一）崩塌的定义及其危害

崩塌是指陡峻边坡所发生的一种突然而又急剧的动力地质现象，即在地势陡峻、地质条件复杂的边坡上，其岩体、土体在自重和外力的支配下，突然脱离母岩（土）体而急剧地倾倒呈翻滚、跳跃状破坏，最后堆积于坡脚的过程，堆积于坡脚的物质为崩塌堆积物。崩塌后，变形体各部分的相对位置紊乱，互无联系，较小的块体翻滚较近，较大的块体翻滚较远，堆积成倒石锥或岩锥。崩塌的发生是突然的，但是不平衡因素却是长期积累的。

崩塌的规模大小差别悬殊，小型崩塌时可崩落几十至几百立方米的岩块，大型崩塌可崩下几万至几千万立方米的岩块。规模巨大的山坡崩塌现象一般称为山崩，而斜坡表层岩土受强烈风化作用，岩屑沿坡面发生经常性的顺坡滚落现象，则称为碎落。此外，在悬崖或陡坡上，个别岩块（有时伴随若干小块）在自重和外力的作用下，突然脱离母岩（土）体而急剧地下落。其性质与崩塌相似，但规模较小，称为落石。落石在路基病害分类中列为崩塌的亚类。

在山区公路、铁路常穿越崇山峻岭，线路的一侧常为陡峻山坡，另一侧则为水流湍急的河岸险滩，沿线常发生崩塌现象，一旦崩塌发生，落石体侵入限界，会发生难以想象的后果。崩塌可摧毁路基、桥梁和建筑物，堵塞隧道洞口，击毁车辆，对交通造成直接危害。若崩塌堆积物淤塞河道，造成堰塞湖，淹没上游良田和建筑物，当堰塞湖溃决时，又会造成下游严重水灾。崩塌是山区公路、铁路沿线威胁行车安全的主要因素之一。据西北某山区铁路 21 年不完全统计资料表明，每年由于自然灾害中断线路的次数，其中 60% 以上是由于崩塌、落石所致。2013 年 2 月 18 日 11 时 30 分许，贵州省凯里市龙场镇鱼洞村平地煤矿处岔河百余米高的山体发生崩塌，掩埋了春节期间放假值守的工棚，5 人在此次崩塌中失踪，崩塌岩石体积已超过 1 万立方米，崩塌现场如图 6-2 所示。

图 6-2 贵州省凯里市龙场镇山体崩塌现场

（二）崩塌产生的条件

1. 地貌条件

崩塌多产生在陡峻的斜坡地段，一般坡度大于55°，高度大于30m以上，坡面多不平整，上陡下缓。例如，崩塌多发生于海、湖、河的岸坡、高陡山坡和人工斜坡上。而峡谷的陡坡则是崩塌、落石密集发生的地段。丘陵和分水岭地段崩塌、落石现象较少发生，原因是地形相对平缓，高差较小。

2. 岩性条件

坚硬岩层多形成高陡山坡，在节理裂隙发育、岩体破碎的情况下易产生崩塌。崩塌一般发生在厚层坚硬岩体中，灰岩、砂岩、石英岩等厚层硬脆性岩石常能形成高陡的斜坡，其前缘常由于卸荷裂隙的发育而形成陡而深的张裂缝，并与其它结构面组合，逐渐发展成连续贯通的分离面，在触发因素（如强降雨、振动）作用下发生崩塌，如图6-3所示。此外，岩石性质不同，其强度、抗风化和抗冲刷能力及渗水程度均不一样。若陡峻山坡由软硬岩层互层组成，由于软岩易风化，硬岩层失去支撑而引起崩塌，如图6-4所示。

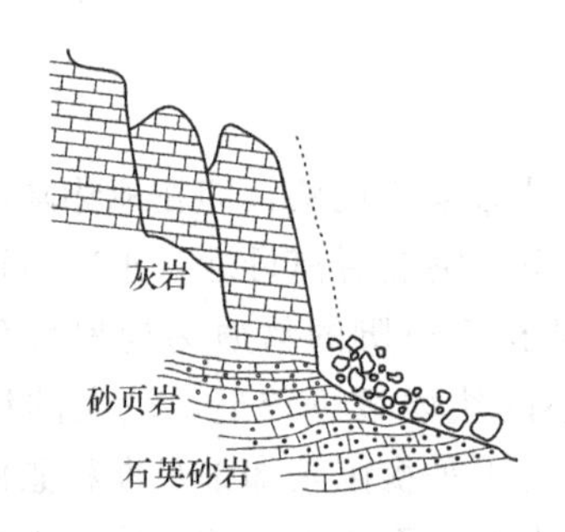

图6-3 坚硬岩石组成的斜坡前缘卸荷裂隙导致崩塌

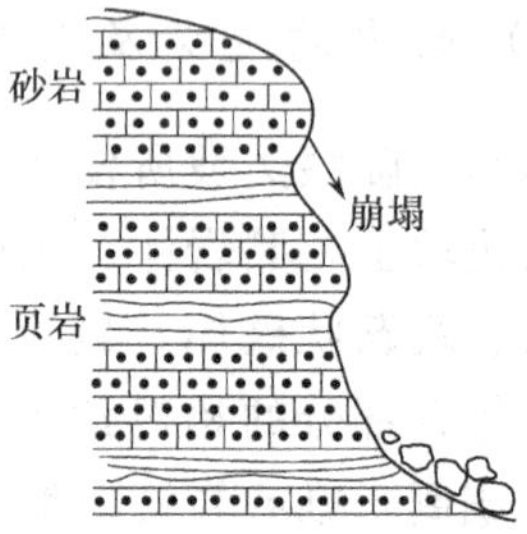

图6-4 软硬岩性互层的陡坡局部崩塌

3. 构造条件

当岩体中各种软弱结构面的组合位置处于下列最不利的情况时易发生崩塌。

① 当岩层倾向山坡，倾角大于45°而小于自然坡度时；

② 当岩层发育有多组解理，且一组节理倾向山坡，倾角为25°～65°时；

③ 当二组与山坡走向斜交的节理（X形节理），组成倾向坡脚的楔形体时；

④ 当节理面呈弧形弯曲的光滑面或山坡上方不远处有断层破碎带存在时；

⑤ 在岩浆岩侵入接触带附近的破碎带或变质岩中片理片麻构造发育的地段，风化后形成软弱结构面，容易导致崩塌的产生。

4. 其他条件

此外昼夜的温差、季节的温度变化，促使岩石风化。地表水的冲刷，溶解和软化裂隙充填物形成软弱面，或水的渗透增加静水压力，强烈地震以及人类工程活动中的爆破，边坡开挖过高过陡，破坏了山体平衡，都会促使崩塌的发生。

（三）崩塌的工程分类

① 根据崩塌发生的地层，可分为：黄土崩塌、黏性土崩塌、岩石崩塌。

② 根据崩塌的规模，崩塌体的体积不大于500m^3的为小型崩塌，大于5000 m^3的为大型崩塌，大于500 m^3小于等于5000 m^3的为中型崩塌。

③ 根据崩塌产生的机理，可按表6-1进行分类。

表6-1　崩塌按形成机理分类

类型	岩性	结构面	地貌	受力状态	起始运动形式
倾倒式崩塌	黄土、直立岩层	多为垂直节理、直立层面	峡谷、直立岸坡、悬崖	主要受倾覆力矩作用	倾倒
滑移式崩塌	多为软硬相间的岩层	有倾向临空面的结构面	陡坡通常大于55°	滑移面主要受剪切力	滑移
鼓胀式崩塌	黄土、黏土、坚硬岩层下有较厚软岩层	上部垂直节理、下部为近水平的结构面	陡坡	下部软岩受垂直挤压	鼓胀伴有下沉、滑移、倾斜
拉裂式崩塌	多见于软硬相间的岩层	多为风化裂隙和重力张拉裂隙	上部突出的悬崖	拉张	拉裂
错断式崩塌	坚硬岩层、黄土	垂直裂隙发育，通常无倾向临空面的结构面	大于45°的陡坡	自重引起的剪切力	错落

④ 根据崩塌的特征及其危害程度，可将其分为以下三类。

a. Ⅰ类：山高坡陡，岩层软硬相间，风化严重，岩体结构面发育，松弛且组合关系复杂，形成大量破碎带和分离体，山体不稳定，破坏力强，难以处理。

b. Ⅱ类：介于Ⅰ类和Ⅲ类之间。

c. Ⅲ类：山体较平缓，岩层单一，风化程度轻微，岩体结构面密闭且不甚发育或组合关系简单，无破碎带和危险切割面，山体稳定，斜坡仅有个别危石，破坏力小，易于处理。

（四）崩塌的防治措施

1. 崩塌的防治原则

由于崩塌发生突然而猛烈，特别是大型崩塌，治理非常困难且复杂，因此面对崩塌问题一般采取以防为主的原则。

① 绕避为主：对有可能发生大、中型崩塌的地段，有条件绕避时，宜优先采用绕避方案。若绕避有困难，可调整路线位置，距离崩塌影响范围一定距离或采用隧道、明洞等方案，以确保行车安全。

② 防御结合：对可能发生小型崩塌或落石的地段，应视地形条件在经济比较的基础上考虑采用绕避还是防护工程通过。

③ 科学施工：在设计施工中，避免大挖大切，造成危险性高陡边坡；在岩体松散或构造破碎地段，尽量避免采用爆破施工，以免振动活化而引起崩塌破坏。

2. 中、小型崩塌综合防治措施

① 遮挡：对小型崩塌，可修筑明洞、棚洞等遮挡建筑物使线路通过，如图6-5所示。

② 拦截防御：对中、小型崩塌，当线路工程或建筑物与坡脚有足够距离时，可在坡脚或半坡设置落石平台或挡石墙、拦石网。

③ 支撑加固：对小型崩塌，在危岩的下部修筑支柱、支墙。亦可将易崩塌体用锚索、锚杆与斜坡稳定部分联固，以提高有崩塌危险岩体的稳定性。

④ 镶补勾缝：对小型崩塌，对岩体中的空洞、裂缝用片石填补，混凝土灌注。

⑤ 护面：对易风化的软弱岩层，可用沥青、砂浆或浆砌片石护面。

⑥ 排水：设排水工程以拦截疏导斜坡地表水和地下水。

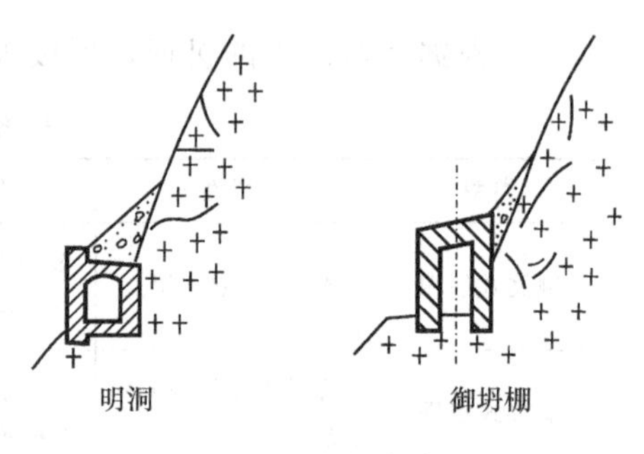

图 6-5 明洞和御坍棚

⑦ 刷坡：在危石突出的山嘴以及岩层表面风化破碎不稳定的山坡地段，可刷缓山坡，清除易坠的岩体。

二 滑坡

（一）滑坡的定义及其危害

滑坡是指斜坡上的土体或岩体，受河流冲刷、地下水活动、雨水浸泡、地震及人工切坡等因素影响，在重力作用下，沿着贯通的剪切破坏面作整体向下滑移的地质现象。滑坡现象具有两个基本特征，一是滑动的岩土体在滑动过程中，总体上大致保持其原有的整体性；二是斜坡上的岩土体的移动方式为滑动，而非倾倒或是滚动。

自 20 世纪中期以来，随着世界人口的不断增长、人类活动空间范围的逐渐扩展，以技术和经济条件为支撑的工程活动对地质环境扰动程度不断加大，加之受到全球气候变化等因素的影响，滑坡灾害，尤其是大型滑坡灾害发生的频率越来越高，所造成的经济损失和人员伤亡也不断增大。

（二）滑坡的形态特征

一个发育完全的滑坡会表现出一系列形态特征，这些特征是正确识别和判断滑坡的重要标志，如图 6-6 所示。

滑坡体：滑坡发生后，与稳定坡体脱离而滑动的部分岩土体叫滑坡体，简称滑体。

滑坡周界：滑坡体与其周围不动体在平面上的分界线叫滑坡周界。它圈定了滑坡的范围，在多个滑坡构成的滑坡区内，它可以是不同滑动块体的界线。

滑坡壁：滑坡体上部与不动体脱离的分界面露在外面的部分，高数米至数十米，特大型滑坡也有高数百米以上者，坡度 55°～80°，似壁状，故称滑坡壁。

滑动面、滑动带：滑坡体滑动时与不动体间形成的分界面并沿其下滑，此分界面称为滑动面。滑坡滑动时在滑动面以上形成一层因剪切揉皱其结构被破坏的软弱带，厚数厘米至数米，称为滑动带。

滑坡床：滑动面以下的不动岩、土体称为滑坡床。

滑坡剪出口：滑动面最下端与原地面相交剪出的破裂口叫滑坡剪出口，简称滑坡出口。在滑坡大滑动之前它表现为地面隆起、翘出，或建筑物被剪断，大滑动之后常被埋入滑坡体之下。

滑坡舌：滑坡体前缘，形如舌状的部分。

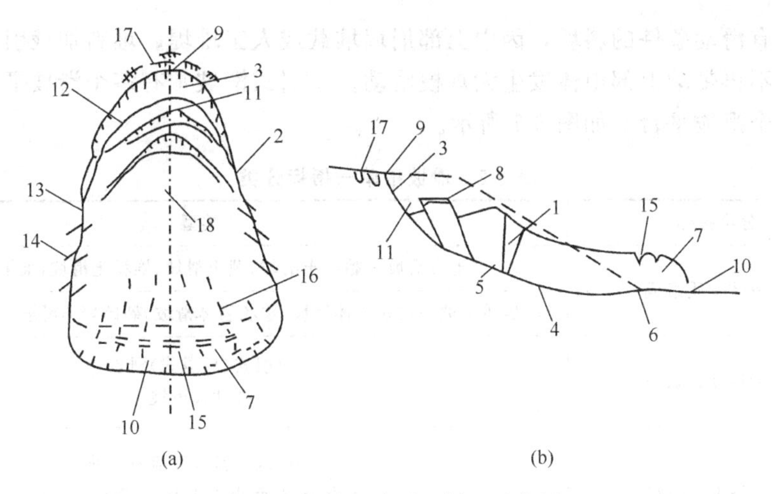

图 6-6　滑坡要素平、剖面示意图

1—滑坡体；2—滑坡周界；3—滑坡壁；4—滑动面；5—滑坡床；6—滑坡剪出口；7—滑坡舌与滑坡鼓丘；8—滑坡台阶；9—滑坡后缘；10—滑坡前缘；11—滑坡洼地（滑坡湖）；12—拉张裂缝；13—剪切裂缝；14—羽状裂缝；15—鼓胀裂缝；16—扇形张裂缝；17—牵引性张裂缝；18—主滑线

滑动鼓丘：滑坡体前缘因受阻力而隆起的小丘。

滑坡裂缝：滑坡的各个部分因受力状态不同，裂缝形态也不同，按受力状态可把滑坡裂缝划分为以下四种。

① 拉张裂缝：位于滑坡体上部，多呈弧形，与滑坡壁方向大致平行。通常将其最外一条（即滑坡周界的裂缝）称为滑坡主裂缝。

② 剪切裂缝：位于滑坡体中下部的两侧，因滑坡体与两侧不动体间发生剪切位移而形成的裂缝叫剪切裂缝，此裂缝的两侧常伴有羽毛状裂缝。

③ 鼓胀裂缝：位于滑坡体的下部，因滑坡体下滑受阻挤压隆起形成鼓丘，在其上形成的垂直滑动方向的鼓胀裂缝。

④ 扇形（放射状）张裂缝：滑坡体下部因下滑受阻而形成的顺滑动方向的压张裂缝，尤以滑舌部分为多，成放射状，是抗滑段受挤压的标志。

滑坡轴（主滑线）：滑坡体滑动速度最快的纵向线。它代表整个滑坡的滑动方向，一般位于推力最大、滑床凹槽最深（滑坡体最厚）的纵断面上。在平面上可为直线或曲线。

滑坡台阶和滑坡平台：滑坡体在滑动中因上下各段的滑动次序和速度的差异，在其上部常形成一些错台，每一错台形成一个陡壁，此称为滑坡台阶。宽大的台面叫做滑坡平台，有时该平台具有向山缓倾的反向坡，叫反坡平台，是滑坡的一个典型地貌特征，尤其是沿弧形面旋转滑动的滑坡。

（三）滑坡的分类

表 6-2 列举了按照各种分类指标进行的滑坡分类方法。

按滑坡体物质组成的分类是最普遍使用的一种分类，能直观地了解发生滑动的物质是什么。

按滑坡的受力状态分为牵引式滑坡和推动式滑坡。牵引式滑坡其含义为具有滑动条件的斜坡，由于河流冲刷、海浪侵蚀或人工开挖，削弱了坡脚的支撑力，使斜坡下部的块体沿潜在滑面先行滑动，而后斜坡中、上部因下部滑动失去支撑而跟着发生第二、第三块滑动。推动式滑坡是具有滑动条件的斜坡，因中上部崩塌堆载或人工堆堤、堆料加载引起斜坡整体向下滑动，一般不再带动上部山体发生大规模滑动。牵引式滑坡常有多个滑坡平台，而推动式滑坡常只有一个滑坡平台，如图 6-7 所示。

表 6-2　滑坡按单一指标分类

序号	分类指标	类型
1	按滑体物质组成	土质滑坡—黏性土滑坡，黄土滑坡，堆积土滑坡，堆填土滑坡 岩质边坡—层状岩体滑坡，块状岩体滑坡，破碎岩体滑坡，坡脚软岩滑坡
2	按滑体受力状态	牵引式(后退式)滑坡 推动式滑坡
3	按滑坡发生时代	古滑坡(全新世以前发生的) 老滑坡(全新世以来发生，现未活动) 新滑坡(正在活动的)
4	按主滑面与层面的关系	顺层滑坡(主滑面顺层面) 切层滑坡(主滑面切割层面)
5	按滑坡的规模	小型滑坡($<10\times10^4m^3$)，中型滑坡($10\times10^4\sim50\times10^4m^3$) 大型滑坡($50\times10^4\sim100\times10^4m^3$)，特大型滑坡($>100\times10^4m^3$)
6	按滑体含水状态	一般滑坡，塑性滑坡，塑性流滑坡
7	按滑体的厚度	浅层滑坡(厚度 $H<6m$)，中层滑坡($6m<H<20m$) 厚层滑坡($20m<H<50m$)，巨厚层滑坡($H>50m$)
8	按滑面剪出口位置	坡体滑坡(剪出口在边坡上出露) 坡基滑坡(滑动面在边坡脚以下)
9	按滑坡滑动速度	缓慢滑坡，间歇性滑坡，崩塌性滑坡，高速滑坡
10	按滑坡发生与工程活动关系	自然滑坡，工程滑坡

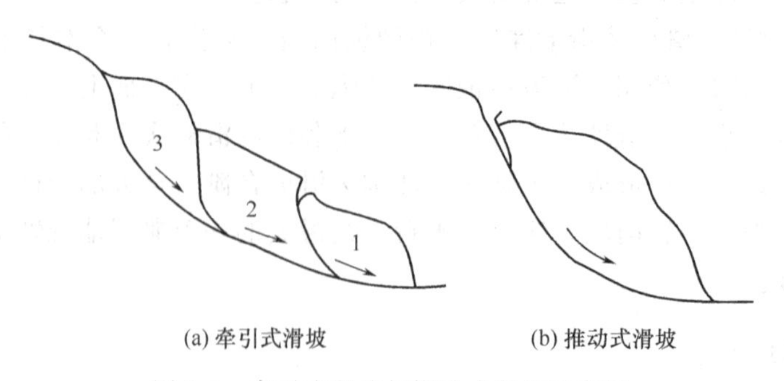

图 6-7　牵引式滑坡与推动式滑坡示意图

按滑坡发生的年代分为古滑坡、老滑坡与新滑坡。古滑坡是指全新世以前发生的滑坡，即河流一级阶地形成时期及以前发生的滑坡，现河流冲刷对其稳定性不再起作用，如分布在一、二、三级阶地后缘的滑坡。老滑坡是指发生在全新世以来的滑坡，目前处于稳定状态，即发生在河流岸边（或压埋河床卵石层）暂时稳定的滑坡，河流的冲刷对其稳定性仍然有影响。新滑坡是指目前正在活动的滑坡，一般指新发生的滑坡。

按主滑面与层面的关系分为顺层滑坡和切层滑坡。一般滑坡的滑动面都分主滑段、牵引段和抗滑段。主滑段是首先产生失稳蠕动的部分。主滑段滑面沿岩层层面或堆积界面滑动者称为顺层滑动，如图 6-8 所示，主滑段滑面切穿岩层层面者称为切层滑坡，如图 6-9 所示。发生在各种基岩岩层中的滑坡，属岩层滑坡，它多沿岩层层面或其他构造软弱面滑动。这种沿岩层层面、裂隙面和堆积层与基岩交界面滑动的滑坡为顺层滑坡。但有些岩层滑坡也可能切穿层面滑动而成为切层滑坡。岩层滑坡多发生在由砂岩、页岩、泥岩、泥灰岩以及片理化岩层（片岩、千枚岩等）组成的斜坡上。

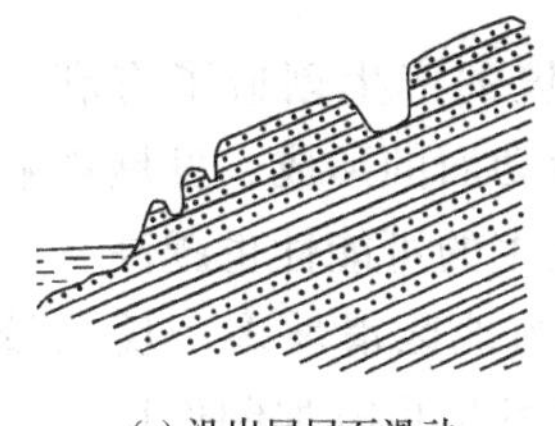

(a) 沿岩层层面滑动

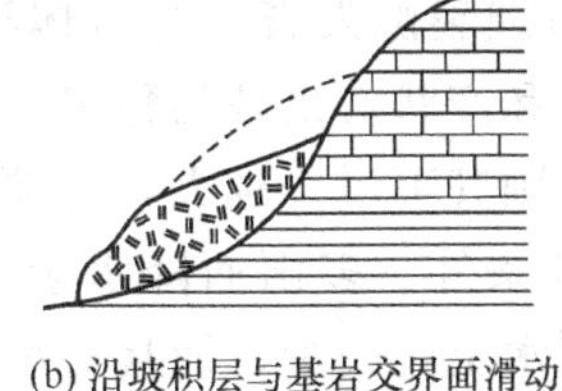

(b) 沿坡积层与基岩交界面滑动

图 6-8　顺层滑坡示意图

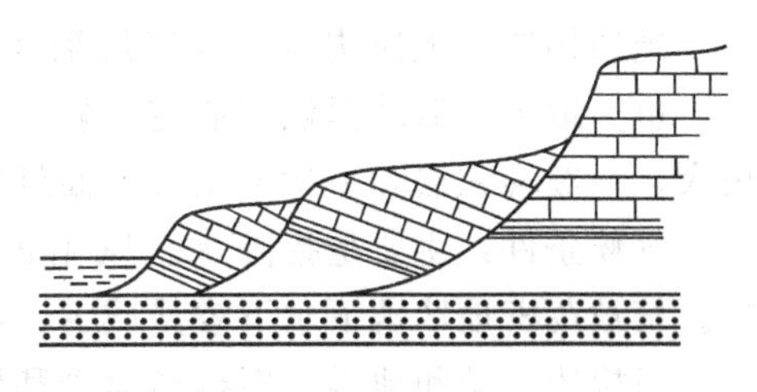

图 6-9　切层滑坡示意图

其他分类方法比较容易理解，不再赘述。

（四）滑坡的形成条件与作用因素

古老滑坡具有明显的滑坡特征，不难识别。正在活动的新生滑坡，特别是发育完全、动态明显的滑坡，由于变形形迹清楚，也容易识别。实际工作中感到困难的是目前尚未发生滑坡变形，如何判断自然环境因素或人类工程活动影响改变斜坡状态后是否会产生滑坡。这就需要了解滑坡的形成条件和作用因素。

1. 滑坡的形成条件

一般来说，滑坡的形成条件包括地形条件和地质条件。

（1）地形条件

统计表明，滑坡多发生在 20°～45°的山坡上，大于 45°的山坡多崩塌而少滑坡，缓于 20°者滑坡也较少。

在宽谷区多滑坡而少崩塌，这是由于岸坡岩性软弱易被河流冲刷和切割，所以容易形成滑坡。特别是在宽谷与狭谷交界部位，滑坡现象更容易发生。此外，由于河流冲刷削弱了斜坡下部支撑，因此滑坡多发于在河流的冲刷岸（凹岸）。

从局部地形看，下陡中缓上陡的山坡和山坡上部成马蹄形的环状地形，且汇水面积较大时，在坡积层中或沿基岩面易发生滑动。而平顺的直线坡一般稳定性较好，不易滑坡。

支沟与主沟（河流）交汇处的山坡常因双向切割侵蚀（或有构造作用）而容易发生滑坡。

（2）地质条件

岩性条件：滑坡多发生在易亲水软化的土层中和一些软岩中。例如黏质土、黄土和黄土类土、山坡堆积、风化岩以及遇水易膨胀和软化的土层。软岩有页岩、泥岩和泥灰岩、千枚岩以及风化凝灰岩等。

地下水条件：在岩土层中，必须有受水构造、聚水条件和软弱面（该软弱面也是有隔水作用），特别是易形成滑动面（带）的软弱层和构造破碎带存在，才能形成滑坡。滑坡的发生与地下水和地表水关系密切，绝大多数滑坡都或多或少有地下水的作用。有隔水层存在才有地下水聚积，而滑动带常常是隔水层，受水长期作用而软化，强度降低，为滑坡形成创造了有利条件。另外，地下水的存在将增大滑体重力，在后缘裂隙中形成的静水压力和滑体中形成的动水压力都会增大下滑力。

坡体结构：坡体地质结构是滑坡最重要的控制条件。即坡体中的各种岩土层和结构面（层面、节理面、片理面、接触面、断层面、不整合面、老地面等）的性状及其与临空面的关系。当岩层或滑动面的倾向与临空面走向垂直时最易滑动，夹角小于45°时就不易产生滑动。

地质构造：地质构造造成岩层褶曲，节理裂隙发育，为岩体滑坡的产生创造了有利条件，也为地下水活动提供了通道。岩体构造和产状对山坡的稳定，滑动面的形成、发展影响很大，一般堆积层和下伏岩层接触面越陡，则其下滑力越大，滑坡发生的可能性也越高。

气候条件：主要是指降水、风化和植被条件。多雨而降水量大的地区滑坡多，反之较少。植被茂密地区地下水下渗量减少，不仅水土流失少，而且对滑坡发生也有抑制作用。

新构造运动和地震：新构造运动和地震在我国中西部地区表现强烈，这也是我国中西部地区滑坡灾害比较严重的条件和原因之一。新构造活动使地壳不断隆升，河流下切强烈，山坡相对高度和陡度加大，稳定性降低，易产生滑坡。此外，高烈度地震的频发，使斜坡应力状态发生多次改变，岩体破碎，裂隙张开，地下水下渗，滑面强度降低。大地震又大大增加下滑力，震动还使得部分滑带土发生结构破坏甚至液化，更易滑动。

2. 滑坡的作用因素

仅具有滑坡形成条件的斜坡是否会产生滑动破坏，还需要考虑促使滑动产生的作用因素。促使滑坡形成的因素包括两大类：一类是自然因素，如地震、降水、河流冲刷坡脚、河流水位升降以及自然崩塌加载等；另一类是人为因素，如开挖坡脚、坡上堆载、水库水位升降、灌溉水下渗、采空塌陷、爆破振动和破坏植被等。

（五）滑坡的野外识别

1. 古老滑坡的调查与识别

（1）地形地貌标志

滑坡的存在常导致斜坡不顺直、不圆滑而产生环谷地貌如圈椅状、马蹄状地形，或使斜坡上出现异常台阶及斜坡坡脚侵占河床（如河床凹岸反而稍微突出，如图6-10所示，或有残留的大孤石）等现象。滑坡体上常有鼻状凸丘或多级平台，其高程和特征与外围阶地不同。滑坡体两侧常形成沟谷，并有双沟同源现象。一般稳定的山坡上冲沟常顺直而平行分布，但滑坡滑动时与两侧稳定山体间发生剪切破坏，岩土体被破坏，易沿此带形成冲沟，该两侧冲沟向山坡上方沿原裂缝向滑坡后缘洼地集中，类似于双沟同源，这是古老滑坡的独具特征。有的滑坡体上还有积水洼地、地面裂缝、“醉汉林（图6-11）”、“马刀树”（滑体上原来垂直生长的树木由于滑坡滑动而倾倒或歪斜后又向上生长，呈现出“马刀状”）和房屋倾斜、开裂等现象。

（2）地层构造标志

滑坡范围内地层整体性因滑动而改变，岩、土体常有扰动松脱现象。基岩层位、产状特征与外围不连续，有时局部地段新老地层呈倒置现象，常与断层混淆。构造不连续如裂隙不连贯、发生错动等，都是滑坡存在的标志。

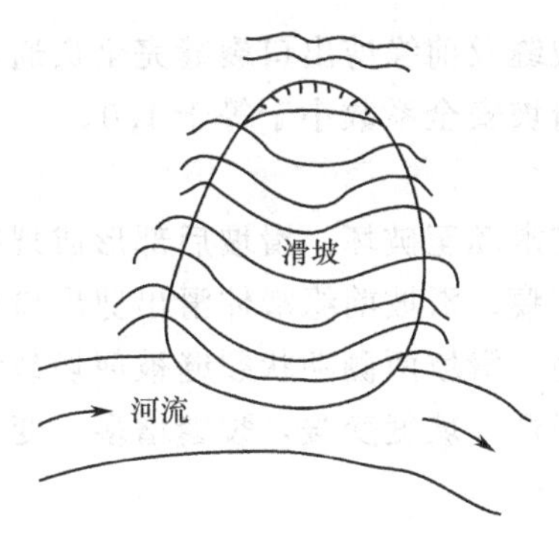

图 6-10　河流“凹岸突出”

图 6-11　滑坡体上的“醉汉林”

（3）水文地质标志

斜坡含水层原有条件被破坏，使滑坡体成为复杂的单独含水体，滑坡带前缘常有成排的泉水溢出。水文地质条件复杂，无一定规律可循，如潜水位不规则，无一定流向。

2. 新生滑坡的调查和识别

新生的滑坡正在活动，其变形形迹（主要是裂缝）比较明显，因此在实际调查时要详细调查裂缝的性质、产状和分布位置，就不难确定其规模和范围。新生滑坡的一些典型特征包括，滑坡后缘出现张拉裂缝且此类裂缝较早发生，两侧出现羽状裂缝和剪切裂缝，前缘出现放射状和鼓胀裂缝，建筑物如挡墙、侧沟等产生倒八字裂缝。当滑坡即将整体滑动时会出现剪出口的剪裂缝和其附近垂直滑动方向的鼓丘。

（六）滑坡的发展阶段

任何自然现象都有其发生、发展、消亡的过程，滑坡现象同样也是一个发展变化的过程，是动态的而不是静态的。研究其发展变化过程，不仅是为了认识其规律，更重要的是为了有效地预防它和治理它，因为滑坡处在不同的发育阶段，预防和治理措施是不同的。通常情况下，不同学者将滑坡的发育过程划分为不同的阶段，本书根据郑颖人院士等的观点，将滑坡的发展过程划分为：蠕动、挤压、滑动、剧滑和稳定压密五个阶段。不同发展阶段的特征从滑动带（面）、滑坡后缘、滑坡前缘、滑坡两侧、滑坡体和稳定状态几个方面总结如下。

1. 蠕动阶段

主滑带剪应力超过其抗剪强度发生蠕动，逐渐扩大并使牵引段发生拉裂。地表或建筑物上出现一条或数条地裂缝，由断续分布而逐渐贯通。滑坡前缘和滑坡两侧均无明显变形，滑坡体局部安全系数小于 1.0，整体安全系数大于 1.0。

2. 挤压阶段

主滑段和牵引段滑面形成，滑体沿其下滑推挤抗滑段，抗滑段滑带逐渐形成。滑坡后缘主拉裂缝贯通，加宽，外侧下错，并向两侧延长。滑坡前缘地面有局部隆起，先出现平行滑动方向的放射状裂缝，再出现垂直滑动方向的鼓胀裂缝，有时有坍塌，泉水增多或减少。滑坡两侧中、上部有羽状裂缝出现并变宽，两侧剪切裂缝向抗滑段延伸。滑坡体中、上部下沉并向前移动，下部受挤压而抬升，变松。滑坡安全系数大于 1.0。

3. 滑动阶段

滑动带（面）抗滑段滑面贯通，从地面剪出，整个滑动面贯通，滑坡整体滑移。滑坡后缘裂缝增多，加宽，地面下陷，滑坡壁增高，建筑物倾斜。滑坡前缘坍塌明显，泉水增多并混浊，剪出口附近出现鼓丘。滑坡两侧裂缝与后缘张裂缝及前缘剪出口裂缝完全贯通，两侧壁出现。滑坡体开始整体向下滑移，重心逐渐降低。滑坡安全系数小于等于1.0。

4. 剧滑阶段

随滑动距离增加，滑带土抗剪强度降低，滑坡加速滑动至破坏。滑坡后部形成裂缝带或陷落带、滑坡湖、反坡平台，出现高陡的滑坡壁并有擦痕。滑坡前缘滑体滑出剪出口后覆盖在原地面上形成明显的滑坡舌，有时泉水增多形成湿地。滑坡两侧羽状裂缝被剪切裂缝错断并形成明显的侧壁，见有滑动擦痕。滑坡体重心显著降低，坡度变缓，裂缝增多，变宽，建筑物倾斜，上下出现“醉汉林”。滑坡安全系数小于1.0。

5. 稳定压密阶段

滑动后滑动带因排水而逐渐固结。滑坡后缘滑坡壁坍塌变缓，填塞滑坡洼地，裂缝逐渐闭合。滑坡前缘抗滑段增大，滑坡停止滑动，裂缝逐渐闭合。滑坡侧壁坍塌变缓。滑坡体逐渐压密而沉实。滑坡安全系数大于1.0。

掌握滑坡的发育阶段，可以充分利用滑坡大滑动前的有利时机开展防治工作，在滑坡处于蠕动挤压阶段时，即应尽快判明其规模、性质和危害性，立即采取措施减小下滑力，增大抗滑力，阻止滑坡继续发展造成危害。因为此阶段抗滑段滑动面尚未贯通，有较大的抗滑力，主滑段滑带土尚未降至其残余强度，也具有较大的抗滑力。充分利用坡体的自然抗力，可大大节省人为工程数量和投资。

（七）滑坡的防治措施

1. 滑坡防治的原则

滑坡的防治应当贯彻“早期发现，以防为主，防治结合”的原则。对滑坡的整治，应针对引起滑坡的主导因素进行，原则上应一次根治不留后患。对性质复杂、规模巨大，短期内不容易查清或工程建设进度不允许完全查清后再整治的滑坡，应在保证工程建设安全的前提下，做出全面整治规划，采用分期治理的方法，使后期工程能获得必要的资料，又能争取到一定的建设时间，保证整个工程的安全和效益。对建设工程随时可能产生危害的滑坡，应先采用立即生效的工程措施，然后再做其他工程。一般情况下，对滑坡进行整治的时间，宜放在旱季为好。施工方法和程序应以避免造成滑坡产生新的滑动为原则。

2. 滑坡的治理措施

防治滑坡的目的在于消除其危害，依据滑坡的防治原则，能避开尽量绕避，能预防尽可能预防，对于那些避不开，或事先认识不足，在施工开挖后出现的滑落，只能进行治理，且应一次根治，不留后患，既稳定滑坡又节约投资。

（1）地表排水

通过设置截水沟对滑坡区以上山坡来水截排不使其流入滑坡区，在滑坡体上设置树枝状排水明沟系统，以汇集坡面径流引导出滑坡体外，如图6-12所示。此外，宜填塞裂缝和消除坡体积水洼地，以及种植蒸腾量大的树木等措施。

（2）地下排水

地下水发育的大型滑坡，地下排水工程应是优先考虑的措施。它比支挡工程投资少，但发挥的作用比较大，因其阻断了补给滑动带的水源，降低了地下水位，减少了滑带土的孔隙水压力，提高其抗剪强度，从而增大了滑坡的稳定性。常用的措施有：截水盲沟、截水盲（隧）洞、仰斜（水平）孔群排水、垂直钻孔群排水、井点抽水、虹吸排水、支撑盲沟（见图6-13）等。

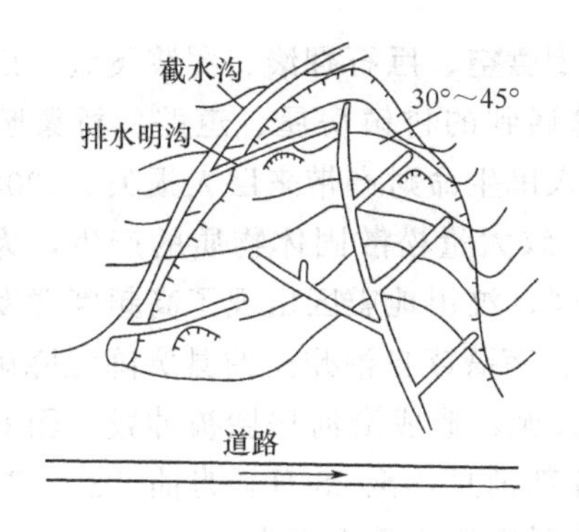

图 6-12　滑坡体上设置树枝状天沟示意图

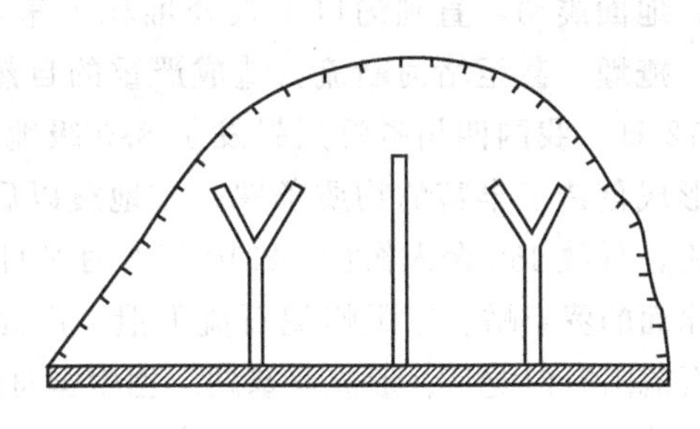

图 6-13　支撑盲沟

(3) 支挡工程

在滑坡体下部修筑挡土墙、抗滑桩、预应力锚索或地梁等，由于它们能迅速恢复和增加滑坡的抗滑力使滑坡得到稳定而被广泛应用，特别是对工程滑坡的预防和治理（图 6-14）。

(4) 减重与反压

对无向上及两侧发展可能的小型滑坡，可考虑将整个滑坡体挖除。对滑床上陡下缓，对推移式滑坡或头重脚轻的滑坡，可在滑坡上部主滑地段减轻荷载，以减小滑体的下滑力，而在滑坡下部抗滑部分加载压脚，以达到滑体的力学平衡。对牵引式滑坡或滑动带土具有卸荷膨胀的滑坡，就不宜采用此办法。

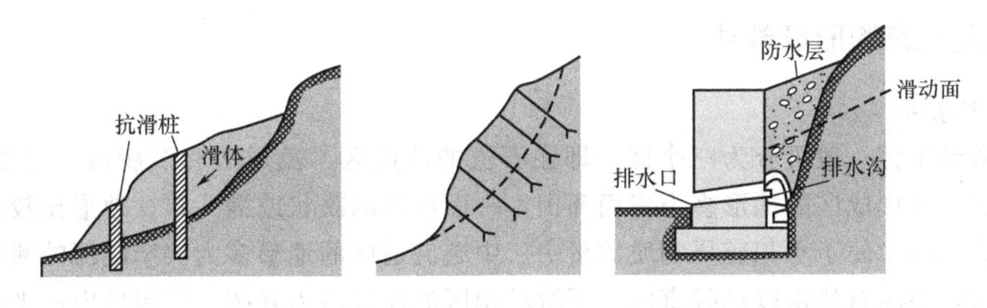

图 6-14　支挡工程

(5) 改善滑动面或滑动带的岩土性质

土质改良的目的在于提高岩土体的抗滑能力，主要用于土体性质的改善。一般有电化学加固法、硅化法、水泥胶结法、冻结法、焙烧法、石灰灌浆法及电渗排水法等。

第三节 泥石流

一　泥石流的概念

泥石流是山区特有的一种自然地质现象，它是由于降水（暴雨、融雪、冰川）而形成的一种夹带大量泥砂、石块等固体物质的特殊洪流。它暴发突然，历时短暂，来势凶猛，具有强大的破坏力。与一般的挟沙水流相比，泥石流中固体物质含量高，颗粒粒径分布范围广，可能有从几微米直至几米的变化范围。

泥石流常在暴雨期或积雪大量融化时突然爆发，顷刻间大量泥砂、石块形成的“洪流”

像一条“巨龙”一样，沿沟谷迅速奔泻而出，有时尘烟腾空、巨石翻滚、泥浆飞溅、山谷雷鸣、地面震动，直到沟口平缓处堆积下来，它将沿途遇到的村镇房屋、道路、桥梁瞬间摧毁、掩埋，甚至堵河断流，造成严重的自然灾害，给人民生命财产带来巨大损失。2008 年 5 月 12 日，我国四川省汶川暴发了 8.0 级地震。地震导致大量松散固体物质的产生，为泥石流形成创造了丰富的物质条件，在地震以后的降雨期间，汶川地震区出现了高频度群发性泥石流，导致 450 余人伤亡。2010 年 8 月 7 日 22 时许，甘南藏族自治州舟曲县突降强降雨，县城北面的罗家峪、三眼峪泥石流下泄，由北向南冲向县城，造成沿河房屋被冲毁（图 6-15），泥石流阻断白龙江、形成堰塞湖。据中国舟曲灾区指挥部消息，至 28 日，舟曲“8·8”特大泥石流灾害中遇难 1463 人，失踪 302 人，给人民生命财产造成重大损失。

图 6-15　舟曲泥石流现场照片

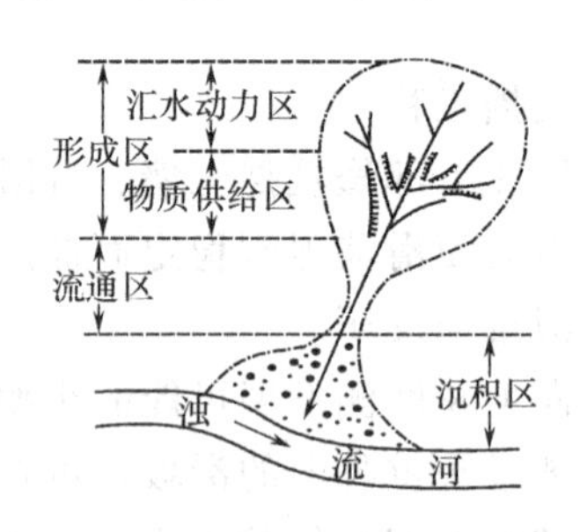

图 6-16　泥石流形成分区示意图

二　泥石流的形成条件

1. 地形条件

从上游到下游一般可分为三个区，即泥石流的形成区、流通区和沉积区，如图 6-16 所示。泥石流上游形成区的地形多为三面环山，一面出口的瓢状或漏斗状，地形比较开阔，周围山高坡陡，地形便于水和碎屑物质的集中。中游流通区的地形多为狭窄陡深的峡谷，沟床纵坡坡度大，使泥石流得以迅猛直泻。下游堆积区的地形多为开阔、平坦的山前平原或河谷阶地，便于碎屑物质的堆积。

2. 地质条件

地质条件决定了泥石流中松散固体物质的来源，地质构造类型复杂、断裂褶皱发育、新构造运动强烈、地震烈度较高的地区，一般便于泥石流形成。此类地区往往表层岩土破碎，滑坡、崩塌、错落等不良地质作用发育，为泥石流的形成提供了丰富的固体物质来源。此外，结构疏松软弱、易于风化、节理发育的岩层，或软硬相间成层的岩层，易遭受破坏，形成丰富的碎屑物质来源。

3. 水文气象条件

水能浸润、饱和山坡松散物质，使其摩阻力减小、滑动力增大。水流对松散物质的侧蚀、掏挖作用引起滑坡、崩塌等，增加了物质来源。泥石流的形成与短时间内突然性的大量流水密切相关，例如，强度较大的暴雨，冰川、积雪的强烈消融，冰川湖、高山湖、水库等的突然溃决等。

4. 人类活动

滥伐山林，造成山坡水土流失。开山采矿、采石，弃渣堆石等，往往增加大量松散物质来源。此外，修建铁路、公路、水渠以及其他工程建筑的不合理开挖，不合理弃土等也可能形成泥石流。

总结以上诸点，可简单概括为以下几个方面。

① 陡峻的便于集水、集物的地形；

② 有丰富的松散物质；

③ 短时间内有大量水的来源。

此三者缺一便不能形成泥石流。

三　泥石流的分类

1. 根据流域特征（地貌特征）分类

① 标准型泥石流：流域呈扇形，能明显分出形成区、流通区和堆积区。沟床下切作用强烈，滑坡、崩塌等发育，松散物质多，主沟坡度大，地表径流集中，泥石流的规模和破坏力大。

② 河谷型泥石流：流域狭长，形成区不明显，松散物质主要来自中游地段。泥石流沿河谷有堆积也有冲刷、搬运，形成逐次搬运的“再生式泥石流”。

③ 山坡型泥石流：流域面积小，呈漏斗状，流通区不明显，形成区与堆积区直接相连，堆积作用迅速。由于汇水面积不大，水量一般不充沛，多形成重度大、规模小的泥石流。

2. 根据物质特征分类

（1）按物质组成分类

① 泥流：以黏性土为主，混少量砂土、石块。黏度大、呈稠泥状。

② 泥石流：由大量的黏性土和粒径不等的砂、石块组成。

③ 水石流：以大小不等的石块、砂为主，黏性土含量较少。

（2）按物质状态分类

① 黏性泥石流：含大量黏性土的泥石流或泥流，黏性大，固体物质约占40%～60%，最高达80%，水不是搬运介质而是组成物质，石块呈悬浮状态。

② 稀性泥石流：水为主要成分，黏性土含量少，固体物质约占10%～40%，有很大分散性，水是搬运介质，石块以滚动或跳跃方式向前推进。

3. 按泥石流发生的频率分类

（1）高频泥石流：多位于地壳上升区，岩层破碎，风化强烈，山体稳定性差。泥石流基本上每年发生，泥石流暴发雨强≤2～4mm/10min。固体物质主要来源于沟谷内的滑坡、崩塌。沟床和扇形地上泥石流堆积物新鲜，几乎无植被发育。

（2）低频泥石流：分布于各类山地，山体稳定性较好，无大型活动性崩塌、滑坡。泥石流暴发周期一般在10年以上。固体物质主要来源于沟床内的松散堆积物。泥石流暴发雨强＞4mm/10min。规模一般较大，沟床和扇形地上巨石遍布，植被较好。

四　泥石流的防治

对泥石流病害，应进行调查，通过访问、测绘、观测等获得第一手资料，掌握其活动规律，有针对性地采取预防为主、以避为宜，以治为辅，防、避、治相结合的方针。泥石流的治理要因势利导、顺其自然、就地论治、因害设防和就地取材，充分发挥排、挡、固等防治技术的有效联合。

1. 水土保持措施

在泥石流危害区，开展水土保持工作，包括封山育林、植树造林、种植草皮、退耕还林等，以稳固岩土体不受冲刷和流失。该方法是一种根治泥石流的措施，但受自然条件限制，收效时间相对较长，且应与其他措施配合进行。

2. 拦截与滞流措施

在泥石流的流通区修筑各种形式的拦渣坝，如拦砂坝、石笼坝、格栅坝及停淤场等，用以拦截或停积泥石流中的泥砂、石块等固体物质，减轻泥石流的动力作用。拦坝群是国内外广泛采用的防治工程，沿沟修筑一系列高 5～10m 的低坝或石墙，坝（墙）身上应留有水孔以宣泄水流，坝顶留有溢流口可宣泄洪水。此外，在泥石流沟中修筑各种位于拦渣坝下游的低矮拦挡坝（谷坊），当泥石流漫过拦渣坝时，拦蓄泥砂、石块等固体物质，减小泥石流的规模。固定泥石流沟床，防止沟床下切和拦渣坝体坍塌、破坏，减缓纵坡坡度，减小泥石流流速。

3. 排导措施

在下游堆积区修筑排洪道、急流槽、导流堤等设施，以固定沟槽、约束水流、改善沟床平面，改善泥石流流势、增大桥梁等建筑物的排洪能力，使泥石流按设计意图顺利排泄。

4. 防护与支挡措施

针对泥石流地区的桥梁、隧道、道路及其他重要工程设施，应修建防护建筑，以抵御或消除泥石流对建筑物的冲击、冲刷、侧蚀和淤埋等危害。防护支挡工程包括护坡、挡土墙、丁坝等。

第四节 特殊土引起的工程地质问题

特殊土是指某些具有特殊物质成分和结构、赋存于特殊环境中，易产生不良工程地质问题的区域性土，如黄土、膨胀土、盐渍土、软土、冻土、红土等。当特殊土与工程设施或工程环境相互作用时，常产生特殊土地质灾害，故在国外常把特殊土称为“问题土”，意即特殊土在工程建设中容易产生地质灾害或工程问题。

我国广袤的国土上广泛地分布着各种类型的特殊土，不仅表现出明显的区域性分布、独特的结构性效应，还表现出其工程特性对水分迁移变化的敏感性、对温度变化的不稳定性、物理与力学特性的不一致性等，这些都诱发其力学性状具有变动性，在岩土工程的勘察与设计中都把其归结为岩土工程灾害易发多发的不良工程地质现象，强调需要采取有效处理措施预防工程灾害发生。本节重点介绍膨胀土、黄土、红黏土、冻土和盐渍土的地质灾害问题。

一 膨胀土

（一）膨胀土的定义、特征与分布

1. 膨胀土的定义

膨胀土是土中黏粒成分主要由亲水性矿物组成，同时具有显著的吸水膨胀和失水收缩的

黏性土。

2. 膨胀土的主要特征

① 粒度组成中黏粒（粒径小于0.002 mm）含量大于30%；

② 黏土矿物成分中，伊利石、蒙脱石等强亲水性矿物占主导地位；

③ 土体含水量增大时，体积膨胀并形成膨胀压力；土体干燥失水时，体积收缩造成裂缝；

④ 膨胀、收缩变形可随环境变化往复发生，导致土的强度衰减；

⑤ 属液限大于40%的高塑性土。

3. 膨胀土的分布范围

全世界已发现有膨胀土的国家和地区，大约有40多个，遍及六大洲（南极洲除外）。其中尤以亚洲、非洲、美洲的分布最普遍，面积亦最广。膨胀土一般分布在盆地内岗、山前丘陵地带和二、三级阶地上。大多数是上更新世及以前的残坡积、冲积、洪积物，也有晚第三纪至第四纪的湖泊沉积及其风化层。我国是世界上膨胀土分布广、面积大的国家之一，据现有资料，在广西、云南、湖北、河南、安徽、四川、河北、山东、陕西、浙江、江苏、贵州和广东等地均有不同范围的分布。

（二）膨胀土的工程地质特征

1. 野外特征

① 地貌特征：多分布在二级及二坂以上的阶地和山前丘陵地区，个别分布在一级阶地上。呈垄岗—丘陵和浅而宽的沟谷，地形坡度平缓，一般坡度小于12°，无明显的自然陡坎。在流水冲刷作用下的水沟、水渠常易崩塌、滑动而淤塞。

② 结构特征：膨胀土多呈坚硬—硬塑状态，结构致密，呈菱形土块且常具有膨胀性，菱形土块越小，膨胀性越强。土内分布有裂隙，斜交剪切裂隙越发育，胀缩性越严重。膨胀土多由细腻的胶体颗粒组成，断口光滑，土内常包含钙质结核和铁锰结核，呈零星分布，有时也富集成层。

③ 地表特征：分布在沟谷头部，库岸和路堑边坡上的膨胀土常易出现浅层滑坡，新开挖的路堑边坡，旱季常出现剥落，雨季则出现表面滑塌。膨胀土分布地区还有一个特点，即在旱季常出现地裂缝，长可达数十米至近百米，深数米，雨季闭合。

④ 地下水特征：膨胀土地区多为上层滞水或裂隙水，无统一水位，随着季节变化，常引起地基的不均匀膨胀变形。

2. 膨胀土的物理力学性质

膨胀土的液限、塑限和塑性指数都较大，液限为40%～68%，塑限为17%～35%，塑性指数为18～33。膨胀土的饱和度一般较大，常在80%以上，但天然含水率较小，一般在29%左右，恰处于硬塑或坚硬状态，强度较高，内聚力较大，摩擦系数较高，压缩性一般中等偏低，常被认为是很好的地基。但在水量增加或结构扰动时，其力学性质向不良方向转化。

（三）膨胀土的危害

膨胀土的胀缩特性对工程建筑，特别是低荷载建筑物具有很大的破坏性。只要地基中水分发生变化，就能引起膨胀土地基产生胀缩变形，从而导致建筑物变形甚至破坏。膨胀土地基的破坏作用主要源于明显而反复的胀缩变化。膨胀土厚度越大，埋藏越浅，危害越严重。它可使房屋等建筑物的地基发生变形而引起房屋沉陷开裂。有资料表明，在强胀缩土发育区房屋破坏可达60%～90%。另外，膨胀土对铁路、公路以及水利工程设施的危害也十分严重，常导致路基和路面变形、铁轨移动、路堑滑坡等，影响运输安全和水利工程的正常运行。

（四）膨胀土的防治措施

膨胀土分布区进行工程建筑时，应避免大挖大填，在建筑物四周要加大散水范围，在结构上设置圈梁；铁路、公路施工避免深长路堑，要少填少挖，路堤底部垫砂，路堑设置挡土墙或抗滑桩，边坡植草铺砂。水利工程要快速施工，合理堆放弃土；必要时设置抗滑桩、挡土墙；合理选择渠坡坡角；穿过垅岗时使用涵管、隧洞。所有工程设施附近都要修建坡面坡脚排水设施，避免降雨、地表水、城镇废水的冲刷、汇集。

对于已受膨胀土破坏的工程设施则视具体情况，采用加固、拆除重建等措施进行治理。

1. 膨胀土地基的防治措施

为了防止由于膨胀土地基胀缩变形而引起的建筑物破坏，在城镇规划和建筑工程选址时，要进行充分的地质勘查，弄清膨胀土的分布范围、发育厚度、埋藏深度以及膨胀土的物理性质和水理性质，在此基础上合理规划建筑布局，尽可能避开膨胀土发育区。在难以找到非膨胀土工程场地时，尽可能选择地形简单、胀缩性相对较弱、厚度小而且地下水水位变化较小、容易排水、没有浅层滑坡和地裂缝的地段进行工程建设，以最大限度地减少膨胀土的危害。除对建筑物布置和基础设计采取措施外，最主要的是对膨胀土地基进行防治和加固。经常采用的措施有防水保湿措施和地基改良措施。

① 防水保湿措施：防水保湿措施主要是指防止地表水下渗和土中水分蒸发，保持地基土湿度的稳定，从而控制膨胀土的胀缩变形。具体方法有在建筑物周围设置散水坡，防止地表水直接渗入和减小土中水分蒸发；加强上、下水管和有水地段的防漏措施；在建筑物周边合理绿化，防止植物根系吸水造成地基土的不均匀收缩而引起建筑物的变形破坏；选择合理的施工方法，在基坑施工时，应分段快速作业，保证基坑不被暴晒或浸泡等。

② 地基改良措施：地基土改良可以有效消除或减小膨胀土的胀缩性，通常采用换土法或石灰加固法。换土法就是挖除地基土上层约1.5m厚的膨胀土，回填非膨胀性土，如砂、砾石等。石灰加固法是将生石灰掺水压入膨胀土内，石灰与水相互作用产生氢氧化钙，吸收土中水分，而氢氧化钙与二氧化碳接触后形成坚固稳定的碳酸钙，起到胶结土粒的作用。

2. 膨胀土边坡变形的防治措施

一般情况下，膨胀土路堑边坡要求一坡到顶。在坡脚还应设置侧沟平台，防止滑体堵塞侧沟，同时采取坡面防水、坡面加固和支挡等措施。

① 防止地表水下渗：通过设置各种排水沟（天沟、平台纵向排水沟、侧沟），组成地表排水网系堵截和引排坡面水流，使地表水不致渗入土体和冲蚀坡面。

② 坡面防护加固：在坡面基本稳定情况下采用坡面防护，具体方法有在坡面铺种草皮或栽植根系发育、枝叶茂盛、生长迅速的灌木和小乔木，使其形成覆盖层，以防地表水冲刷坡面。利用片石浆砌成方格形或拱形骨架护坡，主要用来防止坡面表土风化，同时对土体起支撑稳固作用。

③ 支挡措施：支挡工程是整治膨胀土滑坡的有效措施。支挡工程中有抗滑挡墙、抗滑

桩、片石垛、填土反压、支撑等。

二 湿陷性黄土

（一）湿陷性黄土的概念

黄土是以粉砂为主、富含碳酸盐、具大孔隙、质地均一、无层理而具垂直节理的第四系黄色松散粉质土堆积物。中国黄土分布面积约 64 万 km^2，在北方地区尤其具有广泛的分布，东北平原、新疆、山东等地均有分布。其中湿陷性黄土的分布面积约占黄土总面积的 3/4 左右，主要分布于北纬 34°～41°，东经 102°～114°之间的黄河中游广大地区。从地质时代来看，以晚更新世马兰黄土和全新世新近堆积黄土构成湿陷性黄土的主体。

（二）湿陷性黄土的特征

湿陷性黄土的颜色主要呈黄色或褐黄色、灰黄色，富含碳酸钙，具大孔隙，垂直节理发育；从物质成分上看，湿陷性黄土多以粉砂、细砂为主，含量一般为 57%～72%；矿物成分以石英、长石、碳酸盐、黏土矿物等为主。

湿陷性黄土在结构上由原生矿物单颗粒和集合体组成。集合体中包括集粒和凝块。高孔隙性是湿陷性黄土最重要的结构特征之一。一般认为湿陷性黄土是在干旱气候条件下风积作用形成的产物。形成初期土质疏松，靠颗粒间摩擦和黏结与 $CaCO_3$ 的黏结作用，所有连接面保持架空状态，形成松散的大孔和多孔结构。黄土孔隙率高，多在 40%～50%之间，孔隙比为 0.85～1.24，多为 1.0 左右。

（三）黄土湿陷性判定方法

判定黄土湿陷性的指标有湿陷系数、湿陷起始压力、自重湿陷系数、自重湿陷量以及总湿陷量等。在实际工作中，通常采用湿陷系数来判定是否属于湿陷性黄土。

目前国内外通常是在现场采取原状黄土试样，在室内通过有侧限的单轴压缩仪进行逐级加荷，加至一定压力 P，下沉稳定后，浸水至饱和状态，附加下沉稳定，试验终止，测出试样在压力 P 作用下浸水前、后的高度或孔隙比。两者之差与土试样原始高度（或孔隙比）之比，用湿陷系数 δ_s 表示，

$$\delta_s = \frac{h_p - h_p'}{h_0} \tag{6-1}$$

$$\delta_s = \frac{e_p - e_p'}{1 + e_0} \tag{6-2}$$

式中 h_p，e_p——分别为保持天然含水量和结构的原状土样，在压力 P 作用下，下沉稳定后的高度和孔隙比；

h_p'，e_p'——分别为上述加压稳定后的土样，在浸水饱和状态下，附加下沉稳定后的高度和孔隙比；

h_0，e_0——分别为天然土样的原始高度和孔隙比。

根据室内浸水压缩试验测定结果，我国现行国家标准《湿陷性黄土地区建筑规范 GB 50025—2004》规定如下所示。

当湿陷系数 $\delta_s < 0.015$ 时，定为非湿陷性黄土；

当湿陷系数时 $\delta_s \geqslant 0.015$，定为湿陷性黄土。

（四）湿陷性黄土的危害

湿陷性黄土因其湿陷性变形量大、速率快、变形不均匀等特征，往往使工程设施的地基产生大幅度的沉降或不均匀沉降，从而造成建筑物开裂、倾斜甚至破坏。

1. 建筑物地基湿陷灾害

建筑物地基若为湿陷性黄土，在建筑物使用中因地表积水或管道、水池漏水而发生湿陷变形，加之建筑物的荷载作用更加重了黄土的湿陷程度，常表现为湿陷速度快和非均匀性，使建筑物地基产生不均匀沉陷，破坏了建筑物基础的稳定性及上部结构的完整性。

西宁市南川锻件厂的数十栋楼房，因地基湿陷均遭到不同程度的破坏。1 号楼在施工中受水浸湿，一夜之间建筑物两端相对沉降差达 16cm，地下室尚未建成便被迫停建报废。厂区由于地下水位上升，造成大部分房屋因地基湿陷而破坏，其中最大沉降差达 61.6cm，最大裂缝宽度达 10cm。

在湿陷性黄土分布区，尤其是黄土斜坡地带，经常遇到黄土陷穴。这种陷穴常使工程建筑遭受破坏，如引起房屋下沉开裂、铁路路基下沉等。由于陷穴的存在，可使地表水大量潜入路基和边坡，严重者导致路基坍塌。由于地下暗穴不宜被发现，经常在工程建筑物刚完工交付使用便突然发生倒塌事故。

2. 渠道湿陷变形灾害

黄土分布区一般气候比较干燥，为了进行农田灌溉、城市和工矿企业供水，常修建引水工程。但是，由于某些地区黄土具有显著的自重湿陷性，因此水渠的渗漏常引起渠道的严重湿陷变形，导致渠道破坏。

在中国陇西和陕北黄土高原有不少渠道工程受到渠道自重湿陷变形的破坏。如甘肃省修建的一座堤灌工程，在引水灌溉十多年之后，有的地段下沉 0.8～1.0m，不少分水闸、泄水闸和泵站等因湿陷而破坏，不得不投入资金多次重建。

（五）湿陷性黄土的防治措施

在湿陷性黄土地区，虽然因湿陷而引发的灾害较多，但只要能对湿陷变形特征与规律进行正确分析和评价，采取恰当的处理措施，湿陷便可以避免。

1. 防水措施

水的渗入是黄土湿陷的基本条件，因此，只要能做到严格防水，湿陷事故是可以避免的。防水措施是防止或减少建筑物地基受水浸湿而采取的措施。这类措施有平整场地，以保证地面排水通畅；做好室内地面防水设施，室外排水沟等，特别是开挖基坑时，要注意防止水的渗入；切实做好上下水道和暖气通道等用水设施不漏水等。

2. 地基处理措施

地基处理是对建筑物基础一定深度内的湿陷性黄土层进行加固处理或换填非湿陷性土，达到消除湿陷性、减小压缩性和提高承载能力的方法。在湿陷性黄土地区，通常采用的地基处理方法有重锤表层夯实（强夯）、垫层、挤密桩、灰土垫层、预浸水、化学加固和桩基、非湿陷性土替换等。

对于某些水工建筑物，防止地表水渗入几乎是不可能的，此时可以采用预浸水法。如对渠道通过的湿陷性黄土地段预先放水，使之浸透水分而先期发生湿陷变形，然后通过夯实碾压再修筑渠道以达到设计要求，在重点地区可辅之以重锤夯实。

选择防治措施，应根据场地湿陷类型、湿陷等级、湿陷土层的厚度，结合建筑物的具体要求等综合考虑后来确定。对于弱湿陷性黄土地基，一般建筑物可采用防水措施或配合其他措施；重要建筑物除采用防水措施外，还需用重锤夯实或换土垫层等方法。对中等或强烈湿陷性黄土地基，则以地基处理为主，并配合必要的防水措施和结构措施。

3. 黄土陷穴的防治处理措施

在可能产生黄土陷穴的地带，应通过地面调查和探测，查明分布规律，并针对陷穴形成和发展的原因采取必要的预防措施。具体措施有：设置排水系统，把地表水引至有防渗层的排水沟或截水沟，经由沟渠排泄到地基或路基范围以外；夯实表土、铺填黏土等不透水层或在坡面种植草皮，增强地表的防渗性能；平整坡面，减少地表水的汇聚和渗透。

对已有的黄土陷穴，可采用如下的措施进行处理：对小而直的陷穴进行灌砂处理；对洞身不大、但洞壁曲折起伏较大的洞穴和离路基中线或地基较远的小陷穴，可用水、黏土、砂制成的泥浆重复灌注；对建筑物基础下的陷穴一般采用明挖回填；对较深的洞穴，要开挖导洞和竖井进行回填，由洞内向洞外回填密实。

三　红黏土

（一）红黏土的概念

红黏土是石灰岩、白云岩等碳酸盐系出露区的岩石在炎热湿润的气候条件下，经岩溶化、红土化作用之后，钙、镁流失，硅、铝、铁富集，形成覆盖在碳酸盐岩上的残坡积且呈棕褐、黄褐、褐红、棕红、紫红等色的高塑性黏土。它常堆积于山麓、坡地、丘陵、谷地等处。当原生红黏土受间歇性水流的冲蚀作用，土粒被搬运至低洼处沉积形成新的土层，其颜色较未经搬运者浅，常含粗颗粒，经再搬运后仍保留红黏土基本特征，液限在45％～50％之间的土称为次生红黏土。

（二）红黏土的形成条件

红黏土的形成一般应具有气候和岩性两方面条件如下所示。

① 气候条件：气候变化大，年降水量大于蒸发量，因气候潮湿，有利于岩石的机械风化和化学风化，风化结果便形成红黏土。

② 岩性条件：主要为碳酸盐类岩石，当岩层褶皱发育、岩石破碎、易于风化时，更易形成红黏土。

（三）红黏土的物理力学性质

红土是在热带、亚热带湿热特定气候条件下，岩石经历了不同程度的红土化作用而形成的一种含较多黏粒，富含铁铝氧化物胶结的红色黏性土、粉土。由于其特殊的成土过程，天然红黏土一般具有如下物理力学性质。

① 孔隙比大，天然孔隙比一般为1.4～1.7；

② 高塑性，液限一般为60％～80％，塑限一般为40％～60％，塑性指数一般为20～50；

③ 天然含水率较高，一般为40％～60％；

④ 由于塑限很高，所以尽管天然含水率高，一般仍处于坚硬或硬可塑状态，液性指数

一般小于0.25。

⑤ 一般具有较高的强度和较低的压缩性；

⑥ 原状土浸水后膨胀量很小，但失水后收缩剧烈；

⑦ 土体上硬下软，表层和浅部为坚硬和硬塑状，网状裂隙发育。

（四）红黏土的地基稳定性

影响红黏土地基稳定性的主要因素有土硐、地裂和收缩性裂隙。

1. 红黏土地区的岩溶和土硐

由于红黏土的成土母岩为碳酸盐系岩石，这类基岩在水的作用下，岩溶发育，地下水在基岩面附近活动强烈，便可能将溶沟、溶槽中的软塑和流塑状红黏土带走。上覆红黏土层在地表水和地下水作用下常形成土硐，土硐进一步发展，顶部可塑、硬塑状红黏土的土体失稳，形成塌陷。

2. 地裂和裂隙

红黏土地基的地裂是由于地震、岩溶塌陷及土体大幅度失水后收缩而引起的。裂隙与水的共同作用，将导致边坡土体散落、崩塌、滑动、塑流等病害发生；软化土层，降低强度，促进土硐的发生发展和地面塌陷。

3. 胀缩性

红黏土部分坚硬和硬塑状的土体中，收缩性的网格状裂隙发育为土体的软弱结构面，遇水浸润后，土体强度急剧下降，边坡失稳变形，以致崩塌。

（五）红黏土的地基处理措施

红黏土地基的处理要针对地基不均匀性、土硐、地裂、收缩性裂隙及软弱持力层等问题进行。要坚持采取地基处理、基础设计和结构调整相结合的方法，搞好红黏土地基的处理。

① 对于石芽密布并有出露的地基，当石芽间距小于2m，建筑物荷载较小，基底压力较低时，可不作地基处理。若不能满足上述要求，可利用经验证明稳定性可靠的石芽作支墩式基础，也可在石芽出露部位作褥垫。当石芽间有较厚的软弱土层时，可用碎石、土夹石等进行置换。

② 对于大块孤石或个别石芽出露的地基，当土层的承载力特征值大于150kPa、房屋为单层排架结构或一、二层砌体承重结构时，宜在基础与岩石接触的部位采用褥垫进行处理。

③ 当建筑物对地基变形要求较高或地质条件比较复杂时，可适当调整建筑物平面位置，也可采用桩基或梁、拱跨越等处理措施。

④ 红黏土地基中只有个别土硐存在，没有潜在发展的可能，对地基的稳定性影响不大，可用下述方法进行加固处理。对浅埋土硐，实行地面开挖，清除软土，用块石回填，再加毛石混凝土至基础底面下0.3m，再用土夹石填至基础底面即可。对深埋土硐，地面上对准硐体顶板，打钻孔多个，用水冲法将砂砾石灌进硐内，如灌注困难，可借助压力灌注细石混凝土。红黏土地基中有较多的土硐存在，并有潜在发展的趋势，对地基的稳定性影响较大，应考虑放弃红黏土地基，采用桩基础，以下伏基岩作持力层。

⑤ 查明影响红黏土地基稳定的收缩性网格状裂隙的密集程度和延伸深度，再确定基础的类型和埋深。对丙级建筑物可适当加大建筑物角端基础的埋深，对炉窑等高温设施基础，要对土体的高温收缩性进行试验和研究，采取措施，防止因地基土的收缩开裂，引起构筑物

基础的变化。房屋建成后，搞好排水设施，避免树木根系延伸及吸水造成红黏土地基开裂，建筑物受破坏。对红黏土的边坡要搞好护坡，防止失水干缩，遇水软化等。对于天然土坡和人工开挖的边坡及基槽，应防止破坏坡面植被和自然排水系统，坡面上的裂隙应填塞，做好地表水、地下水及生产和生活用水的排泄、防渗等措施，保证土体的稳定性。

四 冻土

（一）冻土的定义和分类

1. 冻土的定义

冻土，一般是指温度在0℃或0℃以下，并含有冰的各种岩土。冻土是由矿物颗粒、冰、未冻水和气体四种物质组成的多成分多相体系，其中冰、未冻水和气体的含量随温度而变化。不含冰的负温土称为寒土。

2. 冻土的分类

（1）按冻结状态持续时间分类

按岩土冻结状态保持时间的长短，冻土又可分为多年冻土和季节冻土。多年冻土指持续冻结时间在2年或2年以上的土（岩）。季节冻土是指地壳表层冬季冻结而在夏季又全部融化的土（岩）。

（2）按冻土中的易溶盐含量或泥炭化程度分类

冻土中易溶盐含量超过表6-3中数值时，称为盐渍化冻土。

表6-3 盐渍化冻土的盐渍度界限值

土类	含细粒土砂	粉土	粉质黏土	黏土
盐渍度 ζ/%	0.10	0.15	0.20	0.25

盐渍化冻土的盐渍度可按下式计算：

$$\zeta=\frac{m_g}{g_d}\times 100 \quad (\%) \tag{6-3}$$

式中 m_g——冻土中含易溶盐的质量，g；

g_d——土骨架质量，g。

（3）泥炭化冻土

冻土中的泥炭化程度超过表6-4中的数值时，称为泥炭化冻土。

表6-4 泥炭化冻土的泥炭化程度界限值

土类	粗颗粒土	黏土
泥炭化程度 ξ/%	3	5

泥炭化冻土的泥炭化程度（ξ），可按下式计算

$$\xi=\frac{m_\rho}{g_d}\times 100(\%) \tag{6-4}$$

式中 m_ρ——冻土中含植物残渣和泥炭的质量，g；

g_d——土骨架质量，g。

(4) 按冻土的体积压缩系数（m_v）或总含水量（w）分类

① 坚硬冻土：$m_v \leqslant 0.01 MPa^{-1}$，土中未冻水含量很少，土粒由冰牢固胶结，土的强度高。坚硬冻土在荷载作用下，表现出脆性破坏和不可压缩性，与岩石相似。坚硬冻土的温度界限对分散度不高的黏性土为－1.5℃，对分散度很高的黏性土为－5～－7℃。

② 塑性冻土：$m_v > 0.01 MPa^{-1}$，虽被冰胶结但仍含有多量未冻结的冰，具有塑性，在荷载作用下可以压缩，土的强度不高。当土的温度在零度以下至坚硬冻土温度的上限之间、饱和度 $S_r \leqslant 80\%$时，常呈塑性冻土。塑性冻土的负温值高于坚硬冻土。

③ 松散冻土：$w \leqslant 3\%$，由于土的含水量较小，土粒未被冰所胶结，仍呈冻前的松散状态，其力学性质与未冻土无多大差别。砂土和碎石土常呈松散冻土。

（二）冻土的分布

地球上多年冻土区面积约为 $3.5 \times 10^7 km^2$，主要分布于北纬45°以上的高纬度地区。如：俄罗斯的广大区域、芬兰、瑞典、挪威、加拿大、格陵兰、美国的阿拉斯加等国家和地区。

我国的冻土主要分布于高海拔、高纬度地区。多年冻土主要分布于东北大小兴安岭北部、青藏高原、天山以及阿尔泰山等地区，总面积约为 $215 \times 10^4 km^2$。中国季节性冻土的分布面积远大于多年冻土，遍布长江流域以北10多个省区，冻结深度大于0.5 m的季节性冻土区占全国总面积的68.6%，其南界（以地表1月份最低温度－0.1 ℃等值线为准）西起云南章风，向东经昆明、贵阳、川北到长沙、安庆、扬州一带。季节性冻土的具体分布可参阅《冻土地区建筑地基基础设计规范》(JGJ 118—98) 中的中国季节冻土标准冻深图。

（三）季节冻土的工程特性

季节冻土的主要工程特性是冻结时膨胀，融化时下沉。季节冻土作为建筑物地基，在冻结状态时，具有较高的强度和较低的压缩性或不具压缩性。但冻土融化后则承载力大为降低，压缩性急剧增高，使地基产生融陷；相反，在冻结过程中又产生冻胀，都对地基不利。季节冻土的冻胀和融陷与土的颗粒大小及含水量有关，一般土颗粒愈粗，含水量愈小，土的冻胀和融陷性愈小；反之则愈大。

（四）冻土造成的危害

1. 多年冻土灾害

(1) 热融沉降（陷）

因气候转暖，或森林砍伐与火灾，或修建工程构（建）筑物，特别是采暖型的建筑物，破坏了原来地面的植被和热力动态，使其冻结与融化深度加大。导致地下水或富冰冻土层融化，于是在上覆土层自重及建筑物荷载作用下，地基土便出现沉降或沉陷现象，从而使建筑物无法正常运行，甚至破坏。这是多年冻土区各种建筑物受冻害的主要原因。据国际统计，20世纪60年代，约有三分之二的采暖建筑物，因热融下沉而不能正常使用。青藏公路多年冻土路基病害调查表明，热融沉陷变形占路基冻害的80%以上，主要发生在高含冰的高温冻土地段。

(2) 融冻滑塌

在地下冰发育的斜坡上，由于路堑工程或挖方取土，或河流侵蚀坡脚，使地下冰层或富冰土层外露，而不断融化，造成上覆植被或土层失去支撑而不断下滑。如青藏公路某处，因在坡脚挖方取土，在短短2～3个月内，小坑变成了1条几十米长的大沟，3年后一直发展到山顶，使山体破烂不堪，交通经常中断。

(3) 冰丘、冰椎

在季节融化层中含有丰富的地下水层时，冬季地表冻结过程中，随着地表冻土层增厚，由于下卧多年冻土层隔水，季节融化层中的地下水流受阻而承压。当该孔隙水的压力足够大时，在地表较薄弱处即被不断增加的受压孔隙水顶托而逐渐隆起，形成丘状体，称为冰丘，或冻胀丘，如图6-17所示；当地表层不足以承受水压力时，空腔水与孔隙水便破土而出，在地表漫延，并冻结成冰椎。

图6-17　青藏高原昆仑山口附近的冰丘

冰丘的形成常使其上的建筑物被顶托起，甚至被倾翻。如我国大兴安岭一种春融隆胀丘，从巡道工发现以后仅一个月，便使地表隆起1.2m，并使附近的铁路两侧轨道高差达70～100mm，严重危及行车安全。

冰椎的范围小至1～2m，大至1～2km。经常出现在建筑物兴建以后，由于原地下水通道受阻而外溢，并冻结而成，对道路工程危害尤其严重。

(4) 季节融化层的冻胀

冬季潮湿细粒敏感性土组成的季节融化层回冻所产生的严重冻胀，是多年冻土区令结构物冻害的主要原因。如俄罗斯东西伯利亚 Novij Urengoj 地区年平均气温−7～−8℃，直径420mm的天然气管道，每延米重800kg，有埋深达到1.5～2.0倍季节融化层深度的混凝土桩架空支撑着，每根桩承重8125kg，经过数年的运营，至2003年已经产生1m多不均匀冻胀变形。

2. 季节冻土灾害

我国季节冻土区分布在广大东北、华北、西北及内蒙古地区，其冻结深度由南至北、由低海拔向高海拔区增厚，最大达3m左右。在寒冬季节负气温影响下，一方面地表土层中孔隙水冻结成冰，体积膨胀；而另一方面更主要的是，在负温度梯度作用下，下部未冻土层中的水分源源不断地向上部冻结区迁移、聚集，并冻结成冰透镜体，出现大幅度隆胀，其总冻胀变形量变化在10～30cm不等，甚至可超过40cm。如此大的冻胀变形，几乎没有任何建（构）筑物可以承受，它是发生季节冻土灾害的主要原因。

（五）冻土区工程防治措施

1. 季节冻土地基防冻害措施

在冻胀、强冻胀、特强冻胀地基上，应采用下列防冻害措施。

① 在对地下水位以上的基础，基础侧面应回填非冻胀性的中砂或粗砂，其厚度不应小于10cm。对在地下水位以下的基础，可采用桩基础、自锚式基础（冻土层下有扩大板或扩底短桩）或采取其他有效措施。

② 宜选择地势高、地下水位低、地表排水良好的建筑场地。对低洼场地，宜在建筑四周向外一倍冻深距离范围内，使室外地坪至少高出自然地面300～500mm。

③ 防止雨水、地表水、生产废水、生活污水浸入建筑地基，应设置排水设施。在山区应设截水沟或在建筑物下设置暗沟，以排走地表水和潜水流。

④ 在强冻胀性和特强冻胀性地基上，其基础结构应设置钢筋混凝土圈梁和基础梁，并控制上部建筑的长高比，增强房屋的整体刚度。

⑤ 当独立基础联系梁下或桩基础承台下有冻土时，应在梁或承台下留有相当于该土层冻胀量的空隙，以防止因土的冻胀将梁或承台拱裂。

⑥ 外门斗、室外台阶和散水坡等部位宜与主体结构断开，散水坡分段不宜超过1.5m，坡度不宜小于3%，其下宜填入非冻胀性材料。

⑦ 对跨年度施工的建筑，入冬前应对地基采取相应的防护措施；按采暖设计的建筑物，当冬季不能正常采暖，也应对地基采取保温措施。

2. 多年冻土地基的设计

多年冻土用作建筑物地基时，可根据年平均地温、持力层范围内地基土所处冻结状态、最大融化深度范围内地基土的融沉性、室温及建筑物特点，选择采用下列三种状态之一进行设计。三种状态分别为：保持冻结状态，逐渐融化状态和预先融化状态。对一栋整体建筑物必须采用同一种设计状态；对同一建筑场地应遵循一个统一的设计状态。

五 盐渍土

（一）盐渍土的概念

盐渍土是指易溶盐含量大于0.3%，且具有融陷、盐胀、腐蚀等特性的土。盐渍土是当地下水沿土层的毛细管升高至地表或接近地表，经蒸发作用，水中盐分被析出并聚集于地表或地下土层中形成的。

（二）盐渍土的分布

盐渍土主要分布在西北干旱地区的青海、新疆、甘肃、宁夏、内蒙古等地区；在华北平原、松辽平原、大同盆地和青藏高原的一些湖盆洼地也有分布。盐渍土的厚度一般不大。平原和滨海地区，一般在地表以下2～4m，其厚度与地下水的埋深，土的毛细上升高度和蒸发强度有关。绝大多数盐渍土分布地区，地表有一层盐霜或盐壳，厚数厘米至数十厘米。盐渍土中盐分的分布随季节、气候和水文地质条件而变化。旱季盐分向地表大量聚积，表层含盐量增高，雨季盐分被水冲洗淋滤下渗，表层含盐量减少。盐渍土的特点是干旱时具有较高的强度，潮湿时强度减弱、压缩性增强，具有溶陷性，而且与所含盐的成分和数量有关。

（三）盐渍土的分类

1. 按分布区域划分

（1）滨海盐渍土

滨海一带受海水侵袭后，经过蒸发作用，水中盐分聚集于地表或地表下不深的土层中，即形成滨海盐渍土。滨海盐渍土的盐类主要是氯化物，含盐量一般小于5%，盐中 Cl^-/SO_4^{2-} 比值大于内陆盐渍土，$Na^+/(Ca^{2+}+Mg^{2+})$ 的比值小于内陆盐渍土。滨海盐渍土主要分布在我国的渤海沿岸、江苏北部等地区。

（2）内陆盐渍土

易溶盐类随水流从高处带到洼地，经蒸发作用盐分聚集而成。一般因洼地周期地形坡度大，堆积物颗粒较粗，因此，盐渍化的发展，向洼地中心越严重。这类盐渍土分布于我国的甘肃、青海、宁夏、新疆、内蒙古等地区。

(3) 冲积平原盐渍土

主要由于河床淤积或兴修水利等，使地下水位局部升高，导致局部地区盐渍化。这类盐渍土分布于我国东北的松辽平原和山西、河南等地区。

2. 按含盐类的性质划分

按含盐类的性质可分为氯盐类（$NaCl$、KCl、$CaCl_2$、$MgCl_2$）、硫酸盐类（Na_2SO_4、$MgSO_4$）和碳酸盐类（Na_2CO_3、$NaHCO_3$）三类。盐渍土所含盐分的性质，主要以土中所含阴离子的氯根（Cl^-）、硫酸根（SO_4^{2-}）、碳酸根（CO_3^{2-}）、碳酸氢根（HCO_3^-）的含量（每100g土中的毫摩尔数）的比值来表示，如表6-5所示。

表6-5　盐渍土按含盐化学成分分类

盐渍土名称	$\frac{c(Cl^-)}{2c(SO_4^{2-})}$	$\frac{2c(CO_3^{2-})+c(HCO_3^-)}{c(Cl^-)+2c(SO_4^{2-})}$
氯盐渍土	>2	—
亚氯盐渍土	2～1	—
亚硫酸盐渍土	1～0.3	—
硫酸盐渍土	<0.3	—
碱性盐渍土	—	>0.3

3. 按含盐量划分

当土中含盐量超过一定值时，对土的工程性质就有一定影响，所以按含盐量（%）分类是对按含盐性质分类的补充，其分类见表6-6。

表6-6　盐渍土按含盐量分类

盐渍土名称	平均含盐量/%		
	氯及氯盐	硫酸盐及亚硫酸盐	碱性盐
弱盐渍土	0.3～1	—	—
中盐渍土	1～5	0.3～2	0.3～1
强盐渍土	5～8	2～5	1～2
超盐渍土	>8	>5	>2

(四) 盐渍土的工程性质与评价指标

盐渍土的工程性质如下。

(1) 盐渍土的溶陷性

盐渍土中的可溶盐经水浸泡后溶解、流失，致使土体结构松散，在土的饱和自重压力下出现融陷。有点盐渍土浸水后，需在一定压力作用下，才会产生融陷。盐渍土溶陷性的大小，与易溶盐的性质、含量、赋存状态和水的径流条件以及浸水时间的长短等有关。盐渍土按融陷系数可分为两类：当融陷系数小于0.01时，称为非溶陷性土，当溶陷性系数值等于或大于0.01时，称为溶陷性土。

（2）盐渍土的盐胀性

硫酸（亚硫酸）盐渍土中的无水芒硝（Na_2SO_4）的含量较多，无水芒硝（Na_2SO_4）在32.4℃以上时为无水晶体，体积较小。当温度下降至32.4℃时，吸收10个水分子的结晶水，成为芒硝（$Na_2SO_4 \cdot 10H_2O$）晶体，使体积增大，如此不断循环反复作用，使土体变松。盐胀作用是盐渍土由于昼夜温差大引起的，多出现在地表下不太深的地方，一般约为0.3m。碳酸盐渍土中含有大量吸附性阳离子，遇水时与胶体颗粒作用，在胶体颗粒和黏土颗粒周围形成结合水薄膜，减少了各颗粒间的黏聚力，使其相互分离，引起土体的盐胀。资料表明，当土中的Na_2CO_3含量超过0.5%时，其盐胀量即显著增大。

（3）盐渍土的腐蚀性

盐渍土均具有腐蚀性。硫酸盐盐渍土具有较强的腐蚀性，当硫酸盐含量超过1%时，对混凝土产生有害影响，对其他建筑材料，也有不同程度的腐蚀作用。氯盐渍土具有一定的腐蚀性，当氯盐含量大于4%时，对混凝土产生不良影响，对钢铁、木材、砖等建筑材料也具有不同程度的腐蚀性。

（4）盐渍土的吸湿性

氯盐渍土含有较多的一价钠离子，由于其水解半径大，水化能力强，故在其周围形成较厚的水化薄膜。因此，使氯盐渍土具有较强的吸湿性和保水性。这种性质，使氯盐渍土在潮湿地区极易吸湿软化，强度降低，而在干旱地区，使土体容易压实，氯盐渍土吸湿的深度，一般只限于地表，深度约为10cm。

（5）有害毛细作用

盐渍土有害毛细水上升能引起地基土的浸湿软化和造成次生盐渍土，并使地基土强度降低，产生盐胀、冻胀等不良作用。影响毛细水上升高度和上升速度的因素，主要有土的矿物成分、粒度成分、土颗粒的排列、孔隙的大小和水溶液的成分、浓度、温度等。

（五）盐渍土的防治措施

1. 盐渍土的工程防护

工程建设中应尽量避开盐渍土分布区；无法避免时，应防止大气降水、地表水、工业和生活用水淹没或浸湿地基和附近场地，对湿润厂房地基应设置防渗层；在盐渍土地区，地基开挖后应及时进行基础施工，严禁施工用水渗入地基内。

2. 盐渍土的溶陷性处治

为减小地基的溶陷性，可根据具体情况考虑浸水预溶、强夯、换土、振冲及物理化学处理等一种或几种地基处理方法的联合使用。

3. 盐渍土的盐胀性处治

主要是减小或消除盐渍土的盐胀性，可采取换土垫层法，将有效盐胀范围内的盐渍土挖除即可；在地面设置隔热层，使盐渍土层的浓度变化减小，从而减小或完全消除盐胀；在地坪下设一层20cm左右厚的大粒卵石，使下面土层的盐胀性得到缓冲；或将氯盐渗入硫酸盐中，抑制其盐胀。

4. 盐渍土的腐蚀性防治

盐渍土的腐蚀，主要是盐溶液对建筑材料的侵入造成的，所以采取隔断盐溶液的侵入或增加建筑材料的密度等措施，可以防护或减小盐渍土对建筑材料的腐蚀性。

第五节 边坡的工程地质问题

一 概述

边坡系指地壳表层一切具有侧向临空面的地质体，它是坡面、坡顶及其下部一定深度坡体的总称。坡面与坡顶面的转折部分称为坡肩，边坡的最下部与平地相接部位称为坡脚，坡面与理想水平面交线称为边坡走向线，坡面与理想水平面的最大夹角称为坡角，坡顶面与坡面下部至坡脚范围内的岩（土）体称为坡体。边坡组成如图 6-18 所示。

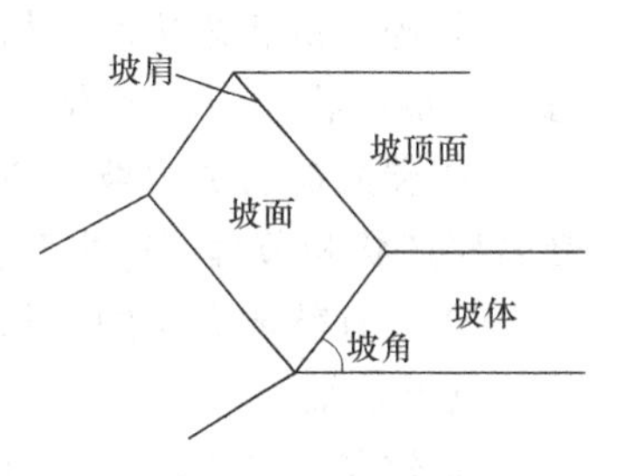

图 6-18 边坡的组成

边坡包括天然斜坡和人工开挖的边坡。天然斜坡是在一定地质环境中，在各种地质营力作用下形成和演化的自然历史过程的产物，如侵蚀作用、堆积作用等形成的山坡、海岸、河岸等。人工边坡则是由于人类工程开挖的，往往在自然斜坡基础上形成，其特点是具有较规则的几何形态，如路堑、露天矿坑边帮、运河（渠道）边坡等。无论是天然斜坡、还是人工边坡，在各种自然或人为的营力作用下，斜坡的外形、内部结构，以及所处的应力状态都要发生变化，有些斜坡就要发生不同形式或不同规模的变形与破坏。斜坡的变形或破坏不仅会使斜坡范围内及附近的建筑物遭到破坏，而且将使人民的生命财产遭受巨大损失。

二 边坡的类型

（一）按岩性不同分类

根据岩性不同，边坡可分为岩质边坡和土质边坡。

1. 土质边坡

整个边坡均由土体构成，按土体种类又可分为黄土边坡、砂性土边坡、黏性土边坡、软土边坡、土石混合边坡等。

① 黄土边坡：黄土一般呈棕黄色或淡黄色，多孔，孔隙比一般为 40%～50%，以粉粒为主，质地均一，无层理、柱状节理和垂直节理发育，天然状态下含水少，干燥时坚固，可形成直立边坡，但遇水容易剥落或遭受侵蚀。

② 砂性土边坡：是指主要由砂或砂性土组成的边坡，以结构较疏松黏聚力低为特点，作为工程边坡，透水性较大，饱和含水的均质砂土边坡，在振动力作用下，易于液化形成液化边坡。

③ 黏性土边坡：黏土以颗粒细密为其主要特征，但由于生成环境的不同，各类黏土的组织结构、物理力学特性等差别较大，对边坡稳定性的影响也不一样。但一般都具有干时坚硬开裂，遇水膨胀分解呈软塑性状的特点。

④ 软土边坡：是指由淤泥、泥炭、淤泥质土以及其他抗剪强度极低的土组成的边坡。黏土由于其抗剪强度极低，流变特征显著，对于边坡稳定性不利。

⑤ 土石混合边坡：是指由坚硬岩石碎块和砂土碎屑物质混合组成的边坡，按其形成条件可以分为堆积型（包括沉积、坡积）和残积型。前者土石碎屑经搬运位移，常见的如变形

边坡的残留体或坡积体等；后者则为基岩原位风化而成。

2. 岩质边坡

整个边坡均由岩体构成，按岩体的强度又可分为硬岩边坡、软岩边坡和风化岩边坡等；按岩体结构分为整体状（巨块状）边坡、块状边坡、层状边坡、碎裂状边坡、散体状边坡等。

① 侵人岩类边坡：如花岗岩，岩性较单一，强度较高，一般呈块状结构，常形成陡坡并发育卸荷裂隙。

② 喷出岩类边坡：如玄武岩、凝灰岩、流纹岩、凝灰角砾岩等。强度差别大，裂隙发育，有时具有层状或似层状结构，孔隙大，边坡形态受产状控制。

③ 碎屑沉积岩边坡：如砂岩、砾岩、页岩等。强度差别较大，具有层状结构，边坡形态受岩层产状控制，页岩透水性微弱。

④ 碳酸盐岩类边坡：如石灰岩、白云岩等，强度一般较高，多具层状结构。边坡形态受岩层产状和节理裂隙发育特征控制，常形成陡坡悬崖，有时岩溶发育。

⑤ 夹有软弱夹层的沉积岩边坡：如夹有泥化夹层或破碎夹泥层的砂岩、页岩、石灰岩等，具层状结构。

⑥ 软弱岩层边坡：如白垩（第三纪红色黏土岩、泥岩、泥灰岩、页岩等）、半成岩、河湖相砂页岩。强度甚低，易风化、崩解。

⑦ 特殊岩类边坡：含石膏、岩盐等的易溶岩层、强度甚低，易溶于水。

⑧ 变质岩类边坡：如片岩、千枚岩、片麻岩、石英岩等。强度差别大，多呈片状或层状结构，岩体完整性差。

（二）按地质环境与人工改造的程度分类

① 自然边坡：是指未经人工破坏改造的边坡，是由地质构造作用形成的。从地形地貌上看，凡是与大气接触的山坡称为自然边坡，如天然沟谷岸坡、山体斜坡等。

② 人工边坡：是指由于人们从事岩体工程活动，经人工改造所形成的边坡，如水利水电工程中的基坑边坡、渠道边坡、铁路隧道、公路交通开山劈岭修建道路所形成的边坡以及露天开采所形成的边坡等。人工边坡一旦开挖，就会破坏自然生态平衡。边坡大面积暴露在大气中，裸露的岩土在外部风化因素作用下，岩（土）质发生变化，导致风化加剧，坡面受到侵蚀，容易失稳，形成滑坡。

（三）按边坡高度不同分类

按边坡高度可分为超高边坡（＞100m）、高边坡（50～100m）、中边坡（20～50m）和低边坡（＜20m）4 类。

三　边坡工程安全等级

边坡工程应按其损坏后可能造成的破坏后果（危及人的生命、造成经济损失、产生社会不良影响）的严重性、边坡类型和坡高等因素，根据表 6-7 确定安全等级。此外，还应注意，一个边坡工程的各段，可根据实际情况采用不同的安全等级；对危害性极严重、环境和地质条件复杂的特殊边坡工程，其安全等级应根据工程情况适当提高。边坡工程安全等级是支护工程设计、施工中根据不同的地质环境条件及工程具体情况加以区别对待的重要标准。

表 6-7　边坡工程安全等级

<table>
<tr><th colspan="2">边坡类型</th><th>边坡高度 H/m</th><th>破坏后果</th><th>安全等级</th></tr>
<tr><td rowspan="8">岩质边坡</td><td rowspan="3">岩体类型为
Ⅰ或Ⅱ类</td><td rowspan="3">$H>30$</td><td>很严重</td><td>一级</td></tr>
<tr><td>严重</td><td>二级</td></tr>
<tr><td>不严重</td><td>三级</td></tr>
<tr><td rowspan="5">岩体类型为
Ⅲ或Ⅳ类</td><td rowspan="2">$15<H\leqslant 30$</td><td>很严重</td><td>一级</td></tr>
<tr><td>严重</td><td>二级</td></tr>
<tr><td rowspan="3">$H\leqslant 15$</td><td>很严重</td><td>一级</td></tr>
<tr><td>严重</td><td>二级</td></tr>
<tr><td>不严重</td><td>三级</td></tr>
<tr><td colspan="2" rowspan="5">土质边坡</td><td rowspan="2">$10<H\leqslant 15$</td><td>很严重</td><td>一级</td></tr>
<tr><td>严重</td><td>二级</td></tr>
<tr><td rowspan="3">$H\leqslant 10$</td><td>很严重</td><td>一级</td></tr>
<tr><td>严重</td><td>二级</td></tr>
<tr><td>不严重</td><td>三级</td></tr>
</table>

四　影响边坡稳定性的主要因素

边坡岩体的稳定性受多种因素的影响，可分为内在因素和外在因素。内在因素主要包括边坡岩体的地层、组成边坡岩体的岩性、地质构造、岩（土）体结构、地应力以及水的作用等；外部因素主要指边坡形态的改造、气象变化、振动作用、工程荷载、植被作用以及人为因素的影响等。研究分析影响边坡稳定性的因素，特别是研究影响边坡变形破坏的主要因素是稳定性分析和边坡防治的一项重要任务。

（一）地层与岩性

从边坡变形破坏的特征来看，不同地层不同岩性各有其常见的变形破坏形式。例如，有些地层中滑坡特别发育，这是与该地层中含有特殊的矿物成分和风化物质而在地层内容易形成滑动带有关。在高灵敏的海相黏土，裂隙黏土，第三系，白垩系，侏罗系红色页岩、泥岩地层，二迭系煤系地层，以及古老的泥质变质岩系，如千枚岩、片岩等地层，都属于易滑地层。在这些地层形成的边坡稳定性必然较差。

岩性对边坡的变形破坏也有直接影响。所谓岩性是指组成岩石的物理、化学、水理和力学性质，这些性质的变化或改变，在一定程度上影响着边坡的稳定。边坡岩体如果是整体性好、坚硬、致密、强度高的块状或厚层状岩体，可以形成高达数百米的陡立边坡而不垮塌，如长江三峡的石灰岩峡谷；但在淤泥或淤泥质软土地段，由于淤泥的塑流变形，边坡则难以形成。在整体性差、松散、破碎、强度低的岩体中，边坡坡度较缓也有可能失稳，而黄土边坡在干燥条件下可以直立不溃。因此，由某些岩性组成的边坡在干燥时或在天然状态下是稳定的，一经水浸，特别是岩体在饱水条件下，岩体强度会显著降低，边坡往往会出现失稳。由于地层与岩性对边坡的形成、发展和稳定状态的控制作用，使各种变形破坏形式带有一定的区域性。在黄土地区，边坡变形破坏形式以滑坡为主；在花岗岩和厚层石灰岩风化强烈地区，往往以崩塌为主，但当岩体中节理、裂隙发育、岩体被结构面切割严重时，边坡变形破坏的形式也以滑坡为主。

边坡的滑落主要是剪切破坏，因此，岩体的抗剪强度是衡量边坡岩体稳定性的必要条件。从岩性对力学性质的影响可知，坚硬、致密的岩体其抗剪强度较高，不易发生滑坡；松散、破碎的岩体其抗剪强度低，容易滑坡。

（二）地质构造和地应力

地质构造主要指区域构造特点、边坡地质的褶皱形态、岩层产状、断层和节理裂隙发育特征以及区域新构造运动活动特点等。它对边坡岩体的稳定，特别是对岩质边坡稳定性的影响十分显著。在区域构造比较复杂的地区，边坡的稳定性较差。例如，在我国西南地区的横断山脉地段、金沙江地区的深切峡谷，边坡的崩塌体、滑动体极其发育，常出现超大型滑坡及滑坡群。在金沙江下游，滑坡、崩塌、泥石流新老堆积物到处可见。

边坡地段的岩层褶皱形态和岩层产状，将直接控制边坡变形破坏的形式和规模。至于断层和裂隙破碎带对边坡变形破坏的影响就更为明显，有些断层或节理裂隙本身就是构成滑坡体的滑动面或滑坡的界面。

总之，地质构造是影响边坡稳定的重要因素。对边坡稳定性进行评价时，首先应对本区域内地质构造背景、新构造运动活动特点进行分析研究，以便作为定性评价和定量计算的基础。

地应力是控制边坡岩体节理发育裂隙扩展以及边坡变形特征的重要因素。此外，地应力还可直接引起边坡岩体的变形甚至破坏。例如葛洲坝水电站，基岩为下白垩纪红色粉砂岩、黏土岩、细砂岩，系一单斜构造，岩层倾角为5°～8°。厂房基础开挖深达45～50m，由于厂房基坑的开挖，坑壁出现临空，引起应力释放，使基坑人工边坡内地应力重新调整，引起基坑边坡岩体的软弱夹层产生位移，使岩体沿层面发生错位，急剧变形期达3个月之久，平均每月变形约20mm。而岩体的位移错动方向和实测最大主应力方向相同，但不受岩层倾向控制，甚至沿与岩层倾向相反的方位错动。现场实测最大主应力为3MPa，其值远大于由重力引起的水平分力。由此可知，基坑边坡岩体逆倾向变形错位，不是由自重应力引起的滑动，也不是由于开挖卸荷所引起，这是因地应力作用而产生的必然结果。这足以说明：在距地表仅数10m的基坑岩体中，有高达3MPa的地应力存在。因此，在评价边坡稳定性时，尚需要在现场实测地应力的大小和方向，以便判定它对边坡岩体稳定性的影响程度。

（三）岩体结构

近年来，在岩体强度及其稳定性的研究中，证实了岩体中的断层、层理、节理和片理是边坡稳定性的控制因素。所以，结构面被认为是特别重要的影响因素，结构面强度比岩石本身强度低很多，根据岩块强度计算稳定的岩体边坡可以高达数百米，然而岩体内含有不利方位的结构面时，高度不大的边坡也可能发生破坏。其根本原因就在于岩体中有结构面存在，降低了岩体的整体强度，增大了岩体的变形性和流变性，形成了岩体的不均匀性和非连续性。大量边坡的失事证明：一个或多个结构面组合边界的剪切滑移、张拉破坏和错动变形是造成边坡岩体失稳的主要原因。

（四）水的作用

水对边坡岩体稳定性的影响不仅是多方面的，而且是非常活跃的。大量事实证明，大多数边坡岩体的破坏和滑动都与水的作用有关。在某些地区的冰霜解冻和降雨季节，滑坡事故较多，这足以说明水是影响边坡岩体稳定性的重要因素。岩体中的水大部分来自大气降水，因此，在低纬度湿热地带，因大气降水频繁，地下水补给丰富，水对边坡岩体稳定性的影响就比干旱地区更为严重。处于水下的透水边坡岩体将承受水的浮托力，而不透水的边坡岩体坡面将承受静水压力，充水的张裂隙将承受裂隙水静水压力的作用；地下水的渗透流动将对边坡岩体产生动水压力。另外，水对边坡岩体将产生软化、浸蚀等物理化学作用。而水流的冲刷也直接对边坡产生破坏。

（五）边坡坡度与高度

对于均质岩土边坡，坡度越陡，坡高越大，其稳定性越不好。当边坡的稳定性受同向倾斜滑动面控制时，边坡的稳定性与边坡坡度的大小关系不大，而主要取决于边坡的高度。另外，当边坡的坡度越陡（即边坡角越大），使坡顶与坡面拉应力带的范围也越大，坡脚应力集中带的最大剪应力增加，不利于边坡稳定。

（六）其他因素

除上述因素外，气候条件、风化作用、植被生长都可能影响边坡的稳定状况。

风化作用使边坡岩体随时间的推移而不断产生破坏，最终也可能严重地威胁边坡稳定。边坡岩体的风化速度和风化程度是比较复杂的问题，一般来说，风化速度与岩石本身的成分、结构和构造有关，同时也与气候条件如温度、湿度、降雨、地下水以及爆破震动等因素有关。强度越小的岩石风化速度越快，温度变化大，降雨量较多的地区，岩石风化速度会加快。服务年限长的深露天矿边坡岩体风化程度比服务年限短的露天矿边坡严重。在同一露天矿，同一岩性的边坡，其上部比下部的风化程度要大，稳定条件相应较差。

由于对影响边坡稳定性的因素认识不足，在工程建设或生产建设中，人为地促使边坡破坏，如破坏坡脚、挖空坡脚、坡顶欠挖以及在坡眉附近设有各种建筑物和排土场。有时为了减少基建投资和缩短基建时间，而将排土场设在境界附近，从而加大了边坡上的承载重量，增加了边坡岩体的下滑力，以致发生滑坡。一般情况下，当这些外部荷载超过可能滑动体的岩体重量的5%时，应在稳定性的定量分析中考虑它可能带来的影响。显然，考虑到边坡岩体的稳定性，这种外载荷是应该避免或加以限制的。

植被的生长也直接影响边坡的稳定，植物根系可保持土质边坡的稳定，通过植物吸收部分地下水有助于保持边坡的干燥。在岩质边坡上，生长在裂隙中的树根有时也是边坡局部崩滑的起因。

第六节 地下水引起的地质问题

一 毛细水对建筑工程的影响

（一）毛细水上升高度

当液体与气体相接触时，在界面处存在一种自由能，这种界面能是由于各相内部分子和接触面分子间向内的引力差引起的，若具有自由能的表面可以收缩，则以表面张力的形式表现出来，就会出现弯凹液面，这种物理现象也叫浸润。有浸润现象，也有不浸润现象，由流体性质决定。表面张力是指自由表面上的液体分子所受的微小拉力，不同液体表面张力大小不同，同一种液体表面应力随温度升高而减小。

因为有表面张力的存在，在浸润情况下，如地下水和土颗粒间的孔隙壁之间（此时表面张力就是一种提升力），地下水可以沿着土颗粒间的孔隙壁上升到一定的高度（上升毛细水），这就是毛细水上升高度，也可以达到毛细水饱和。但毛细水对土颗粒没有浮力作用，因为饱和时水在土颗粒间的孔隙通道中达到饱和，浮力是土颗粒浸泡在水中引起的。土力学借用物理学中浸润－毛细现象的理论可以推出毛细水在土的颗粒间上升的高度为

$$h=\frac{4T\cos\alpha}{\gamma_{w}d} \tag{6-5}$$

式中 α——弯液面与管（孔）壁的接触角，对于水和土近似为0；

T——表面张力，N/cm；

d——管（孔）直径，cm；

γ_{w}——水的重度，kN/m^3。

（二）毛细水上升对工程的影响

毛细水上升对工程的影响主要表现在以下四个方面。

① 毛细水的上升引起建筑物或构筑物地基冻害，甚至破坏其上的建筑物或构筑物。冻土现象是由冻结及融化两种作用引起的，地基土冻结时，往往会发生土层体积膨胀，使地面隆起，即冻胀现象。但当冻融后，地基会下陷，变得松软，因此可能导致上面建筑物和道路开裂，桥梁、涵管等大量下沉，影响正常使用，甚至发生破坏。细粒土层，特别是粉土、粉质黏土等冻胀现象严重，因为这类土有比较显著的毛细现象。毛细水上升高度大，上升速度快，而黏土毛细孔隙小，对水分迁移阻力大，其冻胀性比粉质黏土小。

② 毛细水的上升会引起房屋建筑地下室、地下铁道侧壁过分潮湿，对防潮、防湿带来更高的要求。

③ 当地下水有侵蚀性时，毛细水的上升可能对建筑物和构筑物基础中的混凝土、钢筋等形成侵蚀作用，缩短建筑物和构筑物的使用年限。

④ 毛细水的上升还可能引起土的沼泽化、盐渍化对道路、桥梁、水利工程等可能造成影响。

二　潜水对建筑工程的影响

（一）潜水位上升

1. 水位上升的原因

自然因素和人为因素都能引起地下水位的上升。在自然条件下，丰水年或者丰水期降水量增加，地下水补给量增大，水位随之上升。另外，气候变暖导致海平面上升也使沿海地区的地下水位升高。除自然因素外，人为因素的影响也是不可忽视的，如为防止地面沉降，对含水层进行回灌，农业灌溉水的渗漏、园林绿化浇水渗漏等也都会使地下水位升高。

2. 水位升高造成的危害

地下水位升高使土层的含水量增加甚至饱和，从而改变土的物理力学性质。一般情况下，地下水埋深较浅对建筑物及构筑物产生的影响表现如下。

① 地基土浸水、软化、承载力降低，使建筑物发生较大的沉降或不均匀沉降。

② 在地下水变动带（高水位与低水位之间）内土层承载力降低．对建筑物产生影响。

③ 在地基一定范围之内，由于水力坡度较大，地下水渗流加快，对土体产生侵蚀作用引发地面沉降或坍塌。

④ 在干旱、半干旱地区，湿陷性黄土浸水后发生湿陷，引起地面沉降或塌陷。

⑤ 地下水位上升还能加剧砂土的地基液化，很大程度上削弱砂土地区地基的抗液化能力。

⑥ 在寒冷地区，潜水位上升使地基土含水量增加，由于冻结作用，造成地基土的冻胀、地面隆起等，使建筑物局部破坏或路基局部破坏。

（二）地下水位下降

1. 水位下降产生原因

自然条件和人为条件都能使地下水下降。自然条件下，如枯水年或枯水期降水量减少。地下水补给量减少，水位下降。另外人为因素，如大量开采地下水、矿山排水疏干、地下工程降水等，也都能使地下水位下降。

2. 地下水位下降造成的危害

（1）地面沉降

地下水是维持土体应力平衡和稳定状态的一个重要因素，大量抽取地下水，降低了含水层的水头压力，改变了土体结构，必然破坏土体原有的应力平衡和稳定状态，从而导致地面沉降的发生。国内有些地区，由于大量抽汲地下水，已先后出现了严重的地面沉降。如1921～1965年间，上海地区的最大沉降量已达2.63m；20世纪70年代初到80年代10年时间内，太原市最大地面沉降已达1.232m。

当地下水位升降变化只在地基基础底面以下某一范围内发生变化时，此时对地基基础的影响不大，地下水位的下降仅稍增加基础的自重；当地下水位在基础底面以下压缩层范围内发生变化时，若水位在压缩层范围内下降时，岩土的自重力增加，可能引起地基基础的附加沉降。如果土质不均匀或地下水位突然下降，也可能使建筑物发生变形、破坏。例如，上海康乐路十二层大楼，采用箱基，开挖深度为5.5m，采用钢板桩外加井点降水，抽水6天后，各沉降观测点的沉降量见表6-8。

表6-8 降水与地面沉降

离降水井点距离 /m	3	5	10	20	31	41
地面沉降量 /mm	10	4.5	2.5	2	1	0

（2）地面塌陷

地面塌陷是松散土层中所产生的突发性断裂陷落，多发生于岩溶地区，在非岩溶地区也能见到。地面塌陷多为人为局部改变地下水位引起的，如地面水渠或地下输水管道渗漏可使地下水位局部上升，基坑降水或矿山排水疏干引起地下水位局部下降。因此，在短距离内出现较大的水位差，水力坡度变大，增强了地下水的潜蚀能力，对地层进行冲蚀、掏空，形成地下洞穴，当穴顶失去平衡时，便发生地面塌陷。

(3) 海（咸）水入侵

近海地区的潜水或承压含水层往往与海水相连，在天然状态下，陆地的地下淡水向海洋排泄，含水层保持较高的水头，淡水与海水保持某种动态平衡，因而陆地淡水含水层能阻止海水入侵。如果大量开发陆地地下淡水，引起大面积地下水位下降，可能导致海水向地下水含水层入侵，使淡水水质变坏。

（三）地下水的渗流破坏

1. 流砂

流砂是地下水自下而上渗流时，土产生流动的现象，它与地下水的动水压力有密切关系。当地下水的动水压力大于土粒的浮容重或地下水的水力坡度大于临界水力坡度时，使土颗粒之间的有效应力等于零，土颗粒悬浮于水中，随水一起流出就会产生流砂。这种情况的发生常由于在地下水位以下开挖基坑、埋设地下管道、打井等工程活动而引起，所以流砂是一种工程地质现象，易产生在细砂、粉砂、粉质黏土等土中。流砂在工程施工中能造成大量的土体流动，致使地表塌陷或建筑构的地基破坏，给施工带来很大困难，或直接影响建筑工程及附近建筑物的稳定，如果在沉井施工中，产生严重流砂，此时沉井会突然下沉，无法用人力控制，以致沉井发生倾斜，甚至发生重大事故。

在可能产生流砂的地区，若其上面有一层厚的土层、应尽量利用上面的土层作天然地基，也可用桩基穿过流砂。总之，尽可能地避免开挖，如果必须开挖，可用以下方法处理流砂。

① 人工降低地下水位：使地下水位降至可能产生流砂的地层以下，然后开挖；

② 打板桩：在土中打入板桩，它一方面可以加固坑壁，同时增长了地下水的渗流路程以减小水力坡度；

③ 冻结法：用冷冻方法使地下水结冰，然后开挖；

④ 水下挖掘：在基坑（或沉井）中用机械在水下挖掘，避免因排水而造成产生流砂的水头差，为了增加砂的稳定，也可向基坑中注水并同时进行挖掘。

此外，处理流砂的方法还有化学加固法、爆炸法及加重法等。在基槽开挖的过程中，局部地段出现流砂时，立即抛入大块石等，可以克服流砂的活动。

2. 潜蚀

潜蚀作用可分为机械潜蚀和化学潜蚀两种。机械潜蚀是指土粒在地下水的动水压力作用下受到冲刷，将细粒冲走，使土的结构破坏，形成洞穴的作用；化学潜蚀是指地下水溶解水中的盐分，使土粒间的结合力和土的结构破坏，土粒被水带走，形成洞穴的作用。这两种作用一般是同时进行的。在地基土层内如具有地下水的潜蚀作用时，将会破坏地基土的强度，形成空洞，产生地表塌陷，影响建筑工程的稳定。在我国的黄土层及岩溶地区的土层中，常有潜蚀现象产生，修建建筑物时应予以注意。

防止岩土层中发生潜蚀破坏的有效措施，原则上可分为以下两大类。

① 改变地下水渗透的水动力条件，使地下水水力坡度小于临界水力坡度；

② 改善岩土性质，增强其抗渗能力。如对岩土层进行爆炸、压密、化学加固等，增加岩土的密实度，降低岩土层的渗透性。

3. 管涌

地基土在具有某种渗透速度的渗透水流作用下，其细小颗粒被冲走，岩土的孔隙逐渐增大，慢慢形成一种能穿越地基的细管状渗流通路，从而掏空地基或坝体，使地基或斜坡变形、失稳，此现象称为管涌。管涌通常是由于工程活动引起的。但是，在有地下水出露的斜坡、岸边或有地下水溢出的地表面也会发生。

在可能发生管涌的地层中修建水坝、挡土墙及防水工程时，为防止管涌发生，设计时必须控制地下水溢出带的水力坡度，使其小于产生管涌的临界水力坡度。防止管涌最常用的方法与防止流砂的方法相同，主要是控制渗流、降低水力坡度、设置保护层、打板桩等。

三　承压水的作用

当基坑下有承压含水层时，开挖基坑减小了底部隔水层的厚度。当隔水层较薄经受不住承压水头压力作用时，承压水的水头压力会冲破基坑底板，这种工程地质现象称为基坑突涌。

为避免基坑突涌的发生，必须验算基坑底层的安全厚度。基坑底层厚度与承压水头压力的平衡关系式为

$$\gamma M=\gamma_{w}H \tag{6-6}$$

式中，γ、γ_{w} 分别为黏性土的容重和地下水的容重；H 为相对于含水层顶板的承压水头值；M 为基坑开挖后底层的安全厚度。

所以，基坑底部黏土层的安全厚度必须满足式（6-7）

$$M>\frac{\gamma_{w}}{\gamma}H\cdot K \tag{6-7}$$

式中，K 为安全系数，一般取 1.5～2.0，主要根据基坑底部黏性土层的裂隙发育程度及坑底面积大小而定。其他符号意义同前。如图 6-19 所示。

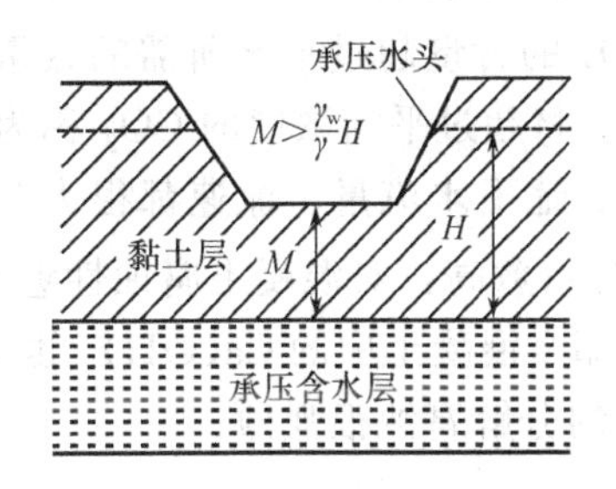

图 6-19　基坑底隔水层最小厚度

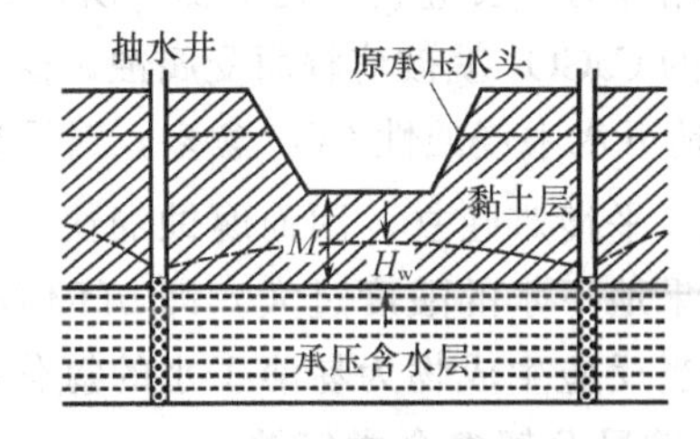

图 6-20　防止基坑突涌的排水降压

如果 $M<\frac{\gamma_{w}}{\gamma}H\cdot K$，为防止基坑突涌，则必须对承压含水层进行预先排水，使其承压水头下降至基坑底能够承受的水头压力，如图 6-20 所示。而且，相对于含水层顶板的承压水头（H_{w}）必须满足式（6-8）

$$H_{w}<\frac{\gamma}{K\cdot\gamma_{w}}M \tag{6-8}$$

四　地下水中的化学成分的影响

（一）地下水对混凝土结构的腐蚀类型

土木工程建筑物，如房屋及桥梁基础、地下硐室衬砌和边坡支挡建筑物等，都要长期与

地下水相接触，地下水中各种化学成分与建筑物中的混凝土产生化学反应，使混凝土中某些物质被溶蚀，强度降低，结构遭到破坏；或者在混凝土中生成某种新的化合物，这些新化合物生成时体积膨胀，使混凝土开裂破坏。

硅酸盐水泥遇水硬化，并且形成$Ca(OH)_2$、水化硅酸钙（$CaO \cdot SiO_2 \cdot 12H_2O$）、水化铝酸钙（$CaO \cdot Al_2O_3 \cdot 6H_2O$）等，这些物质往往会受到地下水的腐蚀。地下水对建筑材料腐蚀类型分为以下三种。

1. 结晶类腐蚀

如果地下水中SO_4^{2-}的含量超过规定值，那么SO_4^{2-}将与混凝土中的$Ca(OH)_2$起反应，生成二水石膏（$CaSO_4 \cdot 2H_2O$），这种石膏再与水化铝酸钙（$CaO \cdot Al_2O_3 \cdot 6H_2O$）发生化学反应，生成水化硫铝酸钙，这是一种铝和钙的复合硫酸盐，习惯上称为水泥杆菌。由于水泥杆菌结合了许多的结晶水，因而其体积比化合前增大很多，约为原体积的221.86%，于是，在混凝土中产生很大的内应力，使混凝土的结构遭受破坏。

2. 分解类腐蚀

地下水中含有CO_2和HCO_3^-，CO_2与混凝土中的$Ca(OH)_2$作用，生成碳酸钙$CaCO_3$沉淀。由于$CaCO_3$不溶于水，它可填充混凝土的孔隙，在混凝土周围形成一层保护膜，能防止$Ca(OH)_2$的分解。但是，当地下水中的含量超过一定数值，而HCO_3^-的含量过低，则过量的CO_2再与$CaCO_3$反应，生成重碳酸钙$Ca(HCO_3)_2$并溶于水，即

$$CaCO_3 + CO_2 + H_2O \rightleftharpoons Ca^{2+} + 2HCO_3^- \tag{6-9}$$

上述这种反应是可逆的：当CO_2含量增加时，平衡被破坏，反应向右进行，固体$CaCO_3$继续分解；当CO_2含量变少时，反应向左进行，固体$CaCO_3$沉淀析出。如果CO_2和HCO_3^-的浓度相等时，反应就达到平衡。所以，当地下水中CO_2的含量超过平衡所需的数量时，混凝土中的$CaCO_3$就被溶解而受腐蚀，这就是分解类腐蚀。将超过平衡浓度的CO_2称为侵蚀性CO_2。地下水中侵蚀性CO_2愈多，对混凝土的腐蚀愈强。地下水流量、流速都很大时，CO_2易补充，平衡难建立，因而腐蚀加快。另外，HCO_3^-含量愈高，对混凝土腐蚀性愈弱。

如果地下水的酸度过大，即pH值小于某一数值，那么混凝土中的$Ca(OH)_2$也要分解，特别是当反应生成物为易溶于水的氯化物时，对混凝土的分解腐蚀很强烈。

3. 结晶分解复合类腐蚀

当地下水中NH_4^+、NO_3^-、Cl^-和Mg^{2+}的含量超过一定数值时，与混凝土中的$Ca(OH)_2$发生反应，例如

$$MgSO_4 + Ca(OH)_2 = Mg(OH)_2 \downarrow + CaSO_4 \downarrow \tag{6-10}$$

$$MgCl_2 + Ca(OH)_2 = Mg(OH)_2 \downarrow + CaCl_2 \tag{6-11}$$

$Ca(OH)_2$与镁盐作用的生成物中，除$Mg(OH)_2$不易溶解外，$CaCl_2$易镕于水，并随水流失。硬石膏$CaSO_4$一方面与混凝土中的水化铝酸钙反应生成水泥杆菌

$$3CaO \cdot Al_2O_3 \cdot 6H_2O + 3CaSO_4 + 25H_2O = 3CaO \cdot Al_2O_3 \cdot 3CaSO_4 \cdot 31H_2O \tag{6-12}$$

另一方面，硬石膏遇水生成二水石膏

$$CaSO_4 + 2H_2O \rightleftharpoons CaSO_4 \cdot 2H_2O \tag{6-13}$$

二水石膏在结晶时，体积膨胀，破坏混凝土的结构。

综上所述，地下水对混凝土建筑物的腐蚀是一项复杂的物理化学过程，在一定的工程地

质与水文地质条件下，对建筑材料的耐久性影响很大。

（二）腐蚀性评价标准

根据各种化学腐蚀所引起的破坏作用，将 SO_4^{2-} 离子的含量归纳为结晶类腐蚀性的评价指标，将侵蚀性 CO_2、HCO_3^- 离子和 pH 值归纳为分解类腐蚀性的评价指标，而将 Mg^{2+}、Cl^-、SO_4^{2-}、NO_3^- 离子的含量作为结晶分解类腐蚀性的评价指标。同时，在评价地下水对建筑结构材料的腐蚀性时，必须结合建筑场地所属的环境类别。建筑场地根据气候区、土层透水性、干湿交替和冻融交替情况区分为三类环境，见表 6-9。

表 6-9　混凝土腐蚀的场地环境类别

<table>
<tr><th>环境类别</th><th>气候区</th><th>土层特性</th><th colspan="2">干湿交替</th><th>冰冻区(段)</th></tr>
<tr><td>Ⅰ</td><td>高寒区
干旱区
半干旱区</td><td>直接临水，强透水土层中的地下水，或湿润的强透水土层</td><td>有</td><td rowspan="3">混凝土不论在地面或地下，无干湿交替作用时，其腐蚀强度比有干湿交替作用时相对降低</td><td rowspan="3">混凝土不论在地面或地下，当受潮或浸水时；并处于严重冰冻区（段）、冰冻区（段）、或微冰冻区（段）</td></tr>
<tr><td rowspan="2">Ⅱ</td><td>高寒区
干旱区
半干旱区</td><td>弱透水土层中的地下水，或湿润的强透水土层</td><td>有</td></tr>
<tr><td>湿润区
半湿润区</td><td>直接临水，强透水土层中的地下水，或湿润的强透水土层</td><td>有</td></tr>
<tr><td>Ⅲ</td><td>各气候区</td><td>弱透水土层</td><td colspan="2">无</td><td>不冻区(段)</td></tr>
<tr><td>备注</td><td colspan="5">当竖井、隧洞、水坝等工程的混凝土结构一面与水（地下水或地表水）接触，另一面又暴露在大气中时，其场地环境分类应划分为Ⅰ类</td></tr>
</table>

地下水对建筑材料腐蚀性评价标准见表 6-10～表 6-12。

表 6-10　结晶类腐蚀评价标准

腐蚀等级	SO_4^{2-} 在水中含量 /（$mg \cdot L^{-1}$）		
	Ⅰ类环境	Ⅱ类环境	Ⅲ类环境
无腐蚀性	＜250	＜500	＜1500
弱腐蚀性	250～500	500～1500	1500～3000
中腐蚀性	500～1500	1500～3000	3000～6000
强腐蚀性	＞1500	＞3000	＞6000

表 6-11　分解类腐蚀评价标准

<table>
<tr><th rowspan="2">腐蚀等级</th><th colspan="2">pH 值</th><th colspan="2">侵蚀性 CO_2/(mg/L)</th><th colspan="2">HCO_3^-/(mg/L)</th></tr>
<tr><th>A</th><th>B</th><th>A</th><th>B</th><th>A</th><th>B</th></tr>
<tr><td>无腐蚀性</td><td>＞6.5</td><td>＞5.0</td><td>＜15</td><td>＜30</td><td colspan="2">＞1.0</td></tr>
<tr><td>弱腐蚀性</td><td>6.5～5.0</td><td>5.0～4.0</td><td>15～30</td><td>30～60</td><td colspan="2">1.0～0.5</td></tr>
<tr><td>中腐蚀性</td><td>5.0～4.0</td><td>4.0～3.5</td><td>30～60</td><td>60～100</td><td colspan="2">＜0.5</td></tr>
<tr><td>强腐蚀性</td><td>＜4.0</td><td>＜3.5</td><td>＞60</td><td>＞100</td><td colspan="2">—</td></tr>
<tr><td>备注</td><td colspan="6">A—直接临水或强透水土层中的地下水或湿润的强透水层
B—弱透水土层的地下水或湿润的弱透水土层</td></tr>
</table>

表 6-12 结晶分解类腐蚀评价标准

腐蚀等级	Ⅰ类环境 A:$Mg^{2+}+NH_4^+$ B:$Cl^-+SO_4^{2-}+NO_3^-$		Ⅱ类环境 A:$Mg^{2+}+NH_4^+$ B:$Cl^-+SO_4^{2-}+NO_3^-$		Ⅲ类环境 A:$Mg^{2+}+NH_4^+$ B:$Cl^-+SO_4^{2-}+NO_3^-$	
	A	B	A	B	A	B
	mg/L					
无腐蚀性	<1000	<3000	<2000	<5000	<3000	<1000
弱腐蚀性	1000～2000	3000～5000	2000～3000	5000～8000	3000～4000	10000～20000
中腐蚀性	2000～3000	5000～8000	3000～4000	8000～10000	4000～5000	20000～30000
强腐蚀性	>3000	>8000	>4000	>10000	>5000	>30000

第七节 岩溶地区的工程地质问题

一 地基稳定性及塌陷问题

随着越来越多的工程兴建在岩溶地区，岩溶地基稳定问题已成为工程建设中的突出问题。岩溶地基处理不好，将造成公路铁路断道、桥涵下沉开裂、建筑物损坏、水库渗漏等，影响正常生产，危及人民生命财产安全。因此，加强岩溶地基稳定性分析评价，采用技术上可行、经济上合理的处理措施，有着重大的意义。影响岩溶地基稳定性的因素很多，其中内因有洞体顶板厚度及完整程度、洞体跨度及形态、岩体强度及产状、裂隙状况及洞内充填情况；外因有荷载大小、作用次数和时间、温度、湿度等。

（一）岩溶地基变形破坏的主要形式

引起建筑物失事的岩溶地基变形破坏的形式较多，常见的有以下几种形式。

① 地基承载力不足：在覆盖型岩溶区，上覆松软土强度较低，或建筑荷载过大，使地基发生剪切破坏，进而导致建筑物的变形和破坏。

② 地基不均匀沉降：在覆盖型岩溶区，下伏石芽、溶沟、落水洞、漏斗等造成基岩顶面的较大起伏，当其上部有性质不同、厚度不等的细粒土分布时，在建筑物附加荷载作用下，产生地基不均匀沉降，从而导致建筑物的倾斜、开裂、倾倒及破坏。

③ 地基滑动：在裸露型岩溶区，当基础砌置在溶沟、落水洞、漏斗附近时，有可能使基础沿岩体中倾向临空的软弱结构面产生滑动，进而引起建筑物的破坏。

④ 地表塌陷：在地基主要受压层范围内，如有溶洞、暗河、土洞等时，在自然条件下，或因人工抽汲地下水等而引起水位大幅度下降，产生洞顶坍塌，引起地面沉陷、开裂，以致使地基突然下沉，形成地表塌陷，进而导致建筑物的破坏。

（二）岩溶地基稳定性定性评价

当场地存在如下情况之一时，可判定为未经处理不宜作为地基的不利地段。

① 浅层洞体或溶洞群，洞径大，且不稳定的地段；

② 埋藏深的漏斗、槽谷等，并覆盖有软弱土体的地段；

③ 岩溶水排泄不畅，可能暂时淹没的地段。

当地基属下列条件之一时，对二级和三级工程可不考虑岩溶稳定性的不利影响。

① 基础底面以下土层厚度大于独立基础宽度的 3 倍或条形基础宽度的 6 倍，且不具备形成土洞或其他地面变形的条件；

② 基础底面与洞体顶板间土层厚度虽小于前一条规定，但符合下列条件之一时：

a. 洞隙或岩溶漏斗被密实的沉积物填满且无被水冲蚀的可能；

b. 洞体由基本质量等级为Ⅰ级或Ⅱ级的岩体组成，顶板岩石厚度大于或等于洞跨；

c. 洞体较小，基础底面尺寸大于洞的平面尺寸，并有足够的支承长度；

d. 宽度或直径小于 1m 的竖向洞隙、落水洞近旁地段。

当不符合上述可不考虑岩溶稳定性不利影响的条件时，应进行洞体地基稳定性分析。

（三）岩溶地面塌陷

1. 岩溶地面塌陷的概念

地面塌陷是地面垂直变形破坏的一种形式，它是由于地下地质环境中存在天然洞穴或人工采掘活动所留下的矿洞、巷道或采空区而引起的，其地面表现形式是局部范围内地表岩土体的开裂、不均匀下沉和突然陷落。地面塌陷的范围与地下采空区的面积、有效闭合量或洞穴容量等有关，一般可由几平方米到几平方公里或更大一些。若地面塌陷发生在岩溶地区，则称为岩溶地面塌陷。岩溶地面塌陷是一种常见的自然动力地质现象，多发生于碳酸盐岩、钙质碎屑岩等可溶性岩石分布地区。

2. 岩溶地面塌陷的影响因素

岩溶地面塌陷的表现形式为塌陷为主，并多呈圆锥形塌陷坑。激发塌陷的直接诱因有降雨、洪水、干旱、地震以及抽水、排水、蓄水等人为因素，因抽水而引发人为塌陷的概率最大。自然条件下产生的岩溶塌陷一般规模小，发展速度慢，不会给人类生活带来较大影响。但在人类工程活动中产生的岩溶塌陷规模较大，突然性强，且常出现在人口密集地区，给地面建筑物和人身安全带来严重威胁，造成地区性的环境地质灾害。

3. 岩溶地面塌陷的分布规律

① 塌陷多发生在岩溶强烈发育地区：中国南方许多岩溶地区的资料说明，浅部岩溶越发育，富水性越强，地面塌陷越多，规模越大。

② 塌陷主要分布在第四系松散盖层较薄地段：地面塌陷的分布，受第四系厚度和岩性控制。在其他条件相同的情况下，盖层越厚，成岩程度越高，塌陷越不容易产生。相反，盖层薄且结构松散的地区，则易形成地面塌陷。

③ 塌陷多分布在河床两侧及地形低洼地段：这些地区的地表水和地下水容易汇集并进行强烈交替，在自然条件下就可能发生潜蚀作用，形成土洞，进而产生地面塌陷。

④ 塌陷常分布在降落漏斗中心附近：由采、排地下水而引起的大量的地面塌陷，绝大部分产生在地下水降落漏斗影响半径范围以内，尤其分布在近降落漏斗中心及地下水的主要径流方向上。

4. 岩溶地面塌陷的危害

岩溶塌陷的产生，一方面使岩溶区的工程设施，如工业与民用建筑、城镇设施、道路路

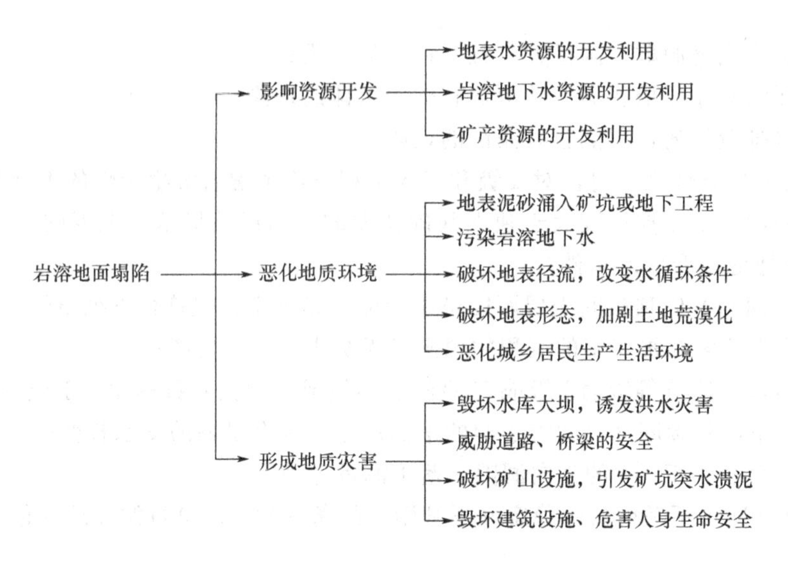

图 6-21　岩溶地面塌陷的危害

基、矿山及水利水电设施等遭到破坏；另一方面造成岩溶区严重的水土流失、自然环境恶化，同时影响各种资源的开发利用。岩溶地面塌陷的危害可概括如图 6-21 所示。

① 对矿山的危害：地面塌陷可成为矿坑充水的诱发型通道，严重威胁矿山开采。如淮南谢家集矿区，因矿井疏干排水，在 1978 年 7 月，河底岩溶盖层很快产生塌陷，河水被瞬时吸入地下，岸边的房屋也遭受破坏。

② 对城市建筑的危害：在城市地区，地面塌陷常常造成建筑物破坏、市政设施损毁，交通线路中断等危害。如 1997 年 11 月 11 日，桂林市雁山区柘木镇岩溶塌陷共形成塌陷坑 51 个，影响面积达 0.2 km^2，使近 100 间民房受到破坏，直接损失达 300 多万元。

③ 对道路交通的影响：1987 年 8 月 8 日，辽宁省瓦房店三家子发生岩溶塌陷，范围 1.2 km^2，共有大小陷坑 25 个。塌陷使长春—大连铁路约 20m 长路基遭到破坏，累计停运 8 小时。

④ 对坝体的影响：1962 年 9 月 29 日晚，云南省个旧市云锡公司新冠选矿厂火谷都尾矿坝因岩溶塌陷突然发生垮塌，坝内 150 万 m^3 泥浆水奔腾而出，冲毁下游大片农田和部分村庄、公路、桥梁等，造成 174 人死亡，89 人受伤。

5. 岩溶塌陷的监测预报

目前，岩溶塌陷的监测方法归纳起来可分为直接监测法和间接监测法两类。直接监测法就是通过直接监测地下土体或地面的变形来判断地面塌陷的方法，如监测地面沉降、地面和房屋开裂等常规方法，以及地质雷达和光导纤维等监测地下土体变形的非常规方法。间接监测方法主要有岩溶管道系统中水（气）压力的动态变化传感器自动监测技术。研究发现，岩溶水气压力变化对塌陷具有触发作用，可以此作为衡量塌陷发育的临界条件。这就意味着通过对岩溶管道系统的水（气）压力的动态变化进行观测，可以达到对塌陷进行预报的目的。

6. 岩溶地面塌陷的预防

要避免或减少地面塌陷的产生，根本的办法是减少岩溶充填物和第四系松散土层被地下水侵蚀、搬运。

① 采、排水井设置合理的过滤器装置，避免或减少土粒进入井内被水带走。

② 采、排地下水时，避免采用大降深，以降低地下水流速和侵蚀搬运能力。

③ 调整开采层位，封堵岩溶发育，并与覆盖层相连通的浅层水，开采深层地下水。

④ 矿山疏干排水时，对地下岩溶通道进行局部注浆或帷幕灌浆处理，减小矿井外围地段地下水位下降幅度。

⑤ 加强地下水动态观测，合理开采地下水。

7. 塌陷的治理措施

治理岩溶地面塌陷的措施主要有回填、改道、拦截、灌浆、加固、跨越等。

① 回填塌陷坑：当坑底未见基岩出露时，宜采用黏土回填、夯实，并使其高出地面 0.2～0.5m。如塌陷坑底基岩出露时，先用块石封闭洞口，然后用黏土回填、夯实。

② 局部改河道：为防止河水直接灌入矿区坑道，对河床地段的塌陷坑，除进行清基封洞口外，还可考虑用局部改河道的方法，使河道绕过危险区，减少塌陷发生的可能。

③ 拦截河水：对于河床边的塌陷，在河床与塌陷之间修筑拦水坝，将河水与塌陷隔开。

④ 灌浆堵洞：在溶洞埋藏较深时，通过钻孔灌注水泥砂浆，填充岩溶孔洞或缝隙、隔断地下水流通道。

⑤ 加固处理：建筑物地基发生塌陷时，应做加固处理。加固方法有木桩加固和钢筋混凝土桩加固两种。在预测可能产生塌陷的地区进行建设时，也可采用加固地基的方法，防止地面塌陷对建筑物的破坏。

⑥ 跨越法：对于大的塌陷坑，当开挖回填有困难时，一般采用梁板跨越，两端支承在坚固岩、土体上的方法。对建筑物地基而言，可采用梁式基础、拱形结构，或以刚性大的平板基础跨越、遮盖溶洞，避免塌陷危害。对道路路基，可选择塌陷坑直径较小的部位，采用整体网格垫层的措施进行整治。

二　岩溶渗漏问题

在岩溶区，大气降水和地表水通过岩溶地表结构（落水洞、天窗、竖井、裂隙等）渗入地下而转化为地下水。在岩溶地下结构（孔、洞、缝、隙、管的不同组合）中，地下水对结构不断地进行改造，有条件的系统形成相当规模的岩溶通道（管道、洞穴、裂隙等相互通），并组构成岩溶地下水系统。

人们修建水库的主要目的是蓄水，有了水就可以用来灌溉农田和发电等。但是水库蓄水后，提高了地表水位，增加了地表向地下渗透的坡降，增大了渗漏损失，有很多修在石灰岩地区的水库，由于渗漏严重水库不能正常蓄水兴利，甚至干涸无水。因此，岩溶渗漏是水利水电工程中的主要工程地质问题之一。

（一）水库渗漏分类

1. 按渗漏通道分

① 裂隙分散渗漏：当岩溶作用的分异性不明显，以溶隙为主时，库水通过溶隙或顺层面渗漏，为裂隙脉状分散型渗漏，地下水既有层流也有紊流运动，从宏观上可近似认为是均匀裂隙中的层流运动。

② 管道集中渗漏：在岩溶发育强烈的地段，岩溶作用分异性明显，库水通过岩溶管道系统集中渗漏，渗漏量较大。地下水以紊流运动为主。

2. 按库水漏失的特点分类

① 暂时性渗漏：库水饱和库底包气带的岩溶洞穴和裂隙所消耗的水量。待洞穴、裂隙饱水后渗漏即停止。库水储藏于岩体空隙中，不会造成水量的损失。

② 永久性渗漏：库水通过岩溶化岩体流向本河下游、邻谷、低地及干流等处，造成库水的损失，叫永久性渗漏，它是工程地质研究的重点。如在库区通过库岸经河间地块向邻谷、低地或干流渗漏，或通过库岸经河弯地段向本河下游渗漏。

（二）库区渗漏条件分析

1. 通过分水岭向邻谷渗漏的条件

影响水库渗漏的因素很多，渗漏通道、地形和地下水分水岭对水库渗漏影响最大。产生库区渗漏必须在库岸或库底有渗漏通道，穿过分水岭通向邻谷。岩溶地区的渗漏通道主要是由岩溶管道和岩溶裂隙形成的渗流带。河谷切割得愈深，排水基准面愈低于库水位，渗漏愈严重。分水岭很宽时，渗透途径长，水库与邻谷间的渗流坡降小，渗漏量小。反之，渗透途径短，渗漏量可能随之增大。当具备了产生渗漏的通道和地形条件，能否渗漏还取决于河间地块有无地下水分水岭及地下水分水岭的高低。只要河间地块地下分水岭高于水库设计库水位，即使有渗漏通道也不会向邻谷产生渗漏。

2. 通过河湾地段向下游河谷渗漏的条件

通过河湾地段向下游河谷渗漏的条件是：地形上常为河曲地段，谷底或库岸岩溶发育，地下水位低于库水位，甚至低于河水位。

3. 向远排泄区渗漏的条件

向远排泄区渗漏分两种情况。其一是河流是悬河，河谷深处有岩溶通道，通过河谷深处岩溶通道向下游低洼处渗漏。另一种是库岸隔水层未起封闭作用，即岩溶化灰岩延伸到远处低洼地区，并沿断裂带、灰岩层层面或灰岩与隔水层界面发生渗漏。如云南以礼河二级水库向金沙江的渗漏就是这种情况。

（三）防渗处理措施

当充分利用了隔水岩层或有利的水文地质条件仍不能完全解决渗漏问题时，就必须对可能发生渗漏地段进行工程处理。

防渗处理应根据不同渗漏形式和特点选择相应的处理方法。例如对集中型渗漏应以“堵”、“截”为主；对分散型渗漏应以“铺”、“灌”为主。在大多数情况下，由于渗漏形式和通道较复杂，需要采取综合处理。

① 堵：处理集中渗漏通道的有效办法。可利用不同材料堵塞空洞。堵塞材料可因地制宜采用块石、砂、混凝土或黏土等。底部应设反滤层，表面加黏土或混凝土盖板。堵洞前应查明漏水洞的规模、方向及其深部延伸情况，堵塞体应与周围基岩及土体保持紧密结合。

② 截：系指在地下管道的集中漏水处筑隔水墙截断渗漏通路。如贵州某坝址左岸溢洪道地基中发现一水平溶洞，高程低于设计水位 40m，向库外分两支而呈“Y”形。为防渗漏在两洞交汇处设隔水墙，蓄水后防渗效果良好。

③ 围：库区有个别大溶洞或反复泉，采用简单的堵法不能见效，可以修建高烟筒圆形围墙，将其与水库隔离以达到防渗目的。广西香梅水库就是用此法处理了一个水库中的泉水出口，效果良好。显然此法仅适用于水深不大的小水库。

④ 铺：是处理地表呈面状或带状的分散渗漏带最常用的办法。库岸斜坡常用混凝土盖板或黏土斜墙。库底则用黏土铺盖。铺盖长度应根据设计水头及具体地质条件确定，有可利用的隔水层应尽可能与之衔接，以达到封闭或部分封闭的目的。铺盖厚度一般取水头的十分之一。

⑤ 灌：灌入浆液充塞孔洞和裂隙，并使经过灌浆的地带连成一帷幕，以起到防止渗漏的作用，这是防止坝基和绕坝渗漏最常用的办法。最常用的浆液是水泥浆，有时也用黏土浆，近来也采用环氧树脂、丙凝等化学浆液。帷幕的底最好与隔水层或相对隔水层相衔接，以便能有效地截断渗流通道。

第八节 其他常见的工程地质问题

一 地下洞室

（一）概述

地下洞室是指人工开挖或天然存在于岩土体中作为各种用途的构筑物。从围岩稳定性研究角度来看，这些地下构筑物是一些不同断面形态和尺寸的地下空间。较早出现的地下洞室是人类为了居住而开挖的窑洞和采掘地下资源而挖掘的矿山巷道。如我国铜绿山古铜矿遗址留下的地下采矿巷道，最大埋深 60m，其开采年代至迟始于西周（距今约 3000 年）。但从总体来看，早期的地下洞室埋深和规模都很小。随着生产的不断发展，地下洞室的规模和埋深都在不断增大。目前，地下洞室的最大埋深已达 2500m，跨度已超过 30m；同时还出现了多条洞室并列的群洞和巨型地下采空系统，如小浪底水库的泄洪、发电和排砂洞就集中分布在左坝肩，形成由 16 条隧洞（最大洞径 14.5m）并列组成的洞群。地下洞室的用途也越来越广。

地下洞室按其用途可分为交通隧道、水工隧洞、矿山巷道、地下厂房和仓库、地下铁道及地下军事工程等类型。按其内壁是否有内水压力作用可分为有压洞室和无压洞室两类。按其断面形状可分为圆形、矩形、城门洞形和马蹄形洞室等类型。按洞室轴线与水平面的关系可分为水平洞室、竖井和倾斜洞室三类。按围岩介质类型可分为土洞和岩洞两类。另外，还有人工洞室、天然洞室、单式洞室和群洞等类型。各种类型的洞室所产生的岩体力学问题及对岩体条件的要求各不相同，因而所采用的研究方法和内容也不尽相同。

由于开挖形成了地下空间，破坏了岩体原有的相对平衡状态，因而将产生一系列复杂的岩体力学作用，这些作用可归纳为以下几个方面。

① 地下开挖破坏了岩体天然应力的相对平衡状态，洞室周边岩体将向开挖空间松胀变形，使围岩中的应力产生重分布作用，形成新的应力状态，称为重分布应力状态。

② 在重分布应力作用下，洞室围岩将向洞内变形位移。如果围岩重分布应力超过了岩体的承受能力，围岩将产生破坏。

③ 围岩变形破坏将给地下洞室的稳定性带来危害，因而，需对围岩进行支护衬砌，变形破坏的围岩将对支衬结构施加一定的荷载，称为围岩压力（或称山岩压力、地压等）。

④ 在有压洞室中，作用有很高的内水压力，并通过衬砌或洞壁传递给围岩，这时围岩

将产生一个反力，称为围岩抗力。

地下洞室围岩稳定性分析，实质上是研究地下开挖后上述4种力学作用的形成机理和计算方法。所谓围岩稳定性是一个相对的概念，它主要研究围岩重分布应力与围岩强度间的相对比例关系。一般来说，当围岩内一点的应力达到并超过了相应围岩的强度时，就认为该处围岩已破坏；否则就不破坏，也就是说该处围岩是稳定的。因此，地下洞室围岩稳定性分析，首先应根据工程所在的岩体天然应力状态确定洞室开挖后围岩中重分布应力的大小和特点，进而研究围岩应力与围岩变形及强度之间的对比关系，进行稳定性评价；确定围岩压力和围岩抗力的大小与分布情况，以作为地下洞室设计和施工的依据。

（二）各类围岩的变形与破坏

地下开挖后，岩体中形成一个自由变形空间，使原来处于挤压状态的围岩，由于失去了支撑而发生向洞内松胀变形；如果这种变形超过了围岩本身所能承受的能力，则围岩就要发生破坏，并从母岩中脱落形成坍塌、滑动或岩爆，我们称前者为变形，后者为破坏。研究表明，围岩变形破坏形式常取决于围岩应力状态、岩体结构及洞室断面形状等因素。

1. 整体状和块状岩体围岩

这类岩体本身具有很高的力学强度和抗变形能力，其主要结构面是节理，很少有断层，含有少量的裂隙水。在力学属性上可视为均质、各向同性、连续的线弹性介质，应力应变呈近似直线关系。这类围岩具有很好的自稳能力，其变形破坏形式主要有岩爆、脆性开裂及块体滑移等。岩爆是高地应力地区，由于洞壁围岩中应力高度集中，使围岩产生突发性变形破坏的现象。伴随岩爆产生，常有岩块弹射、声响及冲击波产生，对地下洞室开挖与安全造成极大的危害。

2. 层状岩体围岩

这类岩体常呈软硬岩层相间的互层形式出现。岩体中的结构面以层理面为主，并有层间错动及泥化夹层等软弱结构面发育。层状岩体围岩的变形破坏主要受岩层产状及岩层组合等因素控制，其破坏形式主要有：沿层面张裂、折断塌落、弯曲内鼓等。

3. 碎裂状岩体围岩

碎裂岩体是指断层、褶曲、岩脉穿插挤压和风化破碎加次生夹泥的岩体。这类围岩的变形破坏形式常表现为塌方和滑动。破坏规模和特征主要取决于岩体的破碎程度和含泥多少。在夹泥少、以岩块刚性接触为主的碎裂围岩中，由于变形时岩块相互镶合挤压，错动时产生较大阻力，因而不易大规模塌方。相反，当围岩中含泥量很高时，由于岩块间不是刚性接触，则易产生大规模塌方或塑性挤入，如不及时支护，将愈演愈烈。这类围岩的变形破坏，可用松散介质极限平衡理论来分析。

4. 散体状岩体围岩

散体状岩体是指强烈构造破碎、强烈风化的岩体或新近堆积的土体。这类围岩常表现为弹塑性、塑性或流变性，其变形破坏形式以拱形冒落为主。当围岩结构均匀时，冒落拱形状较为规则。但当围岩结构不均匀或松动岩体仅构成局部围岩时，则常表现为局部塌方、塑性挤入及滑动等变形破坏形式。

（三）影响围岩压力的因素

影响洞室围岩压力的因素归纳起来可分为地质和工程两方面。地质因素系自然属性，反映洞室稳定性的内在联系；工程因素则是改变洞室稳定状态的外部条件。借助于采用合理的工程措施，影响和控制地质条件的变化和发展，充分利用有利的地质因素，避免和削弱不利的地质因素对工程的影响。

1. 地质方面的因素

由于岩体是由各类结构面切割而成的岩块组成的组合体，因此，岩体的稳定性和强度往往由软弱结构面所控制。影响洞室稳定性及围岩压力的地质因素主要有以下几点。

① 岩体的完整性或破碎程度。对于围岩的稳定性及压力来说，岩体的完整性重于岩体的坚固性。

② 各类结构面，特别是软弱结构面的产状、分布和性质，包括充填情况、充填物的性质等。

③ 地下水的活动情况。

④ 对于软弱岩层，其岩性、强度值也是一项重要的因素。

⑤ 在坚硬完整的岩层中，洞室围岩一般处于弹性状态，仅有弹性变形或不大的塑性变形，且变形在开挖过程中已经完成，因此，这种地层中不会出现塑性形变压力。支护的作用仅仅是为了防止围岩掉块和风化。

⑥ 裂隙发育、弱面结合不良及岩性软弱的岩层，围岩都会出现较大的塑性区，因而需要设置支护，这时支护结构上出现较大的塑性形变压力或松动压力。

2. 工程方面的因素

影响洞室稳定性及围岩压力的工程方面的主要因素有洞室的形状和尺寸、支护的形式和刚度、洞室的埋置深度及施工中的技术措施等。

(1) 洞室的形状和尺寸

洞形和洞室大小，包括洞室的平面、立体形式、高跨比及洞室断面尺寸等。由于洞形与围岩应力分布有着密切关系，因而与围岩压力也有关系。通常认为圆形或椭圆形洞室产生的围岩压力较小，而矩形或梯形则较大，因为对于矩形或梯形洞室顶部容易出现拉应力，而在两边转角处又有较大的应力集中。但究竟何种洞形较好，应视地质情况而定。例如，若地压均匀来自洞室四周，圆形最好；若来自顶部方向，高拱形较好。此外，从理论方面来说，围岩应力与洞形有关，而与其几何尺寸无关，也就是说，只要洞室形状不变，跨度大小与围岩应力分布无关。但实际上，洞室形状不变，随着跨度增大的围岩压力也会发生变化，而且影响还比较大。特别是大跨度洞室，容易发生局部塌落和不对称地压，这对支护结构是很不利的受力状态。

(2) 支护结构的形式和刚度

在不同的围岩压力下，支护具有不同的作用，例如，在松动压力作用下，支护只要是承受松动或塌落体的自重，起着承载结构的作用。在塑性形变压力作用下，支护主要用来限制围岩的变形，起着维持围岩稳定的作用。在通常情况下，支护同时具有上述两种作用。目前采用的支护形式有两种：一种称为外部支护，另一种称为内承支护。外部支护就是通常的衬砌，它承受松动或塌落岩体自重所产生的荷载，在密实回填的情况下，也能起到维持围岩稳定的作用。内承支护是通过化学或水泥灌浆、锚杆、喷射混凝土等方式加固围岩、利用增强围岩的自承能力，从而增强围岩的稳定性。

支护形式、支护刚度和支护时间（开挖后围岩暴露时间的长短）对围岩压力都有一定的影响。洞室开挖后随着径向变形的产生，围岩应力产生重分布，同时，随着塑性区的扩散，围岩所要求的支护反力也随之减小。所以，采用喷射混凝土支护或柔性支护结构能充分利用围岩的自承能力，使围岩压力减小。但是，支护的柔性不能太大，因为当塑性区扩展到一定程度出现塑性破裂，c、ϕ 值相应地降低，围岩松动，这时，塑性形变压力就转化为松动压力，且可能达到很大的数值。还须指出，支护刚度不仅与材料和截面尺寸有关，而且还与支护的形式有关。实践表明，封闭型的支护比不封闭型的支护具有更大的刚性。对于有底鼓现象的洞室，尤宜采用封闭型支护。

(3) 洞室埋置深度或覆盖层厚度

洞室的埋置深度对围岩压力有显著的影响。对于浅埋洞室，围岩压力随着深度的增加而增加。对于深埋洞室，埋置深度与围岩应力紧密相关，因为埋深直接关系到侧压力系数的数值。

(4) 施工中的技术措施

施工中的技术措施得当与否，对洞室的稳定性及围岩压力都有很大的影响。例如，爆破造成围岩松动和破碎的程度；成洞的开挖顺序和方法；支护的及时性，围岩暴露时间的长短；超欠挖情况，即对设计的洞形、断面尺寸改变的情况等均对围岩压力有很大的影响。

(5) 其他因素

除上述影响因素外，还有一些其他的影响因素，例如，洞室的几何轴线与主构造线或软弱结构面的组合关系，相邻洞室的间距，时间因素等对围岩压力也有影响。

二 深基坑开挖

(一) 概述

随着国民经济的增长，城市人口的增加与基础设施落后之间的矛盾愈显突出。为缓和该矛盾，建筑物不断向空中发展，与此同时，各类用途的地下空间和设施也得到空前的发展，形成城市建设的三维发展趋势。这些地下空间和设施，包括高层建筑地下室、地下铁道、越江隧道、地下商业街、地下仓库等各种形式。开发和建造这些地下空间和设施，首先要进行的就是大规模的深开挖，因此，作为保障深开挖进行的深基坑工程技术也得到不断的发展。

基坑工程是指建筑物或构筑物地下部分施工时，需开挖基坑，进行施工降水和周边的围挡，同时要对基坑四周的建筑物、构筑物、道路和地下管线进行监测和维护，确保正常、安全施工的综合性工程，其内容包括勘测、设计、施工、环境监测和信息反馈等工程内容。基坑工程的服务工作面几乎涉及所有土木工程领域，如建工、水利、港口、路桥、市政、地下工程以及近海工程等。

基坑开挖是土木工程中经常遇到的传统课题。随着城市化建设和地下空间利用的发展，基础工程和地下工程的数量越来越多，形式越来越多样化，基坑开挖的规模和深度越来越大，由此引起的变形和稳定性问题，及其对周边的环境影响也越来越受到重视。图 6-22 为城市基坑工程典型的周边环境条件。

基坑工程的施工一般可分为三个阶段，即围护体的施工阶段、基坑开挖前的预降水阶段及基坑开挖阶段。围护体如地下连续墙及钻孔灌注桩等的施工会引起土体侧向应力的释放，进而引起周围的地层移动；基坑开挖前及基坑开挖期间的降水活动可能会引起地下水的渗流及土体的固结，从而也会引起基坑周围地层的沉降；基坑开挖时产生的不平衡力会引起围护

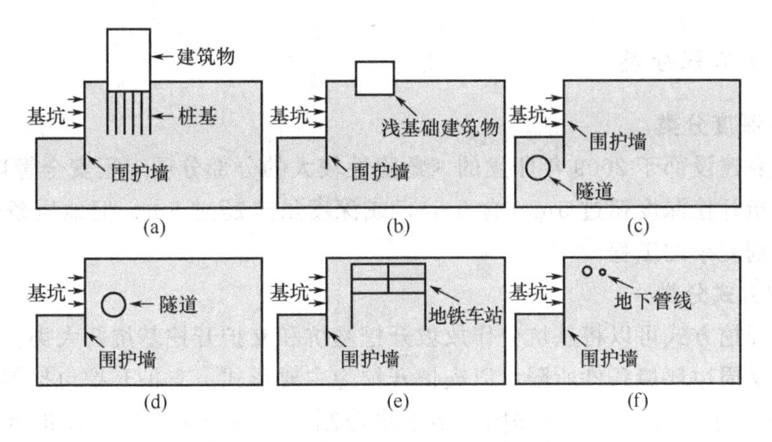

图 6-22　基坑周边典型的环境条件

(a) 基坑周边存在桩基础建筑物；(b) 基坑周边存在浅基础建筑物；(c) 坑底以下存在隧道；
(d) 基坑旁边存在隧道；(e) 基坑周边存在地铁车站；(f) 基坑紧邻地下管线

结构的变形及墙后土层的变形。基坑施工引起的这些地层移动均会使得周边的建（构）筑物发生不同程度的附加变形，当附加变形过大时就会引起结构的开裂和破坏，从而影响周边建（构）筑物的正常使用。随着我国城市区域大量地下空间工程建设的发展，由基坑工程引起的环境保护问题变得日益突出。

复杂城市环境条件下的基坑工程环境保护要求较高，设计和施工难度大，稍有不慎就可能酿成巨大的工程事故，导致巨大的经济损失并会产生恶劣的社会影响。南京地铁二号线某车站的基坑开挖深度 17.5m，基坑开挖导致距离基坑 16m 的一栋建筑最先向西沉陷，后变成整体倾斜率超过 0.8%的危房，住户紧急撤离；距离基坑 20m 左右的两座 15 层住宅楼的住户家里出现大量从顶部开始蔓延的裂纹；基坑旁边的自来水管两次断裂；事故不但产生了巨大的经济损失，还严重地干扰了周围居民的正常工作和生活，在南京市造成了极其恶劣的社会影响。

（二）基坑支护的目的和作用

工程中需要基坑支护的有以下情况。

① 坑壁土质松软或含水量较大而不稳定；

② 基础埋深较大，放坡开挖土方工程量过大、不经济；

③ 受施工场地或邻近建筑物限制，不能放坡；

④ 有相邻建筑物影响或地下水位较高等。

基坑支护的目的在于以下几个方面。

① 使基坑开挖和基础结构施工能安全、顺利地进行；

② 使基础工程施工不危害邻近建筑物或造成地下管道沉降、损坏。

基坑支护虽是临时性工程，但必须牢固、安全。支护结构构件有的可回收重复使用（如钢板桩），有的可成为基础的一部分（如地下连续墙），也有的弃置不用（如锚杆、锚定板）。目前基坑支护型式主要分为两大类：即支挡型和加固型。支挡型是利用各种桩墙和支撑锚拉系统使基坑壁稳固。加固型是利用拌和、高喷、注浆、插筋（土钉）等技术加固坑周土体使坑壁稳固。

（三）基坑工程分类

1. 按开挖深度分类

住房和城乡建设部于2009年印发的《危险性较大的分部分项工程安全管理办法》规定：一般深基坑是指开挖深度超过5m（含5m），或深度虽未超过5m，但地质条件和周围环境及地下管线特别复杂的工程。

2. 按开挖方式分类

按照土方开挖方式可以将基坑分作放坡开挖基坑和支护开挖基坑两大类。目前，在城市建设中，由于受周边环境条件所限，以支护开挖为主要形式。支护开挖包括围护结构、支撑（或锚固）系统、土体开挖、土体加固、地下水控制、工程监测、环境保护等几个主要组成部分。

3. 按功能用途分类

基坑按照其功能用途可分为：楼宇基坑、地铁站深基坑、市政工程地下设施深基坑、工业深基坑。

4. 按安全等级分类

根据基坑的开挖深度 H、邻近建筑物及管线至坑口的距离 a、工程地质水文地质条件，按破坏后的严重程度将基坑工程分为三个安全等级，并分别对应于三个级别的重要性系数。因此，根据基坑工程的安全等级，基坑可分为一级基坑、二级基坑和三级基坑，见表6-13。

表6-13 基坑侧壁安全等级及重要性系数

安全等级	重要性系数	破坏后果	基坑分类
一级	1.10	支护结构破坏对基坑周边环境及地下结构施工影响很严重	一级基坑
二级	1.00	支护结构破坏对基坑周边环境及地下结构施工影响一般	二级基坑
三级	0.90	支护结构破坏对基坑周边环境及地下结构施工影响不严重	三级基坑

（四）造成基坑工程事故的原因分析

基坑工程涉及领域广，技术难度大，工程事故多，造成的损失严重。查明各种深基坑工程事故的原因，是把我国基坑开挖与支护技术提高到一个新水平的必要条件。通过对我国各地百余起深基坑事故的调查分析，造成基坑工程事故的原因可以概括为以下几个方面。

1. 支护结构选型不当

深基坑支护结构形式的选择，取决于基坑实际开挖深度、土体的物理力学性质、地下水位、周围环境、设计变形要求以及施工条件等因素。一些施工单位由于对深基坑知识知之甚少，轻率地套用一种支护结构，结果问题百出，事故隐患极大。

2. 实际的主动土压力大于设计值

土压力的计算是支护结构设计的核心，但是，实际的土压力在从基坑开挖到地下结构完工的过程中是变化的。

① 雨季、涨潮期、周围地下管道漏水等都会使地下水位上升，土的黏聚力和内摩擦角则降低，基坑的侧土压力增大，造成基坑支护结构严重变形甚至破坏。

② 由于施工场地有限，挖出的土方以及大量的钢筋、水泥等建筑材料堆放在基坑边，造成基坑周围地面严重超载，侧土压力增大，使基坑支护结构变形。

③ 不按正确规程作业，如大型挖土机工作时离支护桩太近，并反铲挖土，使支护桩承受很大的侧向力，引起严重变形。

3. 防水、排水、降水措施不当

水是深基坑工程的大患。我国90%以上的深基坑工程事故是在大雨后发生的。深基坑的防水、排水和降水关系重大。

① 基坑开挖、支护以及地下结构施工的时间跨度大，却不做坡顶护面及坡顶排水沟，遇到大雨时，轻者冲刷桩间土，威胁周围建筑物，重则冲垮支护结构。

② 高水位地区的基坑开挖，未做止水帷幕，在基坑内大量降水，引起基坑周围一定范围内的地基土随着降水漏斗曲线的形成而产生不均匀沉降，使周围建筑物、道路及地下管线等设施下沉、开裂甚至破坏。

③ 基坑周围的地下水管年久失修，基坑的开挖很可能造成水管的渗漏，如不提前妥善处理，会给基坑工程造成很大的麻烦。

④ 止水帷幕的设计未考虑基坑的地质条件和不同的开挖深度，采用同一长度单排水泥搅拌桩止水，并且搅拌桩未穿透粉细砂层，造成基坑内严重漏水。

4. 锚杆失效

① 锚杆设计的位置不当，使支护结构的抗力不足，引起支护结构大变形。

② 锚杆的长度不足，不能阻挡基坑的整体滑移。

③ 由于地面排水措施不完善，大量雨水下渗；或地下水管渗漏，使地基内摩擦角下降，锚杆的锚固力降低，导致锚杆失效。

④ 由于地基土的冻胀作用，使锚杆的锚固力下降。

⑤ 由于机械振动使地基土内孔隙水压力上升，有效应力下降产生触变，降低锚固力。

5. 支撑结构不合理

支撑式支护结构是应用较广的一种支护形式，其整个支撑体系基本呈受压状态，杆件和体系的稳定，不容忽视。

① 基坑平面尺寸较大时，采用钢管内支撑，由于钢管压弯变形，使支护结构产生位移。

② 支撑的支点数少，联结不牢固、使支撑杆下挠，产生弯曲变形，达到一定程度后，丧失支撑作用。

③ 首道支撑位置太低，使支护结构顶部位移过大。

④ 支撑间距过疏，使支撑杆件产生过大的弯曲变形。

6. 基坑土体稳定性不足

① 支护结构插入坑底土体的深度不够，被动土压力不足，使支护结构的稳定性差，至基坑坡角滑动，坑底土体大面积隆起，引起整体滑动。

② 在饱和粉细砂场地的基坑内降水，土体会因坑底的管涌而失稳。

7. 淤泥地基发生触变

① 在淤泥或饱和软黏土场地，采用锤击式预制钢筋混凝土桩作为工程桩及支护桩，布桩密，锤击数多，使地基土严重扰动，孔隙水压力急剧上升，短时间内不能消散，土体产生

触变，强度迅速下降，桩体挠曲，甚至断裂。

② 在淤泥或饱和软黏土场地，不降水开挖基坑，由于挖土、运土设备的扰动，土体抗剪强度下降，使基坑周围土体产生滑动．导致支护结构向坑内移动。

8. 设计的安全储备过小

① 设计时为了节约，过大地折减主动土压力，减少支护结构的配筋，发生不利变化时，导致支护结构较大的变形。

② 设计人员缺乏经验，许多必要的经验作法如联梁、护面等被忽略，从而埋下隐患。

9. 施工管理水平低且施工质量差

① 施工单位监测技术落后，或根本未进行施工监测，支护结构由小位移发展到大位移。

② 施工单位对监测数据分析不够，出现危情时，不能及时作出正确处理对策，采取合适的应急措施，从而导致灾难。

（五）基坑开挖对周边环境影响评估

1. 经验方法

经验方法是建立在大量基坑统计资料基础上的预估方法，该方法预测的是地表的沉降，并不考虑周围建（构）筑物存在的影响，可以用来间接评估基坑开挖可能对周围环境的影响。其预测过程分为三个步骤：预估基坑开挖引起的地表沉降曲线；预估建筑物因基坑开挖引起的角变量；判断建筑物的损坏程度。下面介绍两种常用的基坑外地表沉降估算方法。

（1）Peck 法

1969 年 Peck 统计了挪威和奥斯陆等地采用钢板桩和企桩作为围护结构的基坑墙后地表沉降数据，首次提出了预测墙后地表沉降的经验方法如图 6-23 所示。其中横坐标为墙后距围护结构的距离与开挖深度的比值，纵坐标为沉降量与开挖深度的比值。根据土层条件和施工状况，Peck 将图形分为三个区域。其中Ⅰ区地表沉降最小（最大沉降小于 $1\%H$），对应于砂土和硬黏土，Ⅱ区和Ⅲ区根据基坑底下软土的厚度及坑底抗隆起稳定系数而定，最大沉降可达 $1\%H\sim3\%H$。Peck 的统计数据主要来源于早期采用柔性支护结构的基坑，不一定适合于连续墙、钻孔灌注桩等刚度较大的支护体系。

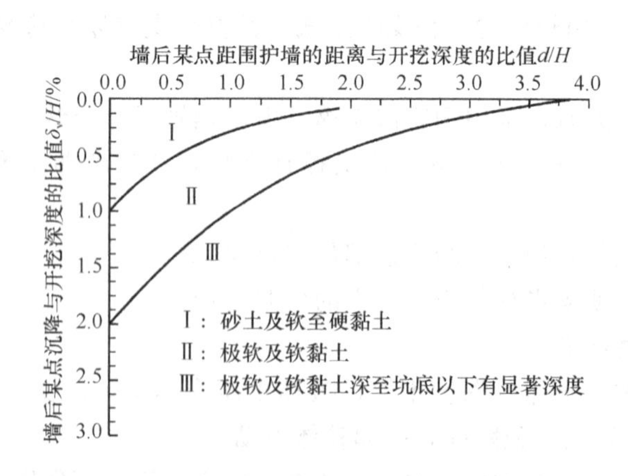

图 6-23　墙后地表沉降分布

（2）Bowlcs 法

Bowles 提出了一种预估墙后地表沉降曲线的方法，如图 6-24 所示。该法先采用弹性地

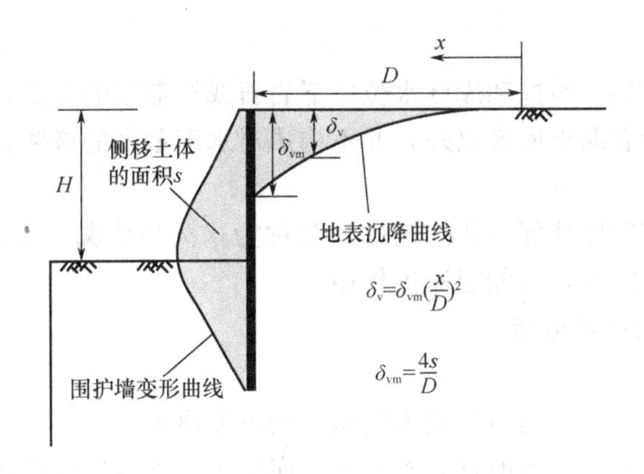

图 6-24　Bowles 法预估墙后地表沉降曲线

基梁法或有限元方法得到围护墙的侧移曲线，并计算围护墙后土体侧移的面积 s，然后根据下式预估地表沉降的影响范围 D

$$D=(H+H_d)\tan(45^\circ-\varphi/2) \tag{6-14}$$

式中，φ 为土的内摩擦角，对于黏性土 $H_d=B$，对于非黏性土 $H_d=0.5\tan(45^\circ+\varphi/2)$，其中 B 为基坑的开挖宽度。

假设最大沉降发生于围护墙处，根据下式估计最大地表沉降

$$\delta_{vm}=4s/D \tag{6-15}$$

假设地表沉降呈抛物线分布，则 x 处的地表沉降 δ_v 可表示为

$$\delta_v=\delta_{vm}\left(\frac{x}{D}\right)^2 \tag{6-16}$$

2. 数值分析方法

基坑工程与周围环境是一个相互作用的系统，连续介质有限元方法是模拟基坑开挖问题的有效方法，它能考虑复杂的因素如土层的分层情况和土的性质、支撑系统分部及其性质、土层开挖和支护结构的施工过程以及周边建（构）筑物存在的影响等。随着有限元技术、计算机软硬件和土体本构关系的发展，有限元法在基坑工程中的应用取得了长足的进步，从而为临近建（构）筑物的基坑工程设计提供了重要的分析手段，由于有限元法分析的复杂性使得其易导致不合理甚至错误的分析结果，因此有限元法分析得到的结果宜与其他方法（如经验方法）进行相互校核，以确认分析结果的合理性。

三　水库

水库蓄水后，将使库区水域发生水位上升、水深加大、流速减缓等变化，这就会对库区及邻近地带的地质环境产生影响，引发环境地质问题。水库地区的环境地质问题主要有水库渗漏、浸没、淤积、塌岸和诱发地震等。

（一）水库渗漏问题

水库渗漏不仅影响水库效益，还有可能对环境造成不良影响。因此，在水库勘察设计过程中，分析研究渗漏问题很有必要。

1. 渗漏方式

水库渗漏包括暂时渗漏和永久渗漏两种方式。

(1) 暂时渗漏

发生在水库蓄水初期，为饱和库区水位以下岩石或松散层的孔隙、裂隙、溶隙而出现的水量损失。这部分水没有漏出库区以外，并不构成对水库蓄水的威胁，更不影响工程效益。

(2) 永久渗漏

库水通过渗漏通道向库外邻谷或洼地的渗漏称为永久性渗漏。它直接导致库水的损失，严重的使水库失去蓄水能力，只能起滞洪作用。

2. 水库渗漏的地质条件分析

(1) 岩性条件分析

库区岩性条件分析，主要是为了找出地质上的渗漏通道。

库水通过地下通道渗向库外的首要条件是水库周边有透水岩层存在。在松散层中，能构成渗漏通道的地层主要是冲积层和洪积层，要特别注意古河道。而岩石透水性一般较弱，水库漏水可能性小。但有下列情形时仍有可能发生渗漏：有砂砾岩地层，且结构松散、透水性较强，可能成为透水层；岩石中发育有较为集中的风化裂隙或构造裂隙带，存在断层破碎带，岩溶发育。

(2) 地质构造条件分析

透水岩层要成为渗漏通道，还需要一定的地质构造条件。

① 透水层出露于库区内高水位以下，这样库水才能进入透水岩层，成为渗入区。

② 库区和排泄区（下游或邻谷）之间没有隔水层阻隔，也就是库区和排泄区由透水层沟通的情况，见图 6-25、图 6-26。

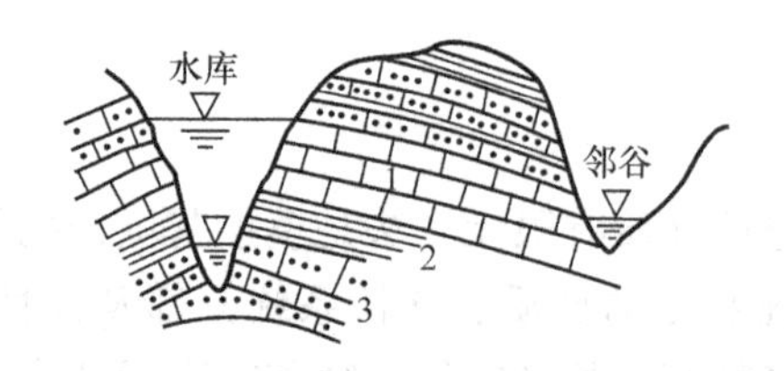

图 6-25 背斜构造与水库渗漏

1—水库石灰岩；2—隔水页岩；3—透水小的砂岩

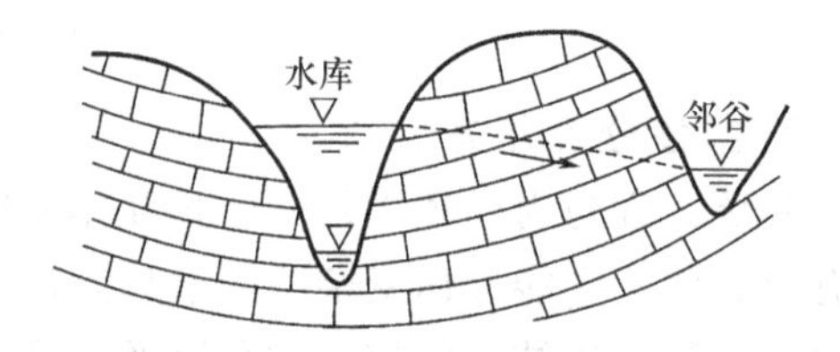

图 6-26 向斜构造与水库渗漏

③ 断层可将隔水层错开，使不同的透水层通过透水的断层破碎带连通，构成渗漏通道。

(3) 水文地质条件分析

具备了有利于渗漏的岩性和地质构造条件后，能否渗漏还取决于水文地质条件，如河间地块有无地下分水岭、地下分水岭的高程与水库正常高水位的关系等，如图 6-27 所示。

① 河间地块无地下分水岭。水库蓄水前，水库河段就向邻谷渗漏；水库蓄水后，水力坡度加大，渗漏加剧。

② 河间地块有地下分水岭。蓄水前，河间地块地下分水岭高程远远低于水库正常高水位，水库蓄水后，地下分水岭消失，产生渗漏；蓄水前，河间地块地下分水岭高程略低于水库正常高水位，水库蓄水后，由于水库回水使得地下水位也相应抬高，地下水分水岭将略高于水库正常高水位，不产生渗漏；蓄水前，地下水分水岭高程高于水库正常高水位，蓄水后只有地下分水岭的迁移的渗入补给量的变化，而不产生渗漏。

综上所述，分析水库渗漏问题时，必须综合考虑地层岩性、地貌、地质构造与水文地质条件，才能得出正确的结论。

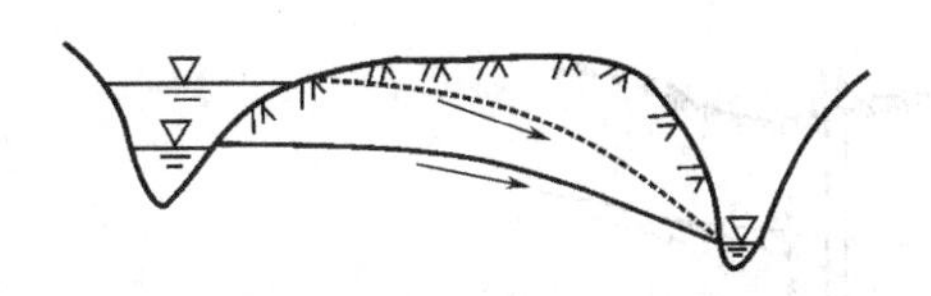

(a) 河间地块无地下水分水岭

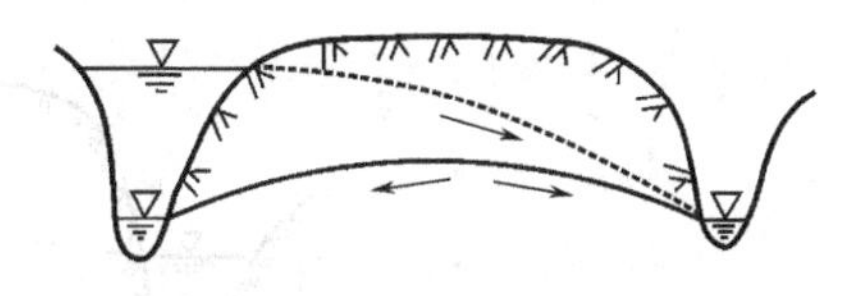

(b) 河间地块地下水分水岭低于水库正常高水位

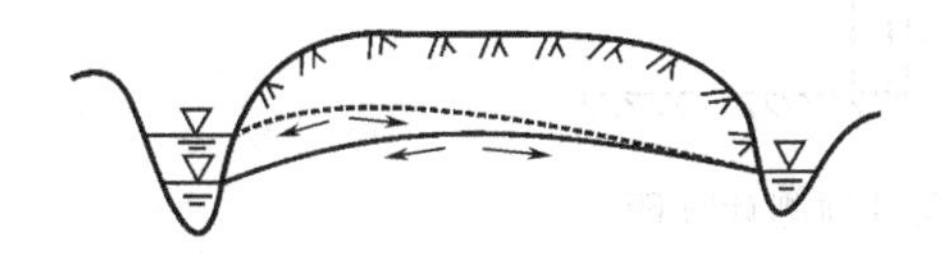

(c) 河间地块地下水分水岭略低于水库正常高水位

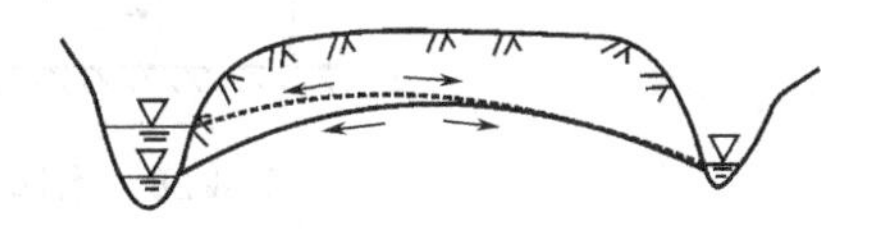

(d) 河间地块地下水分水岭高于水库正常高水位

图 6-27　河间地块地下水位与水库渗漏

（二）水库浸没问题

水库蓄水后，由于地下水壅水（水位上升），使水库周围地区地下水位接近甚至高出地面，从而引发一系列的环境地质问题或次生灾害，这种现象就称为水库浸没。浸没可引起土地盐碱化、沼泽化，使农作物减产，岩土浸润使建筑物地基受影响而损坏，矿井涌水量增加，铁路、公路发生翻浆、冻胀等。因此，研究水库浸没对水库选址和正常高水位的确定具有重要意义。

1. 水库浸没的发生条件

水库周边地区是否发生浸没，与当地的地形地貌、岩土性质和水文地质条件有关。

山区水库，一般浸没问题不严重，影响范围较小。山间盆地和平原区水库，由于周围地势平坦，浸没问题较突出，影响范围也大。

一般情况下，地下水位较高，又符合下列情况的地段，最易发生浸没。

① 地形过渡带，如下一级阶地与上一级阶地接触的边线；

② 强透水层向弱透水层过渡的接触带，如冲积层或坡积层与黄土的接触带；

③ 地形平缓和地表排水不畅，特别是那些地面高程低于或略高于水库正常高水位的洼地或封闭、半封闭的盆地；

④ 库岸地带原有的常年或季节性积水洼地或沼泽地边缘；

⑤ 库岸地层上部透水性弱、下部透水性强的地段；

⑥ 地下水补给来源充沛、补给量大于排泄量的地区；

⑦ 与水库向外渗漏通道相连的邻谷或下游地区。

总之，浸没的发生与地形、岩性结构、水文地质、水库运用及人类活动影响等因素有关。

2. 水库浸没带的预测

水库浸没带的预测，首先计算水库蓄水后地下水的壅高值。在下部隔水层近水平、透水层为均质土层的条件下，可预测计算库岸某一点的地下水壅高值。

如图 6-28 所示，根据达西定律

水库蓄水前

$$q_1 = K \cdot \frac{h_1 - h_2}{l} \cdot \frac{h_1 + h_2}{2} \tag{6-17}$$

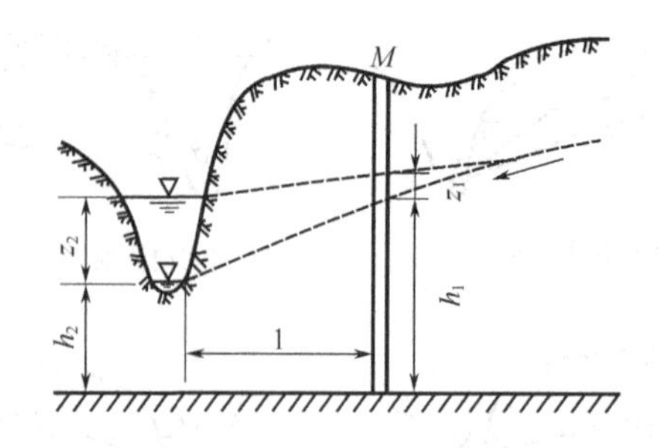

图 6-28　水库浸没带预测计算图

水库蓄水后：

$$q_2 = K \cdot \frac{(h_1 + z_1) - (h_2 + z_2)}{l} \cdot \frac{(h_1 + z_1) + (h_2 + z_2)}{2} \tag{6-18}$$

因 $q_1 = q_2$，则

$$z_1 = \sqrt{h_1^2 - h_2^2 + (h_2 + z_2)^2} - h_1 \tag{6-19}$$

式中　z_1——地下水壅高值，m；

h_1——M 点蓄水前地下水位，m；

h_2——河水位，m；

z_2——水库设计正常高水位与河水位高差，m；

l——M 点至库岸的距离，m；

K——渗透系数，m/d。

利用式（6-17）可求出水库蓄水后某点的壅水高度，进而可求出水位埋深，将它与有关部门规定的浸没标准进行对比，可判断是否发生浸没。

这里的浸没标准，是指地下水对建筑物、矿山、农作物、道路等的安全埋藏深度，一般称作地下水临界深度，它主要取决于岩性与地下水矿化度，也与土地的利用方式有关，一般为 1～3m。如预测计算的水位埋深值小于临界深度，则发生浸没。

（三）水库塌岸问题

水库蓄水后，水库边岸在水位升降及风浪冲蚀作用下，发生坍塌破坏，称为塌岸。这一过程同时又是形成新库岸边坡的过程，所以也叫边岸再造。严重的水库塌岸不仅蚕食周边的大量农田，威胁工业及民用建筑、交通设施的安全，形成水库淤积，而且还可能成为诱发崩塌、滑坡的因素，危及大坝安全。所以，水库塌岸也是水库的重要环境地质问题。

1. 塌岸过程

水库塌岸过程一般分四个阶段，如图 6-29 所示。

① 岸壁的初期破坏：水库蓄水初期，岩土受到浸润作用及波浪的冲蚀，水库岸壁开始塌落。

② 浪蚀龛及浅滩的形成：在库岸较高的地带，水位附近的岩土受波浪淘蚀，形成佛龛状地形——浪蚀龛。淘蚀下来的物质堆积在浪蚀龛下，形成浅滩。

③ 岸壁后退，浅滩扩大：随着库水位的升降变化，浪蚀龛不断加深，上部岩体失稳后塌落，岸壁后退，浅滩逐渐扩大。

④ 稳定边坡的形成：当浅滩发展到足够远、波浪力量不足以影响到岸边时，库岸地带的冲蚀作用和堆积作用均基本停止，岸坡达到稳定。

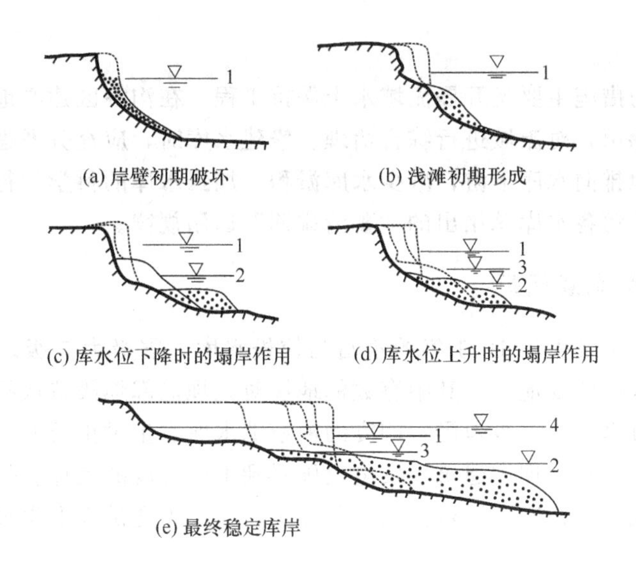

图 6-29 水库边岸再造过程示意图

1—水库蓄水期达到的高水位；2—消落水位；3—中间水位；4—正常高水位

2. 影响水库塌岸的因素

水库塌岸的影响因素较多，其中地质地貌条件和气象水文条件起着决定性作用。

① 地质地貌条件：岩土类型和性质是决定水库塌岸的主要因素。坚硬岩石抗冲蚀能力强，水库塌岸一般不严重。半坚硬岩石中的黏土质岩石遇水易软化、崩解，因而水库蓄水后，库岸往往很快发生坍塌，且稳定坡度较小。第四纪松散土层中除卵砾石外，塌岸都较严重，其中又以黄土最为突出，在水下可形成很缓的浅滩，塌岸宽度极大。如三门峡水库的黄土库岸，在蓄水一年内，塌岸宽度达 50～200m，最宽达 294m。库岸的地形起伏、相对高度、沟谷切割情况，对塌岸的宽度、速度和塌岸后的岸坡外形等，影响较大。一般说来，陡、高库岸容易发生坍塌，库岸弯曲的塌岸强烈。

② 气象水文条件：包括波浪、岸边环流、水位变化、降水及浮冰等，其中尤以波浪的作用最为明显，波浪能够冲击到的高度就有可能发生塌岸。

（四）水库淤积问题

水库运行后，水中携带的泥砂物质，除一部分随洪水泄走外，绝大部分沉积于库底，天长日久，愈积愈多。如无有效的工程措施，最终将淤满水库。水库淤积问题，不仅影响到水库的正常效益，而且直接关系到水库使用寿命。水库淤积问题尤以黄土地区更为严重，黄河的年输沙量达 16 亿吨，为世界之冠。因此，在黄河流域兴建水库时，解决淤积便成为首要问题。

1. 研究水库淤积问题的主要工程地质任务

① 查明淤积物质来源，重点是第四纪松散物质（黄土及黄土类土、冲洪积物、冰水堆积物），其次是基岩风化带、断层破碎带等，要确定其位置、范围、数量，为估算水库淤积量提供依据。

② 结合水库塌岸研究，估算由于塌岸造成的水库淤积量。

③ 进行拦沙坝及加高淤积水库大坝的专门工程地质勘察。

2. **防治措施**

防治水库淤积的措施主要是开展流域水土保持工程。在沟谷区建淤地坝、拦沙坝，山坡上植树种草，兴修梯田，对流域进行综合治理。修建水库时，应充分考虑泄流排沙设施，使入库泥沙能够顺畅地排向水库下游，减少水库淤积。加强水库的科学运行管理，对改善水库淤积也有作用。如黄河各水库总结出的“蓄清排浑”运用规律。

（五）水库诱发地震问题

水库诱发地震最早发生于1931年的希腊马拉松水库，震级为5级。到目前为止，全球共发生了100余次水库诱发地震，其中有数例地震对大坝局部地段造成损坏。如我国广东省的新丰江水库发生过里氏6.1级地震；印度的柯依纳水库发生过里氏6.5级地震，数百人在地震中丧生，成千人受伤，坝体建筑和发电设施受到不同程度的破坏。但经过抗震加固处理后，这两座水库到现在仍在安全运行。到目前为止，全世界还没有发生过因水库诱发地震而使大坝垮塌的例子。

关于水库诱发地震的成因，目前看法很不一致。一种观点认为水库蓄水是诱发地震的主导因素；而另一种观点则认为水库蓄水只起到诱发作用。有人认为是水库蓄水的荷载作用，也有人认为是水库蓄水增加了地壳岩体中的孔隙水压力。总的来说，水库诱发地震的条件是错综复杂的，目前还没有查清。

分析我国几个水库诱发地震地区的地质条件，有以下几个特点。

① 大都发生于以坚硬岩石为主的地区，岩石有良好的储能条件。

② 地震都发生于新构造运动明显的地区，构造复杂，断层较多。

③ 地震区具有适宜的水文地质条件，岩体均有良好的渗透条件，深部地下水水位较低。

④ 大坝高、库容大的水库容易诱发地震。

⑤ 岩体较软弱或极为破碎的天然地震区，虽然也有水库诱发地震，但震级不高。

⑥ 震源浅、范围小。水库诱发地震的震源深度一般为4～7km，而影响范围也只局限于库区或库水影响范围内。

思考题

6-1 什么是不良地质现象？不良地质现象具有哪些特征？

6-2 崩塌的定义？崩塌产生的条件有哪些？崩塌如何分类？崩塌的防治措施有哪些？

6-3 滑坡的定义？滑坡的形态特征有哪些？滑坡如何分类？滑坡的形成条件与作用因素有哪些？理解滑坡的野外识别方法。滑坡的发展阶段有哪些？滑坡的防治措施有哪些？

6-4 泥石流的概念？泥石流的形成条件？泥石流分类方法有哪些？泥石流如何防治？

6-5 膨胀土的定义？膨胀土的主要特征有哪些？膨胀土有哪些工程地质问题及其防治措施？

6-6 湿陷性黄土的概念？湿陷性黄土的特征有哪些？湿陷性黄土的工程地质问题及其防治措施？

6-7 红黏土的定义？红黏土形成需要什么条件？红黏土的物理力学性质怎样？影响红黏土地基稳定性的因素有哪些？红黏土的地基处理措施有哪些？

6-8 冻土的定义？冻土如何分类？冻土的热物理性质和力学性质指标有哪些，如何定义？冻土的工程地质危害有哪些？季节冻土地基的防冻害措施有哪些？

6-9 盐渍土的定义？盐渍土的分类方法？盐渍土有哪些特殊的工程性质？盐渍土的防治措施有哪些？

6-10 斜坡的定义？边坡的类型有哪些？影响边坡稳定的主要因素有哪些？理解边坡极限平衡分析的几种方法。

6-11 毛细水现象产生的机理是什么？毛细水的上升引起的工程问题有哪些？潜水位上升的原因和危害有哪些？地下水位下降的原因和造成的危害有哪些？地下水渗流引起的危害有哪些，流砂、潜蚀和管涌的定义？基坑突涌的定义？地下水对混凝土结构的腐蚀类型有哪些？

6-12 岩溶地基变形破坏的主要形式有哪些？岩溶地面塌陷的概念？岩溶地面塌陷的影响因素有哪些？岩溶地面塌陷的分布规律？岩溶地面塌陷有哪些危害？岩溶地面塌陷的预防和治理措施？岩溶区水库渗流的分类？

6-13 地下空间开挖将产生哪些岩体力学作用？各类围岩的变形与破坏形式有哪些？影响围岩压力的因素有哪些？

6-14 基坑支护的目的是什么？基坑工程的分类方法有哪些？造成基坑工程事故的原因有哪些？

6-15 水库蓄水后的环境地质问题有哪些？水库包括哪些渗漏方式？水库渗流的岩性条件和地质构造条件有哪些？水库浸没的发生条件有哪些？水库塌岸过程一般包括哪几个阶段？影响水库塌岸的因素有哪些？我国水库诱发地震地区的地质条件有哪些特点？

第七章 工程地质勘察

【内容导读】本章主要介绍工程地质勘察的目的、任务与内容，然后详细介绍了常见的勘察方法，最后介绍了勘察报告的编写。

【教学目标及要求】了解各个勘察阶段的任务和要求，了解工程地质勘察的基本方法。掌握现场原位测试的常用试验方法及适用范围，掌握勘察资料整理的步骤，地质报告内容的编写，能够正确阅读和使用工程地质勘察报告。

第一节 工程地质勘察概述

一 工程地质勘察的目的、任务与内容

工程地质勘察的目的是为探明作为建筑物或构筑物的工程场地、地基的稳定性与适宜性以及岩土材料的性状等，解决并处理整个工程建设中涉及的岩土的利用、整治、改造问题，保证工程的正常使用，为工程建设做出正确的工程地质评价。

其主要任务是通过工程地质测绘与调查、勘探、室内试验、现场测试等方法，查明场地的工程地质条件，如场地地形地貌特征、地层条件、地质构造、水文地质条件、不良地质现象、岩土物理力学性质指标的测定等，在此基础上，根据场地的工程地质条件并结合工程的具体特点和要求，进行工程地质分析评价，为基础工程、整治工程、土方工程提出设计方案。

工程地质勘查的内容主要有以下五项。

① 搜集研究区域地质、地形地貌、遥感照片、水文、气象、水文地质、地震等已有资料，以及工程经验和已有的勘察报告等；

② 工程地质调查与测绘；

③ 工程地质勘探；

④ 岩土测试和观测，包括土工试验和现场原位观测、岩体力学试验和测试；

⑤ 资料整理和编写工程地质勘察报告。

二 工程地质勘察的方法和阶段划分

工程地质勘察方法或手段，包括工程地质测绘、工程地质勘探、室内或现场试验、工程地质现场观测（或监测）等。

工程地质勘察一般分为可行性勘察、初步勘察、详细勘察及施工勘察几个阶段。勘察阶段与设计阶段相适应，工程地质勘察通常按工程设计阶段分步进行。不同类别的工程，有不同的阶段划分。根据场地的条件及建筑物、构筑物重要性可分别选取。对于工程地质条件简单和有一定工程资料的中小型工程，勘察阶段也可适当合并。但一般工程中初步勘察和详细勘察是必须具备的。

（一）可行性勘察

可行性勘察主要是为探明工程场地的稳定性和适宜性对地形地貌、地层结构、岩土性质等做出评价。对于大型工程，可行性研究勘察或选址勘察工作是非常重要的环节，其目的在于从总体上判断拟建场地的工程地质条件能否适合工程建设项目。一般通过几个候选场址的工程地质资料进行对比分析，对所选场地的稳定性和适宜性作出评价，主要进行下列工作：①搜集区域地质、地震、矿产、工程地质和建筑经验等资料；②在充分搜集和分析已有资料的基础上，通过踏勘初步了解场地的地形地貌、构造、地层、岩性、不良地质作用和地下水等工程地质条件；③当拟建场地工程地质复杂，已有资料不能满足要求时，应根据具体情况进行工程地质测绘和必要的勘探工作；④当有两个或两个以上拟选场地时，应进行比较分析。

根据我国的建筑经验，一般情况下，应避开下列工程地质条件恶劣的地区或地段：①不良地质现象发育且对场地稳定性有直接危害或潜在威胁的地区，如泥石流沟谷、危岩和崩塌、滑坡、土洞、岸边冲刷、地下潜蚀等地区；②地基土性质严重不良的场地，如Ⅲ级自重湿陷性场地、胀缩性强烈的Ⅲ级膨胀岩土地基、软硬突变的场地；③对建筑物抗震危险的地段，即地震时可能发生滑坡、崩塌、地裂、泥石流等及发震断裂带上可能发生地表错动的部位；④洪水或地下水对建筑场地有严重不良影响的地段，如洪水淹没区；⑤地下有尚未开采的有价值矿藏或不稳定的地下采空区等。

（二）初步勘察

一般选取两个以上的场址资料初步勘察与初步设计相对应，对场地的稳定性做出工程地质评价，主要工作内容有以下几个方面。

① 收集可行性研究阶段工程地质勘察报告，取得建筑区范围的地形图及有关工程性质、规模的文件；

② 初步查明地层、构造、岩土物理力学性质、地下水埋藏条件及冻结深度；

③ 查明场地不良地质现象的成因、分布、对场地稳定性的影响及其发展趋势；

④ 对抗震设防烈度大于或等于 7 度的场地，应判定场地和地基的地震效应。

（三）详细勘察

详细勘察与施工图设计相对应，按不同建筑物或建筑群提出详细的岩土工程资料和设计所需的岩土技术参数，对地基做出工程分析评价，为基础设计、地基处理、不良地质现象的防治等做出方案及论证，给出建议。详勘线、点的布置比初勘要多，勘察内容应视建筑物的具体情况和工程要求而定。主要工作内容有以下几个方面。

① 取得附近坐标及地形的建筑物总平面布置图，各建筑物的地面整平标高，建筑物的性质、规模、结构特点，可能采取的基础形式、尺寸、预计埋置深度，对地基基础设计的特殊要求等。

② 查明不良地质现象的成因、类型、分布范围、发展趋势及危害程度，并提出评价与整治所需的岩土技术参数和整治方案建议。

③ 查明建筑物范围各层岩土的类别、结构、厚度、坡度、工程特性，计算和评价地基的稳定性和承载力。

④ 对需进行沉降计算的建筑物，提供地基变形计算参数，预测建筑物的沉降、差异沉降或整体倾斜。

⑤ 对抗震设防烈度大于或等于 6 度的场地，应划分场地土类型和场地类别；对抗震设防烈度大于或等于 7 度的场地，应分析预测地震效应，判定饱和砂土或饱和粉土的地震液化，并应计算液化指数。

⑥ 查明地下水的埋藏条件，当基坑降水设计时应查明水位变化幅度与规律，提供地层的渗透性。

⑦ 判定水和土对建筑材料和金属的腐蚀性。

⑧ 判定地基土及地下水在建筑物施工和使用期间可能产生的变化及其对工程的影响，提出防治措施及建议。

⑨ 对深基坑开挖则应提供稳定性计算和支护设计所需的岩土技术参数，论证和评价基坑开挖、降水等对邻近工程的影响。

⑩ 提供桩基设计所需的岩土技术参数，并确定单桩承载力；提出桩的类型、长度和施工方法等建议。

（四）施工勘察阶段

对建筑物基础开挖地段，均需进行施工验槽。基坑或基槽开挖后，岩土条件与勘察资料不符或发现必须查明的异常情况时，应补充施工勘察。如在基坑开挖后遇局部古井、水沟、坟墓等软弱部位，要求换土处理时，需进行换土压实后干密度测试质量检验；若地基中存在岩溶或土洞，需进一步查明分布范围并进行处理。在工程施工或使用期间，当地基土、边坡体、地下水等发生未曾估计到的变化时，应进行现场监测，并对工程和环境的影响进行分析评价。

第二节 工程地质勘察方法

工程地质勘察方法或手段，主要包括工程地质测绘、工程地质勘探、室内或现场试验、工程地质现场观测（或监测）等。

一 工程地质测绘

工程地质测绘是工程地质勘察中的最基本的方法，也是工程地质勘察的一项基础性工作。它是在一定范围内调查研究与工程建设活动有关的各种工程地质条件，并制作一定比例尺的工程地质图，分析可能产生的工程地质作用及其对设计建筑物的影响，并为勘探、试验、观测等工作的布置提供依据。

测绘范围和比例尺的选择，既取决于建筑区地质条件的复杂程度和已有研究程度，也取决于建筑物的类型、规模和设计阶段。规划选点阶段，区域性工程地质测绘用小比例尺（1∶10万，1∶5万）；设计阶段，水库区测绘大多用中比例尺（1∶2.5万，1∶1万），坝址、厂址则用大比例尺（1∶5000，1∶2000，1∶1000，1∶500）。

工程地质测绘所需调研的内容有地层岩性、地质构造、地貌及第四纪地质、水文地质条件、天然建筑材料、自然（物理）地质现象及工程地质现象。对所有地质条件的研究，都必须以论证或预测工程活动与地质条件的相互作用或相互制约为目的，紧密结合该项工程活动的特点。当露头不好或这些条件在深部分布不明时，需配合以坑探、槽探、钻孔、平峒、竖井等勘探工作进行必要的揭露。

工程地质测绘方法有像片成图法和实地测绘法，还可结合遥感技术进行相关分析。像片成图法是利用地面摄影或航空（卫星）摄影的像片，在室内根据判释标志，结合所掌握的区域地质资料，将确定的地层岩性、地质构造、地貌、水文和不良地质现象等转绘在单张像片上，并在像片上选择需要调查的若干地点和线路，然后进一步实地调查，进行核对、修正和补充。将调查结果转绘在地形图上而成工程地质图。当该地没有航测等像片时，工程地质测绘主要依靠野外的实地测绘法，具体有三种方法。

（一）路线法

它是沿着一些选择的路线，穿越测绘场地，将沿线所测绘或调查的地层、构造、地质现象、水文地质、地质界线和地貌界线等填绘在地形图上。路线可分为直线型或折线型。观测路线应选择在露头及覆盖层较薄的地方；观测路线方向大致与岩层走向、构造线方向及地貌单元相垂直，这样可以用较少的工作量而获得较多的工程地质资料。

（二）布点法

它是根据地质条件复杂程度和测绘比例尺的要求，预先在地形图上布置一定数量的观测路线和观测点。观测点一般布置在观测路线上，但要考虑观测目的和要求，如为了观察研究不良地质现象、地质界线、地质构造及水文地质等。布点法是工程地质测绘中的基本方法，常用于大、中比例尺的工程地质测绘。

（三）追索法

它是沿着地层走向或某一地质构造线，或某些不良地质现象界线进行布点追踪，目的是查明局部工程地质问题。追索法通常是在布点法或路线法的基础上进行的一种辅助方法。

工程地质测绘的精度是指在工程地质测绘中对地质现象观察描述的详细程度，以及工程地质条件各因素在工程地质图上反映的详细程度和精确程度。为了保证工程地质图的质量，测绘精度必须与工程地质图的比例尺相适应。

二　工程地质勘探

工程地质勘探是在工程地质测绘的基础上，为了详细查明地表以下的工程地质问题，取得地下深部岩土层的工程地质资料而进行的勘察工作。常用的工程地质勘探方法主要有工程地球物理勘探、钻探、坑探和槽探工程等内容。

（一）工程地球物理勘探

工程地球物理勘探简称物探，其目的是利用专门仪器，测定各类岩、土体或地质体的密度、导电性、弹性、磁性、放射性等物理性质的差别，通过测试数据的分析解释判断地面下的工程地质条件。它是在测绘工作的基础上探测地下工程地质条件的一种间接勘探方法。按工作条件分为地面物探和井下物探（测井）；按被探测的物理性质可分为重力、磁法、电法、地震、声波、放射性等方法。工程地质勘察中最常用的地面物探法为直流电阻率法、浅层地震波法、声波勘探、地质雷达法等；测井则多采用综合测井。

物探的优点在于能经济而迅速地探测较大范围，且通过不同方向的多个剖面获得的资料是三维的。以这些资料为基础，在控制点和异常点上布置勘探、试验工作，既可减少盲目性，又可提高精度。测井则可增补钻探工作所得资料并提高其质量。由于单一物探方法具有多解性，因此开展多方法综合探查，综合不同方法成果进行对比分析，可以显著提高地质解释的质量，扩大物探解决问题的范围，缩短工程地质勘探周期并降低其成本。由于物探需要间接解释，所以只有地质体之间的物理状态（如破碎程度、含水率、喀斯特化程度）或某种物理性质有显著差异，才能取得良好效果。

1. 电阻率法勘探

（1）岩土的电阻率

电法勘探是研究地下地质体电阻率差异的地球物理勘探方法，也称为电阻率法。该法通常是通过电测仪测定人工或天然场地中岩土体的导电性大小及其变化，经过数据处理获得地下岩土介质电性剖面，从而解释和区分地层、构造以及覆盖层和风化层厚度、含水层分布和深度、古河道、主导充水裂隙特征等。电阻率是岩土的一个重要电学参数，它表示岩土的导电特性。不同的岩土具有不同的电阻率，即不同的岩土体具有不同的导电性。电阻率在数值上等于电流在材料里均匀分布时该种材料单位立方体所呈现的电阻，单位一般采用欧姆·米，记作Ω·m。岩土的电阻率变化范围很大，火成岩的电阻率最高，变质岩次之，沉积岩最低。

影响岩土电阻率大小的因素很多，主要是岩石成分、结构、构造、孔隙裂隙、含水率等。如在第四纪松散土层中，干的砂砾石电阻率高达几百至几千欧姆·米，饱和的砂砾石电阻率只有几十欧姆·米，电阻率显著降低。在同样的饱水条件下，粗颗粒的砂砾石电阻率比细颗粒的细砂、粉砂高。潜水位以下的高阻层位反映粗颗粒含水层的存在，作为隔水层的黏土电阻率比含水层低。岩土介质存在电阻率差异，是进行电法勘探的地球物理基础，由此可以探查砂粒石层与岩土层的分布。

（2）探查方法

在地面电阻率法工作中，将供电电极 A 和 B 与测量电极 M 和 N 都放在地面上（如图7-1所示）。A 和 B 极在观测点 M 上产生的电位为 U_{M}，在 N 点上产生的电位为 U_{N}，则 MN 两极的电位差为

$$\Delta U_{MN}=U_M-U_N \tag{7-1}$$

则可求该点的视电阻率 ρ_s 为

$$\rho_s=\frac{2\pi}{\frac{1}{AM}-\frac{1}{AN}-\frac{1}{BM}+\frac{1}{BN}}\cdot\frac{\Delta U_{MN}}{I}=K\frac{\Delta U_{MN}}{I} \tag{7-2}$$

式中　K——装置系数；

I——A 经过地层流到 B 极上的电流量，也就是供电回路的电流强度。ΔU_{MN} 和 I 可以用电位计和电流计测得。

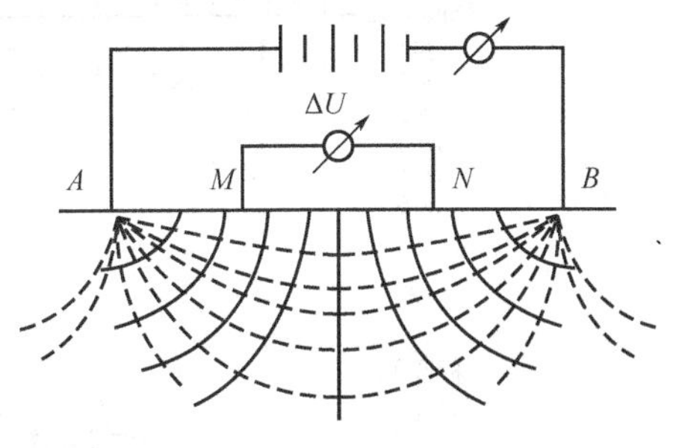

图 7-1　电法勘探原理示意图

电法勘探利用图 7-1 所示的四极排列和极间距离的变化而产生两种常用的测试方法：电剖面法和电测深法。电剖面法的特点是采用固定极距的电极排列，沿剖面线逐点供电和测量，获得电阻率剖面曲线，通过分析对比，了解地下勘探深度以上沿测线水平方向上岩土层的电性变化。在工程地质中能帮助查明地下的构造破碎带、地下暗河、溶（土）洞穴等不良地质现象。电测深法也称电阻率垂直向测深法，它的原理是当电源接到 AB 两点上，电流从一个接地流出，进入岩土层中并流到第二个接地。电流密度由流线的密度决定。电流在接地附近最大，并且在某一深度处减少到最小。随着两个接地间距离的增加，电流密度重新改变分布情况，即流线分布更深些。这样，当改变 A 和 B 两点间的距离时，就可以改变电测深的深度。这个深度一般为电极 A、B 间距离的（1/4）～（1/3）。测量供电电极 A 与 B 之间的电流强度以及接收 M 与 N 之间的电位差，就可求得岩土层的电阻率及其随着深度的变化，从而对地下地质情况进行解释。根据地下随深度增加的电阻变化情况而绘制地层剖面。

在电剖面和电测深基础上电法勘探进一步发展，目前普遍采用高密度法和并行电法等测试技术。其中高密度电法是集测深和剖面法于一体的一种多装置，多极距的组合方法，它具有一次布极即可进行的装置数据采集以及通过求取比值参数而能突出异常信息，信息多并且观察精度高，速度快，探测深度灵活等特点。图 7-2 为高密度电法测试布置及电剖面结果图。

高密度电法是一次布极，分装置进行数据采集，而发展的并行电法是将各电极通过网络协议与主机保持实时联系，在接受供电状态命令时电极采样部分断开，让电极处于供电状态（即供电电极 A 或 B），否则一直处于电压采样状态（即测量电极 M），并通过通讯线实时地将测量数据送回主机。这样通过供电与测量的时序关系对自然场、一次场、二次场电压数据及电流数据自动采样，采样过程没有空闲电极出现。所采集的数据可进行不同装置数据提取，对自然电位、视电阻率和激发极化参数等数据处理，大大提高现场工作效率和勘探精度。

2. 地震波法勘探

地震勘探是通过人工激发的弹性波在地下介质中传播的特点来解决某一地质问题。由于岩土体本身的弹性性质不同，弹性波在其中的传播速度也不同，利用这种差异可用来判定地层岩性、地质构造等。按弹性波的传播方式，地震勘探可分为直达波法、折射波法和反射波法。

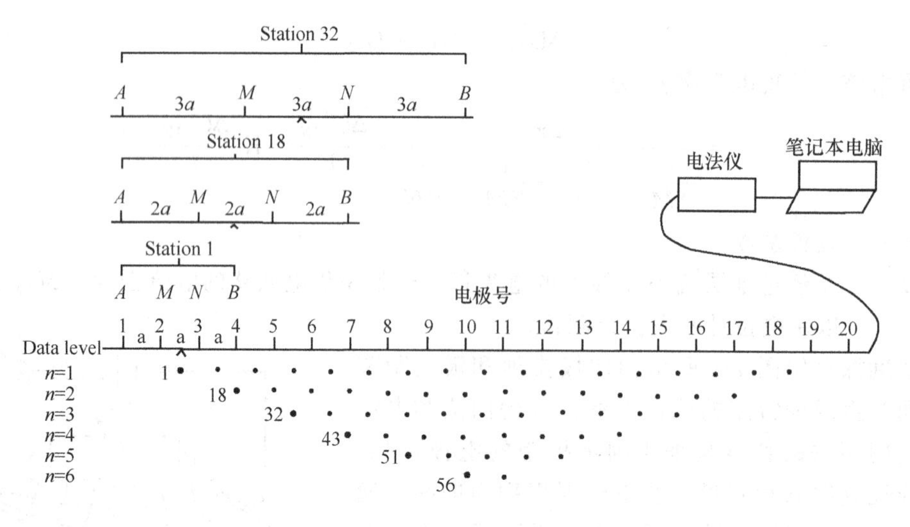

(a) 高密度电法测试布置

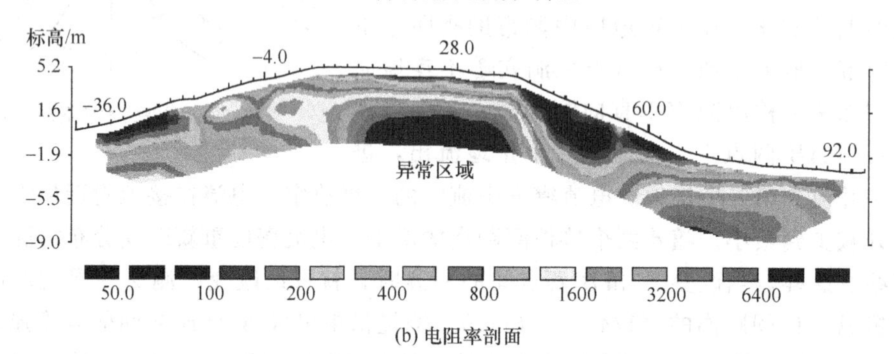

(b) 电阻率剖面

图 7-2　高密度电法探测

(1) 直达波法

由震源直接（不经过界面的反射和折射）传播到接收点的波称直达波。利用直达波时距曲线（弹性波到达观测点的时间 t 和到达观测站所经过的距离 s 的关系曲线）可求得直达波速，从而解决某些勘探问题。

直达波时距曲线为直线，其表达式如下：$t=\dfrac{X}{v}$

式中，t 为直达波从震源到达接收点的时间，s；X 为直达波从震源到达接收点的直线距离，m；v 为直达波的波速，根据其外业工作性质、条件不同，可以是纵波波速 v_p 或横波波速 v_s，m/s。

按下式可以计算土的动力性质参数

$$E_d=\frac{\rho v_s^2(3v_p^2-4v_s^2)}{v_p^2-v_s^2} \tag{7-3}$$

$$G_d=\rho \cdot v_s^2 \tag{7-4}$$

$$\mu_d=\frac{v_p^2-2v_s^2}{2(v_p^2-v_s^2)} \tag{7-5}$$

式中，E_d 为动弹性模量；G_d 为岩土层动剪切模量；μ_d 为岩土层动泊松比；ρ 为岩土层的质量密度；v_p 为纵波波速；v_s 为横波波速。

直达波法根据不同的现场条件和测试岩土体的动力性质参数，可进一步分为单孔法、跨孔法、稳态振动法等。

(2) 折射波法

弹性波从震源向地层中传播，若遇到性质不同的地层界面时，就会遵循折射定律产生折射现象。利用折射波时距曲线特点可以对地下界面深度进行计算，其野外观测系统主要有单边排列和相遇折射波法。浅层折射波法在岩土工程勘察中运用较多，它可以研究深度在100m以内的地质体，主要解决的问题有：①测定覆盖层的厚度，确定基岩的埋深和起伏变化。②追索断层破碎带和裂隙密集带。③划分岩体的风化带，测定风化壳厚度和新鲜基岩的起伏变化。

(3) 反射波法

弹性波从震源向地层中传播，遇到性质不同的地层界面时，遵循反射定律而发生反射。反射波回到地面所需的时间与界面的深度有关。同样根据反射波到达地面所需的时间的时距曲线，可以计算探测的地层界面深度。

工程地质勘察中，为了追踪地下目的层位，连续有效地获取各种构造信息，通常采用反射共偏移距方法来完成。反射共偏移法是依据反射波勘探原理，在最佳窗口内选择一个公共偏移距，采用单道小步长，保持炮点和接收点距离不变，同步移动震源和接收传感器。每激发一次接收一道波形，最后得到一张多道记录，各道具有相同的偏移距。图7-3是一种单道共偏移距法施工布置示意图。利用这种共偏移地震剖面，可正确识别反射波同相轴，由于偏移距相同，数据处理时不需作正常时差校正。工程中常用来了解反射波同相轴的大致位置，由于这种方法施工较为简单，特别适用工程地质异常地质体的调查工作。

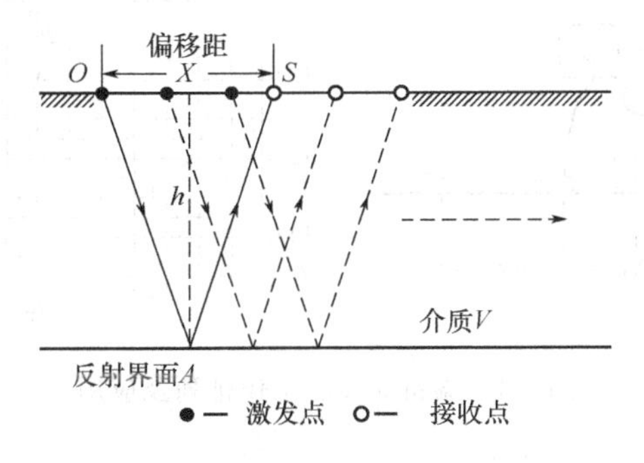

图7-3 共偏移距法施工布置示意图

根据反射波原理，单道观测系统有相应波路图，且它的时距曲线方程为

$$t=\frac{OA+AS}{V}=\frac{2\sqrt{h^{2}+(\frac{x}{2})^{2}}}{V}=\frac{\sqrt{4h^{2}+x^{2}}}{V} \tag{7-6}$$

反之，根据测试波形求取反射相位时间，又可求解探测目标体的距离，即 $h=\frac{1}{2}v(t_2-t_1)$，从而进行地质解释。

(4) 瞬态瑞雷波法

作为地震勘探中的一个分支，瑞雷波勘探是自20世纪80年代发展起来的一种新的浅层勘探手段。瑞雷波勘探方法的实质是，根据不同振动频率的瑞雷波沿深度方向衰减的差异，通过测量不同频率成分（反映不同深度，频散特性）瑞雷波的传播速度来探测不同深度岩土层及其中的断层、空洞、老窑、岩溶等地质异常体。它的物理前提是基于岩土层及其他地质异常体的密度和弹性常量等物理参数的不同而导致瑞雷波传播速度的差别。特别是岩溶、裂隙和空洞等，因它们不具备瑞雷波传播的条件，当瑞雷波传播到这些位置时会突然消失，因而可以比较容易地识别这些地质异常。在工程地质勘察中，利用瞬态瑞雷面波可进行地层划分、地基加固处理效果评价、岩土的物理力学参数原位测试；公路、机场跑道质量无损检测、地下空洞及掩埋物的探测；饱和砂土层的液化判别；场地类型划分；以及滑坡调查、堤坝危险性预测、基岩的完整性评价和桩基入土深度探测等。

图 7-4 为一种瞬态面波法工作方法及其地层划分实例。根据采集的瑞雷面波信息，作相关功率谱，求出相干的频段和相应的相位差 $\Delta\varphi$ 曲线，然后计算出各频率对应的波长 λ_R 和速度 V_R，绘制波长和速度的离散曲线。根据速度随波长的变化特征，并以二分之一波长作为探测深度，可近似地得出表层介质中的分层。该图中测点的面波 V_R-H 曲线，依据波速曲线将土层划分为三层，其中第三层的速度较大，判断为基岩。面波法勘探中，根据探测点间距，采用排列移动方式，可实现剖面勘探。

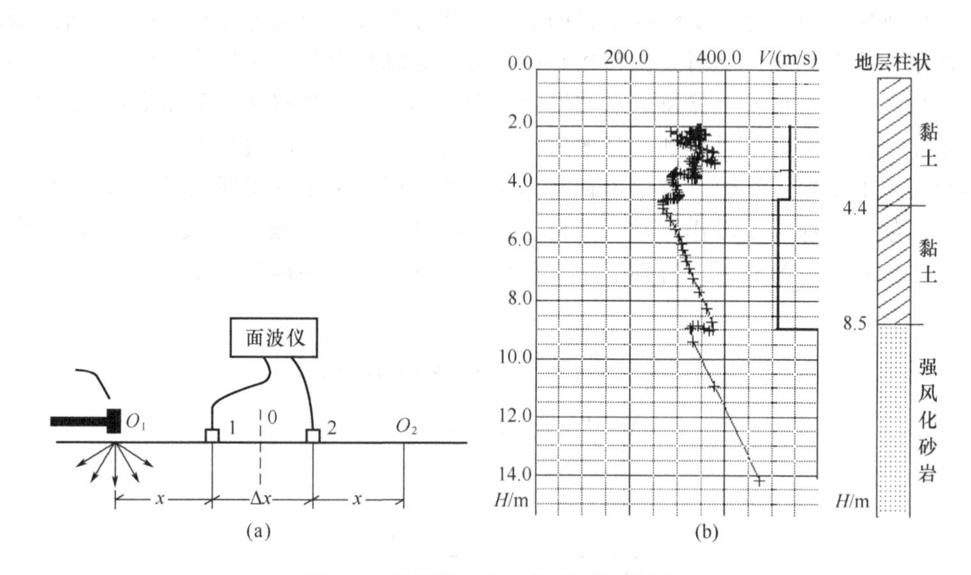

图 7-4 瑞雷面波法工作排列及应用

3. 声波勘探

用声波仪测试声源激发的弹性波在岩体中的传播情况，借以研究岩体的物理性质和构造特征的方法，称为声波测试。岩体声波测试作为一项较新的测试技术，它与传统的静载测试相比，具有独特的优点：轻便简易、快速经济、便于重复测试、对岩体无破坏作用以及测试内容多且精度易于控制，因此具有广阔的应用前景。

当岩体受到振动、冲击或爆破作用时，将激发不同动力特性的应力波，应力波又分弹性波和塑性波两种。当应力值（相对岩体强度而言）较高时，岩体中可能同时出现塑性波（或称冲击波）和弹性波；而当应力值较低时，则只产生弹性波。这些波在岩体中传播时，弹性波速比塑性波速大，且传播距离远；塑性波不仅传播速度慢，而且只能在振源附近才能观察到。弹性波是一种机械波，声波是其中的一种，它又分体波和面波。体波是在岩体内部传播的弹性波，又分为纵波（P 波）和横波（S 波）。纵波又称压缩波，其传播方向与质点振动方向一致；横波又称剪切波，其传播方向与质点振动方向垂直。

根据波动理论，传播于连续、均质、各向同性弹性介质中的纵波速度（v_p）和横波

速度（v_s）为

$$v_p=\sqrt{\frac{E_d}{\rho(1+\mu_d)(1-2\mu_d)}} \tag{7-7}$$

$$v_s=\sqrt{\frac{E_d}{2\rho(1+\mu_d)}} \tag{7-8}$$

式中　E_d——介质动弹性模量；

μ_d——介质动泊松比；

ρ——介质密度。

由上述两式可知：弹性波传播速度与 ρ 、E_d 和 μ_d 有关，可通过测定岩体中的 v_p 和 v_s 来确定岩体的动力学性质。比较以上两式可知有 $v_p>v_s$，即 P 波先于 S 波到达。另外，岩体中的 v_p 和 v_s 不仅取决于岩体的岩性、结构构造，还受岩体中天然应力状态、地下水及地温等环境因素影响。

工程上声波测试通常是通过声波仪发射的电脉冲（或电火花）激发声波，并测定其在岩体中的传播速度，据上述波动理论求取岩体动力学参数。这项测试技术在国际上是 20 世纪 60 年代应用于岩体测试的，我国在 20 世纪 70 年代初研制出岩石声波参数测定仪，并在工程地质勘察等单位推广应用，已取得许多有价值成果。

声波探测可分为主动测试和被动测试两种工作方法。主动测试所利用的声波由声波仪的发射系统或锤击、爆炸方式产生；被动测试的声波则是岩体遭受自然界的或其它的作用力时，在变形或破坏过程中由它本身发出的。主动测试包括波速测定，振幅衰减测定和频率测定，其中最常用的是波速测定，分为单孔法、跨孔法和表面测试法等几种。

4. 地质雷达法

地质雷达是交流电法勘探中的一种方法。它是沿用对空雷达的原理，由发射机发射脉冲电磁波，其中一部分是沿着空气与介质（岩土体）分界面传播的直达波，经过时间 t_0 后到达接收天线，为接收机所接收。另一部分传入介质内，在其中若遇电性不同的另一介质体（如其他岩土体、洞穴等），就发生反射和折射，经过时间 t_s 后回到接收天线，称为回波。根据所接收到两种波的传播时间来判断另一介质体的存在并测算其埋藏深度（图 7-5）。

地质雷达具有分辨能力强，解释精度高，一般不受高阻屏蔽层及水平层、各向异性的影响等优点。它对探查浅部介质体，如覆盖层厚度、基岩强风化带埋深、溶洞及地下洞室和管线位置等，效果尤佳，因而近年来在房屋建筑和市政工程建设工程地质勘察中逐渐推广使用。

（二）钻探工程

工程地质钻探是获得地表下准确的地质资料的重要方法，而且通过钻探的钻孔采取原状岩土样和做现场力学试验也是工程地质钻探的任务之一。钻探是指在地表下用钻头钻进地层的勘探法。在地层内钻成直径较小并且有相当深度的圆筒形的孔眼称为钻孔。通常将直径达 500mm 以上的钻孔称为钻井。钻孔的要素如图 7-6 所示。钻孔上面口径较大，越往下越小，呈阶梯状。钻孔的上孔称孔口；底部称孔底；四周侧壁称孔壁。钻孔断面的直径称孔径；由大孔径改为小孔径称为换径。从孔口到孔底的距离称为孔深。钻孔的直径、深度、方向取决于钻孔用途和钻探地点的地质条件。钻孔的直径一般为 75～150mm。钻进过程有：破碎岩土；采取岩土；保全孔壁。钻进方法包括：冲击钻进、回转钻进、综合式钻进、振动钻进等。

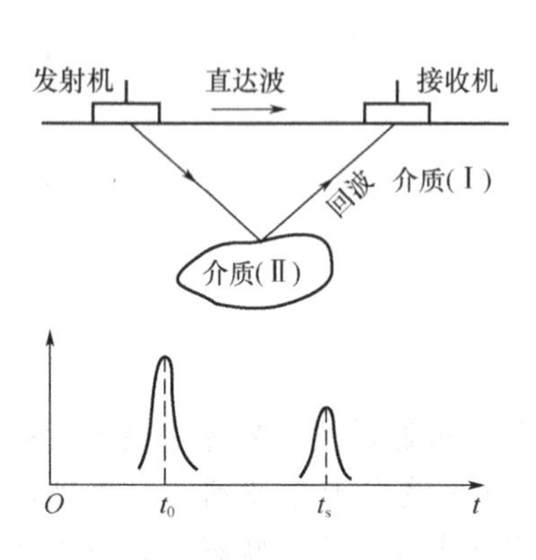

图 7-5 地质雷达工作原理示意图

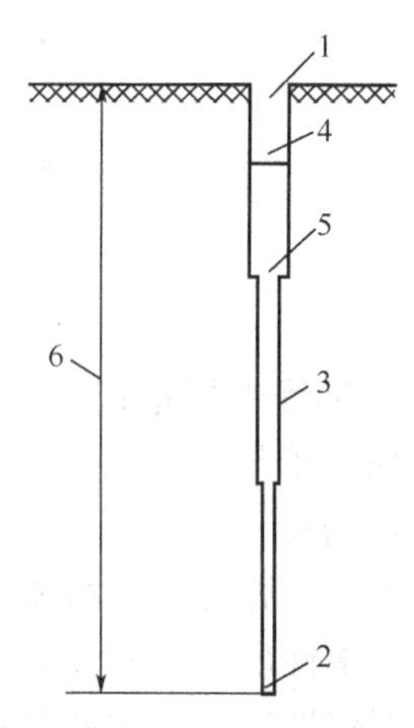

图 7-6 钻孔要素

1—孔口；2—孔底；3—孔壁；4—孔径；5—换径；6—孔深

采用钻探机械钻进法，直接揭露建筑物布置范围和影响深度内的工程地质条件，为工程设计提供准确的工程地质剖面的勘察方法。其任务是：查明建筑物影响范围内的地质构造，了解岩层的完整性或破坏情况，为建筑物探寻良好的持力层和查明对建筑物稳定性有不利影响的岩体软弱结构面（如软弱夹层、断层与裂隙）；揭露地下水并观测其动态；采取试验用的岩土试样；为现场测试或长期观测提供钻孔。钻探工程工效高，受地面水、地下水及探测深度的影响较小，故广为采用。但不易取得软弱夹层岩心和河床卵砾石层样品，钻孔也不能用来进行大型现场试验。因此，有时需采用大孔径钻探技术，或在钻孔中运用钻孔摄影，孔内电视或采用综合物探测井以弥补其不足。

（三）坑探工程

坑探工程也叫掘进工程、井巷工程，它在岩土工程勘探中占有一定的地位。与一般的钻探工程相比较，其特点是：勘察人员能直接观察到地质结构，准确可靠，且便于素描；可不受限制地从中采取原状岩土样和用作大型原位测试。尤其对研究断层破碎带、软弱泥化夹层和滑动面（带）等的空间分布特点及其工程性质等，更具有重要意义。坑探工程的缺点是：使用时往往受到自然地质条件的限制，勘探周期长且费用高；尤其是重型坑探工程不可轻易采用。

岩土工程勘察中常用的坑探工程有：探槽、试坑、浅井、竖井（斜井）、平硐和石门（平巷）等。其中前三种为轻型坑探工程，后三种为重型坑探工程。

展视图是坑探工程编录的主要内容，也是坑探工程所需提交的主要成果资料。所谓展视图，就是沿坑探工程的壁、底面所编制的地质断面图，按一定的制图方法将三度空间的图形展开在平面上。由于它所表示的坑探工程成果一目了然，故在岩土工程勘察中被广泛应用。

不同类型坑探工程展视图的编制方法和表示内容有所不同，其比例尺应视坑探工程的规模、形状及地质条件的复杂程度而定，一般采用（1∶25）～（1∶100）。下面介绍探槽展视图的编制方法。

首先进行探槽的形态测量。用罗盘确定探槽中心线的方向及其各段的变化，水平（或倾斜）延伸长度、槽底坡度。在槽底或槽壁上用皮尺作一基线（水平或倾斜方向均可），并用小钢尺从零点起逐渐向另一端实测各地质现象，按比例尺绘制于方格纸上。这样便得到探槽底部或一壁的地质断面图。除槽壁和槽底外，有时还要将端壁断面图绘出。作图时需考虑探槽延伸方向和槽底坡度的变化，遇此情况时则应在转折处分开，分段绘制。

展视图一般表示槽底和一个侧壁的地质断面，有时将两端壁也绘出。展开的方法有两种：一种是坡度展开法，即槽底坡度的大小，以壁与底的夹角表示。此法的优点是符合实际；缺点是坡度陡而槽长时不美观，各段坡度变化较大时也不易处理。另一种是平行展开法，即壁与底平行展开（图 7-7）。这是经常被采用的一种方法，它对坡度较陡的探槽更为合适。

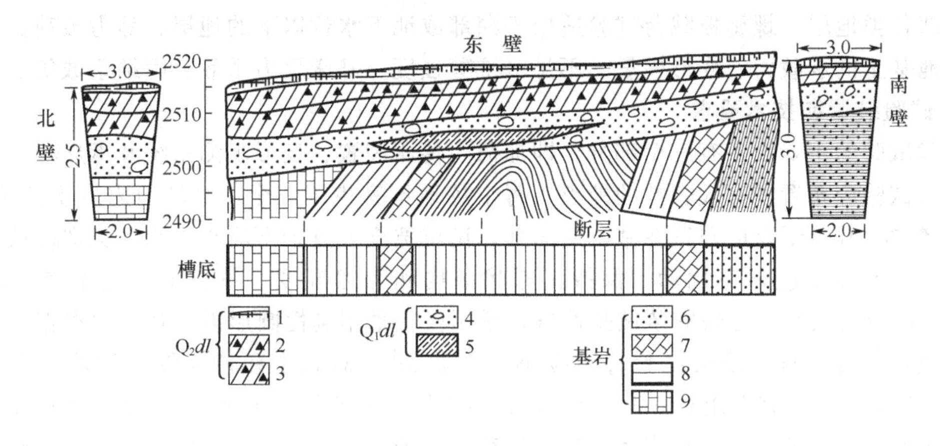

图 7-7　探槽展示图

1—表土层；2—含碎石亚砂土；3—含碎石亚黏土；4—含漂石和卵石的砂土；5—重亚砂土；6—细粒云母砂岩；7—白云岩；8—页岩；9—灰岩

由于钻探和坑探的工作成本高，故应在工程地质测绘和物探工作的基础上，根据不同工程地质勘探阶段需要查明的问题，合理设计洞、坑、孔的数量、位置、深度、方向和结构，以尽可能少的工作量取得尽可能多的地质资料，并保证必要的精度。

三　室内试验

室内试验是获得工程地质设计和施工参数，定量评价工程地质条件和工程地质问题的手段，是工程地质勘察的组成部分。其主要包括：岩、土体样品的物理性质、水理性质和力学性质参数的测定。主要包括含水率试验、密度试验、剪切试验等，具体见《土工试验方法标准》GB/T 50123—1999 或土工试验规程（SL237—1999）。

四　原位测试

设计建筑物规模较小，或大型建筑物的早期设计阶段，且易于取得岩、土体试样的情况下，往往采用实验室试验。但室内试验试样小，缺乏代表性，且难以保持天然结构。所以，为重要建筑物的初步设计至施工图设计提供上述各种参数，必须在现场对有代表性的天然结构的大型试样或对含水层进行测试。要获取液态软黏土、疏松含水细砂、强裂隙化岩体之类的、不能得到原状结构试样的岩土体的物理力学参数，必须进行现场原位测试。

原位测试在设备、技术、人力、物力和时间等方面一般要比室内试验大很多，但是由于有的原位测试是室内试验所不能代替的，有的则比室内试验准确得多。因此，它是工程地质勘察必不可少的定量评价方法。原位测试的主要方法有载荷试验、静力触探试验、动力触探试验、标准贯入试验、十字板剪切试验、旁压试验、现场剪切试验、波速测试、岩土原位应力测试、地应力量测、块体基础振动测试等。具体内容见《建筑地基基础设计规范》GB 50007—2011中附录C和附录D。

（一）静力载荷试验

静力载荷试验包括平板载荷试验（PLT）和螺旋板载荷试验（SPLT）。平板载荷试验适用于浅部各类地层，螺旋板载荷试验适用于深部或地下水位以下的地层。静力载荷试验可用于确定地基土的承载力、变形模量、不排水抗剪强度、基床反力系数及固结系数等。

1. 试验装置和技术要求

荷载试验的主要设备有三个部分，即加荷与传压装置、变形观测系统及承压板。

载荷试验应布置在有代表性的地点，每个场地不宜少于三个，当场地内岩土体不均时，应适当增加。载荷试验应布置在基础底面处，试坑宽度或直径不应小于承压板宽度或直径的三倍。坑底的岩土应避免扰动，保持其原状结构和天然湿度，并在承压板下铺设不超过20mm的砂垫层找平，尽快安装试验设备。承压板宜采用刚性圆形板，其尺寸根据土的软硬或岩体裂隙密度选择，浅层试验时不应小于0.25m^2，对软土和粒径较大的填土不应小于0.5m^2；深层试验时宜选用0.5m^2，在岩石中试验时不宜小于0.07m^2。载荷试验加荷方式有常规慢速法、快速法或等沉降速率法。加荷等级宜取10～12级，并不应少于8级。对于慢速法，当试验对象为土体时，每级荷载施加后，分别以5min、5min、10min、10min、15min、15min的时间间隔测读一次沉降。以后间隔30min测读一次沉降，当连续两小时每小时沉降量小于等于0.1mm时，可以认为沉降已达到相对稳定状态，再施加下一级荷载。当出现下列情况之一时，可终止试验。

① 层压板周边岩土体出现明显侧向挤出或出现明显隆起，或出现径向裂缝并持续发展；

② 本级荷载的沉降量大于前级荷载沉降量的5倍，荷载与沉降曲线出现明显陡降；

③ 在某级荷载下，24h沉降速率不能达到相对稳定标准；

④ 总沉降量与承压板直径（或宽度）之比超过0.06。

2. 载荷试验成果应用

根据载荷实验数据绘制出荷载与沉降的关系曲线，即p-s曲线，s为沉降量；p为荷载，kPa，必要时绘制各级荷载下关系曲线。根据曲线特征可以评定地基土承载力、变形模量、基准基床系数等岩土指标。

（1）确定地基的承载力

当p-s曲线上有明显的两个拐点时，直线段终点所对应的压力为比例界限压力或临塑压力，取该比例界限压力所对应的荷载值为地基承载力的特征值。曲线开始出现陡降段时拐点所对应的荷载为极限荷载。当极限荷载小于对应比例界限荷载的2倍时，取极限荷载值的1/2为地基承载力的特征值。当p-s呈缓变曲线时，可取对应于某一相对沉降值的压力来评定地基承载力。对于低压缩性土和砂土，可取$s/d=0.01\sim0.015$所对应的荷载值作为地基承载力的特征值，但其值不应大于最大加荷量的1/2，d为承压板直径或宽度。

（2）土的变形模量

根据p-s曲线的初始直线段，可按均质各向同性半无限介质的弹性理论计算土的变形模量。浅层平板载荷试验的变形模量（E_0）可按下式计算

$$E_0=I_0(1-\mu^2)\frac{pd}{s} \tag{7-9}$$

式中，I_0 为刚性承压板的形状系数（圆形承压板取 0.785，方形承压板取 0.886）；μ 为土的泊松比（碎石土取 0.27，砂土取 0.30，粉土取 0.35，粉质黏土取 0.38，黏土取 0.42）；d 为承压板直径或边长，m；其他符号意义同前。

(3) 基准基床系数（K_v）

基准基床系数 K_v 可根据承压板为 30cm 平板荷载试验，按下式计算

$$K_v = \frac{p}{s} \tag{7-10}$$

（二）静力触探试验

静力触探试验是通过一定的机械装置，将一定规格的金属探头用静力压入土层中，同时用传感器或直接量测仪表测试土层对触探头的贯入阻力，以此来确定地基土物理力学性质的原位试验。静力触探试验适用于软土、一般黏性土、粉土、砂土和含少量碎石的土。其优点包括：①测试连续、快速、效率高，兼有勘探和测试的双重作用；②采用电测技术后，易于实现测试过程自动化。但也有缺点：①贯入机理不清，无数理模型；②对碎石类土和密实砂土难以灌入，也不能直接观测土层。

静力触探可对地基土进行力学分层并判别土的类型；确定地基土的参数（强度、模量、状态和应力历史）；判定砂土液化可能性、浅基承载力和单桩竖向承载力等。图 7-8 为静力触探测试装置及分层曲线图。

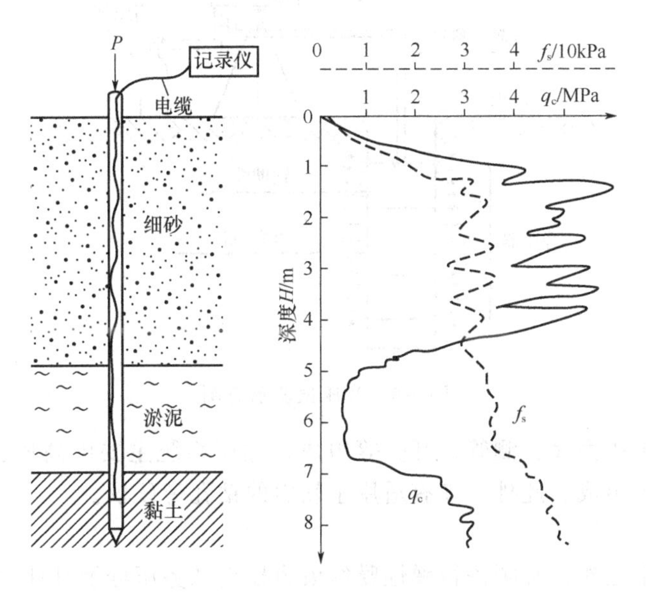

图 7-8　静力触探测试装置及分层曲线

静力触探仪主要由三部分组成：贯入系统（包括反力装置）、传动系统和量测系统。贯入系统的基本功能是可控制探头向土内等压贯入；传动系统是施加压力的装置；量测系统包括探头、电缆和电阻应变器（或电位差计自动记录仪）等。静力触探仪接其传动系统可分为：电动机械式静力触探仪、液压式静力触探仪和手摇轻型链式静力触探仪。

（三）钻孔旁压试验

钻孔旁压试验是将旁压器安置在钻孔中，通入高压水使旁压器向孔壁施加水平压力，孔

壁土体发生变形，测量压力与孔壁土体的变形，绘出压力-变形曲线，并据以求得地基承载力。其试验目的主要是测定地基土体的变形模量，确定地基的容许承载力。

(1) 基本原理

利用高压气体使量管中的水注入置于钻孔中的旁压器里，使其因增压膨胀而对孔壁施加侧向压力，引起孔壁土体产生变形，其大小由量管中水位的变化值反映出来。通过逐级加荷，并观测相应量管中的水位降，据此绘制压力与水位降的关系曲线。它与载荷试验结果的 p-s 曲线相似，同样反映出随压力变化土层的变形特征。用曲线上直线段终点相应的压力作为该土层的承载力，并可计算土层的变形模量。

(2) 试验仪器与主要设备

旁压仪有他钻式和自钻式两种，主要由旁压器、量测系统、加压系统三部分组成，如图7-9所示。旁压器是由三段互相隔离的套筒（直径为52mm）及弹性膜组成，上下两端为辅助套筒，其作用是使中段量测套筒的周围土体受压均匀，把复杂的空间问题简化为平面问题。

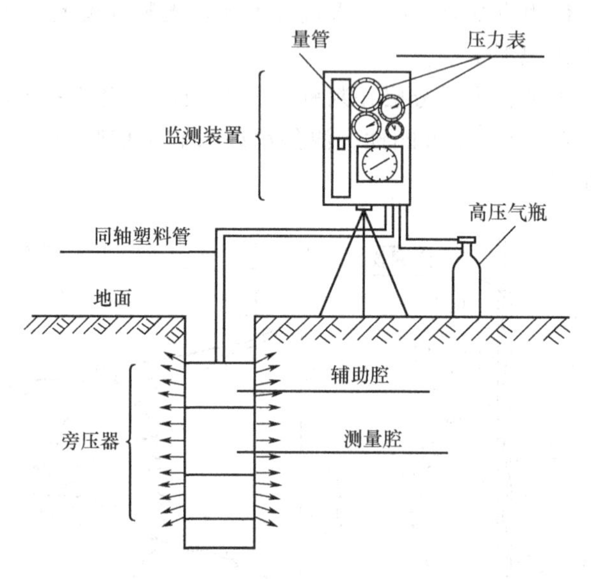

图 7-9　旁压试验示意图

量测系统主要由压力表、测管、开关等组成。加压系统主要由高压氮气瓶或高压气筒、稳压气罐、调压阀等组成。此外，尚有适用于软岩的钻孔旁压仪。

(3) 试验过程

试验前做好准备工作，必须进行弹性膜约束力校正和旁压器及其他受压结构系统的综合变形校正工作，以便资料整理时予以扣除。

加压时，首先把旁压器垂直提高到与测量套筒的中点与测管刻度处相持平，使水位下降到0时关闭调压阀，此时测量套筒不仅不受静水压力，而且其弹性膜处于不膨胀状态。仪器调零后，把旁压器下放到钻孔中预定测试深度。打开侧管阀，使旁压器内产生静水压力，该压力即为第一级压力。以后，再通过调压阀给出所需试验压力，按稳定标准进行逐级加压。

观测与读数时，在各级压力下观测水位降的时间，对于一般黏性土每1min测读一次；对于饱和软黏土不少于1.5min测读一次；连续三次测读水位降的数值差不大于0.1mm时相对稳定，该级压力下的水位降已达到，然后方可施加下一级压力。

根据试验土层的性质和稠度状态，按预计其极限荷载的1/10，不等间距地划分10个左右加压等级，其中初始各加荷等级的间距应小些，以后可适当放宽。当某级压力下水位下降明显增大或测管水位下降总值超过35cm时，可认为土体已发生破坏，试验则可结束。

（四）原位十字板剪切试验

（1）试验目的与基本原理

十字板剪切试验目的是测定饱和软黏土的抗剪强度。其基本原理是以十字形的板头压入孔底需测定的土层中，通过在孔口地面上施加扭力，使十字板在土层中做等速转动。并把土体切出一个圆柱状的表面，根据已建立的扭力与土抗剪强度间的数学关系式，计算出地基土的抗剪强度。

由于饱和软黏土取样困难，易受扰动和改变天然应力状态，因此，室内试验结果的可靠性很差，其数值比十字板剪力试验值小50%～100%。对于正常饱和软黏土，十字板剪力试验能够反映出软黏土的天然强度随深度而增大的规律，尤其是对于结构性较强的高塑性软土更显得突出，因此，在沿海软土分布地区常采用十字板剪力试验。而对于含有砂层、砾石、贝壳等成分的软黏土，以及含有粉砂夹层的软黏土等，在这些土层中，其测定结果往往偏大，故须先通过一定勘探工作，弄清地基中土体结构和岩性特征之后，再慎重决定是否采用本法。

十字板剪切试验的最大测试深度一般为30 m。其试验结果是以假定土的内摩擦角等于零时的凝聚力来表示软黏土的抗剪强度的，是评定地基土体稳定性的重要数据。

（2）仪器与主要设备

钻孔十字板测试设备主要由十字板头、测力装置和导向传力装置三部分组成。十字板头是由厚3mm的长方形钢板，呈十字形焊接于一根轴杆上，可视土层的塑性状态而选用。测力装置是仪器的主要部分，目前使用的有应力钢环测力装置或电阻应变式测力装置两种。由于后者的灵敏度比前者高，故为目前较理想的一种测力方法。导向传力装置是通过直径为20mm的转轴杆把扭力传到十字板头上，而导轮和导杆只对轴杆起导向作用。轴杆与十字板头连接方式有套筒式、牙嵌式和离合式三种。

其测试时，成孔采用回旋钻进，并以旋转法下套管至预定试验深度以上75cm，然后用提土器清孔底，直到孔内残存扰动土的厚度小于15cm为止。试验时将十字板头徐徐压入土中，以约每10s一转的速率旋转，每转一圈记录测力读数一次，要求在3～10min内达到土柱剪坏前的最大扭力值，此读数即为使原状土体剪损的总作用力（P_0）值。继续以同样速率旋转，待测力读数逐渐低到不再减少时，此值即为重塑土的总作用力（P_0'）。

（五）标准贯入试验

标准贯入试验（SPT，standard penetration test）实质上仍属于动力触探类型之一。所不同的是标准贯入试验的探头不是圆锥形，而是标准规格的圆筒形探头（由两个半圆管合成的取土器），称为贯入器。标准贯入试验就是利用一定的锤击动能，将一定规格的对开管式贯入器打入钻孔孔底的土层中，根据打入土层中的贯入阻力，评定土层的变化和土的物理力学性质。贯入阻力用贯入器贯入土层30cm的锤击数（$N_{63.5}$）表示，也称标贯击数。标准贯入试验适用于砂土、粉土和一般黏性土。

标准贯入试验孔采用回转钻进，并保持孔内水位略高于地下水位。当孔壁不稳定时，可用泥浆护壁，钻至试验标高以上 15cm 处，清除孔底残土后再进行试验。采用自动脱钩的自由落锤法进行锤击，并减小导向杆与锤间的摩阻力，避免锤击时的偏心和侧向晃动，保持贯入器、探杆、导向杆联结后的垂直度，锤击速率应小于 30 击/min。贯入器打入土中 15cm 后，再开始记录每打入 10cm 的锤击数，及累计打入 30cm 的锤击数，将 30cm 的锤击数定为标准贯入试验锤击数（N）。当锤击数已达 50 击，而贯入深度未达 30cm 时，可记录 50 击的实际贯入深度，按下式换算成相当于 30cm 的标准贯入试验锤击数（N）。并终止试验

$$N = 30 \times \frac{50}{\Delta S} \tag{7-11}$$

式中，ΔS 为 50 击时的贯入度，cm。

标准贯入试验成果 N 可直接标在工程地质剖面图上，也可绘制单孔标准贯入击数（N）与深度关系曲线或直方图。标准贯入试验锤击数（N），可对砂土、粉土、黏性土的物理状态，土的强度、变形参数、地基承载力、单桩承载力，砂土和粉土的液化，成桩的可能性等作出评价。

五　现场检验与监测

现场检验与监测是指在施工过程中及完成后由于施工和运营的影响而引起岩土性状及周围环境条件发生变化所进行的各种动态测试工作。现场检验与监测是岩土工程勘察中的重要环节之一，它与勘察、设计、施工一起，构成了岩土工程的完整体系。其目的在于保证工程的质量和安全，提高工程效益。

现场检验与监测工作一般是在勘察和施工期进行的。但对有特殊要求的工程，则应在使用、运营期间内继续进行，主要是指有特殊意义的重大建筑物；一旦损坏造成生命、财产巨大损失或重大社会影响的工程；对建筑物和地基变形有特殊限制的工程；使用了新的设计、施工或地基处理方案，尚缺乏必要经验的工程等。

现场检验和现场监测的含义及内容不尽相同，其中现场检验主要是在施工阶段对勘察成果的验证核查和施工质量的监控。一是验证核查岩土工程勘察成果与评价建议，即施工时通过基坑开挖等手段揭露岩土体，所获得的第一手工程地质和水文地质资料较之勘察阶段更为确切，可以用来补充和修正勘察成果。当两者出入较大时，还应进行施工阶段的补充勘察。二是对岩土工程施工质量的控制与检验，即施工监理与质量控制。例如，天然地基基槽的尺寸、槽底标高的检验，局部异常的处理措施；桩基础施工中的一系列质量监控；地基处理施工质量的控制与检验；深基坑支护系统施工质量的监控等。

现场监测是指在工程勘察、施工以至运营期间，对工程有影响的不良地质现象、岩土体性状和地下水等进行监测，其目的是为了工程的正常施工和运营，确保安全。监测工作主要包含三方面内容：①施工和各类荷载作用下岩土反应性状的监测。例如，土压力观测、岩土体中的应力量测、岩土体变形和位移监测、孔隙水压力观测等；②对施工或运营中结构物的监测。对于像核电站等特别重大的结构物，则在整个运营期间都要进行监测；③对环境条件的监测。包括对工程地质和水文地质条件中某些要素的监测，以及施工造成的震动、噪声、污染等因素对周边构筑物和环境的影响，尤其是对工程构成威胁的不良地质现象和地质灾害，在勘察期间就应布置监测（如滑坡、崩塌、泥石流、土洞等）。

现场检验和监测资料，应及时向有关部门报送。当监测数据接近危及工程的临界值时，

必须加密监测，并及时报告。现场检验和监测完成后应提交成果报告，报告中应附有相关曲线和图件，并进行分析评价，提出建议。

第三节 地质勘察报告的编写

一 勘察资料的整理

工程勘察工作的内业整理是勘察工作的组成部分，它贯穿于各个勘察设计阶段，把现场调查搜集的各种原始资料，通过内业整理去伪存真的分析过程，能及时发现工程地质（岩土工程）问题或者对存在的工程地质条件做出切合实际的评价。勘察工作前，收集并汇编整理勘察区已有的地质文献资料，重点是编写工程勘察大纲。在外业工作期间及时整理工程地质测绘、各项勘探、原位测试及长期监测工作的原始资料和编写单项工作报告。外业结束后，通过系统整理、综合分析、归纳编制工程设计所需要的工程勘察资料，其内容有：①整理原始资料；②编绘各种图件；③统计分析地质数据及岩土物理力学指标；④编写工程勘察报告。

工程勘察中，通过工程地质测绘、勘探编录、水文地质试验、物探试验、岩土体试验取得大量地质数据、物探数据、岩土物理力学性质数据，对这些分散数据及试验成果进行分析和归纳整理工作，使它们能更好地反映岩体的变化规律及物理力学性质。而数理统计就是通过对这些现象、数据和指标的统计，揭露其内在规律，提出试验结果的最佳值。根据现场调查结果，结合试验分析，对工程地质问题给出恰当的评价。

在各种数据、指标中，地质数据，例如岩体特性的统计，结构面的产状、方向、展布与延伸，特别是裂隙组的产状、间距、延续性、张开度、充填物特性等是基础资料。目前计算软件和岩体力学计算模型研究进展较快，研究成果很多，但具有实用价值的技术不多。这在一个侧面也反映了当前的地质问题评价中，计算脱离地质体的定量依据，模型不能很好地反映实际地质情况。因此，应加强工程地质测绘、钻孔、平硐的大量地质数据的统计分析工作。也就是说，工程地质的定量化，首先是对现场观察记录进行系统描述，数据定量化，以满足工程地质问题评价的定量化和模型化的需要。

二 数据的统计分析

在工程勘察的过程中，各项勘察内容有大量的地质数据和试验数据，而这些数据一般都是离散的。因而对这些离散数据需要进行分析和归纳整理，使这些数据能更好地反映岩土性质和地质特征的变化规律，普遍利用数理统计来揭露地质现象，总结岩土体性质的内在规律，确定具有代表性的数据；寻找数据的最佳值；确定工程（岩土工程）地质条件的复杂程度、试验方法的准确性、合乎准确要求的试样数目以及各个影响因素的相关关系等，以达到真正如实反映工程（岩土工程）地质条件和工程地质环境变化规律的本质。

另外，在整理有关数据之前，必须进行有关工程地质单元的划分，所谓工程地质单元是指在工程地质数据的统计工作中，将具有相似地质条件或在某方面有相似地质特征（如成因、岩土性质、动力地质作用等）的工程地质单元作为一个统计单位的单元体，因而在这个工程地质单元体中，物理力学性质指标或其他地质数据大体上是相同的，但又不是完全一致的。有时候，基于某一统计条件而将大体相近的数据统计也可以作为一个统计单元。所以，工程地质单元的划分，不是绝对的，而是基于某一统计条件。只要某些性质具有的大体一致性，就可以作为一个工程地质单元来对待。

在一般情况下，工程地质单元可按下列条件划分。

① 具有同一地质时代、成因类型，并处于同一构造部位和同一地貌单元的岩土层；

② 具有基本相同的岩土性质特征，如矿物成分、结构构造、风化程度、物理力学性质和工程性能的岩土体；

③ 影响岩土体工程地质的因素基本相似；

④ 对不均匀变形反应敏感的某些建（构）筑物的关键部位，视需要可划分更小的单元。

三 地质图的编绘

（一）工程地质图的编绘

工程地质图和工程勘察报告是勘察资料全面、综合的总结，也是勘察成果的最终体现，它是供设计部门作为建筑物设计的最基本、最重要的基础资料。在勘察过程中，应逐条分析每天所取得的外业资料，定期进行专门性地质问题小结，对各种草图与看法深入讨论，如发现问题，及时调整或补救勘察工作。一个勘察阶段结束后。按照任务书要求，对地质测绘、勘探、试验、长期监测资料进行全面的核对、分析。据现场调查结果，结合试验分析，对工程地质问题给出恰当的评价。

1. 综合工程地质平面图

在选定比例尺地形图上以图形的形式标出勘察区的各种工程地质勘察的工作成果，例如工程地质条件和评价，预测工程地质问题等，即成为工程地质图。地质图主要内容有：①地形地貌、地形切割情况、地貌单元的划分；②地层岩性种类、分布情况及其工程地质特征；③地质构造、褶皱、断层、节理和裂隙发育及破碎带情况；④水文地质条件；⑤滑坡、崩塌、岩溶化等物理地质现象的发育和分布情况等。如果在工程地质图上再加上建筑物布置、勘探点、线的位置和类型以及工程地质分区图，即成为综合工程地质图。这种图在实际工程中编制较多。

2. 勘察点平面位置图

当地形起伏时，该图应绘在地形图上。在图上除标明各勘察点（包括浅井、探槽、钻孔等）的平面位置、各现场原位测试点的平面位置和勘探剖面线的位置外，还应绘出工程建筑物的轮廓位置，并附场地位置示意图、各类勘探点、原位测试点的坐标及高程数据表。

3. 工程地质剖面图

工程地质剖面图以地质剖面图为基础，是勘察区在一定方向垂直面上工程地质条件的断面图，其纵横比例一般是不一样的。地质剖面图反映某一勘探线地层沿竖直方向和水平方向的分布变化情况，如地质构造、岩性、分层、地下水埋藏条件、各分层岩土的物理力学性质指标等。其绘制依据是各勘探点的成果和土工试验成果。由于勘探线的布置是与主要地貌单元的走向垂直，或与主要地质构造轴线垂直，或建筑物的轴线相一致，故工程地质剖面图能最有效地揭示场地的工程地质条件，是工程勘察报告中最基本的图件。

4. 工程地质柱状图

工程地质柱状图是表示场地或测区工程地质条件随深度变化的图件。图中内容主要包括地层的分布，对地层自上而下进行编号和地层特征进行简要描述。此外，图中还应注明钻进工具、方法和具体事项，并指出取土深度、标准贯入试验位置及地下水水位等资料。

（二）水文地质图表的编绘

水文地质图表是水文地质勘察的重要成果，供水水文地质勘察主要提供以下图表。

① 勘察工程平面布置图是在相应的地形图上标明勘察工作范围、勘探点的位置、勘探剖面线及有关的工程布置的图件，主要反映主要勘探工作量及工作布置方案。

② 水文地质图及其剖面图　水文地质图及其剖面图是反映某地区的含水层空间分布特征，地下水分布、埋藏、形成、转化及其动态特征的地质图件（主要表示地下水类型和储量分布状况等的地图），是某地区水文地质调查研究成果的主要表示形式。

③ 与地下水有关的各种等值线图　与地下水有关的各种等值线图包括潜水等水位线图、等埋深线图、承压水等水压线图、地下水位等降深图和矿化度等值线图等，是反映地下水某一方面特征的图件。

④ 勘探孔柱状图及抽水试验综合图　勘探孔柱状图反映地层岩性、空间结构等特征，抽水试验综合图反映勘测区内某一地层涌水量的大小及渗透系数等水文地质参数。

⑤ 水文地质调查与统计表　水文地质调查与统计表包括水文、气象资料图表、井（泉）调查表、水质分析成果统计表，颗粒分析成果统计表和地下水动态观测图。

四　地质报告的编写

（一）工程地质报告的编写

工程地质勘察的最终成果是以报告书的形式提出。勘察工作结束后，把取得的野外工作和室内试验的记录和数据以及搜集到的各种直接和间接资料分析整理、检查校对、归纳总结后作出建筑场地的工程地质评价。这些内容最后以简要明确的文字和图表编成报告书。

勘察报告书的编制必须配合相应的勘察阶段，针对场地的地质条件和建筑物的性质、规模以及设计和施工的要求，提出选择合适方案的依据和设计计算数据，指出存在的问题以及解决问题的途径和办法。

工程地质勘察报告应根据任务要求、勘察阶段、工程特点和地质条件等具体情况编写，并应包括下列内容。

① 拟建工程概况；

② 勘察目的、任务要求和依据的技术标准；

③ 勘察方法和勘察工作布置；

④ 场地地形、地貌、地层、地质构造、地下水、岩土性质及不良地质作用；

⑤ 各项岩土性质指标、岩土的强度参数、变形参数、地基承载力的建议值；

⑥ 岩土分析与评价。

工程地质勘察报告应对岩土利用、整治和改造的方案进行分析论证、提出建议；对工程施工和使用期间可能发生的岩土工程问题进行预测，提出监控和预防措施的建议。

所附的图表可以是下列几种：勘探点平面布置图；工程地质剖面图；地层柱状图或综合

地层柱状图；土工试验成果表；其他测试成果表（如现场载荷试验、标准贯入试验、静力触探试验、旁压试验、波速测试等）；对于特殊性岩土、特殊地质条件等还需绘制其他专门图件。

（二）水文地质报告的编写

水文地质报告是水文地质勘查野外工作结束后所编制的反映水文地质工作成果（包括附图、附表）的文字报告。供水水文地质勘察报告的主要内容包括以下几个方面。

① 绪言　说明任务来源及要求，简要评述勘察区以往水文地质工作的程度及地下水开发利用的现状及规划，概述勘察工作的进程及完成的主要工作量。

② 自然地理与地质概况　概述勘察区的地形地貌、概述气象和水文特征，叙述与地下水形成、循环有关的地层和主要地质构造的分布与特征。

③ 水文地质条件　叙述含水层的间分布及其水文地质特征，阐述地下水的补给、径流、排泄条件及动态变化规律，叙述地下水的化学特征、污染现状及其变化规律。

④ 勘察工作　结合地下水资源评价方法的需要，论述勘察工作的主要内容及其布置，提出本次勘察工作的主要成果，并评述其质量与精度。

⑤ 地下水资源评价　论述水文地质参数计算的依据，正确计算所需的水文地质参数。论述水文地质条件概化和数学模型的建立。水量计算：计算地下水的天然补给量和贮存量，以及开采条件下的补给增量；根据保护资源、合理开发的原则，提出相应勘察阶段的允许开采量，论证其保证程度，并预测其可能的变化趋势。水质评价：根据任务要求，说明水质的可用性；结合环境水文地质条件，预测开采条件下地下水水质有无遭受污染的可能性，提出保护和改善地下水水质的措施。预测地下水开采后可能引起的环境地质问题。

⑥ 结论与建议　提出拟建水源地的地段和主要水文地质数据和参数，评价地下水的允许开采量、水质及其精度，建议取水构筑物的形式和布置，指出水源地在施工中和投产后应注意的事项，建议地下水动态观测网点的设置及要求，建议水源地卫生防护带的设置及要求，指出本次工作的不足和存在的问题。

上述内容并不是每一项勘察报告都必须全部具备的，而应视具体要求和实际情况有所侧重并以充分说明问题为准。对于地质条件简单和勘察工作量小且无特殊设计及施工要求的工程，勘察报告可以简化。

针对工业与民用建筑工程、高层与超高层建筑工程、道路工程、桥梁工程、地下工程等几种专业工程地质勘察有相关的特殊要求。

思考题

7-1 工程地质勘察可分为哪几个阶段？简述工程地质勘察各勘探阶段的一般要求。

7-2 工程地质测绘的方法主要有哪几类？

7-3 地球物理勘探方法有哪些？

7-4 简述电法勘探的基本原理和方法？

7-5 原位测试方法有哪些？

7-6 现场检验与监测主要包括哪些工作？

7-7 工程地质勘察报告主要包括哪些内容？

参考文献

[1] 左建．地质地貌学［M］．北京：中国水利水电出版社，2001.
[2] 王孔伟，周金龙．工程地质及水文地质［M］．郑州：黄河水利出版社，2009.
[3] 崔冠英．水利工程地质［M］．北京：中国水利水电出版社，1979.
[4] 张武文．地质学基础［M］．北京：中国林业出版社，2011.
[5] 张忠苗．工程地质学［M］．北京：中国建筑工业出版社，2007.
[6] 李忠，曲力群，于箫．工程地质概论［M］．北京：中国铁道出版社，2006.
[7] 孔宪立，石振明．工程地质学［M］．北京：中国建筑工业出版社，2001.
[8] 李智毅，杨裕云．工程地质学概论［M］．武汉：中国地质大学出版社，1996.
[9] 刘春原，朱济祥，郭抗美．工程地质学［M］．北京：中国铁道出版社，2000.
[10] 李亚美，严寿鹤，陈国勋，刘岫峰．地质学基础［M］．北京：地质出版社，1984.
[11] 陶世龙，万天丰，程捷．地球科学概论［M］．北京：地质出版社，1999.
[12] 章至洁，韩宝平，张月华．水文地质学基础［M］．中国矿业大学出版社，2004.
[13] 王大纯，张人权，史毅虹等．水文地质学基础［M］．北京：地质出版社，2007.
[14] 崔可锐，钱家忠．水文地质学基础［M］．合肥：合肥工业大学出版社，2010.
[15] 贺瑞霞，高均昭，余闯．工程地质学［M］．北京：中国电力出版社，2010.
[16] 孔思丽，程辉．工程地质学［M］．重庆：重庆大学出版社，2001.
[17] 赖天文，梁庆国，刘德仁．工程地质［M］．成都：西南交通大学出版社，2012.
[18] 时伟．工程地质学［M］．北京：科学出版社，2007.
[19] 孙强，秦四清，苏天明，等．岩石风化工程地质效应［M］．徐州：中国矿业大学出版社，2013.
[20] 王思敬，等主编．中国工程地质世纪成就［M］．北京：地质出版社，2004.
[21] 史如平，戚筱俊，张景德．土木工程地质学［M］．南昌：江西高校出版社，2004.
[22] 朱先芳，李祥玉，栾玲．风化研究的进展［J］．首都师范大学学报（自然科学版），2010，31（3）：40—46.
[23] 夏邦栋．普通地质学［M］．北京：地质出版社，1995.
[24] 张咸恭，王思敬，张倬元．中国工程地质学［M］．北京：科学出版社，2000.
[25] 庄金银，黄永亮．影响岩溶发育因素的几点探讨［J］．西部探矿工程，2008（1）：127—128.
[26] 潘懋，李铁锋．灾害地质学［M］．北京：北京大学出版社，2002.
[27] 李莎，李福春，程良娟．生物风化作用研究进展［J］．矿产与地质．2006，20（6）：577—582.
[28] 胡厚田，白志勇．土木工程地质［M］．北京：高等教育出版社，2009.
[29] 唐辉明．工程地质学基础［M］．北京：化学工业出版社，2008.
[30] 常士骠，张苏民．工程地质手册（第四版）［M］．北京：中国建筑工业出版社，2006.
[31] 李瑜，朱平雷，雷明堂．岩溶地面塌陷监测技术与方法［J］．中国岩溶，2005，24（2）：103—108.
[32] 蒋洪海，耿斯滨．“汶川”地震对建筑物的影响及给施工带来的启示［J］．建筑安全，2009（1）：54—57.
[33] 钱家欢．土力学［M］．南京：河海大学出版社，1988.
[34] 张克恭．刘松玉．土力学［M］．北京：中国建筑工业出版社，2001.
[35] 卢廷浩．土力学［M］．南京：河海大学出版社，2002.
[36] 赵明华．土力学与基础工程（第二版）［M］．武汉：武汉理工大学出版社，2004.
[37] 陈希哲．土力学地基基础（第四版）［M］．北京：清华大学出版社，2004.
[38] 肖仁成，俞晓．土力学［M］．北京：北京大学大学出版社，2006.
[39] 张伯平，党进谦．土力学与地基基础［M］．北京：中国水利水电出版社，2006.
[40] 中华人民共和国行业标准《公路桥涵地基与基础设计规范》JTG D63—2007，北京：人民交通出版社，2007.
[41] 中华人民共和国国家标准《建筑地基基础设计规范》GB 50007—2011，北京：中国建筑工业出版社，2012.
[42] 中华人民共和国国家标准《岩土工程勘察规范》（GB 50021—2001）（2009 年版），北京：中国建筑工业出版社，2009.
[43] 中华人民共和国国家标准《土工试验方法标准》GB/T 50123—1999. 北京：中国计划出版社，1999.
[44] 中华人民共和国国家标准《土的工程分类标准》GB/T 50145—2007. 北京：中国计划出版社，2008.

[45] 中华人民共和国行业标准《公路土工试验规程》JTGE 40—2007. 北京：人民交通出版社，2007.
[46] 中华人民共和国行业标准《土工试验规程》(SL 237—1999). 北京：中国水利水电出版社，1999.
[47] 工程地质手册编委会. 工程地质手册（第四版）[M]. 北京：中国建筑工业出版社，2007.
[48] 郑颖人，陈祖煜，王恭先，凌天清. 边坡与滑坡工程治理（第二版）[M]. 北京：人民交通出版社，2010.
[49] 陈肖柏，刘见坤，刘鸿绪，王雅卿. 土的冻结作用与地基 [M]. 北京：科学出版社，2006.
[50] 刘国彬，王卫东. 基坑工程手册（第二版）[M]. 北京：中国建筑工业出版社，2009.
[51] 李忠，雷位冰，陈明. 工程地质概论 [M]. 北京：中国铁道出版社，2007.
[52] 唐辉明. 工程地质学基础 [M]. 北京：化学工业出版社，2008.
[53] 李广杰. 工程地质学 [M]. 长春：吉林大学出版社，2005.
[54] 刘俊民. 工程地质及水文地质 [M]. 北京：中国农业出版社，2004.
[55] 孙家齐，陈新民. 工程地质（第4版）[M]. 武汉：武汉理工大学出版社，2012.
[56] 石振明，孔宪立. 工程地质学（第二版）[M]. 北京：中国建筑工业出版社，2011.
[57] 郑毅，施鲁莎. 工程地质 [M]. 武汉：武汉理工大学出版社，2009.
[58] 邵艳. 工程地质 [M]. 合肥：合肥工业大学出版社，2006.
[59] 刘佑荣，唐辉明. 岩石力学 [M]. 武汉：中国地质大学出版社，1999.
[60] 倪宏革，周建波. 工程地质（第2版）[M]. 北京：北京大学出版社，2013
[61] 何培玲，张婷. 工程地质 [M]. 北京：北京大学出版社，2006.
[62] 赵锁法，李相然. 工程地质学 [M]. 北京：地质出版社，2009.
[63] 王玉珏. 土力学教学指导 [M]. 郑州：黄河水利出版社，2004.